Der neue Kosmos PilzAtlas

HANS E. LAUX

Der neue Kosmos PilzAtlas

ÜBER 1000 FOTOS

KOSMOS

Impressum

Mit 1061 Farbfotos von Hans E. Laux sowie 39 Farb- und 91 Schwarzweißzeichnungen von Wolfgang Lang.

Umschlaggestaltung von Friedhelm Steinen-Broo, eStudio Calamar, Pau (Spanien), unter Verwendung von 16 Aufnahmen von Hans E. Laux.
Die **Umschlagvorderseite** zeigt von links nach rechts und von oben nach unten: Fliegenpilze *(Amanita muscaria)*, Samtfußrüblinge *(Flammulina velutipes)*, Gelbstielige Nitrat-Helmlinge *(Mycena renati)*, Zinnoberrote Kelchbecherlinge *(Sarcoscypha jurana)*, eine Speise-Morchel *(Morchella esculenta)*, Granatrote Saftlinge *(Hygrocybe punicea)*, Flaschen-Stäublinge *(Lycoperdon perlatum)*, Lärchen-Milchlinge *(Lactarius porninsis)*, Rotrandige Baumschwämme *(Fomitopsis pinicola)* und einen Roten Gitterling *(Clathrus ruber)*.
Die **Umschlagrückseite** zeigt von links nach rechts: Eichen-Steinpilze *(Boletus reticulatus)*, Buchen-Schleimrüblinge *(Oudemansiella mucida)*, Klebrige Hörnlinge *(Calocera viscosa)*, Rotstielige Leder-Täublinge *(Russula olivacea)* und einen Rötenden Erdstern *(Geastrum rufescens)*.
Das Foto auf dem **Buchrücken** zeigt Gelbstielige Nitrat-Helmlinge *(Mycena renati)*.

Die Aufnahme auf der **Seite 1** zeigt Karbol-Egerlinge *(Agaricus xanthoderma)* mit Zypressen-Wolfsmilch. Auf dem doppelseitigen Foto **Seite 2/3** sind Stockschwämmchen *(Kuehneromyces mutabilis)* an bemoostem und mit Gräsern und Farnwedeln überwachsenem Buchenstumpf zu sehen. Die Fotos der **Seite 5** zeigen von oben nach unten: Granatrote Saftlinge *(Hygrocybe punicea)* in einer Magerwiese mit Deutschem Enzian, Große Blut-Helmlinge *(Mycena haematopus)* auf einem Laubholzast mit den Blättern der Europäischen Haselwurz und Schwefelporlinge *(Laetiporus sulphureus)* am liegenden Stamm einer Vogelkirsche. Alle fünf Fotos stammen von Hans E. Laux.

Die Deutsche Bibliothek – CIP-Einheitsaufnahme
Der Titelsatz für diese Publikation ist bei der Deutschen Bibliothek erhältlich

Wichtige Hinweise für den Benutzer
Auch die ausführlichste Diagnose in einem Pilzbuch kann die umfassende Erfahrung nicht ersetzen, die ein Pilzsammler erst im Laufe der Zeit erwirbt. Lassen Sie deshalb selbst bestimmte Pilze beim geringsten Zweifel an der Diagnose vorsichtshalber von einem Fachmann nachbestimmen (Pilzberatungsstellen, anerkannte Pilzberater). Im Zweifelsfall sollten Sie eine fragliche Art nicht verwenden.
Verlag und Autor tragen keinerlei Verantwortung für Fehlbestimmungen durch den Leser dieses Buches oder für individuelle Unverträglichkeiten.
Allgemein gilt: Pilze nie roh essen! Sofern nicht anders angegeben, schließt der Hinweis „essbar“ stets ein, dass der Pilz zuvor durch Braten, Kochen etc. eine Hitzebehandlung erfuhr.

Gedruckt auf chlorfrei gebleichtem Papier

1. Auflage

ISBN 3-440-07229-0
Lektorat: Stefanie Tommes, Rainer Gerstle
Textredaktion: Annegret Kuhn
Grundlayout: Friedhelm Steinen-Broo, eStudio Calamar
Produktion: Siegfried Fischer, Lilo Pabel
Printed in Italy/Imprimé en Italie
Satz und Reproduktion: Typomedia GmbH, Ostfildern
Druck und Bindung: Printer Trento S.r.l., Trento

Vorwort

Rund 750 mitteleuropäische Pilze werden in diesem Buch in Wort und Bild vorgestellt. Den Hauptteil bilden unsere Röhren- und Lamellenpilze, wie sie mit ihren in Hut und Stiel gegliederten Fruchtkörpern jedermann als „Pilze" vertraut sind. Darüber hinaus sind aber auch viele weniger bekannte, oft seltene Arten berücksichtigt, die in gängigen Pilzbüchern kaum abgebildet werden. Dazu gehören außergewöhnlich geformte Keulen, Bauchpilze, Gallertpilze, Schichtpilze und Porlinge, die oft als wenig beachtete Krusten oder konsolenförmige Gebilde an Stämmen und Zweigen erscheinen, sowie viele kleine Arten, die nur bei gezielter Suche zu finden sind. Hinzu kommen Morcheln, Becherlinge, Trüffeln und verschiedene Winzlinge aus der großen Klasse der Schlauchpilze.

Viele dieser faszinierenden Lebensformen erscheinen in der kühleren Jahreszeit, wenn kaum noch Pilze erwartet werden. Der suchende, fotografierende und forschende Naturfreund trifft das ganze Jahr über auf ein unerschöpfliches Betätigungsfeld. In diesem Pilzbuch findet er Anregungen und Informationen über die ganze Welt der Pilze.

Mit diesem Pilzatlas bietet sich dem Pilzfreund nicht nur die Möglichkeit, seine Funde zu bestimmen und sein Wissen um eine Vielzahl seltener Arten zu erweitern. Das Buch eröffnet dem von der „passion verte" oder „green infection" – wie unsere Nachbarn diese Leidenschaft nennen – gepackten Zeitgenossen auch einen tiefen Einblick in die Umwelt der Pilze mit Moosen, Farnen, Flechten und Blütenpflanzen. Diese Faszination findet ihren Ausdruck in den Abbildungen, die in der Art ihrer Komposition eine sehr persönliche Handschrift tragen. So ist die häufige Darstellung der Pilze mit ihren Begleitpflanzen, wie sie in ihren gemeinsamen Lebensräumen als untrennbare Einheit erscheinen, eine Besonderheit dieses Buches. Diese Blütenpflanzen, Moose, Flechten und Farne sind sorgfältig bestimmt und im Textteil ausgewiesen.

Dabei ist festzuhalten, dass die abgebildeten Blumen und Kryptogamen der Moore, Sandküsten, Magerrasen, aber auch der Wiesen, Parkanlagen, landwirtschaftlich genutzten Flächen und selbst Kleinbiotope nicht mit den Pilzen in symbiontischer Gemeinschaft im Sinne einer Mykorrhiza leben. Sie sind jedoch oft charakteristisch für deren spezifische Lebensräume. Ein typisches Beispiel ist etwa der Kohlen-Schüppling *(Pholiota highlandensis)*, der häufig zusammen mit dem Brandstellen-Drehmoos *(Funaria hygrometrica)* anzutreffen ist.

Bei den Fotos von Mykorrhizapilzen – also Arten, die in direkter Lebensgemeinschaft mit Bäumen oder Sträuchern wachsen – wurden meist Blätter, Früchte oder andere Details des Partnergehölzes als Bestimmungshilfe beigelegt.

Oft wird die Bestimmung einer Art durch mehrere Abbildungen mit der Darstellung verschiedener Wachstumsstadien oder der Herausstellung wichtiger Details erleichtert.

Dieses Buch ist nicht nur für Pilzsammler und Pilzkenner bestimmt – die ausgewählten Fotos sollen alle Menschen ansprechen, die durch Freude an der faszinierenden Pilzwelt unserer Natur verbunden sind.

Ohne Zusammenarbeit mit erfahrenen Mykologen und Pilzkennern in Pilzvereinen und Arbeitsgruppen ist ein so umfangreiches Buch kaum vorstellbar. Bei Führungen, Seminaren und Tagungen konnte ich meine Kenntnisse vertiefen. Mein herzlicher Dank gilt allen, die mir bei der Bestimmung oder Bestätigung von unbekannten oder schwierigen Arten geholfen, mir Fundstellen mitgeteilt oder mich auf andere Weise unterstützt haben. Besonders herzlich bedanken möchte ich mich bei meiner Frau Helga Laux für die ausdauernde Mithilfe und für die Bestimmung der Moose.

Hans E. Laux

Zum Gebrauch des Buches

In der **Bestimmungsübersicht** auf den Seiten 10 bis 15 werden die wichtigsten Pilzgruppen in Wort und Bild kurz vorgestellt. Die ausgewählten Gattungen sind diejenigen mit hohen Artenzahlen oder mit einzelnen besonders häufigen oder bekannten Vertretern.

Im anschließenden **Artenteil** sind in der Regel auf einer Doppelseite mehrere nah verwandte Arten zusammengestellt; im **Titelbalken** sind jeweils Familie(n) und Gattung(en) übersichtlich aufgeführt. Sofern mehrere Arten einer Gattung beschrieben sind, sind sie nach ihrem wissenschaftlichen Artnamen in alphabetischer Reihenfolge geordnet.

In der linken Spalte stehen die deutschen und wissenschaftlichen **Pilznamen** (z. T. mit Synonymen). In Stichworten folgen **Erscheinungszeit, Lebensraum** und **Verwendbarkeit**, wobei die genauen Angaben im zugehörigen Langtext unbedingt zu beachten sind. Die teilweise anschließende **Abbildungslegende** zum Foto auf der Bildseite enthält Hinweise auf Besonderheiten wie die Namen von Moosen, Flechten oder Blütenpflanzen im Bild, aber auch Details von Begleitbäumen wie Zapfen und Blätter.

Die ausführlichen **Pilzbeschreibungen** umfassen die wesentlichen **Bestimmungsmerkmale**, die auf der Basis von aktueller Literatur, anhand von Beobachtungen an frischem Belegmaterial und mikroskopischen Untersuchungen zusammengestellt wurden. Des Weiteren findet man hier Angaben zu **Erscheinungszeit** (die aufgrund klimatischer Einflüsse etwas variieren kann) und **Standort**.

Für Speisepilzsammler wichtig ist die Rubrik **Verwendung**. Hier sind Einschränkungsvermerke, Unverträglichkeiten und Verarbeitungshinweise unbedingt zu beachten.

Nicht jeder Pilz, dessen Verzehr unangenehme Folgen hat, ist wirklich giftig. Die Angaben in der Fachliteratur schwanken erheblich. Viele Pilze, die roh genossen heftige Beschwerden verursachen, sind nach spezieller Zubereitung oder Vorbehandlung essbar. Vom Rohverzehr der Wildpilze ist grundsätzlich abzuraten. Sehr viele Pilze sind ungenießbar, ohne giftig zu sein.

Als Schlüssel und systematische Grundlage für das Buch dienten die „Kleine Kryptogamenflora" – „Die Röhrlinge und Blätterpilze" (Band II b/2) von M. Moser und „Die Nichtblätterpilze, Gallertpilze und Bauchpilze" (Band II b/1) von W. Jülich. Die Schlauchpilze sind nach „Pilze der Schweiz" Band 1 von J. Breitenbach und F. Kränzlin geordnet.

Die aktuellen wissenschaftlichen Bezeichnungen sowie die überlieferten Volksnamen wurden dem Standardwerk „Abbildungsverzeichnis mitteleuropäischer Großpilze" von A. Bollmann, A. Gminder und P. Reil entnommen.

Über das **Register** sind gewünschte Arten in jedem Fall zu finden. Alte, allgemein geläufige Synonyme werden hier ebenfalls aufgeführt.

Bau und Bestimmungsmerkmale der Pilze

Pilze sind durch das Fehlen von Blattgrün von den Blütenpflanzen grundverschieden. Was als Pilz angesehen und bezeichnet wird, sind nur die sichtbaren, meist kurzlebigen Fruchtkörper. Der Organismus besteht aus einem meist haardünnen, spinnwebartigen oder wattigen, im Boden, in Laub- und Nadelstreu, in totem oder lebendem Holz oder anderen Substraten lebenden Fadengeflecht, dem so genannten Myzel.

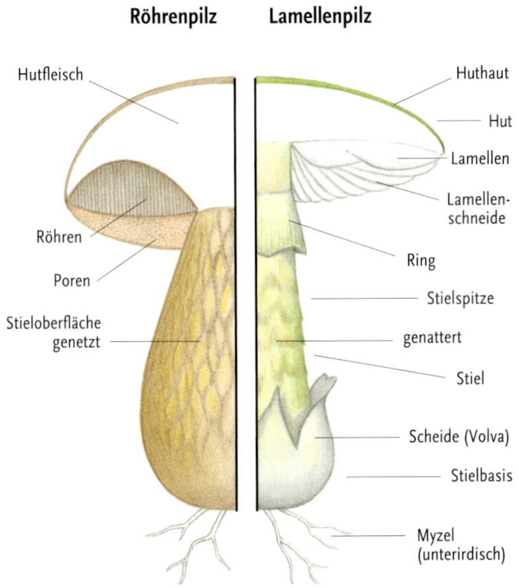

Die höheren Pilze werden in zwei Klassen eingeteilt, die *Basidiomycetes* (Ständerpilze) und die *Ascomycetes* (Schlauchpilze). Bei den Ständerpilzen entwickeln sich die Sporen an der Außenseite der darauf spezialisierten Basidien; bei den Schlauchpilzen werden die Sporen innerhalb von keulen- oder schlauchähnlichen Zellen (Asci) gebildet.

Die Fruchtkörper der Pilze sind außerordentlich vielgestaltig. Die bekannten Pilzarten sind charakteristisch „pilzförmig“ in Hut und Stiel gegliedert. Sie gehören zur Klasse der Ständerpilze.

Die auffälligsten Merkmale eines Pilzes sind Form, Größe, Farbe und Oberflächenbeschaffenheit des **Hutes**. Diese Merkmale können sich während der Entwicklung beträchtlich ändern.

An der Hutunterseite befindet sich das Hymenophor in Form von Lamellen, Leisten, Röhren oder Stacheln. Es trägt die Sporen bildende Fruchtschicht (Hymenium) und kann seine Farbe mit zunehmender Reife der Fruchtkörper durch die ausgeworfenen Sporen verändern. Der Lamellenrand wird als Schneide bezeichnet. Bei den Röhrlingen lässt sich die Röhrenschicht in der Regel gut ablösen. Die Röhrenmündungen können verschiedene Formen haben; oft verfärben sie sich auf Druck.

Die Sporenproduktion lässt sich gut beobachten, indem man einen Pilzhut mit dem Hymenophor nach unten auf ein Papier legt. Nach wenigen Stunden ist ein Abwurf zu erkennen. Die Sporenfarbe ist oft eine wichtige Bestimmungshilfe.

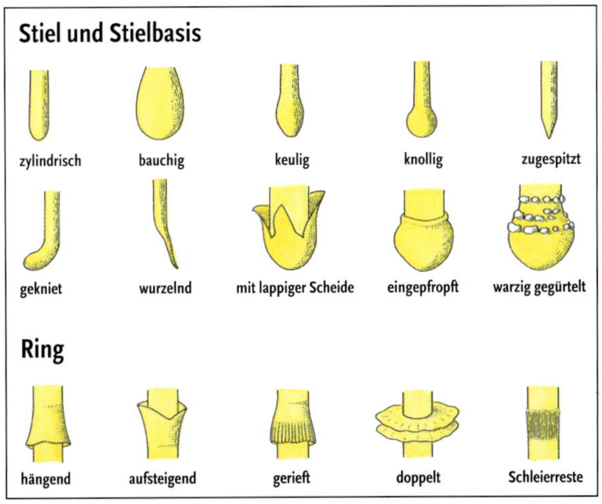

Form und Größe der Sporen sind nur mit dem Mikroskop erkennbar.

Auch die **Stiele** können sich in Form, Farbe und Oberflächenbeschaffenheit unterscheiden. Manche tragen einen teilweise vergänglichen Ring (Rest der Gesamthülle). Neben dem Ring ist die Stielbasis ein wichtiges Merkmal. Manche Pilzgruppen zeigen als Rest der Gesamthülle (Velum universale) an der Stielbasis eine Scheide (Volva).

Konsistenz, Farbe, Geruch und Geschmack des **Fleisches** sind wichtige Bestimmungshilfen. Im Schnitt kann man oft eine beeindruckende Verfärbung beobachten. Das Fleisch von Milchlingen und Täublingen ist mürbe und brüchig. Bei bodenbewohnenden Hutpilzen ist es in der Regel weich. Porlinge haben zähes oder holzartiges Fleisch (Trama). Milchlinge geben bei Verletzung einen Milchsaft ab (Name!), der sich an der Luft deutlich verfärben kann. Von einer Geschmacksprobe ist bei unbekannten Arten wegen der Vergiftungsgefahr unbedingt abzuraten.

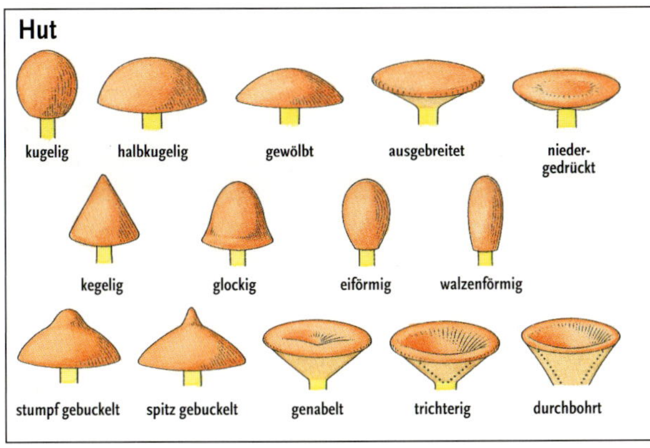

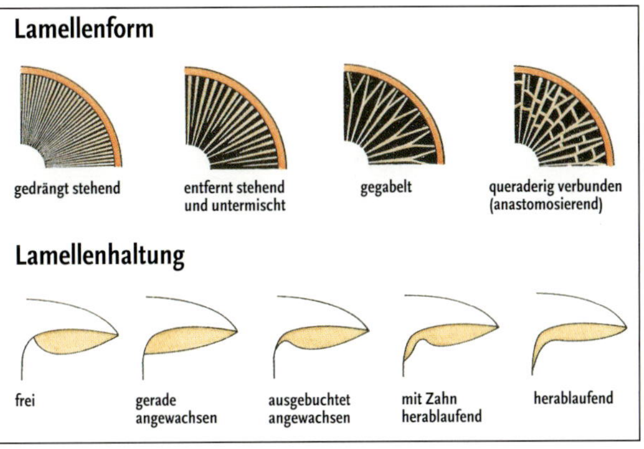

Erfahrene Sammler wissen, dass bestimmte Pilze nur unter bestimmten Baumarten zu finden sind. Manche leben streng mit einer Baumart zusammen, andere sind in der Partnerwahl weniger festgelegt. Schon unseren Vorfahren ist dieser Zusammenhang aufgefallen. Ihre Beobachtungen führten zu Pilznamen wie Fichten-Reizker *(Lactarius deterrimus)*, Birkenpilz *(Leccinum scabrum)*, Eichen-Milchling *(Lactarius quietus)*, Hainbuchen-Raufußröhrling *(Leccinum carpini)*. Freilich wusste man damals noch nichts über die tieferen Zusammenhänge der Lebensgemeinschaft zwischen Baum und Pilz, die wir heute „Mykorrhiza" nennen: Der Pilz fördert die Aufnahme von Wasser und Nährstoffen, der Baum liefert Zucker. Der Austausch findet in den feinsten Wurzelenden der Bäume statt. Mykorrhizapilze haben eine wichtige Funktion für die Gesundheit unserer Wälder.

Zinnoberroter Kelchbecherling *(Sarcoscypha jurana)* mit Märzenbecher

Wer sich mit Pilzen beschäftigt, ist gut beraten, sich neben der Kenntnis der wichtigsten Waldbäume auch die natürlichen Lebensräume und deren Pflanzengesellschaften sowie die Bodenverhältnisse genauer anzuschauen, um bei der Suche Erfolg zu haben. Nachfolgend sind einige wichtige Lebensräume mit ihren speziellen Pflanzen- und typischen Pilzarten beschrieben.

Rotbuchenwälder haben oft eine reiche Krautflora. Unter den Gräsern findet man hier viele Seggen-Arten *(Carex)*. Typische Moose sind das Schöne Widertonmoos *(Polytrichum formosum)* und das Wellige Katharinenmoos *(Atrichum undulatum)*. Der Waldmeister *(Galium odoratum)* ist eine Charakterpflanze dieses Waldtyps.

Unter den Laubbäumen zeichnet sich die Rotbuche als guter Mykorrhizapartner aus. Man findet hier Schnecklinge *(Hygrophorus)*, Täublinge *(Russula)* und herrliche Röhrlinge wie den Satans-Röhrling *(Boletus satanas)*, Silber-Röhrling *(Boletus fechtneri)* und den Netzstieligen Hexen-Röhrling *(Boletus luridus)*. Viele Holz bewohnende Arten fruktifizieren auf Buchenholz. Die Buckel-Tramete *(Trametes gibbosa)* wächst an Buchenstümpfen und -stämmen. Alte Bäume sind oft von riesigen Exemplaren des Zunderschwamms *(Fomes fomentarius)* besetzt. Ebenfalls bevorzugt an Buchenstümpfen wächst das Stockschwämmchen *(Kuehneromyces mutabilis)*, ein beliebter Speisepilz. Im Laub und Humus unter Rotbuchen findet man auf verrotteten Buchenfruchtschalen die Buchenfruchtschalen-Holzkeule *(Xylaria carpophila)*.

Eichen-Hainbuchen-Wälder haben oft eine artenreiche Krautschicht. Typisch sind Wald-Veilchen *(Viola reichenbachiana)*, Vielblütige Weißwurz *(Polygonatum multiflorum)*, Maiglöckchen *(Convallaria majalis)*. Viele Röhrlinge, Milchlinge und Ritterlinge sind Eichenbegleiter. Häufig findet man den Grünen Knollenblätterpilz *(Amanita phalloides)*, den Eichen-Milchling *(Lactarius quietus)* und den Fleischroten Speise-Täubling *(Russula vesca)*. Selten sind der Wurzelnde Bitter-Röhrling *(Boletus radicans)* und der Eichhase *(Dendropolyporus umbellatus)*. Eichen-Leberreischling (*Fistulina hepatica)* und Zottiger Eichen-Schichtpilz (*Stereum gausapatum)* wachsen auf Eiche.

In **Bergwäldern** des subalpinen Raums sind verschiedene Nadelbäume bodenständig, so Lärche *(Larix decidua)*, Weißtanne *(Abies alba)* und Fichte *(Picea abies)*. Im Lauf der Jahrhunderte wurden diese wertvollen Forstbäume im Flachland angesiedelt. Viele ihre Begleitpilze sind ihnen dorthin gefolgt. Streng unter Lärchen wachsen Goldgelber Lärchen-Röhrling *(Suillus grevillei)*, Hohlfuß-Schuppenröhrling *(Boletinus cavipes)*, Grauer Lärchen-Röhrling *(Suillus viscidus)* und Rostroter Lärchen-Röhrling *(Suillus tridentinus)*. Im Gebirge erscheint der unter Schutz stehende Lärchen-Baumschwamm *(Fomitopsis officinalis)* hoch oben an Lärchenstämmen. Bei Weißtannen *(Abies alba)* findet man den Lachs-Reizker *(Lactarius salmonicolor)* und die Breitblättrige Glucke *(Sparassis brevipes)*. Auf den abgefallenen Zapfenschuppen kann der Spezialist im Frühjahr gezielt nach Zapfenschuppen-Stromabecherlingen *(Ciboria rufofusca)* suchen. Hoch in den Kronen der Weißtannen wächst an Ästen und Stämmen der farbenfrohe Blutrote Borstenscheibling *(Hymenochaete cruenta)*. Die Fichte *(Picea abies)* hat eine Vielzahl von Pilzen als Mykorrhizapartner. Dazu gehören Fliegenpilz *(Amanita muscaria)*,

Nördlicher Zinnoberschwamm *(Pycnoporus cinnabarinus)* im Winter an Birke

Kegelhütiger Knollenblätterpilz *(Amanita virosa)*, Perlpilz *(Amanita rubescens)*, Fichten-Steinpilz *(Boletus edulis)* und Maronen-Röhrling *(Xerocomus badius)*. Auch der bittere Gallenröhrling *(Tylopilus felleus)* und viele *Russula*-Arten sind Fichtenbegleiter. Auf am Boden liegenden Zapfen findet man im Frühjahr oft massenhaft die kleinen schwarzen Fichtenzapfen-Stromabecherlinge *(Ciboria bulgarioides)*.

Auenwälder sind in ihrer ursprünglichen Art in Mitteleuropa kaum noch anzutreffen. Nur kleine Fragmente vermitteln einen Eindruck vom Urzustand der Auen.

Die Krautschicht in der Weichholzaue ist artenarm. Die Gelbe Schwertlilie *(Iris pseudacorus)* ist hier zwischen Schilf *(Phragmites australis)* und Brennnesselbeständen *(Urtica dioica)* zu Hause. Silber-Weiden *(Salix alba)* und angepflanzte Pappel-Arten *(Populus spec.)* kommen mit den häufigen Überschwemmungen am besten zurecht.

Auf höher gelegenen Plätzen wachsen im Auenwald Eichen *(Quercus)*, Ulmen *(Ulmus)*, Ahorne *(Acer)*, Eschen *(Fraxinus)* und Linden *(Tilia)*. Die Böden sind mit Nährstoffen gut versorgt. Vor dem Laubaustrieb ist der Boden oft mit den Blüten des Märzenbechers *(Leucojum vernum)* und mit Scharbockskraut *(Ranunculus ficaria)* übersät. Um diese Zeit lohnt sich hier die Suche nach Morchelbecherlingen *(Disciotis venosa)*, Speise-Morcheln *(Morchella esculenta)*, Käppchen-Morcheln *(Morchella gigas)* und Spitz-Morcheln *(Morchella elata)*. Später bildet der Bärlauch *(Allium ursinum)* dichte Teppiche. Seltener sind Aronstab *(Arum maculatum)* und Einbeere *(Paris quadrifolia)*. Reichlich vorhandenes Totholz lässt das ganze Jahr über viele interessante auf Holz spezialisierte Pilzarten gedeihen.

Die Pflanzenwelt der **Moore** ist hoch spezialisiert. Der Lebensraum ist geprägt durch hohe Niederschläge und nährstoffarmen Untergrund. Dicke Bleichmoospolster *(Sphagnum spec.)* speichern das bis zu Zwanzigfache ihres Gewichtes an Regenwasser. Rosmarinheide *(Andromeda polifolia)* und Moosbeere *(Oxycoccus palustris)* haben sich den widrigen Bedingungen angepasst.

Flachmoore sind in der Regel durch Verlandung am Rande von Seen entstanden. Wo Schwarz-Erlen *(Alnus glutinosa)*, Birken *(Betula spec.)* und Kiefern *(Pinus mugo* und *Pinus sylvestris)* siedeln, findet man hier wie in den Übergangsmooren eine artenreiche Mischung aus *Sphagnum*-Begleitern und Mykorrhizapilzen. Auffallend sind Kirschroter Spei-Täubling *(Russula emetica)*, Apfel-Täubling *(Russula paludosa)*, Gelber Graustiel-Täubling *(Russula claroflava)* und der seltene Moor-Röhrling *(Suillus flavidus)*. Häufig wächst in diesem Lebensraum auch der Birkenpilz *(Leccinum scabrum)*. An toten und absterbenden Birken sind oft Birken-Porlinge *(Piptoporus betulinus)* zu finden.

Trockenrasen sind stark besonnte und nicht oder nur schwach gedüngte Grasfluren. Hier wachsen zahlreiche bedrohte Pflanzen- und Pilzarten. Im Frühjahr fallen Frühlings-Fingerkraut *(Potentilla neumanniana)* und Küchenschelle *(Pulsatilla officinalis)* auf. Später folgen verschiedene Trockenheit und Wärme liebende Orchideen. Der bunte Blütenflor wird im Herbst durch zahlreiche farbenfrohe Saftlinge *(Hygrocybe*-Arten*)*, Rötlinge *(Entoloma*-Arten*)* und Bauchpilze *(Gasteromycetes)* abgelöst. Die vertrockneten Fruchtkörper der Bauchpilze sind noch im Frühjahr anzutreffen.

Wacholder *(Juniperus communis)* und Wald-Kiefer *(Pinus sylvestris)* wachsen auf den angrenzenden Magerweiden. Die Wald-Kiefer hat eine spezielle, reichhaltige Pilzflora. Bei ihr wachsen Edel-Reizker *(Lactarius deliciosus)*, Butter-Röhrling *(Suillus luteus)*, Kupferroter Gelbfuß *(Chroogomphus rutilus)*, viele Ritterlinge *(Tricholoma-)* und Schleierlinge *(Cortinarius*-Arten*)*. Auf Kiefernzapfen kann man das ganze Jahr über den kleinen Ohrlöffelstacheling *(Auriscalpium vulgare)* suchen. An lebenden Kiefern wächst der Kiefern-Feuerschwamm *(Phellinus pini)*; in südlichen Ländern ist er ein gefährlicher Forstschädling an der Aleppo-Kiefer *(Pinus halepensis)*. Auf Kiefernzweigen ist bei gezielter Suche der unscheinbare Kiefern-Zystidenrindenpilz *(Peniophora pini)* zu finden.

Tintenfisch-Gitterling *(Clathrus archeri)* auf naturbelassener Wiese mit Deutschem Enzian

In **Feuchtgebieten** wie Gewässerufern und Moorrändern stehen oft fast undurchdringliche Röhrichtgürtel und Weidengebüsche *(Salix spec.)*. Schwarz- und Grau-Erle *(Alnus glutinosa* und *Alnus incana)* bevorzugen gelegentlich überflutete Böden und sind hier ebenfalls zu Hause. Eine Vielzahl von Mykorrhizapilzen und auf Holz lebenden Arten findet man in diesem schwer zugänglichen Gelände. Dazu gehören Erlen-Grübling *(Gyrodon lividus)*, Erlen-Krempling *(Paxillus rubicundulus)*, Maggipilz *(Lactarius helvus)*, Erlen-Schillerporling *(Inonotus radiatus)*, Tabakbrauner Borstenscheibling *(Hymenochaete tabacina)* und so unauffällige Arten wie das Blasige Eckenscheibchen *(Diatrype bullata)*.

Strand, Dünen und Salzwiesen sind vom Meer geprägt. Hier wachsen anspruchslose Pionierpflanzen, die sich den Einflüssen von Meer, Sand, Wind und Salz angepasst haben. Auf Weißdünen findet man vorzugsweise den Strandhafer *(Ammophila arenaria)*. Er spielt eine wichtige Rolle bei der Strandbefestigung. Zur Landseite hin werden die Weißdünen durch Grau- und Braundünen abgelöst. Hier wachsen die auffällige Sand-Segge *(Carex arenaria)* und die Sand-Kriechweide *(Salix arenaria)*, in der Zwergstrauchheide Heidekraut *(Calluna vulgaris)* und Krähenbeere *(Empetrum nigrum)*.

Für Dünen typische Pilzarten sind der Dünen-Risspilz *(Inocybe dunensis)* und die Dünen-Stinkmorchel *(Phallus hadriani)*; auf Strandwiesen kann auch schon mal ein Vertreter aus dem Binnenland wie der Große Scheidling *(Volvariella gloiocephala)* erscheinen. An den Sanddornsträuchern wächst der Sanddorn-Feuerschwamm *(Phellinus hippophaecola)*.

Wiesen und Äcker sind infolge intensiver Bewirtschaftung floristisch verarmt. Dies gilt auch für die Pilzflora.

Stielporlinge, Röhrenpilze, Kremplinge und Verwandte

KLASSE Basidiomycetes (Ständerpilze)

UNTERKLASSE Hymenomycetidae

ORDNUNG Polyporales

FAMILIE Polyporaceae

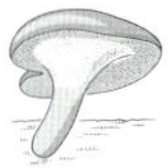

- ***Polyporus*** (Stielporlinge) → S. 16

Fruchtkörper zäh, trocken fast holzig; Stiel zentral, exzentrisch oder seitlich; Röhren meist sehr kurz; Sporen hyalin, glatt, zylindrisch-elliptisch. Meist auf Holz, einjährig, überwintern selten. Die Gattung *Polyporus* (Porlinge im engeren Sinn) umfasst etwa 12 mitteleuropäische Arten.

- ***Phyllotopsis*** (Orangeseitlinge) → S. 18

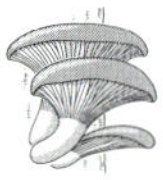

- ***Pleurotus*** (Seitlinge) → S. 18

Die Gattung *Pleurotus* umfasst etwa zehn Arten mit großen, fleischigen Fruchtkörpern; sie sind seitlich gestielt und wachsen vorwiegend an Holz; Lamellen herablaufend, Sporenpulver weiß.

- ***Lentinula*** (Shiitakepilze) → S. 18

- ***Lentinus*** (Sägeblättlinge) → S. 20

Fruchtkörper zäh, auf Holz wachsend; Stiel zentral oder leicht exzentrisch; Lamellenschneide meist gesägt; Sporen nicht amyloid.

ORDNUNG Boletales

FAMILIE Strobilomycetaceae

- ***Porphyrellus*** (Porphyrröhrlinge) → S. 22

- ***Strobilomyces*** (Strubbelköpfe) → S. 22

Gattung mit einer europäischen Art. Hut mit dicken Schuppen; Fleisch rötend.

FAMILIE Boletaceae

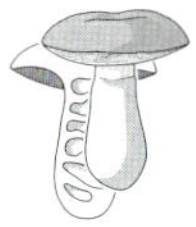

- ***Gyroporus*** (Blasssporröhrlinge) → S. 22

Die Gattung besteht in Mitteleuropa aus zwei leicht erkennbaren Arten mit trockener, samtiger Hutoberfläche und blassgelbem Sporenpulver.

- ***Gyrodon*** (Grüblinge) → S. 22

- ***Suillus*** (Schmierröhrlinge) → S. 24

Hüte meist schmierig oder schleimig, trocken glänzend, selten filzig; Röhrenschicht gut ablösbar; Stiel z. T. mit schleimiger Ringzone. Mykorrhizapilze von Nadelbäumen. In Europa etwa 20 Arten.

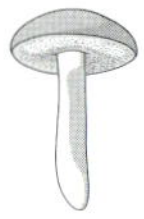

- ***Xerocomus*** (Filzröhrlinge) → S. 28

Hut trocken oder samtig; Stiel meist ohne Netz; Poren gelb oder grüngelb; Röhrenschicht gut ablösbar.

- ***Boletus*** (Dickröhrlinge) → S. 30

Hut trocken, kompakt; Stiel relativ dick, mit Netz oder Pünktchen; Röhrenschicht gut ablösbar; Sporenpulver oliv bis olivbraun. In Europa etwa 40 Arten. Mykorrhizabildner. Viele sind selten und zu schonen.

- ***Boletinus*** (Schuppenröhrlinge) → S. 34
- ***Chalciporus*** (Zwergröhrlinge) → S. 34
- ***Pulveroboletus*** (Nadelholzröhrlinge) → S. 34
- ***Tylopilus*** (Gallenröhrlinge) → S. 34
- ***Phylloporus*** (Goldblattpilze) → S. 34

- ***Leccinum*** (Raufußröhrlinge) → S. 36

Huthaut bisweilen am Rand überstehend; Stiel rauflockig oder schuppig; Röhrenschicht um den Stiel stark niedergedrückt, gut ablösbar, alt polsterförmig hervorquellend. Raufußröhrlinge sind in Deutschland geschützt. Giftpilze sind keine darunter.

FAMILIE Paxillaceae

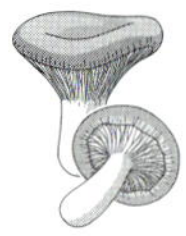

- ***Paxillus*** (Kremplinge) → S. 38

Fruchtkörper fleischig, Hutrand jung eingerollt; Stiel zentral bis seitlich; Lamellen dicht stehend, am Stiel herablaufend und anastomosierend, leicht vom Hutfleisch ablösbar; Sporenpulver ocker bis rostbraun.

- ***Ripartites*** (Filzkremplinge) → S. 38
- ***Hygrophoropsis*** (Afterleistlinge) → S. 38
- ***Omphalotus*** (Ölbaumpilze) → S. 38

FAMILIE Gomphidiaceae

- ***Gomphidius*** (Schmierlinge) → S. 40

Fruchtkörper fleischig, Hut meist schleimig; Lamellen entfernt stehend, dicklich, weit herablaufend, bei der Reife fast schwarz. Die nahe stehende Gattung *Chroogomphus* wird nicht von allen Autoren abgetrennt.

- ***Chroogomphus*** (Gelbfüße) → S. 40

Blätterpilze

ORDNUNG Agaricales

FAMILIE Hygrophoraceae

- ***Hygrophorus*** (Schnecklinge) → S. 42

Fruchtkörper dickfleischig; Huthaut oft schleimig oder schmierig; Lamellen dicklich, oft entfernt stehend, angewachsen bis bogig herablaufend; Stiel ringlos, selten mit Schleimwulst; Sporenpulver weiß. Keine Giftpilze. In Europa etwa 50 Arten.

- ***Hygrocybe*** (Saftlinge)

incl. ***Camarophyllus*** (Ellerlinge) → S. 50

Die Gattung *Hygrocybe* (Saftlinge) enthält +/– glasige, meist lebhaft gefärbte Arten mit oft spitzkegeligem Hut. Pilze der Gattung *Camarophyllus* (Ellerlinge) haben herablaufende Lamellen und einen trockenen bis schmierigen, aber nicht schleimigen Hut. Die Ellerlinge werden von einigen Autoren neuerdings der Gattung *Hygrocybe* zugeordnet. Viele Arten sind wegen Veränderungen ihrer Lebensräume bedroht. Alle Saftlinge sind in Deutschland geschützt.

FAMILIE Tricholomataceae

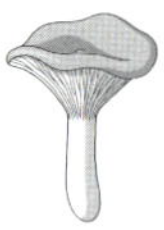

- ***Haasiella*** (Goldnabelinge) → S. 54

Der Habitus erinnert an die Gattung *Omphalina*. Hut leicht genabelt, Lamellen am Stiel herablaufend. Sporenpulver blassorange.

- ***Rickenella*** (Heftelnabelinge) → S. 54

Kleine Arten; Hüte genabelt, Stiel und Fleisch dünn, Lamellen weit herablaufend. Die Gattung besteht aus drei Arten.

- ***Phytoconis*** (Flechtennabelinge) → S. 54

- ***Laccaria*** (Lacktrichterlinge) → S. 54

Alle Arten der Gattung *Laccaria* haben ziemlich dicke und entfernt stehende Lamellen, die am Stiel waagerecht angewachsen sind oder etwas herablaufen. Das Sporenpulver ist weiß. Die Gattung umfasst in Mitteleuropa etwa zehn Arten. Giftpilze sind nicht darunter.

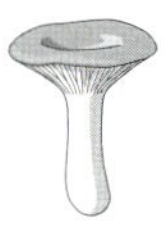

- ***Clitocybe*** (Trichterlinge) → S. 56

Die Gattung *Clitocybe* enthält viele Arten mit herablaufenden Lamellen und oft trichterigem Hut; dieses Merkmal ist zwar namensgebend, jedoch nicht absolut zuverlässig. Stiel ohne Ring. Sporenpulver meist weiß. Neben Speisepilzen finden sich unter den Trichterlingen gefährliche Giftpilze.

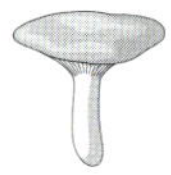

- ***Lepista*** (Rötelritterlinge, Röteltrichterlinge) → S. 60

Pilze der Gattung *Lepista* erinnern an Ritterlinge oder Trichterlinge. Ihre Lamellen sind ausgebuchtet bis herablaufend; sie sind meist leicht vom Hutfleisch ablösbar. Ihre Sporen sind oft feinwarzig.

- ***Tricholomopsis*** (Holzritterlinge) → S. 62

Die Gattung *Tricholomopsis* umfasst etwa vier saprophytisch auf Holz wachsende, ritterlingsähnliche Arten; alle sind ungenießbar. Lamellen und Fleisch sind gelb gefärbt; Huthaut mit Schüppchen. Sporenpulver weiß.

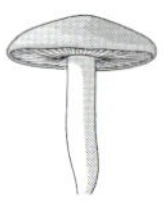

- ***Tricholoma*** (Ritterlinge) → S. 62

Meist mittelgroße bis große Arten; Lamellen am Stiel ausgebuchtet oder abgerundet angewachsen. Fleisch ziemlich kräftig. Stiel meist ringlos. Sporenpulver weiß.

- ***Armillaria*** (Hallimaschverwandte) → S. 70

Fruchtkörper meist büschelig auf Holz wachsend; Lamellen angewachsen bis herablaufend; Hutoberfläche trocken, +/– schuppig; Stiel oft beringt. Weißfäuleerzeuger.

- ***Lyophyllum*** (Raslinge, Graublättler) → S. 70

Die Gattung ist sehr heterogen. Sie enthält einschließlich der vereinigten Gattung Graublättler *(Tephrocybe)* etwa 50 Arten. Dazu gehören teils büschelig wachsende, oft rötlich, blau bis schwarz verfärbende Arten mit weißem Sporenpulver.

- **Calocybe** (Schönköpfe) → S. 72

Die Gattung *Calocybe* ist vielgestaltig; Pilze ritterlings- oder rüblingsähnlich; Hüte weiß bis lebhaft gefärbt; Lamellen gedrängt. Gattung mit etwa zehn Arten.

- **Nyctalis** (Zwitterlinge) → S. 72
- **Cantharellula** (Gabelblättlinge) → S. 72
- **Pseudoclitocybe** (Gabeltrichterlinge) → S. 74
- **Leucopaxillus** (Krempenritterlinge) → S. 74
- **Melanoleuca** (Weichritterlinge) → S. 74

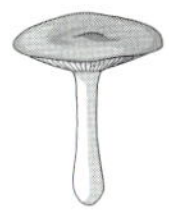

Die Gattung umfasst etwa 35 Arten. Sie haben flache, breite, fleischige, ritterlingsähnliche Fruchtkörper, ihre Lamellen sind am Stiel ausgebuchtet angewachsen. Stiel ohne Ring. Die Sporen sind warzig, amyloid, ohne Keimporus. Die Gattung ist noch unzureichend erforscht, einige Arten sind unsicher; auch wenn bislang keine Giftpilze darunter bekannt sind, ist wegen der schwierigen Bestimmbarkeit der einzelnen Arten Vorsicht angezeigt.

- **Catathelasma** (Möhrlinge) → S. 76
- **Phyllotus** (Seitlinge) → S. 76
- **Marasmiellus** (Zwergschwindlinge) → S. 76
- **Micromphale** (Stinkschwindlinge) → S. 76
- **Microcollybia** (Sklerotienrüblinge) → S. 78
- **Collybia** (Rüblinge) → S. 78

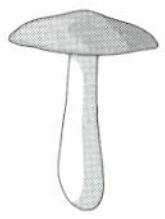

Etwa 40 Arten. Bestes Kennzeichen ist die knorpelig-zähe oder elastische Konsistenz der Fruchtkörper. Hüte mittelgroß, teilweise hygrophan. Ring oder Volva fehlen. Sporenpulver weiß bis creme-ocker.

- **Tectella** (Schleierseitlinge) → S. 80
- **Panellus** (Zwergknäuelinge) → S. 82

Die Gattung umfasst etwa vier auf Holz wachsende Arten. Stiel klein, seitlich sitzend oder fehlend. Sporen zylindrisch bis elliptisch, glatt, hyalin.

- **Sarcomyxa** (Muschelseitlinge) → S. 82
- **Oudemansiella** (Schleimrüblinge) → S. 82
- **Megacollybia** (Breitblattrüblinge) → S. 84
- **Xerula** (Wurzelrüblinge) → S. 84
- **Strobilurus** (Nagelschwämme) → S. 84
- **Crinipellis** (Haarschwindlinge) → S. 84
- **Marasmius** (Schwindlinge) → S. 86

Kleine bis mittelgroße Pilze, die bei Trockenheit einschrumpfen und bei Feuchtigkeit wieder aufleben können; meist mit feiner, samtiger und/oder runzeliger Huthaut.

- **Macrocystidia** (Gurkenschnitzlinge) → S. 88
- **Mycena** (Helmlinge) → S. 90

Die Gattung enthält mehr als 100 meist kleinere, zarte Arten mit oft +/– glockigem Hut und dünnem Stiel. Ihr Hutrand ist feucht durchscheinend gerieft. Einige milchen bei Verletzung weiß, rot oder orange, andere fallen durch gefärbte Lamellenschneiden auf. Das Sporenpulver ist weiß.

- **Xeromphalina** (Glöckchennabelinge) → S. 98
- **Baeospora** (Rüblinge) → S. 98
- **Flammulina** (Samtfußrüblinge) → S. 98

Die Gattung *Flammulina* umfasst in Mitteleuropa etwa drei Arten, die an Rüblinge *(Collybia)* erinnern. Ihre Hüte sind klebrig, die Huthaut gelatinös; alle wachsen an Holz.

- **Cystoderma** (Körnchenschirmlinge) → S. 100
- mit etwa 12 Arten. Die kleinen Pilze erinnern an Schirmlinge. Ihre Hutoberfläche hat einen körnigen oder feinschuppigen, abwischbaren Belag. Sporenpulver weiß.

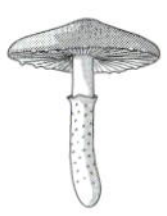

FAMILIE Entolomataceae

- **Rhodocybe** (Tellerlinge) → S. 100

Die Gattung *Rhodocybe* bildet den Übergang von den *Tricholomataceae* zu den *Entolomataceae*. Sie umfasst etwa 15 kleine bis mittelgroße, selten auch große, fleischige Arten mit herablaufenden Lamellen, die mit dem Fingernagel leicht vom Hutfleisch ablösbar sind. Das Sporenpulver ist rosa, selten graubraun gefärbt. Viele Tellerlinge haben einen bitteren Geschmack, weshalb man sie auch Bitterlinge nennt.

- **Clitopilus** (Räslinge) → S. 100
- **Entoloma** (Rötlinge) → S. 102

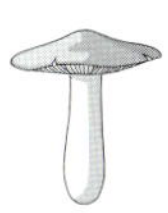

Einheitliches Merkmal der Rötlinge sind die eckigen Sporen und das +/– rosa gefärbte Sporenpulver. Ihre Lamellen haben in reifem Zustand einen fleischrosa Schimmer. Viele Rötlinge sind giftig oder giftverdächtig.

FAMILIE Plutaceae

- **Volvariella** (Scheidlinge) → S. 106
- **Pluteus** (Dachpilze) → S. 106

In Mitteleuropa gibt es etwa 50 Arten der Gattung *Pluteus*. Sie haben keinen Ring und keine Volva. Fast alle wachsen saprophytisch auf Holz oder Holzresten. Sporenpulver rosa.

FAMILIE Amanitaceae

- **Amanita** (Wulstlinge) → S. 110

Die Gattung umfasst mehr als 30 Arten. Ihre Hutoberfläche ist oft mit Hüllresten bedeckt, die Lamellen sind weiß, meist frei. Stiel mit oder ohne Ring, Stielgrund mit ausgeprägter Volva oder Flockengürteln. Die zur Gattung gehörenden Scheidenstreiflinge (früher *Amanitopsis*) haben keinen Ring; ihr Hutrand ist deutlich gerieft. Da in der Gattung gefährlichste Giftpilze vorkommen, sollten die essbaren Vertreter nur bei genauer Artenkenntnis für Speisezwecke gesammelt werden.

- **Limacella** (Schleimschirmlinge) → S. 118

Die Gattung *Limacella* umfasst etwa acht Arten. Ihr Hut ist oft schmierig, die Lamellen stehen frei. Sie sind mit den Wulstlingen nah verwandt. Sporenpulver weiß.

FAMILIE Agaricaceae

- **Agaricus** (Egerlinge) → S. 118

Die Gattung *Agaricus* umfasst mehr als 60 Arten mit im Alter +/– dunkelbraunen oder schwärzenden Lamellen. Stiel meist mit Ring. Viele Egerlinge sind essbar; verschiedene gilbende Arten sind aber stark mit giftigen Schwermetallen belastet.

- **Chamaemyces** (Schmierschirmlinge) → S. 122
- **Cystolepiota** (Mehlschirmlinge) → S. 124
- **Echinoderma** (Stachelschirmlinge) → S. 124
- **Lepiota** (Schirmlinge) → S. 124

Kleine bis mittelgroße Pilze. Hut meist schuppig; Lamellen frei. Stiel mit häutigem oder faserigem Ring oder ringartiger Zone. Sporenpulver meist weiß oder blass cremefarben. Einige Vertreter sind sehr giftig. Etwa 40 Arten.

- **Melanophyllum** (Zwergschirmlinge) → S. 126
- **Macrolepiota** (Riesenschirmpilze) → S. 128

Große Lamellenpilze. Hut geschuppt; Lamellen frei; Ring verschiebbar; Sporen glatt.

- **Leucoagaricus** (Egerlingsschirmpilze) → S. 130
- **Leucocoprinus** (Faltenschirmlinge) → S. 130
- **Phaeolepiota** (Glimmerschüpplinge) → S. 130

FAMILIE Coprinaceae

- **Coprinus** (Tintlinge) → S. 132

Gattung mit etwa 100 Arten. Die sehr zarten bis großen, eiförmigen oder kegeligen Hüte zerfließen bei der Sporenreife oder zergehen schnell. Das Sporenpulver ist schwarz. Nur wenige Speisepilze.

- **Lacrymaria** (Saumpilze) → S. 136
- **Panaeolus** (Düngerlinge) → S. 138
- **Psathyrella** (Faserlinge, Mürblinge) → S. 138

Meist dünnfleischige, zerbrechliche Lamellenpilze. Hut oft mit Velumresten. Stiel beringt oder unberingt. Kleine Arten können mit Düngerlingen verwechselt werden.

FAMILIE Bolbitiaceae

- **Conocybe** (Samthäubchen, Glockenschüpplinge) → S. 142

Die Gattungen *Conocybe* und *Pholiotina* wurden vereint, damit umfasst die Gattung *Conocybe* in Mitteleuropa etwa 80 meist schwer bestimmbare Arten.

- **Bolbitius** (Mistpilze) → S. 144
- **Agrocybe** (Ackerlinge) → S. 144

Hüte klein bis mittelgroß; Stiel beringt oder unberingt; Sporenpulver rostbraun; Sporen glatt, oft mit Keimporus. Etwa zehn Arten; wachsen auf gedüngten Plätzen, Mist oder Holz.

FAMILIE Strophariaceae

- **Hypholoma** (Schwefelköpfe) → S. 146

Diese Gattung enthält mehrere giftige oder ungenießbare Arten. Hut und Stiel oft mit Velumresten, aber ohne häutigen Ring.

Blätterpilze

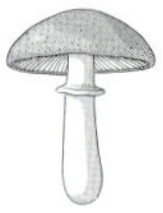

- ***Stropharia*** (Träuschlinge) → S. 148

Fleischige bis mittelgroße Lamellenpilze. Lamellen braun, oft mit Lilaton; Stiel mit Ring; Sporenpulver braun bis violettschwarz; Sporen glatt. Gattung mit nahezu 20 Arten.

- ***Pholiota*** (Schüpplinge) → S. 150

Pilze mit +/– schuppigem und/oder schmierig-schleimigem, oft gelb oder fuchsig gefärbtem Hut. Sporenpulver und Lamellen im Alter rostfarben. Die meisten Vertreter der Gattung wachsen saprophytisch oder parasitisch auf Holz. Es sind keine Speisepilze darunter. Etwa 30 Arten.

- ***Psilocybe*** (Kahlköpfe) → S. 154
- ***Kuehneromyces*** (Stockschwämmchen) → S. 154

In Europa zwei Arten, die von manchen Autoren wieder zu *Pholiota* gestellt werden.

- ***Phaeomarasmius*** (Schüppchenschnitzlinge) → S. 154
- ***Tubaria*** (Trompetenschnitzlinge) → S. 154

FAMILIE Crepidotaceae

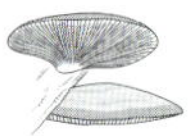

- ***Crepidotus*** (Stummelfüßchen) → S. 154

Gattung mit etwa 20 muschel- oder nierenförmig an Holz, selten auch auf dem Erdboden wachsenden Arten. Stiel kurz, seitenständig oder verkümmert; Lamellen tonbraun; Huthaut meist trocken; Sporenpulver ocker- bis rostbraun; Sporen glatt oder warzig.

FAMILIE Cortinariaceae

- ***Inocybe*** (Risspilze) → S. 156

Dazu gehören mehr als 150 kleine bis mittelgroße, oft kegelhütige, auf dem Erdboden wachsende Arten. Ihre Hutoberfläche ist eingewachsen faserig bis filzig oder schuppig, der Rand oft radialrissig (Name!). Sporenpulver meist braun. Die Gattung enthält keine Speisepilze. Viele Risspilze sind giftig.

- ***Hebeloma*** (Fälblinge) → S. 162

Kleine bis mittelgroße Lamellenpilze mit weißlichem bis braunem Fruchtkörper; die Lamellen sind hellbraun, bisweilen tränend; Stiel mit oder ohne Ringzone. Sporenpulver braun. Viele Fälblinge haben einen rettichartigen Geruch, ihr Geschmack ist meist bitter. Keine Speisepilze.

- ***Gymnopilus*** (Flämmlinge) → S. 162
- ***Rozites*** (Reifpilze) → S. 162
- ***Galerina*** (Häublinge) → S. 162

- ***Cortinarius*** (Haarschleierlinge) → S. 164

Die Gattung *Cortinarius* ist sehr artenreich. Es sind kleine bis sehr große Lamellenpilze, ihre Lamellen sind breit angewachsen. Meist ist ein spinnwebartiges, gut entwickeltes Velum vorhanden. Sporenpulver rostbraun; Sporen fein rau bis warzig. Mykorrhizapilze. Etwa 500 Arten in sieben Untergattungen: *Cortinarius* (Schleierlinge), *Dermocybe* (Hautköpfe), *Leprocybe* (Rauköpfe), *Phlegmacium* (Schleimköpfe, Klumpfüße), *Sericeocybe* (Dickfüße), *Myxacium* (Schleimfüße) und *Telamonia* (Gürtelfüße, Wasserköpfe).

- UNTERGATTUNG ***Cortinarius*** (Schleierlinge) → S. 164

Große, gänzlich violette Fruchtkörper.

- UNTERGATTUNG ***Dermocybe*** (Hautköpfe) → S. 164

Meist kleine Arten mit trockenem Hut und lebhaft gelben, grünen, orangefarbenen oder roten Lamellen; Stiel trocken. Die lebhafte Färbung rührt von Anthrachinon-Farbstoffen her. Etwa 15 Arten. Viele sind giftig.

- UNTERGATTUNG ***Leprocybe*** (Rauköpfe) → S. 164

Hut trocken, oft faserig-filzig bis feinschuppig, bisweilen glatt, meist nicht hygrophan; Lamellen gelb, grünlich oder braun. Die Gattung enthält lebensgefährliche Giftpilze.

- UNTERGATTUNG ***Phlegmacium*** (Schleimköpfe, Klumpfüße) → S. 166

Hut klebrig oder schleimig, nicht hygrophan, dickfleischig; Stiel trocken; Lamellen jung tongrau, gelb, grün oder blau bis violett; viele mit doppelter Cortina (an Knollenrand und Stielspitze); Stiel oft mit abgesetzter Basalknolle; viele Arten auf Kalkböden. Schleimköpfe sind vielerorts im Rückgang begriffen.

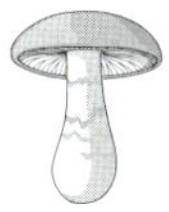

- UNTERGATTUNG ***Sericeocybe*** (Dickfüße) → S. 172

Mittelgroße bis große Arten, meist kompakt, meist mit trockenem, glattem Hut; Lamellen blass-tongrau oder braun, manchmal auch bläulich; Stiel zylindrisch-keulig, nie mit gerandeter Knolle.

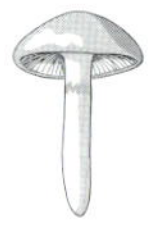

- UNTERGATTUNG ***Myxacium*** (Schleimfüße) → S. 172

Fruchtkörper schlank; Hut und Stiel meist schleimig; Lamellen weißlich bis blassbraun, teils violett. Einige Arten schmecken bitter und sind ungenießbar, Giftpilze gibt es nicht in dieser Untergattung.

- UNTERGATTUNG ***Telamonia*** (Gürtelfüße, Wasserköpfe) → S. 174

Kleine oder große Arten; Hut wenig farbenfreudig, trocken, meist hygrophan und braun; Lamellen grauweißlich, braun oder bläulich, seltener gelblich; Stielspitze oft blaulila. Wenig erforschte Untergattung.

Sprödblättler (Täublinge und Milchlinge)

ORDNUNG Russulales

FAMILIE Russulaceae

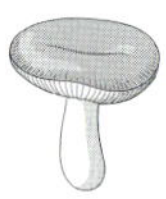

- ***Russula*** (Täublinge) → S. 176

Fruchtkörper in Hut und Stiel gegliedert, spröde; Hut oft lebhaft bunt gefärbt; Stiel bricht waagerecht durch (nicht fasernd); Lamellen meist splitternd, oft gegabelt; Fleisch bei Verletzung nicht milchend. Mild schmeckende Arten sind essbar.

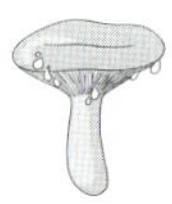

- ***Lactarius*** (Milchlinge) → S. 190

Fruchtkörper in Hut und Stiel gegliedert, brüchig, bei Verletzung milchend; Lamellen angewachsen; Stiel zylindrisch, alt hohl; Sporenpulver weiß bis ocker. Die Milchlinge sind mit etwa 100 Arten in Mitteleuropa vertreten. Alle sind Mykorrhizapilze. Die meisten sind ungenießbar oder giftig.

Nichtblätterpilze (Leistenpilze, Keulenartige, Stachelinge und Verwandte)

ORDNUNG Aphyllophorales

A) Cantharelloide, clavarioide und hydnoide Pilze

FAMILIE Cantharellaceae

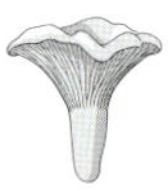

- ***Cantharellus*** (Pfifferlinge) → S. 204

Fruchtkörper gewöhnlich trichterförmig mit lange eingebogenem Rand; Stiel zentral; Hymenium mit lamellenähnlichen oder aderigen Leisten oder fast glatt; Sporenpulver cremegelb; Sporen elliptisch, inamyloid. Alle Arten der Gattung *Cantharellus* sind essbar.

- ***Craterellus*** (Trompeten) → S. 206
- ***Pseudocraterellus*** (Leistlinge) → S. 206

FAMILIE Clavariaceae

- ***Clavariadelphus*** (Riesenkeulen) → S. 206

Fruchtkörper keulenförmig, fleischig, kompakt, unverzweigt, einzeln stehend, nicht büschelig; Sporen glatt, hyalin, inamyloid. Weltweit etwa 15 Arten.

- ***Clavulinopsis*** (Wiesenkorallen) → S. 208

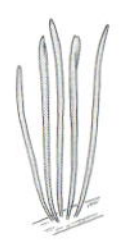

- ***Macrotyphula*** (Röhrenkeulen) → S. 208

Fruchtkörper fadenförmig bis schlank keulenförmig, mit glatter Oberfläche, bisweilen hohl; Sporen elliptisch, glatt, inamyloid. In Europa drei Arten.

Nichtblätterpilze (Leistenpilze, Keulenartige, Stachelinge und Verwandte)

FAMILIE Clavulinaceae

- ***Clavulina*** (Korallenpilze) → S. 208

Die Gattung *Clavulina* umfasst in Europa etwa fünf Arten. Die Fruchtkörper wachsen auf Erde oder an morschem Holz; sie sind wachsartig, verzweigt oder unverzweigt.

FAMILIE Sparassidaceae

- ***Sparassis*** (Glucken) → S. 210

Die Fruchtkörper erinnern an einen Badeschwamm mit welligen bis krausen Ästen, der einem wurzelnden Strunk entspringt. Braunfäuleerzeuger. Die Gattung ist in Europa mit zwei Arten vertreten.

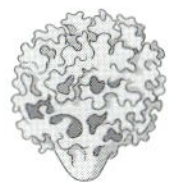

FAMILIE Pterulaceae

- ***Pterula*** (Borstenkorallen) → S. 210

FAMILIE Gomphaceae

- ***Gomphus*** (Schweinsohren) → S. 210

Gattung mit nur einem einzigen, eigentümlich geformten Vertreter in Europa.

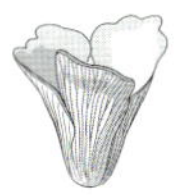

FAMILIE Ramariaceae

- ***Ramaria*** (Korallen) → S. 210

Fruchtkörper aufrecht, korallenartig verzweigt, meist blassgelb bis gelbbraun; Fleisch brüchig oder elastisch; Sporen warzig oder stachelig, inamyloid. Viele Arten der Gattung sind schwer bestimmbar, einige davon sind giftig.

FAMILIE Hydnaceae

- ***Hydnum*** (Stoppelpilze) → S. 212

Hutunterseite mit typischen Stacheln; Stiel zentral bis seitlich; Sporen breitelliptisch bis fast kugelig, glatt.

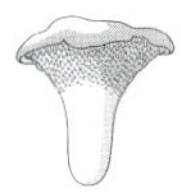

FAMILIE Auriscalpiaceae

- ***Auriscalpium*** (Ohrlöffelstachelinge) → S. 212
- ***Lentinellus*** (Zählinge) → S. 212

FAMILIE Hericiaceae

- ***Hericium*** (Stachelbärte) → S. 212
- ***Creolophus*** (Stachelseitlinge) → S. 212

Schichtpilze, Porlinge (s. lat.) und Verwandte

B) Corticioide, stereoide und poroide Pilze

FAMILIE Corticiaceae s. lat.

- ***Aleurodiscus*** (Mehlscheiben) → S. 214

Fruchtkörper resupinat bis flach schüsselförmig, Hymenium glatt; Sporen hyalin, feinwarzig, dickwandig, amyloid. In Europa acht bis zehn Arten.

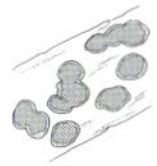

- ***Cytidia*** (Becherrindenschwämme) → S. 214
- ***Vuilleminia*** (Rindensprenger) → S. 214
- ***Chondrostereum*** (Knorpelschichtpilze) → S. 214
- ***Cylindrobasidium*** (Rindenpilze) → S. 216
- ***Merulius*** (Fältlinge) → S. 216
- ***Phlebia*** (Kammpilze) → S. 216
- ***Plicatura*** (Aderzählinge) → S. 216
- ***Rogersella*** (Holunderrindenpilze) → S. 216
- ***Hyphoderma*** (Rindenpilze) → S. 218
- ***Steccherinum*** (Resupinatstachelinge) → S. 218
- ***Lopharia*** (Schichtpilze) → S. 218
- ***Peniophora*** (Zystidenrindenpilze) → S. 218

Fruchtkörper meist resupinat, membranös, bisweilen wachsartig; Sporen glatt, hyalin, inamyloid. Weißfäuleerzeuger. In Europa etwa 30 Arten.

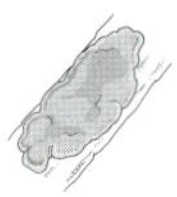

- ***Stereum*** (Schichtpilze) → S. 220

Fruchtkörper meist flächig am Substrat angewachsen, mit kleinen Hutkanten, lederig-zäh; Hymenium glatt; Sporen dünnwandig, glatt, amyloid. Weißfäuleerzeuger.

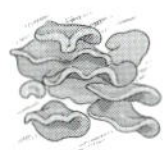

- ***Xylobolus*** (Mosaikschichtpilze) → S. 222
- ***Meruliopsis*** (Lederfältlinge) → S. 222
- ***Amylostereum*** (Schichtpilze) → S. 222

FAMILIE Coniophoraceae

- ***Coniophora*** (Braunsporrindenpilze) → S. 222

FAMILIE Cyphellaceae

- ***Cyphella*** (Fingerhüte) → S. 224
- ***Merismodes*** (Hängebecherchen) → S. 224

FAMILIE Thelephoraceae

- ***Thelephora*** (Warzenpilze) → S. 224
- ***Boletopsis*** (Rußporlinge) → S. 224
- ***Hydnellum*** (Korkstachelinge) → S. 226

Am Erdboden wachsende, zähe, korkartige, mittelgroße, in Hut und Stiel gegliederte Stachelpilze. Sporen warzig-höckerig oder stachelig ornamentiert. In Europa umfasst die Gattung etwa 15, in Deutschland etwa zehn Arten.

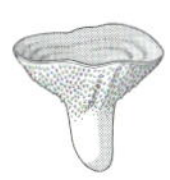

- ***Sarcodon*** (Braunsporstachelinge) → S. 226
- ***Phellodon*** (Duftstachelinge) → S. 226

FAMILIE Hymenochaetaceae

- ***Hymenochaete*** (Borstenscheiblinge) → S. 228
- ***Coltricia*** (Dauerporlinge) → S. 228
- ***Onnia*** (Filzporlinge) → S. 228
- ***Inonotus*** (Schillerporlinge) → S. 230

Fruchtkörper einjährig, konsolenförmig, ohne harte Kruste, Oberfläche meist behaart; Fleisch frisch weich, rostbraun; Röhren nicht geschichtet; Poren frisch oft silbrig schimmernd; Sporen elliptisch bis fast kugelig. Oft parasitisch, Weißfäuleerzeuger. In Europa etwa 15 Arten.

- ***Phellinus*** (Feuerschwämme) → S. 232

Fruchtkörper mehrjährig, korkartig, hart, resupinat oder konsolenförmig; Fleisch hart, rotbraun, mit KOH schwarz; Sporen zylindrisch, elliptisch oder fast kugelig. Weißfäuleerzeuger. Etwa 30 europäische Arten an Bäumen und Sträuchern.

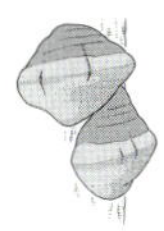

FAMILIE Bondarzewiaceae

- ***Bondarzewia*** (Bergporlinge) → S. 238

FAMILIE Fistulinaceae

- ***Fistulina*** (Leberreischlinge) → S. 238

FAMILIE Ganodermataceae

- ***Ganoderma*** (Lackporlinge) → S. 238

FAMILIE Polyporaceae s. lat.

- ***Scutiger*** (Porlinge) → S. 240
- ***Dendropolyporus*** (Eichhasen) → S. 240
- ***Piptoporus*** (Hautporlinge) → S. 242
- ***Laetiporus*** (Schwefelporlinge) → S. 242
- ***Grifola*** (Klapperschwämme) → S. 242
- ***Meripilus*** (Riesenporlinge) → S. 242
- ***Phaeolus*** (Braunporlinge) → S. 242
- ***Hapalopilus*** (Weichporlinge) → S. 244
- ***Spongiporus*** (Saftporlinge) → S. 244
- ***Ptychogaster*** (Polsterpilze) → S. 244
- ***Bjerkandera*** (Rauchporlinge) → S. 244
- ***Climacocystis*** (Schwammporlinge) → S. 246
- ***Schizopora*** (Spaltporlinge) → S. 246
- ***Coriolopsis*** (Borstentrameten) → S. 246
- ***Datronia*** (Datronien) → S. 246
- ***Lenzites*** (Blättlinge) → S. 246
- ***Daedalea*** (Wirrlinge) → S. 246
- ***Trametes*** (Trameten) → S. 248

Fruchtkörper ein- oder mehrjährig, flach konsolen- bis rosettenförmig, einzeln oder dachziegelig wachsend, zäh; Poren und Fleisch

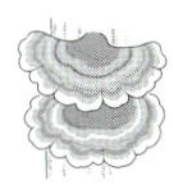

meist weißlich; Sporen zylindrisch, oft +/– gekrümmt, glatt, inamyloid. Weißfäuleerzeuger.

- ***Pycnoporus*** (Zinnoberschwämme) → S. 250
- ***Skeletocutis*** (Knorpelporlinge) → S. 250
- ***Trichaptum*** (Lederporlinge) → S. 250
- ***Daedaleopsis*** (Blätterwirrlinge) → S. 250
- ***Fomes*** (Zunderschwämme) → S. 252
- ***Fomitopsis*** (Baumschwämme) → S. 252

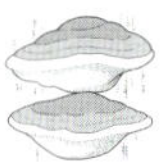

Fruchtkörper mehrjährig, hart, holzig, mit Kruste; Poren klein; Sporen glatt, hyalin, inamyloid. Braunfäuleerzeuger.

- ***Ischnoderma*** (Harzporlinge) → S. 252
- ***Gloeophyllum*** (Blättlinge) → S. 254

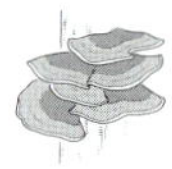

Fruchtkörper ein- bis mehrjährig, fächer- bis konsolenförmig, selten resupinat, meist dünn, zäh, korkartig; Fleisch rost- bis zimtbraun; Sporen zylindrisch, glatt, inamyloid. Braunfäuleerzeuger, meist auf Nadelholz. In Europa fünf Arten.

- ***Heterobasidion*** (Wurzelschwämme) → S. 254

FAMILIE Schizophyllaceae

- ***Schizophyllum*** (Spaltblättlinge) → S. 254

Gallertpilze und Bauchpilze

UNTERKLASSE Heterobasidiomycetidae

ORDNUNG Auriculariales

FAMILIE Auriculariaceae

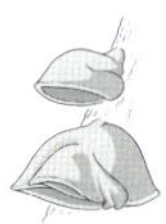

- ***Auricularia*** (Ohrlappenpilze) → S. 256

Fruchtkörper gallertig, schüssel- bis muschelförmig; Sporen glatt, hyalin; auf Holz.

ORDNUNG Tremellales

FAMILIE Tremellaceae

- ***Pseudohydnum*** (Zitterzähne) → S. 256
- ***Tremella*** (Zitterlinge) → S. 256

Fruchtkörper polsterförmig oder gekröseartig, +/– gelatinös, selten im Inneren mit härterem, nicht gelatinösem Kern, ganze Oberfläche mit Fruchtschicht; Sporen fast kugelig, glatt, inamyloid.

- ***Tremiscus*** (Gallerttrichter) → S. 256
- ***Exidia*** (Drüslinge) → S. 258

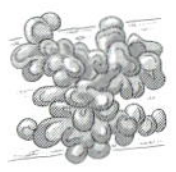

Fruchtkörper gekröseartig, kreiselförmig, runzelig, gelatinös, mit kleinen Wärzchen (Lupe!); Sporen allantoid, glatt, hyalin, inamyloid; saprophytisch auf Holz.

ORDNUNG Dacryomycetales

FAMILIE Dacryomycetaceae

- ***Calocera*** (Hörnlinge) → S. 260

Die Gattung besteht in Mitteleuropa aus fünf Holz bewohnenden Arten. Fruchtkörper zylindrisch, spatelförmig oder gabelig verzweigt, durch Carotinoide gelborange gefärbt; Sporen glatt, hyalin, meist mit 1–3 Septen.

- ***Dacryomyces*** (Gallerttränen) → S. 260
- ***Ditiola*** (Gallertbecher) → S. 260

FAMILIE Exobasidiaceae

- ***Exobasidium*** (Nacktbasidien) → S. 260

UNTERKLASSE Gasteromycetidae

ORDNUNG Phallales

FAMILIE Clathraceae

- ***Clathrus*** (Gitterlinge) → S. 262

Die Fruchtkörper entwickeln sich aus so genannten Hexeneiern, die reif tintenfischartig oder als Gitterkugel ausgebildet sind; Sporenmasse mit aasartigem Geruch.

FAMILIE Phallaceae

- ***Mutinus*** (Hundsruten) → S. 262
- ***Phallus*** (Stinkmorcheln) → S. 262

ORDNUNG Nidulariales

FAMILIE Nidulariaceae

- ***Cyathus*** (Teuerlinge) → S. 264

ORDNUNG Lycoperdales

FAMILIE Geastraceae

- ***Geastrum*** (Erdsterne) → S. 264

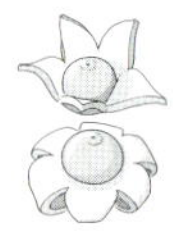

Fruchtkörper meist unterirdisch angelegt; bei der Reife Außenschicht (Exoperidie) sternförmig aufreißend, in der freigelegten kugeligen Endoperidie entwickelt sich die Sporenmasse (Gleba), die reif meist pulverig zerfällt; Sporen rund, +/– warzig.

FAMILIE Lycoperdaceae

- ***Bovista*** (Boviste) → S. 266

Fruchtkörper kugelig oder birnenförmig; fast die ganze weiße Innenmasse reift zur Sporenmasse heran, steriler Stielteil (Subgleba) reduziert oder gänzlich fehlend; Sporen kugelig bis elliptisch, glatt oder warzig, oft mit stielförmigem Sterigmenrest. Boviste sind jung, solange das Fleisch noch weiß ist, essbar.

- ***Calvatia*** (Großstäublinge) → S. 266
- ***Langermannia*** (Riesenboviste) → S. 266
- ***Vascellum*** (Staubbecher) → S. 266
- ***Lycoperdon*** (Stäublinge) → S. 268

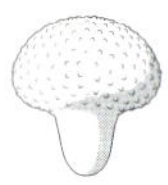

Fruchtkörper birnenförmig; reife Sporenmasse entweicht durch eine Scheitelöffnung; steriler Stielteil (Subgleba) meist deutlich entwickelt, gekammert; Sporen kugelig.

ORDNUNG Sclerodermatales

FAMILIE Astraeaceae

- ***Astraeus*** (Wettersterne) → S. 268

FAMILIE Pisolithaceae

- ***Pisolithus*** (Erbsenstreulinge) → S. 270

FAMILIE Sclerodermataceae

- ***Scleroderma*** (Hartboviste) → S. 270

Fruchtkörper rundlich, relativ schwer; Oberfläche glatt oder schuppig; fertiler Innenteil (Gleba) erst weiß, bald schwarz, schließlich pulverig zerfallend; Scheitelöffnung groß und unregelmäßig; Sporen rund, stachelig, Stacheln bisweilen netzartig verbunden.

ORDNUNG Tulostomatales

FAMILIE Tulostomataceae

- ***Tulostoma*** (Stielboviste) → S. 270

ORDNUNG Hymenogastrales

FAMILIE Rhizopogonaceae

- ***Rhizopogon*** (Wurzeltrüffeln) → S. 270

ORDNUNG Melanogastrales

FAMILIE Stephanosporaceae

- ***Stephanospora*** (Möhrentrüffeln) → S. 270

Schlauchpilze (Morcheln, Lorcheln, Becherlinge, Trüffeln und Verwandte)

KLASSE Ascomycetes (Schlauchpilze)

ORDNUNG Taphrinales

FAMILIE Taphrinaceae

- ***Taphrina*** (Narrentaschen) → S. 272

Pilze, die auf Pflanzen parasitieren, in denen sie Wucherungen hervorrufen; eigentliche Fruchtkörper fehlen.

ORDNUNG Clavicipitales

FAMILIE Clavicipitaceae

- ***Claviceps*** (Mutterkorne) → S. 272
- ***Cordyceps*** (Kernkeulen) → S. 272

ORDNUNG Sphaeriales

FAMILIE Hypocreceae

- ***Hypocreopsis*** (Scheinflechtenpilze) → S. 272
- ***Hypocrea*** (Pustelpilze) → S. 274

FAMILIE Nectriaceae

- ***Nectria*** (Rotpustelpilze) → S. 274

FAMILIE Diatrypaceae

- ***Diatrype*** (Eckenscheibchen) → S. 274

FAMILIE Sphaeriaceae

- ***Hypoxylon*** (Kohlenbeeren) → S. 276

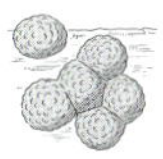

Was als halbkugeliger bis krustenförmiger Fruchtkörper erscheint, ist ein Stroma (Hyphengewebe), in das die eigentlichen Fruchtkörper (Perithezien) eingebettet sind. Die Sporen werden in den Perithezien gebildet; die Mündungen (Ostiolen), aus denen die Sporen austreten, sind ins Stroma eingesenkt oder liegen papillenförmig an der Oberfläche.

- ***Daldinia*** (Kugelpilze) → S. 278
- ***Xylaria*** (Holzkeulen) → S. 278

Fruchtkörper (Stroma) meist auf Holz, keulen- bis geweihförmig, schwarz, innen weiß; die Sporen werden innerhalb des Stromas in rundlichen Perithezien gebildet und treten durch kleine Öffnungen (Ostiolen) nach außen. In Mitteleuropa etwa sieben Arten.

ORDNUNG Phacidiales

FAMILIE Hypodermataceae

- ***Rhytisma*** (Runzelschorfe) → S. 278
- ***Colpoma*** (Schildbecherlinge) → S. 278

ORDNUNG Helotiales

FAMILIE Geoglossaceae

- ***Leotia*** (Gallertkäppchen) → S. 280
- ***Trichoglossum*** (Haarzungen) → S. 280
- ***Mitrula*** (Haubenpilze) → S. 280
- ***Spathularia*** (Spatelinge) → S. 280

FAMILIE Dermataceae

- ***Cudonia*** (Kreislinge) → S. 280
- ***Callorina*** (Brennnesselbecherchen) → S. 280

FAMILIE Hyaloscyphaceae

- ***Dasyscyphus*** (Haarbecherchen) → S. 282

FAMILIE Sclerotiniaceae

- ***Lanzia*** (Stromabecherlinge) → S. 282
- ***Ciboria*** (Stromabecherlinge) → S. 282
- ***Dumontinia*** (Anemonenbecherlinge) → S. 282

FAMILIE Helotiaceae

- ***Ombrophila*** (Gallertkreislinge) → S. 282
- ***Ascocoryne*** (Gallertbecher) → S. 284
- ***Bulgaria*** (Schmutzbecherlinge) → S. 284
- ***Bisporella*** (Holzbecherchen) → S. 284
- ***Hymenoscyphus*** (Stängelbecherlinge) → S. 284
- ***Chlorociboria*** (Grünspanbecherlinge) → S. 284
- ***Encoelia*** (Büschelbecherlinge) → S. 284

ORDNUNG Pezizales

FAMILIE Morchellaceae

- ***Morchella*** (Morcheln) → S. 286

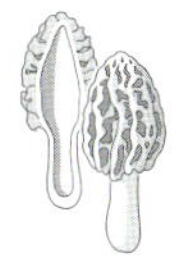

Fruchtkörper in Hut und Stiel gegliedert, innen hohl; Hutoberfläche wabenförmig gekammert, das Sporen bildende Hymenium überzieht die Innenseite der Kammern; Sporen elliptisch, glatt. Bodenbewohner.

- ***Verpa*** (Verpeln) → S. 286
- ***Disciotis*** (Morchelbecherlinge) → S. 286

FAMILIE Helvellaceae

- ***Gyromitra*** (Lorcheln) → S. 288
- ***Rhizina*** (Wurzellorcheln) → S. 288
- ***Helvella*** (Lorcheln) → S. 290

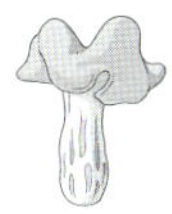

Fruchtkörper in Hut und Stiel gegliedert, Hüte meist +/– sattelförmig, unregelmäßig gelappt oder pokalförmig; Sporenpulver weiß; Sporen elliptisch, meist mit einem großen Tropfen.

FAMILIE Pezizaceae

- ***Sarcosphaera*** (Kronenbecherlinge) → S. 292
- ***Peziza*** (Becherlinge) → S. 292

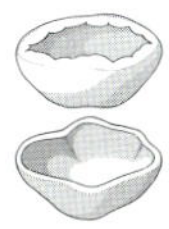

Fruchtkörper schüssel- oder becherförmig, meist ungestielt; Fleisch sehr brüchig, bisweilen farbig milchend; die Sporen bildende Fruchtschicht befindet sich auf der Innenseite der Becher. Sporen elliptisch bis spindelförmig, hyalin, glatt, warzig bis netzig. Die Gattung *Peziza* ist sehr artenreich.

- ***Otidea*** (Öhrlinge) → S. 292
- ***Tarzetta*** (Napfbecherlinge) → S. 294

FAMILIE Sarcoscyphaceae

- ***Sarcoscypha*** (Kelchbecherlinge) → S. 294
- ***Pseudoplectania*** (Schwarzborstlinge) → S. 294

FAMILIE Humariaceae

- ***Geopora*** (Sandborstlinge) → S. 294
- ***Humaria*** (Borstenbecherlinge) → S. 294
- ***Scutellinia*** (Schildborstlinge) → S. 294
- ***Caloscypha*** (Prachtbecherlinge) → S. 296
- ***Aleuria*** (Orangebecherlinge) → S. 296

ORDNUNG Tuberales

FAMILIE Eutuberaceae

- ***Tuber*** (Trüffeln) → S. 296

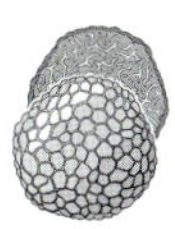

Fruchtkörper knollenförmig, unterirdisch wachsend, reif mitunter aus dem Erdboden herausschauend; Fruchtfleisch marmoriert; Sporen rundlich bis elliptisch, netzig oder stachelig; die Schläuche enthalten 1–6 Sporen (nie 8).

- ***Choiromyces*** (Mäandertrüffeln) → S. 296

Familie | Gattung

Polyporaceae

Polyporus (Stielporlinge)

1 Kastanienbrauner Stielporling

Polyporus badius (PERS. SCHW.)
Polyporus picipes (FR.)

Mai–November
An Laubholz
Kein Speisepilz
Foto auf morschem Laubholzstumpf

Hut: 5–30 cm breit, anfangs gewölbt, dann abgeflacht bis trichterförmig; Oberfläche rötlich-kastanienbraun, zum Rand hin gelblich, in der Mitte schwärzlich, glatt, glänzend; Rand sehr dünn, gewellt, flatterig. **Röhren:** 0,5–2 mm lang, am Stiel herablaufend. **Poren:** Fein, rund, 6–8 pro mm, weiß, später cremefarben. **Stiel:** 1–8 cm lang, 0,5–2 cm breit, mittelständig bis exzentrisch, grauschwarz, matt, dunkle Stielspitze deutlich zur hellen Porenschicht abgegrenzt. **Fleisch:** 2–5 mm dick, lederartig, zäh, weiß; Geruch angenehm, Geschmack mild. **Sporenpulver:** Cremefarben. **Sporen:** 6–8,5 × 2,5–4 µm, zylindrisch-elliptisch, glatt, hyalin. **Vorkommen:** Mai bis November an totem Holz von Laubbäumen, oft zu mehreren, bisweilen verwachsen. **Verwendung:** Kein Speisepilz. **Wissenswertes:** Die Gattung *Polyporus* (Porlinge im engeren Sinn) umfasst etwa zwölf mitteleuropäische Arten. Sie sind einjährig, überwintern selten und wachsen meist auf Holz.

2 Winter-Stielporling

Polyporus brumalis (PERS.): FR.

Oktober–April
An Laubholz
Kein Speisepilz
2a mit Schneeglöckchen
2b mit Hagebutten

Hut: 2–6(–10) cm breit, ausgebreitet bis niedergedrückt; Oberfläche jung feinfilzig oder faserig-schuppig, alt kahl, dunkelbraun-dunkelgrau, später auch gelbbraun; Rand scharf, wellig gelappt, trocken eingerollt. **Röhren:** 1–3 mm lang, nur kurz am Stiel herablaufend, cremeweiß. **Poren:** Rundlich, zum Stiel hin länglich-eckig, cremeweiß. **Stiel:** 2–7 cm lang, bis 0,6 cm breit, meist zentral, biegsam, fein filzig-schuppig, alt kahl, bräunlich bis graubraun. **Fleisch:** Elastisch-zäh, biegsam, trocken hart, bis 3 mm dick, weißlich; Geruch pilzartig, Geschmack mild. **Sporenpulver:** Weißlich. **Sporen:** 5–7 × 2–2,5 µm, zylindrisch, glatt, hyalin. **Vorkommen:** Im Winterhalbjahr (Oktober bis April) an toten Ästen und Stämmen, auch auf Stümpfen von verschiedenen Laubbäumen. **Verwendung:** Kein Speisepilz. **Wissenswertes:** Ende April beginnt der Winter-Stielporling abzusterben und wird vom Maiporling *(Polyporus ciliatus)* abgelöst; dieser hat viel engere Poren.

3 Sommer-Stielporling, Maiporling

Polyporus ciliatus FR.: FR.
Polyporus lepideus FR.: STEUDEL

April–Juli
An Laubholz
Kein Speisepilz
Foto mit Waldmeister

Hut: 4–8 cm breit, flach gewölbt, ausgebreitet oder etwas niedergedrückt; Oberfläche feinfilzig, gelbbraun, dunkelbraun, graubraun, in der Farbtönung bisweilen schwach konzentrisch gezont; Rand lange eingebogen. **Röhren:** 2–4 mm lang, nur kurz am Stiel herablaufend, nicht ablösbar, weißlich. **Poren:** Bei jungen Pilzen mit bloßem Auge kaum erkennbar, etwa 5 pro mm, rund bis eckig, jung weiß, später grauweiß bis cremeocker. **Stiel:** 2–8 cm lang, meist zentral stehend, zylindrisch, zur Basis hin etwas verdickt, anfangs mit graubräunlichem Filz überzogen, später aufbrechend und bräunlich genattert. **Fleisch:** Dünn, korkig-zäh, elastisch, weiß-blassgelb; Geruch und Geschmack unbedeutend. **Sporen:** 5–7 × 1,5–2,5 µm, zylindrisch, glatt, hyalin. **Vorkommen:** April bis Juli einzeln bis gesellig auf Stümpfen und auf am Boden liegenden Ästen von Laubbäumen. Einjährig. **Verwendung:** Kein Speisepilz.

4 Schuppiger Stielporling

Polyporus squamosus (HUDS.) FR.

April–August
An Laubholz
Kein Speisepilz
Foto mit Bärlauch

Hut: 8–40(–60) cm breit und bis 5 cm dick, erst leicht konvex, später ausgebreitet bis niedergedrückt, halbkreis-, nieren- oder fächerförmig; Oberfläche gelb bis ockergelb mit zahlreichen großen, konzentrisch angeordneten, dunkelbraunen, flach anliegenden Schuppen; Rand dünn, etwas eingebogen. **Röhren:** Bis 10 mm lang, am Stiel herablaufend, nicht ablösbar. **Poren:** Unregelmäßig eckig bis länglich, blassgelb bis cremefarben. **Stiel:** 4–8 cm lang, 1–4 cm breit, kurz und dick, meist seitlich stehend, blassgelb, zur Basis hin verjüngt und dunkelbraun- bis schwarzfilzig. **Fleisch:** Jung saftig, weichfleischig, später lederig, zäh, weißlich bis cremefarben; Geruch und Geschmack mehl- bis gurkenartig. **Sporenpulver:** Weiß. **Sporen:** 10–14 × 4–5 µm, länglich elliptisch, hyalin, mit Tropfen. **Vorkommen:** Oft schon ab April bis zum Sommer einzeln oder büschelweise als Saprophyt an Stümpfen oder als Wundparasit an Stämmen lebender Laubbäume, in denen er eine aktive Weißfäule hervorruft. **Verwendung:** Kein Speisepilz.

5 Löwengelber Stielporling

Polyporus varius (PERS.): FR.
Polyporus leptocephalus JACQ.: FR.

Ganzjährig
An Laubholz
Kein Speisepilz
Foto mit Efeu

Hut: 3–10(–15) cm breit, rundlich bis fächerförmig, jung konvex, später etwas vertieft; Oberseite glatt, ockergelblich, hellbraun, auch mit zimtfarbenen Tönen; Rand wellig verbogen, scharf, dünn, trocken etwas eingerollt. **Röhren:** Am Stiel herablaufend. **Poren:** Rundlich bis eckig, sehr klein, jung weißlich-cremefarben (siehe Foto links). **Stiel:** 1–4 cm lang, 0,3–1 cm breit, zentral bis exzentrisch stehend, weißgelblich bis bräunlich, glatt, matt, im unteren Teil braunschwarz. **Fleisch:** 2–5 mm dick, zäh, lederartig, trocken holzig-hart, weißlich; Geruch angenehm. **Sporen:** 7–10 × 2–3,5 µm. **Vorkommen:** Ganzjährig an Laubholz. **Verwendung:** Kein Speisepilz.

1

2a

2b

3

2c

4

5

Familie	Gattungen
Polyporaceae	*Phyllotopsis* (Orangeseitlinge), *Pleurotus* (Seitlinge), *Lentinula* (Shiitakepilze)

1 Orangeseitling

Phyllotopsis nidulans (PERS.: FR.) SING.

August–April
An Laub- und Nadelholz
Kein Speisepilz
Foto auf morschem Laubholz

Hut: 3–7 cm breit, muschel- bis nierenförmig, meist seitlich am Substrat angewachsen und 2–5 cm abstehend, seltener resupinat am Scheitel angewachsen; Oberfläche striegelig-samtig, mattorange bis orangegelb, trocken blassgelb; Rand lange eingerollt, filzig und dadurch heller erscheinend. **Lamellen:** Ziemlich gedrängt, orange bis ockerbraun. **Stiel:** Fehlend oder Hüte nur kurzstielig zusammengezogen. **Fleisch:** Elastisch, dünn, ohne gelatinöse Schicht, gelblich; Geruch und Geschmack unangenehm. **Sporenpulver:** Fleischrosa. **Sporen:** 4–6 × 2–3 µm, zylindrisch-nierenförmig, glatt, hyalin. **Vorkommen:** August bis April einzeln, meist dachziegelig an Stümpfen und am Boden liegenden Stämmen von Laub- und Nadelhölzern; selten. **Verwendung:** Kein Speisepilz. **Wissenswertes:** Er kann mit dem bevorzugt auf Nadelholz wachsenden Muschel-Krempling *(Paxillus panuoides)* verwechselt werden. Dieser hat braunes Sporenpulver und breitelliptische Sporen. Der Orangeseitling ist die einzige Art der Gattung *Phyllotopsis* in Europa.

2 Berindeter Seitling

Pleurotus dryinus (PERS.: FR.) KUMM.

August–November
An Laub- und Nadelholz
Kein Speisepilz
2a an verletztem Fichtenstamm
2b Hutunterseite mit Fichtenzapfen

Hut: 5–15 cm breit, +/– muschelförmig, dickfleischig; Oberfläche matt, jung weiß-blassgelb, später grau-graubraun, mit angedrückten Schuppen locker besetzt; Rand jung mit flüchtigen Velumresten. **Lamellen:** Am Stiel weit herablaufend, an der Basis anastomosierend, weißlich-blassgelb; Schneiden wellig. **Stiel:** 2–5 cm lang, 1–3 cm breit, exzentrisch, weißlich-cremefarben, mit sehr flüchtigem Ring. **Fleisch:** Zäh, weißlich, alt gelblich; Geruch würzig, Geschmack nussartig. **Sporenpulver:** Weiß. **Sporen:** 9–15 × 3–5 µm, glatt, hyalin, mit Tropfen. **Vorkommen:** August bis November einzeln oder dachziegelig meist an verletzten Stämmen von Laub- und Nadelbäumen; erzeugt im Holz Weißfäule. **Verwendung:** Kein Speisepilz. **Wissenswertes:** Die Gattung *Pleurotus* umfasst etwa zehn Arten. Sie sind exzentrisch gestielt, ihre Lamellen laufen am Stiel herab, das Sporenpulver ist weiß; sie fruktifizieren vorwiegend an Laub- und Nadelhölzern.

3 Austern-Seitling

Pleurotus ostreatus (JACQ.: FR.) KUMM.

Oktober–März
An Laubholz
Essbar
3a an Laubholzast
3c Kultur auf Buchenstamm

Hut: 5–15(–30) cm breit, spatel- bis muschelförmig; Oberfläche glatt, kahl, glänzend, feucht klebrig, verschiedenfarbig: graulila, graubraun, graublau, schiefergrau bis schwarzviolett; Rand anfangs eingerollt, später eingebogen. **Lamellen:** Am Stiel herablaufend, unterschiedlich lang, in Stielnähe queraderig verbunden, gedrängt, jung weißlich, später gelblich; Schneiden wellig bis schwach gekerbt. **Stiel:** Sehr kurz und dick, exzentrisch oder fast seitlich am Hut sitzend, oft nur schwach ausgebildet oder fehlend; Basis filzig, meist büschelig verwachsen. **Fleisch:** Jung weich und weiß, später zäh, faserig; Geruch würzig, Geschmack mild. **Sporenpulver:** Lilagrau. **Sporen:** 7–11 × 3–4 µm, zylindrisch, glatt, hyalin, mit Tropfen. **Vorkommen:** Wild wachsend findet man den Austern-Seitling von Oktober bis März parasitisch und saprophytisch an Stämmen und Stümpfen von Laubbäumen, sehr selten an Nadelholz. Der Austern-Seitling kann ohne große Mühe auf Stroh, Rinden- und Sägemehlsubstrat sowie auf einigen weichen Laubholzarten gezüchtet werden. **Verwendung:** Essbar; jung sehr guter Speisepilz, der auch „Kalbfleischpilz" genannt wird. Sein Fleisch ist selten von Maden befallen. **Wissenswertes:** Der Austern-Seitling kann mit dem Gelbstieligen Muschelseitling *(Sarcomyxa serotina)* verwechselt werden, der zur gleichen Jahreszeit an Laub- und Nadelholz wächst; dieser ist kleiner, hat einen olivgrünen bis olivgelben Hut, sein Stiel ist gelb bis olivgrün, das Fleisch schmeckt nach längerem Kauen bitterlich und ist für die Küche nicht zu empfehlen. Der Taubenblaue Seitling *(Pleurotus columbinus)* ist eine Farbvariante des Austern-Seitlings.

4 Shiitakepilz

Lentinula edodes (BERK.) PEG.
Lentinus edodes (BERK.) SING.

Ganzjährig
An Laubholz
Essbar
4a Kultur auf Eichenast
4b Zuchtpilze auf Spezialsubstrat

Hut: 5–10(–15) cm breit, erst gewölbt, dann niedergedrückt; Oberfläche trocken, rötlich braun, dunkelbraun, graubraun, mit eingewachsenen weiß-bräunlichen, +/– dreieckigen Schüppchen; Rand anfangs eingerollt, mit zottigen Velumresten, später glatt. **Lamellen:** Eng stehend, jung weißlich, später zartgelb, alt graulich, fleischbraun; Schneiden wellig gezähnelt. **Stiel:** 3–5 cm lang, bis 1,5 cm breit, oft exzentrisch stehend, weißlich bis bräunlich, grobfaserig bis wollig-schuppig. **Fleisch:** Fest, weiß, unter der Huthaut bräunlich; Geruch und Geschmack aromatisch, lauchartig. **Sporenpulver:** Weiß. **Sporen:** 6–6,5 × 2,5–3 µm. **Vorkommen:** Der Pilz stammt aus den fernöstlichen Ländern, wo er angeblich seit 2000 Jahren kultiviert wird. Bei uns hat man vor etwa 60 Jahren mit den ersten Kulturversuchen auf Laubhölzern begonnen. Im gewerblichen Pilzanbau erfolgt heute die Kultur verschiedener Rassen überwiegend auf Spezialsubstraten. Fachbetriebe bieten Pilzbrut für die Kultur im eigenen Garten an. **Verwendung:** Sehr guter, haltbarer Speisepilz, der das ganze Jahr über angeboten wird. Er lässt sich leicht trocknen, dabei geht sein feines Aroma nicht verloren. **Wissenswertes:** Dem Shiitakepilz wird nachgesagt, dass er das Immunsystem stärkt und eine Anti-Tumor-Wirkung besitzt; er soll auch den Cholesteringehalt im Blut senken.

1

2a

2b

3a

3c

3b

4a

4b

4c

1 Harziger Sägeblättling

Lentinus adhaerens (ALB. & SCHW.: FR.) FR.

Herbst–Frühjahr
An Nadelholz
Kein Speisepilz
Foto auf Fichtenstumpf mit Fichtenzweig

Hut: 3–6 cm breit, gewölbt, rundlich, alt niedergedrückt-trichterförmig, oft flatterig; Oberfläche mit klebrig-harzigem Überzug, schmutzig hell-

beige bis nussbraun-ockerbraun; Rand nach unten gebogen. **Lamellen:** Am Stiel herablaufend(siehe Foto links), klebrig, jung weißlich, dann strohgelb-ledergelb; Schneiden gesägt. **Stiel:** 2–5 cm lang, glatt, harzig, zentral bis exzentrisch stehend. **Fleisch:** Knorpelig, zäh, gelbbräunlich; Geruch angenehm, Geschmack bitter. **Sporenpulver:** Weiß. **Sporen:** 7–10 × 2,5–3 µm, glatt, hyalin. **Vorkommen:** Herbst bis Frühjahr meist gesellig oder büschelig an Stümpfen und an am Boden liegendem Nadelholz; selten. **Verwendung:** Kein Speisepilz. **Wissenswertes:** Alle Arten der Gattung Lentinus sind Holzbewohner; sie haben zähe Fruchtkörper und meist gesägte Lamellenschneiden.

2 Schuppiger Sägeblättling

Lentinus lepideus (FR.: FR.) FR.

Mai–Oktober
An Nadelholz
Kein Speisepilz
2a auf Nadelholz
2b Fruchtkörper mit Becherflechten

Hut: 3–12 cm breit, jung konkav, später ausgebreitet mit vertiefter oder gebuckelter Mitte; Oberfläche nicht schmierig, weißlich-hellbräunlich mit +/– anliegenden braunen Schuppen; Rand anfangs lange eingerollt und durch einen flüchtigen Schleier mit dem Stiel verbunden. **Lamellen:** Am Stiel herablaufend, weit stehend, weißlich bis blassocker; Schneiden grob gekerbt-gesägt. **Stiel:** 3–6(–10) cm lang, bis 2 cm breit, meist exzentrisch stehend, hart, zäh, weißlich, zur Basis hin bräunlich, unterhalb einer undeutlichen Ringzone mit abstehenden weißlichen bis bräunlichen Schuppen. **Fleisch:** Zäh, dick, weißlich; Geruch süßlich-harzig, Geschmack mild. **Sporenpulver:** Weiß. **Sporen:** 7–12 × 3–4,5 µm, länglich elliptisch, glatt, hyalin. **Vorkommen:** Mai bis Oktober an Nadelholz; erzeugt Braunfäule. **Verwendung:** Kein Speisepilz. **Wissenswertes:** An verbautem Holz kann der Pilz ungewöhnlich verzweigte, oft hutlose Fruchtkörper ausbilden.

3 Anis-Sägeblättling

Lentinus suavissimus FR.
Panus suavissimus (FR.) SING.

Sommer–Herbst
An Weidenästen
Kein Speisepilz
Foto auf morschem Weidenast

Hut: 2–5 cm breit, flach trichterig, oft muschelförmig; Oberfläche matt-feinfilzig, weißlich, hellgelb bis ockergelb; Rand lange eingebogen, später abstehend, +/– wellig verbogen. **Lamellen:** Am Stiel bogig herablaufend, am Stielansatz stark gegabelt, bisweilen wabig-porig in den Stiel übergehend, etwas weit stehend, untermischt; Schneiden fein gesägt (Lupe!). **Stiel:** Bis 3 cm lang, auch ganz fehlend, oft seitlich stehend, voll, zäh, weißlich bis gelb. **Fleisch:** Zäh, dünn, weiß; Geruch und Geschmack nach Anis. **Sporenpulver:** Weiß. **Sporen:** 7–8 × 3–4 µm, glatt, hyalin, mit Tropfen. **Vorkommen:** Sommer bis Herbst einzeln bis gesellig an toten Ästen von Weiden *(Salix)*, bevorzugt in alten, dichten und teilweise zusammengebrochenen Weidengebüschen in Moorwäldern und Feuchtgebieten; sehr selten an anderen Laubgehölzen. **Verwendung:** Kein Speisepilz.

4 Getigerter Sägeblättling

Lentinus tigrinus (BULL.: FR.) FR.
Panus tigrinus (BULL.: FR.) SING.

Frühjahr–Herbst
An Laubholz
Kein Speisepilz
4a und 4b an Weide

Hut: 4–10 cm, jung geschlossen, dann ausgebreitet, +/– genabelt bis trichterförmig, dünnfleischig, elastisch, zäh, in der Mitte mit dicht stehenden, zum Rand hin etwas radial angeordneten, schwarzbraunen Schüppchen auf hellem Grund; Rand scharf, +/– flatterig und im Alter etwas eingerissen. **Lamellen:** Am Stiel herablaufend (4b), breit, cremefarben bis gelblich; Schneiden fein gesägt, zuletzt fransig zerrissen. **Stiel:** 3–8 cm lang, 4–8 mm breit, schlank, teilweise exzentrisch stehend, verbogen, voll, zäh, cremeweißlich, zur Basis hin graubräunlich, feinschuppig bis punktiert, jung mit vergänglicher Velumzone. **Fleisch:** Zäh, dünn, weißlich, mitunter etwas gilbend; Geruch angenehm. **Sporenpulver:** Weiß. **Sporen:** 6–8 × 3–3,5 µm. **Vorkommen:** Besonders im Frühjahr einzeln oder büschelig an Stümpfen und liegenden Ästen von Pappel *(Populus)* und Weide *(Salix)* in milden Lagen in Auenwäldern, an Bächen und Flüssen. **Verwendung:** Kein Speisepilz.

5 Birken-Knäueling

Lentinus torulosus (PERS.: FR.) LLOYD
Panus conchatus (BULL.: FR.) FR.

Juni–November
An Laubholz
Kein Speisepilz
Foto an Buchenstumpf

Hut: 4–10 cm breit, muschel- bis fast trichterförmig, büschelig wachsend; Oberfläche matt, radialfaserig, bisweilen etwas schuppig, jung lila-weinrötlich, alt ausblassend; Rand anfangs eingerollt, später glatt, scharf. **Lamellen:** Am Stiel herablaufend, schmal, gedrängt stehend, vereinzelt gegabelt, anfangs weißlich-cremefarben, später blassgelb bis hellocker und lila angehaucht; Schneiden ganzrandig. **Stiel:** Kurz (1–3 cm), voll, zäh, striegelig-filzig, jung lilarötlich, später blass ockergelb, seitlich bis fast zentral stehend, bisweilen ganz fehlend oder mit den Stielen der Nachbarfruchtkörper verwachsen. **Fleisch:** Zäh, lederig, dünn, schmutzig weiß; Geruch unangenehm, Geschmack mild bis etwas bitterlich. **Sporenpulver:** Cremeweiß. **Sporen:** 5–6 × 3–3,5 µm, breitelliptisch, glatt, hyalin. **Vorkommen:** Juni bis November büschelig an Laubholzstümpfen oder -ästen, meist von Buche *(Fagus)* und Birke *(Betula)*. **Verwendung:** Kein Speisepilz.

1

2a

2b

3

4a

4b

5

Familien	Gattungen
Strobilomycetaceae	*Porphyrellus* (Porphyrröhrlinge), *Strobilomyces* (Strubbelköpfe)
Boletaceae	*Gyroporus* (Blasssporröhrlinge), *Gyrodon* (Grüblinge)

1 Düsterer Porphyrröhrling

Porphyrellus porphyrosporus (Fr.) Gilb.

Juni–Oktober
Laub- und Nadelwald
Essbar
Foto mit Schönem Widertonmoos

Hut: 5–13 cm breit, jung halbkugelig, später polsterförmig bis ausgebreitet; Oberfläche feinsamtig, matt, später glatt, trocken, graubraun, dunkelbraun, dunkel olivgrau; Rand nach unten gebogen, glatt. **Röhren:** 1–2 cm lang, breit bis ausgebuchtet angewachsen, schmutzig graubräunlich, auf Druck verfärbend. **Poren:** Eckig, graubraun, graurosa, schwarzgrau, auf Druck grünend-blauend oder schwärzend. **Stiel:** 5–15 cm lang, zylindrisch bis bauchig, samtig, wie der Hut gefärbt, an der Basis weißlich, filzig, +/– zugespitzt, an Druckstellen verfärbend. **Fleisch:** Fest, weißlich, im Schnitt langsam blauend, grünend oder rosa färbend; Geruch säuerlich-muffig, Geschmack etwas unangenehm. **Sporenpulver:** Rotbraun. **Sporen:** 12–16 × 5–7 µm, elliptisch, glatt, mit Tropfen, hellbraun. **Vorkommen:** Juni bis Oktober einzeln bis gesellig in sauren Laub- und Nadelwäldern; bevorzugt im Bergland, im Flachland selten. **Verwendung:** Essbar; minderwertig. **Wissenswertes:** Der Düstere Porphyrröhrling ist die einzige europäische Art der Gattung *Porphyrellus*. Er ist durch seine düsteren Farben eindeutig gekennzeichnet.

2 Strubbelkopfröhrling

Strobilomyces strobilaceus (Scop.: Fr.) Berk.
Strobilomyces floccopus (Vahl: Fr.) Karst.

Juli–Oktober
Laub- und Nadelwald
Kein Speisepilz
2a mit Blättern der Rotbuche

Hut: Bis 15 cm breit, anfangs halbkugelig, später gewölbt-abgeflacht; Oberfläche grau, mit feldrig angeordneten, etwas abstehenden, dicken, braunschwärzlichen Schuppen bedeckt; Rand fransig, die Röhren überragend. **Röhren:** Bis 3 cm lang, am Stiel angewachsen, etwas herablaufend, anfangs weißgrau, später dunkelgrau. **Poren:** Rundlich-eckig, jung weißlich, später graubräunlich, an Druckstellen bräunlich, dann schwarz. **Stiel:** Bis 15 cm lang, bis 2 cm breit, zylindrisch, oft gebogen, fest, grob flockig-fransig, schmutzig graubraun. **Fleisch:** Grauweiß, im Schnitt erst rötend, dann schwärzend; Geruch unbedeutend, Geschmack mild. **Sporenpulver:** Schwarzbraun. **Sporen:** 9–12 × 8–11,5 µm, rundlich, grob netzig-gratig. **Vorkommen:** Juli bis Oktober einzeln oder gesellig im Laub- und Nadelwald. **Verwendung:** Kein Speisepilz. **Wissenswertes:** Die Gattung hat in Europa nur diese eine, leicht erkennbare Art.

3 Hasen-Röhrling

Gyroporus castaneus (Bull.: Fr.) Quél.

Juli–Oktober
Laubwald
Essbar
3b mit Maiglöckchen

Hut: 3–5(–10) cm breit, jung halbkugelig, dann gewölbt, alt bisweilen niedergedrückt; Oberfläche jung feinfilzig-samtig, dann glatt, kahl, zimtbraun, hell kastanienbraun, gelbbräunlich; Rand scharf. **Röhren:** 5–10 mm lang, am Stiel ausgebuchtet bis fast frei, jung weiß, dann strohgelb. **Poren:** Rund, sehr klein, jung weißlich bis blassgelb. **Stiel:** Bis 8 cm lang, bis 2 cm breit, nach oben hin verjüngt, gekammert bis hohl, jung flaumig, alt glatt, hutfarben; Basis oft keulig-bauchig. **Fleisch:** Fest, weiß, im Schnitt unveränderlich; Geruch angenehm, Geschmack mild. **Sporenpulver:** Blassgelb. **Sporen:** 8–11 × 4,5–6 µm, elliptisch, glatt, mit Tropfen. **Vorkommen:** Juli bis Oktober im Laubwald, gern unter Eichen *(Quercus)*. **Verwendung:** Essbar; als Seltenheit zu schonen. **Wissenswertes:** Die Gattung *Gyroporus* besteht in Mitteleuropa aus zwei Arten.

4 Kornblumen-Röhrling

Gyroporus cyanescens (Bull.: Fr.) Quél.

Juli–Oktober
Laub- und Nadelwald
Essbar

Hut: 4–10 cm breit, anfangs halbkugelig, dann polsterförmig gewölbt; Oberfläche trocken, matt, feinfilzig-faserschuppig, strohgelb-ockerlich, alt graugelb; Rand lange herabgebogen und die Röhren etwas überragend. **Röhren:** 0,5–1 cm lang, am Stiel ausgebuchtet angewachsen, jung weißlich, später blassgelb. **Poren:** Rundlich, jung weiß, dann blassgelb, auf Druck sofort tief blauend. **Stiel:** 5–10 cm lang, bis 2,5 cm breit, erst bauchig, dann keulig-gestreckt, feinfilzig, blassgelb. **Fleisch:** Weiß, im Schnitt sofort intensiv blauend (4b), grauweiß ausblassend, im Stiel ausgestopft-gekammert; Geruch schwach, Geschmack mild. **Sporenpulver:** Zitronengelblich. **Sporen:** 8–10 × 5–6 µm, elliptisch-eiförmig, glatt. **Vorkommen:** Juli bis Oktober einzeln bis gesellig in Laub- und Nadelwäldern, auf sandigen Böden; selten. **Verwendung:** Essbar; als Seltenheit zu schonen.

5 Erlen-Grübling

Gyrodon lividus (Bull.: Fr.) Karst.

August–Oktober
Unter Erlen
Essbar
5a mit Blättern der Schwarz-Erle

Hut: 3–10(–12) cm breit, jung gewölbt, dann flach oder niedergedrückt, oft unregelmäßig verbogen; Oberfläche fein eingewachsen filzig-faserig, feucht schmierig, trocken matt, fahl strohgelb, gelbbraun, alt bräunlich; Rand dünn, nach unten gebogen; Huthaut am Rand etwas überstehend. **Röhren:** 3–5 mm lang, am Stiel herablaufend, kaum ablösbar, grüngelblich. **Poren:** Klein, eckig, grüngelblich, auf Druck schnell blauend. **Stiel:** 3–10 cm lang, schlank, oft gebogen, blassgelb, rotbräunlich befasert. **Fleisch:** Weich, blassgelb, im Schnitt blauend; Geruch unbedeutend, Geschmack säuerlich. **Sporenpulver:** Olivbraun. **Sporen:** 4–8 × 3–5 µm, rundlich-elliptisch, glatt. **Vorkommen:** August bis Oktober meist gesellig unter Erlen *(Alnus)* in Auenwäldern, an Flussufern und in Mooren. In ganz Europa verbreitet, aber überall selten; in Deutschland geschützt. **Verwendung:** Essbar; als Seltenheit zu schonen. **Wissenswertes:** Gattung mit nur einer Art.

1

2a

2b

3a

3b

4a

5a

5b

4b

1 Kuh-Röhrling

Suillus bovinus (L.: FR.) ROUSSEL

Juli–November
Unter Kiefern
Essbar
Foto mit Sprossendem Bärlapp

Hut: 4–8(–12) cm breit, jung gewölbt, später abgeflacht, alt oft verbogen; Oberfläche glatt, klebrig, glänzend, feucht schmierig, gelbbraun, orangebraun, rötlich braun; Rand anfangs eingerollt. **Röhren:** Bis 10 mm lang, breit angewachsen bis etwas herablaufend, vom Hutfleisch schwer ablösbar, graugelb bis olivgelb. **Poren:** Groß, unregelmäßig-eckig, längs gezogen, wie die Röhren gefärbt. **Stiel:** Bis 6(–10) cm lang, bis 1,5 cm breit, zylindrisch, meist verbogen, zäh, elastisch, ockerlich, gelblich, zur Basis hin oft braunrötlich, ohne Ring. **Fleisch:** Zäh, elastisch, gelblich; Geruch angenehm, Geschmack säuerlich. **Sporenpulver:** Blass olivbraun. **Sporen:** 7–11 × 3–5 µm. **Vorkommen:** Juli bis November meist gesellig oder büschelig unter Kiefern *(Pinus)* auf nährstoffarmen, sauren Böden. **Verwendung:** Essbar. **Wissenswertes:** Der Kuh-Röhrling ist oft mit dem Rosenroten Schmierling *(Gomphidius roseus)* vergesellschaftet. Die Gattung *Suillus* umfasst etwa 15 Arten. Bei verschiedenen essbaren Schmierröhrlingen wurden individuelle Unverträglichkeitssymptome beobachtet; empfindliche Personen müssen auf den Verzehr verzichten.

2 Ringloser Butterpilz

Suillus collinitus (FR.) KUNTZE

August–November
Unter Kiefern
Essbar
2a mit Zapfen der Wald-Kiefer
2b die Stielbasis zeigt die typische Rosafärbung

Hut: 3–10 cm breit, jung halbkugelig, später gewölbt, alt abgeflacht; Oberfläche glatt, jung und bei feuchter Witterung schmierig, trocken matt glänzend, eingewachsen faserig, hellbraun, rotbraun bis kastanienbraun; Rand die Röhren etwas überragend. **Röhren:** Bis 1 cm lang, am Stiel angewachsen, gelb. **Poren:** Rundlich-eckig, anfangs blassgelb, später olivgelb. **Stiel:** Bis 7 cm lang, gelblich, mit braunrötlichen Schüppchen, ohne Ring; Basis und Myzelfilz rosafarben. **Fleisch:** Gelb; Geruch säuerlich, Geschmack mild. **Sporenpulver:** Hellbräunlich. **Sporen:** 7,5–10 × 3,5–4,5 µm, elliptisch, glatt. **Vorkommen:** August bis November einzeln bis gesellig unter Kiefern *(Pinus)*, besonders auf Kalkböden. **Verwendung:** Essbar.

3 Moor-Röhrling

Suillus flavidus (FR.: FR.) PRESL

Juli–Oktober
In Mooren unter Kiefern
Essbar
Foto mit Torfmoos

Hut: 2–6(–8) cm breit, jung kegelig, dann flach gewölbt bis ausgebreitet, oft mit niederem Buckel; Oberfläche feucht schleimig, trocken klebrig, ockergelb bis fast zitronengelb, alt schmutzig gelb; Huthaut abziehbar; Rand jung mit schleimigen Velumresten. **Röhren:** Bis 1 cm lang, blassgelb. **Poren:** Weit, eckig, jung goldgelb, alt schmutzig gelb, auf Druck nicht verfärbend. **Stiel:** Bis 8 cm lang, bis 1 cm breit, schlank, bisweilen verbogen; mit anfangs gelblichem, später bräunlichem schleimigem Ring; darüber auf gelblichem Grund punktiert, darunter bräunlich längsfaserig. **Fleisch:** Weich, blassgelb; Geruch angenehm, Geschmack mild, säuerlich. **Sporenpulver:** Zimtbraun. **Sporen:** 7–9 × 3–4 µm. **Vorkommen:** Juli bis Oktober einzeln bis gesellig unter zweinadeligen Kiefern in Mooren und feuchten Wäldern. **Verwendung:** Essbar; als Seltenheit zu schonen.

4 Körnchen-Röhrling

Suillus granulatus (L.: FR.) ROUSSEL

Juni–Oktober
Unter Kiefern
Essbar
4a mit Zapfen der Wald-Kiefer
4b mit Gewöhnlicher Kugelblume

Hut: 4–10 cm breit, jung halbkugelig, später konvex bis polsterförmig; Oberfläche feucht stark schmierig, trocken matt, glänzend, gelbbraun bis rotbraun; Huthaut abziehbar; Rand lange eingebogen. **Röhren:** 5–10 mm lang, angeheftet oder leicht herablaufend, blassgelb, alt schmutzig gelb. **Poren:** Klein, gelbweiß, später olivgelb, jung mit milchigen Guttationströpfchen. **Stiel:** Bis 9 cm lang, bis 2 cm breit, zylindrisch, fest, voll, gelblich, alt schmutzig bräunlich, an der Spitze jung mit milchigen Tröpfchen, später bräunlich punktiert; Ring fehlt. **Fleisch:** Dick, zart, weich, weißgelblich, im Schnitt nicht verfärbend; Geruch angenehm würzig, Geschmack schwach säuerlich. **Sporenpulver:** Hell orangebraun. **Sporen:** 8–10 × 3–5 µm, elliptisch, glatt, mit Tropfen. **Vorkommen:** Juni bis Oktober meist gesellig unter zweinadeligen Kiefern *(Pinus)*, gern auf Kalk. **Verwendung:** Essbar.

5 Goldgelber Lärchen-Röhrling

Suillus grevillei (KLOTZSCH: FR.) SING.

Juni–Oktober
Unter Lärchen
Essbar
5a mit Lärchenzapfen und Lippen-Schüsselflechte

Hut: 5–10(–15) cm breit, jung halbkugelig, dann polsterförmig, später ausgebreitet; Oberfläche feucht stark schmierig, glänzend, trocken seidenmatt, klebrig, hellgelb bis orangebraun; Huthaut leicht abziehbar; Rand jung etwas eingebogen. **Röhren:** Bis 10 mm lang, am Stiel schwach ausgebuchtet angewachsen, gelb, später bräunlich gelb. **Poren:** Gelb, später bräunlich gelb, anfangs rundlich, eng, später unregelmäßig verzogen (5b), auf Druck zimtbräunlich fleckend. **Stiel:** Bis 8(–12) cm lang, bis 2 cm breit, meist zylindrisch, fleischig, voll, gelb, unterhalb des Ringes bräunlich gefasert bis flockig, feucht stark schmierig; Ring weißlich bis gelblich, anfangs wulstig, vergänglich. **Fleisch:** Dick, bald weich, hellgelb bis zitronengelb, im Schnitt langsam schwach rosaviolettlich anlaufend, nicht blauend; Geruch angenehm, Geschmack fade. **Sporenpulver:** Hell olivbraun. **Sporen:** 7–10 × 3–5 µm, spindelig. **Vorkommen:** Juni bis Oktober einzeln oder gesellig unter Lärchen *(Larix)*. In ganz Europa verbreitet und überall häufig. **Verwendung:** Essbar.

1
2a
2b
3
4a
4b
5a
5b

Familie | Gattung

Boletaceae

Suillus (Schmierröhrlinge)

1 Butter-Röhrling

Suillus luteus (L.: Fr.) Roussel

Juni–November
Unter Kiefern
Essbar
Foto mit Zapfen der Wald-Kiefer

Hut: 5–12 cm breit, jung halbkugelig, dann polsterförmig, gelbbraun bis schokoladenbraun; Oberfläche glatt, feucht schleimig-schmierig, trocken matt, glänzend, radial gefasert; Haut abziebar; Rand anfangs mit dem Stiel durch einen häutigen Schleier verbunden, der als bräunlicher Ring am Stiel bleibt. **Röhren:** Bis 12 mm lang, angewachsen oder schwach herablaufend, zitronengelb, später etwas olivgelb. **Poren:** Klein, eckig, wie die Röhren gefärbt. **Stiel:** 3–6(–10) cm lang, 1–2 cm breit, zylindrisch bis etwas verdickt, voll, fest, gelblich, über dem +/– violettlichen Ring mit blassbräunlichen Drüsenpunkten. **Fleisch:** Zart, weich, gelb-weißlich; Geruch obstartig, Geschmack mild, säuerlich. **Sporenpulver:** Zimtbraun. **Sporen:** 7–10 × 3–4 µm, spindelig. **Vorkommen:** Juni bis November einzeln oder gesellig von der Küste bis in alpine Zonen unter zweinadeligen Kiefern *(Pinus)*. **Verwendung:** Essbar; individuelle Unverträglichkeitsreaktionen sind möglich. Personen, die nach dem Verzehr Beschwerden haben, müssen künftig auf den Genuss des Pilzes verzichten.

2 Elfenbein-Röhrling

Suillus placidus (Bonorden) Sing.

Sommer–Herbst
Unter fünfnadeligen Kiefern
Essbar
Foto mit Arvenzweig und Arvenzapfen

Hut: 4–8(–10) cm breit, jung polsterförmig, später ausgebreitet, mit stumpfem Buckel oder schwach eingedellter Mitte; Oberfläche feucht schmierig, trocken etwas klebrig, glatt, glänzend, jung elfenbeinweißlich, später gelblich bis bräunlich gelb; Huthaut abziehbar. **Röhren:** 4–10 mm lang, +/– am Stiel herablaufend. **Poren:** Jung weißlich, später gelb, alt gelbbräunlich, anfangs oft mit milchweißen, später bräunlichen Tröpfchen. **Stiel:** Bis 10 cm lang, bis 2 cm breit, zylindrisch, oft verbogen, auf weißem Grund purpurbraun drüsig-pustelig; Basis oft etwas verjüngt. **Fleisch:** Weich, weißlich, alt gelblich; Geruch angenehm, Geschmack mild. **Sporenpulver:** Gelboliv. **Sporen:** 7–10,5 × 2,5–3,5 µm, elliptisch, glatt, mit Tropfen. **Vorkommen:** Sommer bis Herbst unter fünfnadeligen Kiefern. **Verwendung:** Essbar; als Seltenheit zu schonen.

3 Rostroter Lärchen-Röhrling

Suillus tridentinus (Bres.) Sing.

Juli–Oktober
Unter Lärchen
Essbar
Foto mit Lärchenzweig

Hut: 5–8(–12) cm breit, anfangs halbkugelig, dann gewölbt; Oberfläche eingewachsen faserig, feucht klebrig-schmierig, orangegelblich, ockerbräunlich, rostorange; Haut abziehbar; Rand jung

eingebogen, mit Velumresten. **Röhren:** Bis 10 mm lang, am Stiel ein wenig herablaufend. **Poren:** Eckig, zum Stiel hin etwas längs gezogen, jung orange (siehe Foto links), alt braunorange. **Stiel:** Bis 10 cm lang, oft verbogen, voll, an der Spitze mit feiner Netzzeichnung, jung mit dem Hutrand durch einen Schleier verbunden, der später oft nur in Spuren als Ring am Stiel zurückbleibt. **Fleisch:** Fest, dick, zitronengelb, gelbweiß, im Schnitt langsam rötlich-bräunlich verfärbend; Geruch angenehm, fruchtartig, Geschmack mild. **Sporenpulver:** Oliv- bis zimtbraun. **Sporen:** 9–13 × 4–6 µm. **Vorkommen:** Juli bis Oktober unter Lärchen auf Kalkböden; im Flachland selten. **Verwendung:** Essbar.

4 Sand-Röhrling

Suillus variegatus (Swartz: Fr.) Kuntze

Juli–November
Unter Kiefern
Essbar
4a mit Sprossendem Bärlapp
4b mit Moosbeeren

Hut: 6–15 cm breit, jung halbkugelig, später breit gewölbt, Mitte bisweilen niedergedrückt; Oberfläche filzig-feinschuppig, feucht kaum schmierig, schnell trocken, schmutzig gelb, braungelb, ockergelb; Haut nicht abziehbar; Rand jung eingerollt. **Röhren:** 8–15 mm lang, kaum vom Hutfleisch ablösbar, blassgelb, im Schnitt schwach blauend. **Poren:** Ziemlich klein, etwas eckig, grüngelb, später grauoliv, auf Druck schwach blauend. **Stiel:** Bis 10 cm lang, bis 2,5 cm breit, zylindrisch, zur Basis hin oft verdickt, voll, glatt, gelbbraun, etwas heller als der Hut, feinfilzig überzogen. **Fleisch:** Dünn, gelblich, im Schnitt meist schwach blauend; Geruch säuerlich, Geschmack mild. **Sporenpulver:** Olivbräunlich. **Sporen:** 7–11 × 3–5 µm, elliptisch, glatt, mit Tropfen. **Vorkommen:** Juli bis November unter Kiefern *(Pinus)*, vorwiegend auf sauren Böden. **Verwendung:** Essbar.

5 Grauer Lärchen-Röhrling

Suillus viscidus (L.) Roussel
Suillus aeruginascens (Secr.) Snell

Juli–Oktober
Unter Lärchen
Essbar
Foto mit Lärchenzapfen

Hut: 4–10 cm breit, anfangs gewölbt, dann ausgebreitet-abgeflacht; Oberfläche feucht schmierig, graugrünlich-braungelblich; Haut abziehbar; Rand mit faserigen Velumresten behangen. **Röhren:** Bis 12 mm lang, angewachsen bis herablaufend, grauweiß, alt graubraun. **Poren:** Weit, eckig-radial verlängert, jung grauweiß, später schmutzig graubraun, auf Druck olivbräunlich. **Stiel:** Bis 10 cm lang, bis 2 cm breit, zylindrisch, fleischig, jung grauweißlich, später graubbräunlich, unterhalb des Rings faserig-schuppig; Ring dünn, vergänglich. **Fleisch:** Fest, später weich, weißlich, alt graulich, im Stiel gelblich; Geruch schwach aromatisch, Geschmack mild, fade. **Sporenpulver:** Olivgelb. **Sporen:** 10–14 × 3,5–6 µm, spindelförmig-elliptisch. **Vorkommen:** Juli bis Oktober einzeln oder gesellig unter Lärchen, bevorzugt auf Kalk. In Europa verbreitet. **Verwendung:** Essbar.

1

2

4a

3

4b

5

1 Maronen-Röhrling

Xerocomus badius (Fr.: Fr.) Kuehn. ex Gilb.

Juni–November
Nadel- und Laubwald
Essbar
1a mit Schönem Widertonmoos

Hut: 3–12(–18) cm breit, jung halbkugelig, bald polsterförmig gewölbt bis flach; Oberfläche feucht schmierig, trocken matt, schokoladen- bis dunkelbraun, alt glänzend. **Röhren:** 1–2 cm lang, am Stiel ausgebuchtet, jung blassgelblich, später grüngelb-oliv. **Poren:** Jung weißlich, bald grüngelb, auf Druck blaugrün. **Stiel:** Bis 10 cm lang, bis 4 cm breit, zylindrisch, voll und fest, auf hellerem Grund bräunlich längs gefasert, ohne Netz; Basis heller bis weißlich. **Fleisch:** Fest, dick, erst im Alter weich, weißlich-blassgelb, im Schnitt blauend; Geruch pilzartig, Geschmack mild, nussartig. **Sporenpulver:** Olivbraun. **Sporen:** 11–18 × 5–6 µm, spindelförmig. **Vorkommen:** Juni bis November einzeln bis gesellig im Nadel-, seltener im Laubwald, auf sauren Böden. **Verwendung:** Essbar. **Wissenswertes:** Die Gattung *Xerocomus* umfasst etwa 15 Arten mit samtigem, +/– trockenem Hut.

2 Rotfuß-Röhrling

Xerocomus chrysenteron (Bull.) Quél.

Juni–November
Laub- und Nadelwald
Essbar
Foto mit Dornfarn

Hut: 3–10 cm breit, jung halbkugelig, dann polsterförmig-abgeflacht; Oberfläche gelbbräunlich, mittel- bis dunkelbraun, auch mit olivlichen oder rötlichen Tönen, matt, samtig, bei Trockenheit feldrig aufgerissen, in Rissen und Fraßstellen meist rötlich. **Röhren:** Bis 1 cm lang, ausgebuchtet, meist strichförmig herablaufend, leicht ablösbar, erst blassgelb, dann gelbgrünlich. **Poren:** Groß, eckig, jung blassgelb, später gelbgrün, auf Druck schwach blaugrün. **Stiel:** Bis 10 cm lang, bis 2 cm breit, meist zylindrisch, oft verbogen, voll, auf gelblichem Grund oft rötlich punktiert bis rötlich gestreift. **Fleisch:** Bald weich, gelblich, unter der Huthaut rötlich, im Schnitt meist schwach blauend; Geruch unbedeutend, Geschmack mild, etwas säuerlich. **Sporenpulver:** Olivbraun. **Sporen:** 13–15 × 5–6 µm, spindelig, glatt, dickwandig. **Vorkommen:** Juni bis November häufig in Laub- und Nadelwäldern, auch in Parkanlagen. **Verwendung:** Essbar. **Wissenswertes:** Sammelart, die verschiedenen Varianten lassen sich nur schwer unterscheiden.

3 Parasitischer Röhrling

Xerocomus parasiticus (Bull.: Fr.) Quél.

Sommer–Herbst
An Dickschaligen Kartoffel-Hartbovisten
Kein Speisepilz
Foto parasitisch an Dickschaligem Kartoffel-Hartbovist

Hut: Bis 6 cm breit, jung halbkugelig, später polsterförmig; Oberfläche gelbbraun bis olivbraun, matt, alt oft rissig; Rand lange nach unten gebogen. **Röhren:** Bis 6 mm lang, etwas herablaufend, zitronengelb, alt bräunlich gelb. **Poren:** Eckig, gelb, alt olivbräunlich. **Stiel:** Bis 6 cm lang, zylindrisch und verbogen, gelbbraun, orangebraun, längsfaserig mit bräunlichen Schüppchen. **Fleisch:** Dick, zitronengelb; Geruch unbedeutend, Geschmack mild. **Sporenpulver:** Rotbräunlich. **Sporen:** 12–18 × 4–6 µm, spindelig-elliptisch. **Vorkommen:** Sommer bis Herbst parasitisch am Dickschaligen Kartoffel-Hartbovist *(Scleroderma citrinum)*, auf sauren Böden; in ganz Europa verbreitet, aber selten. **Verwendung:** Kein Speisepilz. **Wissenswertes:** Als parasitisch wachsender Röhrling (anderer Name: Schmarotzer-Röhrling) leicht erkennbar.

4 Schwarzblauender Röhrling

Xerocomus pulverulentus (Opat.) Gilb.

Juni–September
Laub- und Nadelwald
Essbar
Foto mit Schönem Widertonmoos

Hut: 4–8 cm breit, jung halbkugelig, später polsterförmig gewölbt mit etwas vertiefter Mitte; Oberfläche samtig, später glatt, haselnussbraun, schmutzig rotbraun, kastanienbraun; Rand lange nach innen gebogen, glatt bis wellig. **Röhren:** 5–15 mm lang, ausgebuchtet angewachsen bis etwas herablaufend, olivgelb, sofort blauend. **Poren:** Klein, eckig, goldgelb-dottergelb, bei Berührung sofort tief dunkelblau verfärbend. **Stiel:** Bis 8 cm lang, bis 1,5 cm breit, zylindrisch, zur Basis hin zugespitzt, oben chromgelb, darunter rotbraun bis rötlich streifig. **Fleisch:** Zitronengelb, im Schnitt sofort dunkelblau verfärbend; Geruch unbedeutend, Geschmack mild. **Sporenpulver:** Olivbraun. **Sporen:** 11–15 × 4,5–5,5 µm. **Vorkommen:** Juni bis September einzeln oder gesellig im Laub- und Nadelwald. **Verwendung:** Essbar.

5 Ziegenlippe, Filziger Röhrling

Xerocomus subtomentosus (L.: Fr.) Quél.

Juni–Oktober
Laub- und Nadelwald
Essbar

Hut: 3–10 cm breit, jung fast halbkugelig, später flach polsterförmig, fleischig; Oberfläche gelboliv, olivbraun, samtig, feinfilzig, trocken, kaum aufreißend; Haut nicht abziehbar; Rand bisweilen die Poren überragend. **Röhren:** Bis 1,5 cm lang, am Stiel etwas ausgebuchtet, bisweilen strichförmig herablaufend, leicht vom Hut ablösbar, leuchtend gelb. **Poren:** Weit, besonders zum Stiel hin groß und eckig, dottergelb, alt grüngelb bis bräunlich gelb, auf Druck nicht oder nur schwach blauend. **Stiel:** Bis 10 cm lang, bis 2 cm breit, schlank, meist zylindrisch, bisweilen verbogen, gelbbräunlich, bräunlich bis rotbräunlich, feinkörnig-flockig bis längspunktiert-gefasert. **Fleisch:** Jung fest, bald weich, weißlich, im Stiel gelblich, im Schnitt nur wenig blauend; Geruch unbedeutend, Geschmack mild. **Sporenpulver:** Olivbräunlich. **Sporen:** 10–15 × 4–6 µm, spindelig, glatt. **Vorkommen:** Juni bis Oktober einzeln bis gesellig im Laub- und Nadelwald. **Verwendung:** Essbar. **Wissenswertes:** Von der Ziegenlippe sind verschiedene Formen und Varietäten bekannt. Übergangsformen sind nicht selten; die Zuordnung mancher Kollektionen ist sehr schwierig.

1a

1b

2

3

4

5

Familie	Gattung
Boletaceae	*Boletus* (Dickröhrlinge)

1 Schönfuß-Röhrling

Boletus calopus Pers.: Fr.

Juni–Oktober
Laub- und Nadelwald
Kein Speisepilz

Hut: 5–15(–20) cm breit, anfangs halbkugelig, dann polsterförmig-abgeflacht; Oberfläche trocken, matt, schwach filzig, tonfarben, graugelblich, blass graubräunlich, oft kleinfeldrig eingerissen; Rand jung eingebogen, scharf. **Röhren:** 5–15 mm lang, ausgebuchtet angewachsen, intensiv gelb. **Poren:** Eng, zitronengelb, bei Berührung sofort blaugrün verfärbend. **Stiel:** 6–10 cm lang, 2–4 cm breit, kräftig, zylindrisch oder schwach keulig-knollig, oben gelblich, abwärts karminrot geflammt mit erhabener heller Netzzeichnung, auf Druck blauend. **Fleisch:** Dick, fest, weißgelblich, im Schnitt schwach blauend; Geruch unangenehm, säuerlich, Geschmack bitter. **Sporenpulver:** Hellbräunlich. **Sporen:** 10–16 × 4–6 µm, spindelförmig, glatt. **Vorkommen:** Juni bis Oktober in Laub- und Nadelwäldern auf nährstoffarmen Böden der Mittelgebirge und der Alpen, im Flachland selten. **Verwendung:** Kein Speisepilz. **Wissenswertes:** Die Gattung *Boletus* umfasst in Europa etwa 35 Arten, alle wahrscheinlich Mykorrhizabildner. Viele sind selten und zu schonen.

2 Fichten-Steinpilz

Boletus edulis Bull.: Fr.

Juli–Oktober
Nadelwald
Essbar
2a mit Bandflechte
2b mit Schönem Widertonmoos

Hut: Bis 25 cm breit, jung halbkugelig, später polsterförmig bis flach gewölbt; Oberfläche glatt, wildlederartig, feucht etwas schmierig, haselnussbraun, hellbraun bis dunkelbraun; Rand glatt, lange nach unten gebogen und die Röhren etwas überragend. **Röhren:** 1–4 cm lang, am Stiel ausgebuchtet, anfangs weißlich, später gelbgrünlich; Röhrenboden weißlich. **Poren:** Eng, wie die Röhren gefärbt. **Stiel:** Bis 20 cm lang, bis 6 cm breit, jung meist bauchig, später zylindrisch, bauchig oder keulig, im oberen Teil hellbräunlich mit hellerem Adernetz, zur Basis hin weißlich mit weniger deutlichem bis fehlendem Netz. **Fleisch:** Fest, alt schwammig, weißlich, alt unter der Huthaut bräunlich; Geruch angenehm, Geschmack mild, nussartig. **Sporenpulver:** Olivbraun. **Sporen:** 14–20 × 3,5–6 µm. **Vorkommen:** Juli bis Oktober meist im Nadelwald. In manchen Jahren kann er in jungen Fichtenschonungen massenhaft auftreten. **Verwendung:** Essbar. **Wissenswertes:** Der Steinpilz kann mit dem bitteren Gallenröhrling *(Tylopilus felleus)* verwechselt werden.

3 Flockenstieliger Hexen-Röhrling

Boletus erythropus (Fr.: Fr.) Krbh.
Boletus luridiformis Rostk. in Sturm

Mai–Oktober
Laub- und Nadelwald
Essbar

Hut: 8–20 cm breit, anfangs halbkugelig, später polsterförmig; Oberfläche samtig, alt kahl, glänzend, feucht klebrig-schmierig, meist dunkelbraun, bisweilen auch heller; Rand die Röhren etwas überragend. **Röhren:** 1–3 cm lang, am Stiel ausgebuchtet angewachsen, blassgelb; Röhrenboden gelb. **Poren:** Eng, jung gelblich, bald orange bis dunkelrot, zum Rand hin gelblich, bei Berührung sofort schwarzblau verfärbend. **Stiel:** 4–15 cm lang, 2–4 cm breit, anfangs bauchig, später gestreckt, voll, auf gelblichem Grund dicht mit karminroten Schüppchen bedeckt, blauend. **Fleisch:** Fest, alt weich, gelb, im Schnitt sofort dunkelblau verfärbend, bald ausblassend; Geschmack mild, angenehm, Geruch unbedeutend. **Sporenpulver:** Olivbraun. **Sporen:** 12–18 × 4–6,5 µm. **Vorkommen:** Mai bis Oktober im Laub- und Nadelwald. **Verwendung:** Essbar.

4 Silber-Röhrling

Boletus fechtneri Vel.

Sommer
Laubwald
Essbar
Foto mit Blättern der Rotbuche

Hut: 4–15(–25) cm breit, jung halbkugelig, später polsterförmig; Oberfläche seidig glänzend, nicht schmierig, silbergrau, rauchgrau, graubräunlich. **Röhren:** Bis 2,5 cm lang, jung angewachsen, später ausgebuchtet, grünlich gelb, alt oliv, blauend. **Poren:** Eng, rund bis eckig, jung zitronengelb, auf Druck blauend. **Stiel:** Bis 15 cm lang, jung bauchig, später zylindrisch-keulig, zitronengelb, in der Mitte oder zur die Basis hin mit +/– deutlichen rötlichen Flecken; Netz gelblich bis rötlich, oft kaum wahrnehmbar. **Fleisch:** Jung fest, später weich, hellgelblich, im Schnitt blauend; Geruch pilzartig, Geschmack mild. **Sporenpulver:** Olivbräunlich. **Sporen:** 9–16 × 4–6 µm. **Vorkommen:** Im Sommer unter Buchen *(Fagus)* auf Kalk. **Verwendung:** Essbar; als Seltenheit zu schonen.

5 Netzstieliger Hexen-Röhrling

Boletus luridus Schaeff.: Fr.

Mai–Oktober
Laubwald, Parkanlagen
Essbar
5a mit Stinkender Nieswurz

Hut: Bis 20 cm breit, anfangs halbkugelig, dann polsterförmig-abgeflacht; Oberfläche jung gelblich-braungelblich mit Orangeton, alt olivbraun bis dunkel orangebraun, jung feinfilzig, matt, bei Berührung sofort dunkel verfärbend. **Röhren:** Bis 2 cm lang, ausgebuchtet, gelblich, alt grünlich, leicht ablösbar, im Schnitt sofort blaugrün verfärbend (5b); Röhrenboden orangerot, im Schnitt als rote Linie zwischen Hutfleisch und Röhren erkennbar. **Poren:** Klein, rundlich, jung olivgelb, dann orangerot, schließlich karminrot; bei Berührung stark blauend. **Stiel:** Bis 15 cm lang, bis 4 cm breit, jung bauchig, später gestreckt, im oberen Teil gelblich, nach unten orangerot bis purpurn, Netz dunkler, längs gezogen. **Fleisch:** Fest, im Hut blassgelb, im Stielgrund weinrötlich, blauend; Geruch pilzartig, Geschmack mild. **Sporenpulver:** Olivbraun. **Sporen:** 9–17 × 5–7 µm. **Vorkommen:** Mai bis Oktober, meist in Laubwäldern und in Parkanlagen. **Verwendung:** Essbar; verursacht individuelle Unverträglichkeitsreaktionen vor allem bei gleichzeitigem Alkoholgenuss.

1a

1b

2a

3

2b

4

5a

5b

Familie | Gattung

Boletaceae

Boletus (Dickröhrlinge)

1 Wurzelnder Bitter-Röhrling

Boletus radicans PERS.: FR.

Juli–Oktober
Laubwald, Parkanlagen
Kein Speisepilz

Hut: 6–20(–30) cm breit, jung fast halbkugelig, dann polsterförmig; Oberfläche jung feinfilzig, später glatt, bisweilen feldrig aufreißend, weißlich, blassgrau, alt schmutzig graubräunlich; Haut nicht abziehbar, am Rand überstehend. **Röhren:** 1–4 cm lang, am Stiel ausgebuchtet, blass zitronengelb, alt schmutzig oliv. **Poren:** Klein, eckig-rund, zitronengelb, alt braunoliv, jung auf Druck intensiv blauend. **Stiel:** 5–12 cm lang, bis 7 cm breit, knollig-bauchig bis keulig, voll, fest, zitronengelblich mit undeutlichem, gelblich-bräunlichem Netz, auf Druck blauend; Basis oft zugespitzt. **Fleisch:** Fest, alt weich, blass zitronengelb, im Schnitt blauend (siehe Foto links); Geruch unangenehm, Geschmack bitter. **Sporenpulver:** Olivbräunlich. **Sporen:** 10–16 × 4–6 µm, elliptisch-spindelförmig, glatt. **Vorkommen:** Juli bis Oktober einzeln, bisweilen auch zu mehreren verwachsen in Laubwäldern und Parkanlagen, auf Kalkböden; selten. Der Wurzelnde Bitter-Röhrling ist wie viele Arten der Gattung *Boletus* überall im Rückgang begriffen. Viele dieser Seltenheiten findet man gelegentlich in Parkanlagen, wo sie unter den alten Bäumen einen geschützten Lebensraum gefunden haben. **Verwendung:** Kein Speisepilz.

2 Eichen-Steinpilz

Boletus reticulatus SCHAEFF.
Boletus aestivalis PAUL.: FR.

Mai–Juli
Buchen- und Eichenwald
Essbar

Hut: 6–30 cm breit, anfangs halbkugelig, später polsterförmig-abgeflacht; Oberfläche feinfilzig, zur Mitte hin aufgeraut-runzelig, feucht klebrig, bei Trockenheit oft feldrig-rissig, hell lederbräunlich, nussbräunlich. **Röhren:** 1–3 cm lang, ausgebuchtet, jung weiß, alt olivgrün. **Poren:** Eng, rundlich, jung weiß, alt olivgrün. **Stiel:** Bis 20 cm lang, bis 8 cm breit, jung knollig, später zylindrisch, blassbraun, lederfarben, Basis weißlich; Netz weißlich, alt bräunlich nachdunkelnd. **Fleisch:** Dick, im Hut bald weich, weißlich, unter der Huthaut hellbraun, im Schnitt nicht verfärbend; Geruch angenehm, Geschmack mild. **Sporenpulver:** Olivbraun. **Sporen:** 13–17 × 4–5 µm, spindelförmig, glatt, mit Tropfen. **Vorkommen:** Mai bis Juli in grasigen, sommerwarmen, kalkreichen Buchen- und Eichenwäldern; selten. **Verwendung:** Essbar. **Wissenswertes:** Der Eichen-Steinpilz gehört zum Formenkreis um den Fichten-Steinpilz *(Boletus edulis)*. Dazu zählen auch der Kiefern-Steinpilz *(Boletus pinophilus)* und der Schwarzhütige Steinpilz *(Boletus aereus)*. Sie unterscheiden sich in der Hutfarbe und durch unterschiedliche Mykorrhizapartner.

3 Blasshütiger Purpur-Röhrling

Boletus rhodoxanthus (KRBH.) KALLENB.

Juli–September
Laubwald
Kein Speisepilz

Hut: 5–20 cm breit, anfangs halbkugelig, alt polsterförmig; Oberfläche jung samtig-filzig, später glatt, jung blass beige-hellocker, bräunlich gelb mit blassrosa Tönen; Rand leicht eingerollt. **Röhren:** Bis 2,5 cm lang, am Stiel ausgebuchtet angewachsen, leicht ablösbar, gelb, auf Druck etwas blauend. **Poren:** Klein, rund-elliptisch, anfangs gelb, dann purpur-orange, auf Druck blaugrün verfärbend. **Stiel:** 5–12 cm lang, 3–6 cm breit, bauchig, später keulig, auf orangegelbem Grund purpurrot feinnetzig, zur Spitze hin gelblich, zum Grund hin kaum netzig. **Fleisch:** Fest, alt schwammig, gelb bis goldgelb, im Schnitt blauend; Geruch und Geschmack unauffällig. **Sporenpulver:** Olivbraun. **Sporen:** 10–15 × 4–5 µm, elliptisch-spindelig. **Vorkommen:** Juli bis September in Laubwäldern milder Lagen, auf Kalkböden; selten und überall im Rückgang begriffen. **Verwendung:** Kein Speisepilz.

4 Satans-Röhrling

Boletus satanas LENZ

Juli–Oktober
Laubwald
Giftig
4a mit Blättern vom Maiglöckchen
4b Hutmissbildung

Hut: Bis 25 cm breit, jung halbkugelig, dann gewölbt, alt ausgebreitet; Oberfläche anfangs etwas filzig, später glatt, schwach klebrig, grauweiß, hell grauoliv oder ocker-lederfarben; Rand eingebogen, die Röhren etwas überragend. **Röhren:** Bis 25 mm lang, am Stiel abgerundet, erst blassgelb, später grüngelb. **Poren:** Klein, rundlich, anfangs gelblich, bald karminrot-purpurn. **Stiel:** Bis 12 cm lang, bis 10 cm breit, bauchig bis kugelig, unter dem Hut gelblich, zur Basis hin karminrötlich, im oberen Teil mit feinem, hellgelblichem bis rötlichem Netz, auf Druck wie die Poren grünblau. **Fleisch:** Fest, dick, alt schwammig, weißgelblich, im Schnitt schwach blauend; Geruch unangenehm, alt aasartig, Geschmack jung mild. **Sporenpulver:** Oliv. **Sporen:** 10–16 × 4–7 µm, spindelförmig. **Vorkommen:** Juli bis Oktober einzeln oder nesterweise in Laubwäldern unter Buchen *(Fagus sylvatica)*; auf kalkhaltigen Böden. In Europa weit verbreitet, aber überall selten. **Verwendung:** Giftig; verursacht schwere Magen-Darm-Erkrankungen mit heftigem Erbrechen. **Wissenswertes:** Der Satans-Röhrling ist leicht erkennbar. Verwechslungen sind mit einer Reihe anderer rotporiger Röhrlinge möglich, die als Speisepilze ebenfalls nicht in Frage kommen.

1

2

3

4a

4b

Familie | **Gattungen**

Boletaceae

Boletinus (Schuppenröhrlinge), *Chalciporus* (Zwergröhrlinge), *Pulveroboletus* (Nadelholzröhrlinge), *Tylopilus* (Gallenröhrlinge), *Phylloporus* (Goldblattpilze)

1 Hohlfuß-Schuppenröhrling

Boletinus cavipes (KLOTZSCH IN FR.) KALCHBR.

Juli–Oktober
Unter Lärchen
Essbar
1b mit Bandflechte

Hut: 4–10(–15) cm breit, anfangs konvex bis stumpfkegelig, dann abgeflacht mit leicht eingedrückter Mitte, oft gebuckelt; Oberfläche filzig-schuppig, gelb-, gold- bis rostbraun; Rand jung eingerollt, mit Velumresten. **Röhren:** 3–10 mm lang, etwas herablaufend, nur schwer vom Hutfleisch abtrennbar, erst gelb, dann grüngelb. **Poren:** Wabenartig, länglich gestreckt, wie die Röhren gefärbt. **Stiel:** 5–8 cm lang, bis 2 cm breit, zylindrisch, von jung an hohl (1a), wie die Röhren gefärbt, mit faserigen Schüppchen besetzt; Ring flockig. **Fleisch:** Dick, bald weich, weißgelblich, im Schnitt nicht blauend; Geruch angenehm, Geschmack mild. **Sporenpulver:** Gelboliv. **Sporen:** 8–10 × 3–4 µm, elliptisch. **Vorkommen:** Juli bis Oktober unter Lärchen *(Larix)* im Gebirge, im Flachland selten; schonenswert. **Verwendung:** Essbar.

2 Pfeffriger Zwerg-Röhrling

Chalciporus piperatus (BULL.: FR.) BAT.

Juli–Oktober
Nadelwald, Laubwald
Kein Speisepilz
Foto mit Blutwurz

Hut: 2–8 cm breit, jung halbkugelig, bald polsterförmig, flach gewölbt; Oberfläche bei feuchter Witterung leicht klebrig, trocken matt, bisweilen feldrig-rissig, zimt- bis orangebraun, rötlich braun; Rand scharf bis wulstig, alt etwas wellig. **Röhren:** 3–10 mm lang, am Stiel angewachsen oder etwas herablaufend, braunrot, fuchsig. **Poren:** Rundlich, zum Stiel hin eckig, braunrot, fuchsig. **Stiel:** Bis 7 cm lang, bis 1 cm breit, schlank, zur Basis hin leicht zugespitzt, voll, glatt, gelb bis rotbraun; Myzel gelb. **Fleisch:** Dünn, fest, alt weich, gelblich, in der Stielbasis zitronengelb; ohne besonderen Geruch, Geschmack brennend scharf. **Sporenpulver:** Rötlich braun. **Sporen:** 8–11 × 3–4 µm, elliptisch. **Vorkommen:** Juli bis Oktober im Nadelwald, seltener im Laubwald. **Verwendung:** Kein Speisepilz. Der Pfeffer-Röhrling wird bisweilen in kleineren Mengen als Würzpilz verwendet, er kann jedoch in größeren Mengen heftige Magen-Darm-Störungen verursachen.

3 Nadelholz-Röhrling

Pulveroboletus lignicola (KBCH.) SNELL & DICK

Sommer–Herbst
Am Fuß von Nadelbäumen
Essbar
3a und 3b mit Zapfen der Wald-Kiefer

Hut: Bis 10 cm breit, konvex; Oberfläche feucht schmierig, trocken samtig, filzig matt, alt grobschuppig, ockerbraun, orangegelb, goldbraun; Rand nach unten gebogen, die Poren deutlich überragend. **Röhren:** Bis 1 cm lang, am Stiel kurz herablaufend. **Poren:** Länglich-eckig, anfangs gelblich, später rostgelb, auf Druck blaugrün. **Stiel:** Bis 10 cm lang, bis 2,5 cm breit, zylindrisch, bisweilen exzentrisch stehend, voll, rostgelb, rostbräunlich; Basis mit gelben Myzelfäden. **Fleisch:** Weich, gelb, im Schnitt über den Röhren grünblau, wieder ausblassend; Geruch angenehm harzig, Geschmack leicht säuerlich. **Sporenpulver:** Braunoliv. **Sporen:** 6–12 × 3–4 µm. **Vorkommen:** Sommer bis Herbst am Fuß und an Stümpfen von Nadelbäumen: Kiefer *(Pinus)*, Fichte *(Picea)*, Lärche *(Larix)*. **Verwendung:** Essbar; als Seltenheit zu schonen.

4 Gallenröhrling

Tylopilus felleus (BULL.: FR.) KARST.

Juni–Oktober
Laub- und Nadelwald
Kein Speisepilz
4a mit Sauerklee und Schönem Widertonmoos

Hut: 5–12(–20) cm breit, anfangs halbkugelig, dann polsterförmig bis ausgebreitet, hellbräunlich bis dunkel graubraun, auch mit Olivtönen; Oberseite feinfilzig, trocken matt, feucht etwas schmierig; Rand stumpf. **Röhren:** 1–2,5 cm lang, am Stiel ausgebuchtet angewachsen, später wulstförmig vorgewölbt, leicht ablösbar, weißlich bis blass rosafarben. **Poren:** Rundlich-eckig, erst weißlich, dann lachsrosa, an Druckstellen bräunlich. **Stiel:** Bis 15 cm lang, bis 4 cm breit, keulig, am Grunde bauchig verdickt, hellbräunlich, zur Spitze hin heller, mit dunklerem, erhabenem, grobmaschigem Netz, das fast den ganzen Stiel überzieht. **Fleisch:** Dick, weich, weiß, im Schnitt kaum verfärbend; Geruch angenehm pilzartig, Geschmack sehr bitter. **Sporenpulver:** Rosabraun. **Sporen:** 11–15 × 3,5–5 µm, spindelig, glatt. **Vorkommen:** Juni bis Oktober im Laub- und Nadelwald, fast nur auf sauren Böden, fehlt auf Kalk. In ganz Europa weit verbreitet. **Verwendung:** Kein Speisepilz. **Wissenswertes:** Junge Gallenröhrlinge sehen Steinpilzen *(Boletus edulis)* oft täuschend ähnlich. Die Bezeichnung *felleus* kommt von *fel* (lat.: Galle) und kennzeichnet den Pilz trefflich. Seine Bitterkeit verliert sich weder beim Kochen noch beim Trocknen.

5 Goldblatt

Phylloporus pelletieri (LÉV.) QUÉL.

Juli–Oktober
Laub- und Nadelwald
Essbar
5a mit Sauerklee

Hut: 3–8 cm breit, erst gewölbt, später ausgebreitet, rotbräunlich bis purpurbräunlich; Oberfläche samtig-filzig, trocken; Rand scharf. **Lamellen:** Angewachsen bis herablaufend, breit, untermischt, mit zahlreichen, auffallend starken Anastomosen (5b), bisweilen verkümmert porig, zitronengelb bis goldgelb. **Stiel:** Bis 6 cm lang, bis 1,5 cm breit, zentral, oft exzentrisch, zur Basis hin verjüngt, erst gelbbräunlich, dann braunrot; Basis und Myzelfilz gelb. **Fleisch:** Weich, weißlich-hellbräunlich; Geruch pilzartig, Geschmack mild. **Sporenpulver:** Gelbbraun-oliv. **Sporen:** 10–13 × 4–5 µm, elliptisch, glatt. **Vorkommen:** Juli bis Oktober im Laub- und Nadelwald; selten. **Verwendung:** Essbar; sollte geschont werden. **Wissenswertes:** Die Gattung *Phylloporus* bildet den Übergang von den Röhrlingen zu den Blätterpilzen. In Europa kommt nur die eine hier beschriebene Art vor.

1a
1b
2
3a
4a
3b
5a
5b
4b

Boletaceae

Leccinum (Raufußröhrlinge)

1 Hainbuchen-Raufußröhrling

Leccinum carpini (SCHULZ) MOS.

Juli–Oktober
Unter Hainbuchen
Essbar

Hut: 5–10(–15) cm breit, jung halbkugelig, dann polsterförmig; Oberfläche glatt, runzelig oder feldrig-rissig, feucht etwas klebrig, hellbraun, olivbraun, schwarzbraun. **Röhren:** 1,5–3 cm lang, um den Stiel tief ausgebuchtet, angewachsen, schmutzig weißlich. **Poren:** Klein, weißlich, später gelbbraun, bei Berührung grauend. **Stiel:** 5–15 cm lang, bis 3 cm breit, zylindrisch, weißgrau, mit grauschwärzlichen Schüppchen besetzt; Basis oft keulig. **Fleisch:** Im Hut bald weich, im Stiel fest, weißlich, im Schnitt rötlich, später schwarzviolettlich; Geruch angenehm, Geschmack mild. **Sporenpulver:** Tabakbraun. **Sporen:** 12–20 × 5–7 µm. **Vorkommen:** Juli bis Oktober im Laubwald, vor allem unter Hainbuchen *(Carpinus)*. **Verwendung:** Essbar. **Wissenswertes:** Pilze der Gattung *Leccinum* erkennt man an ihrem geschuppten Stiel und an den um den Stiel stark niedergedrückten Röhren; Raufußröhrlinge sind in Deutschland geschützt.

2 Eichen-Rotkappe

Leccinum quercinum (PIL.) EX GREEN ET WATL.

August–Oktober
Eichenwald
Essbar
2a mit Heidelbeere und Blättern der Stiel-Eiche

Hut: 6–15(–20) cm breit, jung halbkugelig, später polsterförmig; Oberfläche feinfilzig, später glatt, orangebraun, ziegelfarben, kastanienbraun; Huthaut am Rand etwas überstehend. **Röhren:** Bis 3 cm lang, am Stiel stark ausgebuchtet, weißlich bis blassbraun. **Poren:** Klein, weißlich, später grau bis graugelblich, auf Druck bräunlich fleckend. **Stiel:** Bis 18 cm lang, 2–4 cm breit, schwach keulig; Schüppchen auf hellem Grund anfangs weißlich, bald braunrot, im Alter schwärzend. **Fleisch:** Dick, weiß, im Schnitt schwach rosa-grauviolett; Geruch und Geschmack angenehm. **Sporenpulver:** Gelbbraun. **Sporen:** 12–16 × 4–5 µm, spindelig. **Vorkommen:** August bis Oktober in warmen Eichenwäldern. **Verwendung:** Essbar; als Seltenheit zu schonen. **Wissenswertes:** Einige Autoren betrachten den Pilz als Varietät der Espen-Rotkappe *(Leccinum rufum)*.

3 Espen-Rotkappe

Leccinum rufum (SCHAEFF.) KREIS.
Leccinum aurantiacum (BULL.) GRAY

Juli–Oktober
Unter Pappeln
Essbar
3a mit Heidelbeere
3b junge Fruchtkörper mit Blättern der Zitter-Pappel

Hut: 5–20 cm breit, erst halbkugelig, dann polsterförmig; Oberfläche feinfilzig, trocken matt, feucht leicht schmierig, orangerot, braunrot bis orangebraun; Huthaut am Rand etwas überstehend. **Röhren:** Bis 2 cm lang, um den Stiel niedergedrückt, leicht ablösbar, lange weißlich, alt olivgrau und schwammig. **Poren:** Sehr klein, weißlich, später olivgrau, auf Druck ganz leicht bräunend. **Stiel:** Bis 15 cm lang, bis 4 cm breit, zylindrisch bis bauchig, weißlich, jung mit weißlichen, später orangebraunen bis rotbraunen abstehenden Schüppchen bedeckt. **Fleisch:** Dick, fest, alt weich, weiß, verfärbt sich im Schnitt langsam graulila bis grauschwarz, wird beim Kochen schwarz; Geruch und Geschmack angenehm. **Sporenpulver:** Olivbräunlich. **Sporen:** 13–17 × 4–5 µm, elliptisch, glatt. **Vorkommen:** Juli bis Oktober unter Pappeln *(Populus)*; vielerorts stark zurückgegangen. **Verwendung:** Essbar; als Seltenheit zu schonen.

4 Birkenpilz

Leccinum scabrum (BULL.: FR.) GRAY

Juni–Oktober
Unter Birken
Essbar
4a mit Torfmoos im Birkenmoor

Hut: 5–15 cm breit, jung halbkugelig, später polsterförmig; Oberfläche glatt, kahl, feucht schmierig, gelbbraun, graubraun bis rötlich braun. **Röhren:** 1–3 cm lang, am Stiel tief ausgebuchtet angewachsen, kissenartig vorgewölbt, leicht ablösbar, weißlich, später graulich. **Poren:** Klein, weißlich, später graulich, an Druckstellen bräunlich. **Stiel:** Bis 15 cm lang, bis 3 cm breit, schlank, nach oben verjüngt, weißlich, mit grauen, später schwärzlichen Schüppchen bedeckt, die im oberen Teil des Stiels manchmal längsstreifig angeordnet sind. **Fleisch:** Jung fest, bald schwammig, weißlich, später grauweiß, im Schnitt nicht verfärbend; Geruch angenehm, aromatisch, Geschmack mild, säuerlich. **Sporenpulver:** Gelbbraun. **Sporen:** 12,5–17,5 × 4,5–5,5 µm, glatt, mit Tropfen. **Vorkommen:** Juni bis Oktober unter Birken *(Betula)*. **Verwendung:** Essbar, roh unbekömmlich. **Wissenswertes:** Der Birkenpilz hat einige ähnliche Verwandte, außerdem sind verschiedene Kleinarten beschrieben, deren Abgrenzung Schwierigkeiten bereitet.

5 Birken-Rotkappe

Leccinum versipelle (FR. IN FR. ET HÖK) SNELL
Leccinum testaceoscabrum (SECR.) SING.

Juni–November
Unter Birken
Essbar
5a und 5b mit Birkenblättern

Hut: 5–20 cm breit, erst halbkugelig, dann breit polsterförmig, dickfleischig; Oberfläche filzig, trocken matt, bei feuchter Witterung leicht schmierig, orangegelb, ockergelb; Rand mit kleinem Saum überstehend. **Röhren:** Bis 3 cm lang, um den Stiel niedergedrückt, leicht ablösbar, alt schwammig, jung schmutzig weißlich, später graulich. **Poren:** Ziemlich klein, jung schmutzig weißlich, bald graubraun. **Stiel:** 8–15 cm lang, 2–4 cm breit, jung bauchig, später zylindrisch-keulig, weißlich, von Anfang an dicht mit abstehenden schwärzlichen Stielschuppen bedeckt; auf Druck grünblau verfärbend. **Fleisch:** Fest, im Hut bald weich, weiß, im Schnitt schwach blauend oder rötend, beim Kochen schwärzend; Geruch angenehm, Geschmack mild. **Sporenpulver:** Olivbraun. **Sporen:** 13–16 × 4–6 µm, elliptisch, glatt, mit Tropfen. **Vorkommen:** Juni bis November unter Birken *(Betula)*, vielerorts rückläufig. **Verwendung:** Essbar; in Deutschland geschützt.

1
2a
2b
3a
4a
3b
5a
5b
4b

Familie	Gattungen
Paxillaceae	*Paxillus* (Kremplinge), *Ripartites* (Filzkremplinge), *Hygrophoropsis* (Afterleistlinge), *Omphalotus* (Ölbaumpilze)

1 Samtfuß-Krempling

Paxillus atrotomentosus (Batsch: Fr.) Fr.

Juli–November
An Nadelholz
Ganz jung essbar
Foto mit Schönem Widertonmoos

Hut: 7–15(–30) cm, halbrund, muschelförmig oder zungenförmig, dickfleischig, fest; Oberfläche jung feinfilzig, braunsamtig, alt kahl, rissig; Rand lange eingerollt. **Lamellen:** Am Stiel herablaufend, gedrängt, schmal, oft gegabelt und durch Querwände verbunden, ablösbar, blassgelb bis hellocker, an Druckstellen bräunend. **Stiel:** 5–8 cm lang, 1–2 cm breit, bauchig, exzentrisch stehend, samtig-filzig, dunkelbraun-braunschwarz. **Fleisch:** Dick, weich, weißlich bis blassgelblich; Geruch schwach säuerlich, Geschmack bitterlich. **Sporenpulver:** Gelbbraun. **Sporen:** 4–5,5 × 3–4 µm, breitelliptisch, glatt. **Vorkommen:** Juli bis November an Nadelholzstümpfen und -wurzeln. **Verwendung:** Ganz jung essbar. **Wissenswertes:** Der Pilz ist leicht erkennbar und kaum zu verwechseln.

2 Kahler Krempling

Paxillus involutus (Batsch: Fr.) Fr.

Juni–November
Laub- und Nadelwald
Giftig
2a mit Rotstängelmoos

Hut: 5–15(–20) cm breit, schon bald niedergedrückt; Oberfläche feinsamtig bis glatt, feucht etwas schmierig, gelbbraun, olivbraun, rostbraun; Rand meist gefurcht, lange eingerollt. Hut, Lamellen und Stiel verfärben sich bereits auf leichten Druck dunkel braunrot. **Lamellen:** Am Stiel herablaufend, oft gegabelt, leicht ablösbar, jung blassgelb, gelbbräunlich, alt rostbraun. **Stiel:** 5–8 cm lang, 1–2 cm breit, zylindrisch, oft gebogen, voll, Oberfläche blassgelb, schmutzig gelb bis braunrötlich, oft fein bereift. **Fleisch:** Weich, saftig, blass gelbbraun; Geruch und Geschmack säuerlich. **Sporenpulver:** Rostbraun. **Sporen:** 8–10 × 4,5–6 µm, oval, glatt. **Vorkommen:** Juni bis November verbreitet im Laub- und Nadelwald. In Europa weit verbreitet. **Verwendung:** Giftig.

3 Erlen-Krempling

Paxillus rubicundulus Ort.

Juli–November
Unter Erlen
Kein Speisepilz
Foto mit Blättern der Schwarz-Erle

Hut: 2–7(–15) cm breit, niedergedrückt bis trichterförmig, ohne Buckel, unregelmäßig verbogen; Oberfläche braungelb, olivbraun, glatt mit dunkleren, eingewachsenen oder angedrückten Schuppen; Rand kaum oder nur leicht eingerollt. **Lamellen:** Am Stiel herablaufend, oft gegabelt, blassgelblich bis goldbraun, alt dunkler, an Druckstellen langsam rotbräunlich fleckend. **Stiel:** Bis 5 cm lang, nach unten verjüngt, voll, blassgelblich-bräunlich. **Fleisch:** Gelblich, im Schnitt bräunlich; Geruch und Geschmack unbedeutend. **Sporenpulver:** Braun. **Sporen:** 6,5–8 × 4,5–5 µm. **Vorkommen:** Juli bis November einzeln bis gesellig unter Erlen *(Alnus)*. **Verwendung:** Kein Speisepilz; vermutlich giftig.

4 Bewimperter Filzkrempling

Ripartites tricholoma (Alb. & Schw.: Fr.) Karst.

August–November
Laub- und Nadelwald
Kein Speisepilz

Hut: 1–4 cm breit, jung halbkugelig, später ausgebreitet-niedergedrückt, schwach gebuckelt, alt oft +/– trichterförmig; Oberfläche faserig-filzig, weiß, alt ockergrau; Rand lange eingerollt, mit borstigen Fransen. **Lamellen:** Am Stiel breit angewachsen bis kurz herablaufend, etwas gedrängt, leicht vom Hut ablösbar, jung weißlich-creme mit rosa Beiton, später tonbräunlich. **Stiel:** Bis 4 cm lang, bis 5 mm breit, voll, weiß überfasert, später ockerbraun. **Fleisch:** Dünn, weißlich; Geruch und Geschmack unauffällig. **Sporenpulver:** Lehmbraun. **Sporen:** 4–5 × 3–4 µm, eiförmig, mit isoliert stehenden Warzen. **Vorkommen:** August bis November einzeln bis gesellig in Nadelstreu, auf Holzabfällen, seltener auf Laubhumus; verbreitet. **Verwendung:** Kein Speisepilz. **Wissenswertes:** Die Gattung *Ripartites* umfasst etwa sechs Arten. Im Habitus erinnern sie an Nabelinge oder kleine Trichterlinge.

5 Falscher Pfifferling

Hygrophoropsis aurantiaca (Wulf.: Fr.) Mre.

August–November
Laub- und Nadelwald
Kein Speisepilz
Foto mit Schönem Widertonmoos

Hut: 3–6(–10) cm breit, anfangs gewölbt, bald trichterförmig, wellig verbogen bis flatterig; Oberfläche samtig-filzig, trocken, glanzlos, gelb bis leuchtend orangegelb, alt verkahlend und ausblassend; Rand lange stark eingerollt. **Lamellen:** Herablaufend, gedrängt, zum Hutrand hin gegabelt, leuchtend orange. **Stiel:** 2–6 cm lang, 3–8 mm breit, zylindrisch, abwärts verjüngt, zentral bis etwas exzentrisch, zäh, voll bis hohl, glatt, kahl, orangegelb oder heller. **Fleisch:** Weich, biegsam, gelblich; Geruch und Geschmack unauffällig. **Sporenpulver:** Gelbweißlich. **Sporen:** 5–8 × 3,5–5 µm. **Vorkommen:** August bis November, Laub- und Nadelwald. **Verwendung:** Kein Speisepilz.

6 Leuchtender Ölbaumpilz

Omphalotus illudens (v. Schweiniz) Bres. & Besl

Juli–Oktober
An morschem Holz
Giftig

Hut: 6–12 cm breit, erst gewölbt, bald abgeflacht und trichterförmig, bisweilen mit schwachem Buckel; Oberfläche seidig glänzend, glatt bis fein radialfaserig, orange bis rotbraun; Rand lange eingerollt. **Lamellen:** Weit herablaufend, dünn, biegsam, dicht stehend, wenig gegabelt, gelb bis orangegelb. **Stiel:** 7–15 cm lang, oft exzentrisch stehend, büschelig verwachsen, voll, zäh, orangegelb, alt braunrötlich, längsstreifig. **Fleisch:** Faserig, zäh, gelb bis orangebraun; Geruch angenehm, Geschmack mild. **Sporenpulver:** Gelbweiß. **Sporen:** 5–7 × 5–6 µm. **Vorkommen:** Juli bis Oktober an morschem Holz in warmen Gegenden; selten. **Verwendung:** Giftig.

1a

2a

3

2b

4

5

6

Familie	Gattungen
Gomphidiaceae	*Gomphidius* (Schmierlinge), *Chroogomphus* (Gelbfüße)

1 Kuhmaul

Gomphidius glutinosus (SCHAEFF.: FR.) FR.

Juli–Oktober
Fichtenwald, Mischwald
Essbar
1a mit Silberdistel
1b mit Preiselbeere

Hut: 5–8 cm breit, anfangs halbkugelig, bald schwach gewölbt, später trichterig, violettgrau-graulila. Hut und Lamellen sind anfangs von einer schleimigen Haut überzogen, die beim Aufschirmen abreißt (1c) und als Schleimschicht auf dem Hut und als Schleimwulst am Stiel zurückbleibt. **Lamellen:** Weit am Stiel herablaufend, dick, wachsartig, entfernt stehend, teilweise gegabelt, ganz jung weißlich, später aschgrau bis schwärzlich, auf Druck fleckend. **Stiel:** Bis 8 cm lang, bis 1,5 cm breit, oben eingeschnürt, voll, Oberfläche stark schleimig, weißlich, später violett-graulich; Basis meist verdickt, intensiv gelb. **Fleisch:** Weich, dick, weißlich, alt grau, in der Stielbasis intensiv gelb; Geruch und Geschmack unbedeutend. **Sporenpulver:** Schwarzbraun. **Sporen:** 18–22 × 5–8 µm, spindelig-elliptisch, glatt. **Vorkommen:** Juli bis Oktober im Fichtenwald und Mischwald, bevorzugt auf Kalk. **Verwendung:** Essbar. **Wissenswertes:** Die Gattung *Gomphidius* besteht aus drei Arten. Alle haben herablaufende Lamellen und fast schwarzes Sporenpulver.

2 Lärchen-Schmierling

Gomphidius maculatus FR.

Juli–Oktober
Unter Lärchen
Unbedeutend

Hut: 3–5 cm breit, anfangs gewölbt, später abgeflacht, meist niedergedrückt; Oberfläche schmierig-klebrig, graurosa, ockerbräunlich, Mitte dunkler; Rand dünn. Der ganze Pilz fleckt auf Druck weinrötlich, später wird er an den Druckstellen schwarz. **Lamellen:** Sichelförmig am Stiel herablaufend, breit, jung grauweiß, bald grau, später schwarzbraun. **Stiel:** Bis 7 cm lang, bis 1 cm breit, jung mit rosafarbenen Tröpfchen an der Spitze, voll, alt hohl, weißlich, mit rosafarben-rötlichen, später dunkleren, länglichen Flecken; Basis gelblich. **Fleisch:** Weich, weißlich, in der Stielbasis gelblich, beim Anschneiden rosa anlaufend; geruchlos, Geschmack mild. **Sporenpulver:** Olivschwärzlich. **Sporen:** 17–23 × 6–8 µm, elliptisch-spindelförmig. **Vorkommen:** Juli bis Oktober einzeln bis gesellig unter Lärchen *(Larix)* in Wäldern und Parks; selten. **Verwendung:** Unbedeutend.

3 Rosenroter Schmierling

Gomphidius roseus (FR.) KARST.

Sommer–Herbst
Unter Kiefern
Kein Speisepilz
Foto mit Rotstängelmoos

Hut: 3–5 cm breit, jung gewölbt, dann flach bis niedergedrückt, alt trichterförmig; Oberfläche feucht schmierig, karminrot, alt etwas ausblassend, schmutzig rot, oft schwarz fleckend; Rand lange nach unten gebogen, scharf, wellig. **Lamellen:** Sichelförmig am Stiel herablaufend, breit, teilweise gegabelt, anfangs weißlich, später graulich, zuletzt dunkelgrau; Schneiden glatt. **Stiel:** 3–6 cm lang, 0,5–1 cm breit, zur Basis hin verjüngt, voll, feucht schleimig, weißlich, im oberen Teil mit von den Sporen dunkel verfärbter Ringzone. **Fleisch:** Zart, weich, weiß, unter der Huthaut und in der Stielbasis blassrot; Geruch unbedeutend, Geschmack mild. **Sporenpulver:** Fast schwarz. **Sporen:** 17–21 × 5–5,5 µm, spindelig, glatt. **Vorkommen:** Sommer bis Herbst unter Kiefern *(Pinus)* auf kalkarmen Böden; selten. **Verwendung:** Kein Speisepilz. **Wissenswertes:** Der Pilz wächst fast immer zusammen mit dem Kuh-Röhrling *(Suillus bovinus)*.

4 Filziger Gelbfuß

Chroogomphus helveticus (SING.) MOS.
Gomphidius helveticus SING.

Juli–Oktober
Fichtenwald
Essbar
Foto mit Bartflechte

Hut: Bis 8 cm breit, rundlich-gewölbt, mit stumpfem Buckel; Oberfläche trocken, matt, nur bei feuchter Witterung etwas schmierig, fein faserig-filzig bis schuppig, orange, orangebräunlich, ebenso wie der Stiel bei Berührung kupferrötlich verfärbend; Rand jung durch faserigen Schleier mit dem Stiel verbunden. **Lamellen:** Am Stiel herablaufend, breit, jung rosaocker, bald orangebräunlich, später durch Sporenpulver dunkler. **Stiel:** Bis 8 cm lang, 1–2 cm breit, +/– zylindrisch, oft gebogen, zur Basis hin meist etwas verjüngt, hutfarben. **Fleisch:** Voll, fest, gelborange, verletzt karminrötlich; Geruch angenehm, etwas fruchtartig, Geschmack mild. **Sporenpulver:** Olivbräunlich. **Sporen:** 14–21 × 6–8,5 µm, spindelig-elliptisch, glatt. **Vorkommen:** Juli bis Oktober unter Fichten in mittleren und höheren Berglagen; selten. **Verwendung:** Essbar. **Wissenswertes:** Die Gattung *Chroogomphus* umfasst zwei mit *Gomphidius* nahe verwandte Arten.

5 Kupferroter Gelbfuß

Chroogomphus rutilus (SCHAEFF.: FR.) MILLER
Gomphidius rutilus (SCHAEFF.: FR.) LUND.

Juli–November
Unter Kiefern
Essbar
Foto mit Zweig der Wald-Kiefer

Hut: 4–8(–12) cm breit, jung halbkugelig bis kegelig, später ausgebreitet, bebuckelt; Oberfläche feucht schmierig, trocken kahl, glänzend, braunorange, grauorange bis kupferrötlich; Rand ganz jung durch einen Schleier mit dem Stiel verbunden. **Lamellen:** Deutlich herablaufend, breit, entfernt stehend, olivocker bis olivbraun, alt grauschwärzlich. **Stiel:** Bis 10 cm lang, bis 2 cm breit, zylindrisch, zur Basis hin leicht verjüngt, voll, gelbbräunlich, orange-ockerfarben, genattert-gebändert; Basis dunkelgelb. **Fleisch:** Dick, gelborange; Geruch unbedeutend, Geschmack mild. **Sporenpulver:** Olivbraun. **Sporen:** 18–24 × 6–7 µm, spindelförmig, glatt. **Vorkommen:** Juli bis November unter zweinadeligen Kiefern *(Pinus)*, bevorzugt auf Kalkböden. In Europa weit verbreitet und meist häufig anzutreffen. **Verwendung:** Essbar. **Wissenswertes:** Der Kupferrote Gelbfuß ist ein typischer Kiefernbegleiter. Der ähnliche Filzige Gelbfuß *(Chroogomphus helveticus)* wächst unter Fichten.

1b

1a

1c

2

3

4

5

1 Wohlriechender Schneckling

Hygrophorus agathosmus (FR.) FR.

August–November
Nadelwald
Essbar
1a mit Zypressen-Wolfsmilch

Hut: 4–8 cm breit, anfangs halbkugelig, später gewölbt bis abgeflacht mit flachem Buckel; Oberfläche feucht schmierig, trocken klebrig, hellgrau bis dunkelgrau, selten auch fast weiß (1a), Mitte oft feinschuppig; Rand lange eingebogen. **Lamellen:** Am Stiel etwas herablaufend, untermischt, mitunter gegabelt, jung weißlich, später blassgraulich; Schneiden glatt. **Stiel:** 5–8 cm lang, 1–2 cm breit, zylindrisch, voll, fest, weißlich bis blassgrau, zur Spitze hin mit kleiigen Flöckchen. **Fleisch:** Im Scheitel dick, weißlich; Geruch nach Bittermandeln, Geschmack mild. **Sporenpulver:** Weiß. **Sporen:** 8–11 × 5–6 µm, elliptisch, glatt, hyalin. **Vorkommen:** August bis November meist gesellig in moosigen Berg-Nadelwäldern, bevorzugt auf Kalk, im Flachland seltener. **Verwendung:** Essbar. **Wissenswertes:** Schnecklinge *(Hygrophorus)* haben entfernt stehende, dickliche, am Stiel +/– herablaufende Lamellen, Hut meist schmierig, Sporenpulver weiß. Mykorrhizabildner.

2 Goldzahn-Schneckling

Hygrophorus chrysodon (BATSCH: FR.) FR.

August–November
Laub- und Nadelwald
Essbar

Hut: 2–7 cm breit, anfangs gewölbt, später abgeflacht mit stumpfem Buckel; Oberfläche feucht stark schmierig, trocken matt, glatt, schwach eingewachsen radialfaserig, weißlich, auf Druck gilbend, am Rand mit feinen zitronengelben, überstehenden Flöckchen, alt zunehmend gelbflockig. **Lamellen:** Breit am Stiel angewachsen bis kurz herablaufend, mit Anastomosen, weiß bis cremefarben, jung an der Schneide oft fein gelbflockig. **Stiel:** 3–8 cm lang, 0,5–1 cm breit, zylindrisch, ausgestopft bis fast hohl, Oberfläche blassgelb, fein gelbschuppig, besonders an der Spitze, dort mit gelben Tröpfchen. **Fleisch:** Fest, saftig, weiß; Geruch schwach, mit Bittermandelkomponente, Geschmack mild, etwas nussartig. **Sporenpulver:** Weiß. **Sporen:** 8–10 × 4–5 µm, langelliptisch, glatt, hyalin, mit Tropfen. **Vorkommen:** August bis November in Laub- und Nadelwäldern, bevorzugt auf Kalkböden in montanen Lagen. **Verwendung:** Essbar. **Wissenswertes:** Hut und Stiel des Pilzes färben sich beim Betupfen mit Kalilauge sofort chromgelb.

3 Weinroter Schneckling

Hygrophorus capreolarius (KALCHBR.) SACC.

September–Oktober
Berg-Nadelwald
Kein Speisepilz
Foto mit Tamarisken-Thujamoos

Hut: 4–8 cm breit, jung halbkugelig, später konvex, etwas gebuckelt, dann abgeflacht und bisweilen niedergedrückt; Oberfläche trocken, dunkel weinrot bis purpurbraun, dunkler gestreift; Rand lange nach unten gebogen. **Lamellen:** Am Stiel herablaufend, breit, entfernt stehend, am Grunde aderig verbunden, rosa-weinrot bis purpurrötlich, alt schmutzig weinbraun; Schneiden glatt. **Stiel:** Bis 6 cm lang, 0,7–1,5 cm breit, zylindrisch, Basis verjüngt, voll, auf weinrotem Grund abwärts braunfaserig gestreift, Spitze blass. **Fleisch:** In der Hutmitte dick, zum Rand hin dünn, blass weinrötlich; Geruch unbedeutend, Geschmack mild. **Sporenpulver:** Weiß. **Sporen:** 7–10 × 3,5–5 µm, breitelliptisch, glatt, farblos. **Vorkommen:** September bis Oktober gesellig bis scharenweise in Berg-Nadelwäldern unter Fichte *(Picea abies)*, auf Kalkböden. In Mitteleuropa ist der Pilz wenig verbreitet, in Nordeuropa fehlt er vollständig. **Verwendung:** Kein Speisepilz.

4 Braunscheibiger Schneckling

Hygrophorus discoideus (PERS.: FR.) FR.

Herbst
Berg-Fichtenwald
Essbar
Foto mit Gemeinem Schnabelmoos

Hut: 2–6 cm breit, jung halbkugelig, später gewölbt-abgeflacht, mit schwachem Buckel; Oberfläche feucht schmierig-schleimig, beige-fuchsigbraun, Scheibe dunkler. **Lamellen:** Schwach herablaufend, breit, wachsartig, cremefarben, blass gelbbräunlich. **Stiel:** Bis 6 cm lang, blass gelbbräunlich, weißlich befasert, schwach schmierig. **Fleisch:** Dünn, weich, weißlich; Geruch und Geschmack unbedeutend. **Sporenpulver:** Weiß. **Sporen:** 6–9 × 3–5 µm. **Vorkommen:** Im Herbst gesellig in montanen Fichtenwäldern auf Kalkböden. **Verwendung:** Essbar. **Wissenswertes:** Der beschriebene Pilz hat große Ähnlichkeit mit dem Frost-Schneckling *(Hygrophorus hypothejus)*, der im Spätherbst oft erst nach den ersten Frösten erscheint.

5 Elfenbein-Schneckling

Hygrophorus eburneus (BULL.: FR.) FR.

August–November
Laub- und Mischwald
Kein Speisepilz
Foto mit Blättern der Rotbuche

Hut: 3–8 cm, jung halbkugelig, dann gewölbt, später unregelmäßig ausgebreitet, alt gelegentlich mit vertiefter Mitte; Oberfläche feucht mit Schleim überzogen, glitschig, klebrig, rein weiß, später in der Mitte elfenbeinfarben, trocken seidenmatt, nicht gilbend oder bräunend, kahl; Rand anfangs eingerollt. **Lamellen:** Am Stiel breit angewachsen bis etwas herablaufend, am Grunde aderig verbunden, dicklich, rein weiß bis hell cremefarben. **Stiel:** 4–12 cm lang, 0,5–1 cm breit, zylindrisch, häufig gebogen, zur Basis hin zugespitzt, anfangs voll, alt hohl, rein weiß, bisweilen blass elfenbeinfarben, feucht mit klebrigem Schleim überzogen, zur Spitze hin feinkleiig. **Fleisch:** Dünn, weich, im Stiel faserig, weiß, nicht verfärbend; Geruch aromatisch; Geschmack mild. **Sporenpulver:** Weiß. **Sporen:** 8–9,5 × 4,5–6 µm, elliptisch, glatt, hyalin. **Vorkommen:** August bis November einzeln bis gesellig in Laub- und Mischwäldern, besonders bei Buchen *(Fagus sylvatica)*, auf kalkhaltigen bis neutralen Böden. In Europa weit verbreitet. **Verwendung:** Kein Speisepilz.

1a

1b

2

3

4

5

Familie | Gattung

Hygrophoraceae

Hygrophorus (Schnecklinge)

1 Rasiger Purpur-Schneckling

Hygrophorus erubescens (FR.) FR.

August–Oktober
Fichtenwald
Kein Speisepilz
1b mit Fichtenspargel-Fruchtstand

Hut: 4–10 cm breit, jung fast halbkugelig, bald gewölbt-gebuckelt, später flach, im Alter vertieft; Oberfläche jung glatt, fast weiß, dann purpurrosa-weinrötlich mit dunklerem, fein geschupptem Scheitel und weinroten Flecken, alt ausblassend, zum Teil gelbfleckig; feucht schmierig-klebrig, trocken kahl; Rand eingerollt. **Lamellen:** Breit angewachsen bis herablaufend, fast entfernt stehend, wenige gegabelt, mit Zwischenlamellen, anfangs weißlich, bald rosa-blassgelb; Schneiden glatt, alt mit weinrötlichen Flecken. **Stiel:** 3–7 cm lang, bis 1,5 cm breit, zylindrisch, oft verbogen, voll, weißlich, fein weinrötlich gekörnt, jung mit Tröpfchen, im Alter gilbend. **Fleisch:** Dick, weißlich, schwach gilbend; Geruch angenehm, Geschmack etwas bitter. **Sporenpulver:** Weiß. **Sporen:** 8–11 × 4–5 µm, langelliptisch, glatt, hyalin. **Vorkommen:** August bis Oktober gesellig in Gruppen und Ringen, selten einzeln, in Fichtenwäldern, vor allem im Bergland, gern auf Kalkböden. **Verwendung:** Kein Speisepilz. **Wissenswertes:** Große Ähnlichkeit hat der Geflecktblättrige Purpur-Schneckling *(Hygrophorus russula)*. Er wächst im Laubwald, besonders unter Eichen und Rotbuchen.

2 Frost-Schneckling

Hygrophorus hypothejus (FR.: FR.) FR.

Spätherbst
Unter Kiefern
Essbar
2a mit Quendel

Hut: 2–4(–7) cm breit, anfangs glockig, dann abgeflacht bis vertieft mit kleinem Buckel; Oberfläche feucht mit dicker Schleimschicht, gelbbraun, braunoliv bis grauoliv; Rand lange nach unten gebogen. **Lamellen:** Am Stiel breit angewachsen bis etwas herablaufend, dicklich, entfernt stehend, anfangs weißlich, bald hellocker, alt orangegelb. **Stiel:** 4–7 cm lang, 0,5–1 cm breit, schlank, zylindrisch, zur Basis hin zugespitzt, jung voll, später hohl, schmierig-schleimig, mit weißlicher, vergänglicher ringartiger Zone, darüber feinflockig. **Fleisch:** Weißlich; Geruch unbedeutend, Geschmack mild. **Sporenpulver:** Weiß. **Sporen:** 8–9 × 4–5 µm, elliptisch, glatt, hyalin. **Vorkommen:** Im Spätherbst in Kiefernwäldern, besonders auf Sandböden. **Verwendung:** Essbar.

3 Großer Kiefern-Schneckling

Hygrophorus latitabundus BRITZ.
Hygrophorus fuscoalbus (LASCH: FR.) FR.

Spätsommer–Herbst
Unter Kiefern
Essbar
3 mit Deutschem Enzian

Hut: 5–12 cm breit, jung halbkugelig, dann konvex, alt flach bis leicht trichterförmig, mit stumpfem Buckel; Oberfläche feucht stark schleimig und glänzend, trocken matt, blass graubraun bis dunkel olivbraun, Mitte dunkler; Rand lange nach unten gebogen. **Lamellen:** Breit angewachsen bis etwas herablaufend, dicklich, mit Zwischenlamellen, weiß bis leicht cremefarben; Schneiden glatt. **Stiel:** Bis 10 cm lang, bis 3 cm breit, zylindrisch bis bauchig, fest, voll, schleimig; im oberen Drittel mit einer Ringzone, Spitze weiß, mit Flöckchen, unterhalb des Rings schleimig und etwas olivbraun genattert; Basis zugespitzt. **Fleisch:** Fest, weiß; Geruch leicht aromatisch, Geschmack mild. **Sporenpulver:** Weiß. **Sporen:** 8–12 × 6–8 µm, elliptisch, hyalin. **Vorkommen:** Spätsommer bis Herbst in lichten Wäldern, an Waldrändern, in Heiden und Halbtrockenrasen, unter Kiefern *(Pinus)*, selten unter anderen Nadelbäumen, auf Kalkböden; selten. **Verwendung:** Essbar.

4 Schleimigberingter Schneckling

Hygrophorus ligatus FR.
Hygrophorus gliocyclus FR.

Herbst
Unter Kiefern
Essbar
4 mit Kiefernzapfen

Hut: 3–8 cm breit, anfangs halbkugelig-glockig, später verflachend, bisweilen mit stumpfem Buckel; Oberfläche feucht stark schleimig, trocken klebrig, ockergelblich, elfenbeinfarben, bisweilen fast weiß; Rand lange nach unten eingebogen. **Lamellen:** Breit angewachsen bis herablaufend, entfernt stehend, mit Zwischenlamellen, elfenbeinfarben, lachsfarben; Schneiden glatt. **Stiel:** Bis 8 cm lang, 0,5–1,5 cm breit, zylindrisch, meist mit zugespitzter Basis; an der Spitze mit deutlichem Schleimring, der bei Trockenheit verschwindet; oberhalb des Ringes weiß, feinflockig, trocken, darunter blass hutfarben, stark schleimig. **Fleisch:** Weiß bis blassgelb; Geruch unbedeutend, Geschmack mild, fade. **Sporenpulver:** Weiß. **Sporen:** 7–10 × 4–6 µm, elliptisch, glatt, hyalin. **Vorkommen:** Im Herbst unter Kiefern, stets auf Kalkböden; selten. **Verwendung:** Essbar.

5 Lärchen-Schneckling

Hygrophorus lucorum KALCHBR.

September–November
Unter Lärchen
Essbar
5a mit Lärchenzapfen
5b mit Rundblättriger Glockenblume

Hut: Bis 6 cm breit, anfangs halbkugelig bis konvex, im Alter verflachend bis leicht niedergedrückt, oft schwach gebuckelt; Oberfläche feucht schmierig, jung mit weißlichen Velumflöckchen, trocken radialfaserig, lebhaft zitronengelb, zur Mitte dunkler, eine abgesetzte Scheibe ist jedoch nicht erkennbar, im Alter ausblassend; Rand anfangs eingerollt. **Lamellen:** Am Stiel angewachsen bis etwas herablaufend, bisweilen gegabelt, mit Zwischenlamellen (5b), anfangs weißlich, später gelblich; Schneiden glatt. **Stiel:** Bis 7 cm lang, 0,7–1 cm breit, schlank, bisweilen verbogen, längsfaserig, blassgelb, zur Spitze hin weißlich, jung mit vergänglichen weißlichen Hüllresten. **Fleisch:** Weich, saftig, in der Hutmitte dick, weißlich, unter der Huthaut deutlich gelb; mit pilzartigem Geruch und Geschmack. **Sporenpulver:** Weiß. **Sporen:** 7–10 × 4–6 µm, elliptisch, glatt, hyalin, mit Tropfen. **Vorkommen:** September bis November gesellig unter Lärchen *(Larix)* auf kalkhaltigen Böden; in Europa weit verbreitet vom Gebirge (subalpiner Bereich) bis ins Flachland. **Verwendung:** Essbar.

1a
1b
2a
2b
3
4
5a
5b

1 März-Schneckling, März-Ellerling

Hygrophorus marzuolus (FR.) BRES.

Februar–Mai
Bergwälder
Essbar
Foto mit Zweig der Weißtanne

Hut: 3–10(–20) cm breit, gewölbt, dann verflacht, oft unregelmäßig verbogen; Oberfläche feucht klebrig, anfangs unter Moos und Laub weißlich, dann graufleckig, später grauschwarz mit schieferfarbenen Tönen; Rand lange nach unten gebogen, scharf, alt gekerbt und einreißend. **Lamellen:** Am Stiel breit angewachsen, nur wenig herablaufend, dick, wachsartig, entfernt stehend, teilweise gegabelt, am Grund oft aderig verbunden, anfangs weiß, dann graulich. **Stiel:** 2–8 cm lang, bis 3 cm breit, bisweilen durch büscheliges Wachstum verbogen, fest und voll, weiß, später grau, Spitze etwas schuppig. **Fleisch:** Fest, weiß, unter der Huthaut bisweilen graulich; Geruch und Geschmack unbedeutend. **Sporenpulver:** Weiß. **Sporen:** 5–8 × 4–6 µm, elliptisch, glatt, hyalin, teilweise mit Tropfen. **Vorkommen:** Ab der Schneeschmelze von Februar bis Mai oft gesellig in Laub- und Nadelwäldern der Berglagen und Gebirge, auf Kalkböden; überall stark rückläufig. **Verwendung:** Essbar; als Seltenheit zu schonen. In Deutschland geschützt.

2 Hain-Schneckling

Hygrophorus nemoreus (PERS.: FR.) FR.

Sommer–Herbst
Laubwald
Essbar
2a mit Maiglöckchen
2b mit Blättern der Rotbuche

Hut: 6–12 cm breit, jung halbkugelig, bald flach bis niedergedrückt, schwach gebuckelt; Oberfläche meist trocken, matt, nur bei feuchter Witterung etwas schmierig, eingewachsen radialfaserig, blass orangebräunlich; Rand heller, eingerollt, später eingerissen. **Lamellen:** Am Stiel breit angewachsen bis kurz herablaufend, ziemlich entfernt stehend, blass cremefarben mit Orangeton (2a); Schneiden glatt. **Stiel:** Bis 8 cm lang, bis 1,5 cm breit, zylindrisch, weißlich bis blassockerlich, auf ganzer Länge faserig-flockig; Basis verjüngt. **Fleisch:** Weiß-creme, unter der Huthaut orangebräunlich; Geruch schwach mehlartig, Geschmack mild. **Sporenpulver:** Weiß. **Sporen:** 6,5–8 × 4–5 µm. **Vorkommen:** Sommer bis Herbst einzeln, seltener in Gruppen in Laubwäldern, meist unter Eichen *(Quercus)* und Edelkastanien *(Castanea)*, auf Kalkböden; selten. **Verwendung:** Essbar.

3 Natternstieliger Schneckling

Hygrophorus olivaceoalbus (FR.: FR.) FR.

August–November
Nadelwald
Essbar
Foto mit Schönem Widertonmoos

Hut: 3–6 cm breit, erst halbkugelig-glockig, später konvex bis flach ausgebreitet, mit stumpfem Buckel; Oberfläche feucht schleimig-schmierig, trocken sich fettig anfühlend, graubraun, grauoliv,

Scheitel fast schwarzbraun; Rand oft blasser, häufig eingewachsen-faserig gestreift, lange nach unten gebogen, anfangs mit dem Stiel durch ein schleimiges Velum verbunden. **Lamellen:** Am Stiel etwas bogig herablaufend, breit, entfernt stehend, weiß bis cremeweiß (siehe Foto links); Schneiden glatt. **Stiel:** Bis 12 cm lang, bis 0,8 cm breit, schlank, voll, feucht schleimig, auf weißem Grund graubraun-olivlich genattert oder gebändert; Spitze weißlich, trocken, mit Flöckchen, darunter mit einer undeutlichen Ringzone. **Fleisch:** Weich, dünn, weiß; Geschmack mild, Geruch unbedeutend. **Sporenpulver:** Weiß. **Sporen:** 12–16 × 6–8,5 µm, elliptisch, glatt, hyalin. **Vorkommen:** August bis November oft massenhaft in moosigen, sauren Nadelwäldern. **Verwendung:** Essbar.

4 Olivbraungestiefelter Schneckling

Hygrophorus persoonii ARN.

Spätsommer–Herbst
Laubwald
Essbar

Hut: Bis 8 cm breit, anfangs gewölbt, alt flach ausgebreitet mit Buckel; Oberfläche feucht schleimig, hornbraun, olivbraun, graubraun mit dunklerer Mitte; Rand lange eingebogen, scharf. **Lamellen:** Etwas am Stiel herablaufend, breit, untermischt, weißlich, alt graulich mit grünlichem Ton. **Stiel:** Bis 10 cm lang, bis 1,5 cm breit, schlank, voll, fest, feucht schleimig-schmierig; Spitze weißlich, mehlig-flockig, abwärts auf hellem Grund graubräunlich genattert; Basis zugespitzt. **Fleisch:** Fest, voll, weiß; Geruch unangenehm muffig, Geschmack unbedeutend. **Sporenpulver:** Weiß. **Sporen:** 9–13 × 5–7,5 µm, breitoval, hyalin. **Vorkommen:** Spätsommer bis Herbst in Laubwäldern auf kalkhaltigen Böden; selten. **Verwendung:** Essbar; als Seltenheit zu schonen.

5 Isabellrötlicher Schneckling

Hygrophorus poetarum HEIM

Herbst
Buchenwald
Essbar
5b mit Efeu

Hut: 5–15(–20) cm breit, jung halbkugelig-konvex, später verflachend bis niedergedrückt, mit schwachem Buckel; Oberfläche feucht etwas klebrig, trocken seidig-matt, creme-rosafarben, isabellfarben, Mitte etwas mehr orange, Huthaut zu Zweidrittel abziehbar; Rand lange eingerollt, jung schwach flaumig, alt wellig. **Lamellen:** Breit angewachsen bis kurz herablaufend, weißlich bis blass cremefarben mit lachsrosa Schimmer, nicht fleckend; Schneiden glatt. **Stiel:** 3–12 cm lang, bis 2,5 cm breit, zylindrisch mit verjüngter Basis, weißlich-cremefarben mit rosa Hauch; Stielspitze etwas kleiig, feucht mit Tröpfchen. **Fleisch:** Dick, weiß, unter der Huthaut zart hellorange, nicht rötend; Geruch süßlich nach Perubalsam, Geschmack mild, fade. **Sporenpulver:** Weiß. **Sporen:** 7–10 × 5–6 µm, breitelliptisch. **Vorkommen:** Im Herbst einzeln bis gesellig in Laubwäldern unter Rotbuche *(Fagus sylvatica)*, vorzugsweise auf Kalkböden; selten. **Verwendung:** Essbar.

2a

1

2b

3

4

5a

5b

1

Orange-Schneckling

Hygrophorus pudorinus (Fr.) Fr.

Herbst
Unter Weißtannen
Kein Speisepilz
1a und 1b mit Weißtannensämling

Hut: Bis 20 cm breit, jung halbkugelig, später konvex bis abgeflacht mit stumpfem Buckel, fleischig; Oberfläche feucht etwas klebrig, nie schleimig, trocken seidig-matt, blassorange bis rosagelborange, Mitte meist dunkler; Rand lange eingebogen. **Lamellen:** Am Stiel breit angewachsen bis etwas herablaufend, weißlich mit auffälligem Orangeton; Schneiden glatt. **Stiel:** Bis 12 cm lang, bis 2,5 cm breit, zylindrisch, zur Basis hin bisweilen zugespitzt, weißlich, blass orangefarben überhaucht, Basis gelb, feucht leicht schleimig, zur Stielspitze hin mehlig-schuppig. **Fleisch:** Weißlich, unter der Huthaut orangegelb, im Stiel weiß und in der Stielbasis gelb; Geruch meist etwas harzig, mit an Terpentin erinnernder Komponente, Geschmack harzig. **Sporenpulver:** Weißlich. **Sporen:** 8–12 × 5–6,5 µm, elliptisch, glatt, hyalin. **Vorkommen:** Im Herbst einzeln oder gesellig und in Ringen in montanen Lagen unter Weißtannen *(Abies alba),* auf Kalkböden; selten. **Verwendung:** Kein Speisepilz. **Wissenswertes:** Der Orange-Schneckling ist ein typischer Begleiter der Weißtanne *(Abies alba)* und wird daher auch Weißtannen-Schneckling genannt. Ähnlich ist der Isabellrötliche Schneckling *(Hygrophorus poetarum).* Er wächst in Laubwäldern unter Rotbuchen *(Fagus sylvatica).*

2

Schwarzpunktierter Schneckling

Hygrophorus pustulatus (Pers.: Fr.) Fr.

September–November
Fichtenwald
Essbar
Foto mit Sauerklee

Hut: Bis 5 cm breit, anfangs halbkugelig, später gewölbt bis abgeflacht, +/– gebuckelt, im Alter oft niedergedrückt; Oberfläche feucht etwas schmierig, graubraun, mit dunklerer Mitte, die zum Rand hin in feine Schüppchen aufbricht; Rand dünn, lange nach unten gebogen, die Lamellen etwas

überragend. **Lamellen:** Etwas herablaufend, wachsartig, entfernt stehend, mit Zwischenlamellen, am Grunde aderig verbunden, weiß (siehe Foto links); Schneiden glatt bis etwas wellig. **Stiel:** 4–8 cm lang, bis 1 cm breit, zylindrisch, oft verbogen, voll, später ausgestopft, weißlich, mit braunschwarzen Pusteln bedeckt. **Fleisch:** Weich, weiß; ohne besonderen Geruch, Geschmack mild. **Sporenpulver:** Weiß. **Sporen:** 7–10 × 4,5–5,5 µm, elliptisch, glatt, hyalin, mit Tropfen. **Vorkommen:** September bis November meist gesellig in Fichtenwäldern. In Europa verbreitet; in Deutschland ist er im Süden im Bergland verbreitet, im norddeutschen Flachland selten. **Verwendung:** Essbar. **Wissenswertes:** Der ähnliche Wohlriechende Schneckling *(Hygrophorus agathosmus)* riecht nach Bittermandeln.

3

Gefleckblättriger Purpur-Schneckling

Hygrophorus russula (Schaeff.: Fr.) Quél.

Sommer–Herbst
Laubwald
Kein Speisepilz
3a mit Eichenblättern

Hut: 5–10 cm breit, jung halbkugelig, fleischig, später gewölbt, alt unregelmäßig-wellig; Oberfläche feucht etwas klebrig, trocken matt, auf weißem oder rosafarbenem Grund weinrot gesprenkelt, alt schmutzig weinrot, zum Rand hin weiß; Rand lange eingebogen. **Lamellen:** Breit angewachsen, ausgebuchtet oder herablaufend, ziemlich entfernt stehend, erst weiß, bald weinrot gefleckt; Schneiden glatt. **Stiel:** 4–8 cm lang, bis 2 cm breit, voll, weiß, purpurrot gefleckt. **Fleisch:** Weißlich; Geruch angenehm, fruchtartig, Geschmack mild oder bitter. **Sporenpulver:** Weiß. **Sporen:** 7–8 × 4–5,5 µm, elliptisch, glatt, hyalin, mit Tropfen. **Vorkommen:** Sommer bis Herbst selten einzeln, meist in Ringen oder Reihen in Laubwäldern, besonders unter Eichen *(Quercus)* und Rotbuchen *(Fagus sylvatica),* auf kalkhaltigen Böden; selten. **Verwendung:** Kein Speisepilz. **Wissenswertes:** Ähnlich ist der Rasige Purpur-Schneckling *(Hygrophorus erubescens).* Er wächst in montanen Fichtenwäldern. Sein Hut und Stiel neigen zum Gilben, seine Sporen sind größer.

4

Orangefalber Schneckling

Hygrophorus unicolor Groeg.

September–Oktober
Buchenwald
Kein Speisepilz
Foto mit Blättern der Rotbuche

Hut: 2–5(–7) cm breit, jung halbkugelig, später gewölbt und oft verbogen; Oberfläche anfangs schleimig, trocken fein radialfaserig, orangebeige, orangefalb, mit dunklerer, orangefuchsig-rotbrauner Mitte, zum Rand hin heller, fast weiß; Rand lange eingebogen, zuletzt gerade stehend und schwach gerippt. **Lamellen:** Am Stiel angewachsen bis kurz herablaufend, anfangs weiß, später blass lachsfarben; Schneiden glatt. **Stiel:** 5–7 cm lang, bis 1 cm breit, zylindrisch, oft gebogen, voll, später hohl, blassgelb bis blassorange, fein weißflockig, Basis bisweilen zugespitzt. **Fleisch:** In der Hutmitte dick, weißlich-blassgelb; Geruch schwach, angenehm, Geschmack mild. **Sporenpulver:** Weiß. **Sporen:** 6–9 × 4–5 µm, elliptisch, glatt, hyalin. **Vorkommen:** September bis Oktober einzeln bis gesellig unter Rotbuchen *(Fagus sylvatica),* auf kalkhaltigen Böden. **Verwendung:** Kein Speisepilz.

1a

1b

2

3a

4

3b

Familie | Gattung

Hygrophoraceae

Hygrocybe (Saftlinge) inkl. *Camarophyllus* (Ellerlinge)

1 Dattelbrauner Saftling

Hygrocybe colemanniana (BLOX.) ORT. & WATL.

September–Oktober
Grasige Plätze
Kein Speisepilz
Foto mit Zypressen-Wolfsmilch

Hut: 3–6 cm breit, gewölbt, dann ausgebreitet, mit Buckel; Oberfläche feucht etwas schmierig, dunkelgrau bis rötlich braun, trocken ausblassend; Rand durchscheinend gerieft, alt aufgebogen. **Lamellen:** Am Stiel herablaufend, weit stehend, am Grund aderig verbunden, weißlich bis blassbräunlich. **Stiel:** 4–6 cm lang, alt hohl, weißlich, seidig-faserig. **Fleisch:** Dünn; geruchlos, Geschmack mild. **Sporenpulver:** Weiß. **Sporen:** 7–9 × 4,5–7 µm, rundlich-elliptisch, glatt. **Vorkommen:** September bis Oktober an grasigen Plätzen, in Halbtrockenrasen, auf naturbelassenen Wiesen, an Waldrändern; selten. **Verwendung:** Kein Speisepilz. **Wissenswertes:** Die Gattung *Hygrocybe* (Saftlinge) enthält +/– glasige, meist lebhaft gefärbte Arten mit bisweilen spitzkegeligem Hut. Pilze der Gattung *Camarophyllus* (Ellerlinge) haben herablaufende Lamellen und einen trockenen bis schmierigen, aber nicht schleimigen Hut. Die Ellerlinge werden neuerdings der Gattung *Hygrocybe* zugeordnet. Viele Arten sind wegen der Veränderung ihrer Lebensräume bedroht. Alle Saftlinge sind in Deutschland geschützt.

2 Kegeliger Saftling, Schwärzender Saftling

Hygrocybe conica (SCHAEFF.: FR.) KUMM.
Hygrocybe nigrescens (QUÉL.) KUEHN.

August–Oktober
Grasige Plätze
Giftig
2b mit Kleiner Braunelle

Hut: 4–6 cm breit, spitz- bis stumpfkegelig, später ausgebreitet mit Buckel; Oberfläche orangegelb bis orangerot, radialfaserig; Rand oft unregelmäßig gelappt, die Lamellen überragend. Hut, Lamellen und Stiel bei Berührung und im Alter schwärzend. **Lamellen:** Angeheftet bis fast frei, bauchig, blass- bis lebhaft gelb. **Stiel:** 3–8 cm lang, bis 1 cm breit, zylindrisch, oft drehwüchsig, brüchig, erst ausgestopft, dann hohl, faserig gestreift, jung zitronengelb, später gelborange, Basis weißlich. **Fleisch:** Dünn, brüchig, im Hut gelblich, im Schnitt graulila verfärbend, allmählich schwärzend; Geruch und Geschmack unbedeutend. **Sporenpulver:** Weiß. **Sporen:** 8–12 × 5–6 µm, elliptisch, hyalin. **Vorkommen:** August bis Oktober einzeln bis gesellig an grasigen Plätzen, auf Dünen, Magerwiesen, Alpweiden und in Laubwäldern. **Verwendung:** Giftig; verursacht Störungen im Magen-Darm-Bereich. **Wissenswertes:** Der Kegelige Saftling und der etwas kräftigere Schwärzende Saftling *(Hygrocybe nigrescens)* sind kaum eindeutig abgrenzbar, einige Autoren betrachten die beiden Pilze jedoch als zwei verschiedene Arten.

3 Nichtrötender Nitrat-Saftling

Hygrocybe nitrata (PERS.) WÜNSCHE
Hygrocybe murinacea SS. AUCT.

Sommer–Herbst
Naturbelassene Wiesen
Kein Speisepilz
Foto mit Heidekraut

Hut: 2–4(–7) cm breit, jung halbkugelig-glockig, später glockig-konvex; Oberfläche seidenmatt, jung und feucht schwach klebrig, hell bis dunkel ockerbraun, graubraun; Rand scharf, etwas gekerbt. **Lamellen:** Am Stiel schmal angeheftet, entfernt stehend, cremefarben, auf Druck nicht rötend; Schneiden glatt. **Stiel:** 4–8 cm lang, 0,3–1 cm breit, verbogen, oft etwas flach gedrückt, hohl, heller als der Hut. **Fleisch:** Dünn, weißlich bis blass graubräunlich; Geruch nitrös, alkalisch, Geschmack unbedeutend. **Sporenpulver:** Cremefarben. **Sporen:** 7–9 × 4–5,5 µm, elliptisch, glatt, hyalin. **Vorkommen:** Sommer bis Herbst einzeln bis gesellig an grasigen Stellen, auf moosigen Waldwiesen, in Halbtrockenrasen und naturbelassenen Wiesen auf sauren Böden; selten. **Verwendung:** Kein Speisepilz.

4 Rötender Saftling

Hygrocybe ovina (BULL.: FR.) KUEHN.

August–September
Grasige Plätze, naturbelassene Wiesen
Kein Speisepilz

Hut: 2–6 cm breit, jung halbkugelig, später kegelig-glockig bis abgeflacht, unregelmäßig ausgebreitet; Oberfläche trocken, jung seidenmatt, im Alter schuppig-flockig aufreißend, dunkel- bis schwarzbraun; Rand gekerbt-gefurcht. **Lamellen:** Am Stiel ausgebuchtet angeheftet, entfernt stehend, grau- bis schwarzbraun, auf Druck rötend (ebenso Hut und Stiel); Schneiden wellig. **Stiel:** 3–6 cm lang, 0,4–1,2 cm breit, zylindrisch, oft zusammengedrückt, grauoliv-schwarzbraun. **Fleisch:** Dünn, grau, im Schnitt rötend, dann schwärzend; Geruch unbedeutend, Geschmack unangenehm. **Sporenpulver:** Weiß. **Sporen:** 6–9 × 4,5–6 µm, breitelliptisch, glatt, hyalin, mit Tropfen. **Vorkommen:** August bis September einzeln oder in kleinen Gruppen an grasigen Stellen, in Halbtrockenrasen und naturbelassenen Wiesen; selten. **Verwendung:** Kein Speisepilz.

5 Spitzgebuckelter Saftling

Hygrocybe persistens (BRITZ.) SING.

Juni–Oktober
Waldwiesen
Kein Speisepilz
Foto mit Rentierflechte

Hut: Bis 5 cm breit, kegelig-glockig; Oberfläche kahl, glänzend, schwach schmierig, lebhaft gelborangegelb; Rand jung oft einwärts gebogen, teilweise eingerissen. **Lamellen:** Am Stiel angeheftet, entfernt stehend, bauchig, jung zitronengelb. **Stiel:** Bis 8 cm lang, schlank, starr, brüchig, zur Basis hin etwas verdickt, längsfaserig, lebhaft gelb-orangegelb. **Fleisch:** Weiß-blassgelblich; Geruch und Geschmack unbedeutend. **Sporenpulver:** Weiß. **Sporen:** 9–12 × 5–6 µm, zylindrisch-elliptisch, glatt, hyalin. **Vorkommen:** Juni bis Oktober einzeln bis gesellig auf Waldwiesen, Halbtrockenrasen, naturbelassenen Wiesen, Dünenrasen. **Verwendung:** Kein Speisepilz.

1

2a

2b

3

4

5

Hygrophoraceae

Hygrocybe (Saftlinge) inkl. *Camarophyllus* (Ellerlinge)

1 Orangefarbener Wiesen-Ellerling

Hygrocybe pratensis (PERS.: FR.) MURR.
Camarophyllus pratensis (PERS.: FR.) KUMM.

September–November
Grasige Plätze
Essbar
1a mit Zypressen-Wolfsmilch

Hut: 2–8 cm breit, jung konvex, später abgeflacht, Mitte schwach gebuckelt oder etwas niedergedrückt, alt trichter- oder kreiselförmig; Oberfläche glatt, trocken, matt, aprikosenfarben, orangefuchsig bis orangebräunlich; Rand scharf. **Lamellen:** Am Stiel herablaufend, wachsartig, breit, weit, am Grund mit Anastomosen, hutfarben (1b); Schneiden glatt. **Stiel:** 2–9 cm lang, 0,5–1,5 cm breit, zylindrisch, zur Basis hin oft zugespitzt, glatt, weißlich-cremefarben, später mit Orangeton, weiß längsfaserig. **Fleisch:** In der Hutmitte dick, zum Rand hin dünn, cremeorange; Geruch unbedeutend, Geschmack mild. **Sporenpulver:** Weiß. **Sporen:** 5–7 × 4–5,5 µm, breitelliptisch, glatt, hyalin, mit Tropfen. **Vorkommen:** September bis November einzeln bis gesellig auf Wiesen und Weiden, in Magerrasen; in den Alpen bis 2200 Meter ansteigend. In Europa von Spanien bis Skandinavien weit verbreitet, aber vielerorts rückläufig. **Verwendung:** Essbar; als Seltenheit zu schonen.

2 Papageigrüner Saftling

Hygrocybe psittacina (SCHAEFF.: FR.) KUMM.

August–November
Grasige Plätze
Schwach giftig
2a Farbvarianten
2b mit Großer Braunelle

Hut: 1–3 cm breit, anfangs halbkugelig-glockig, dann gewölbt bis ausgebreitet, stumpf gebuckelt; Oberfläche feucht stark schleimig, trocken klebrig, seidenmatt, grün, gelbgrün, grünorange bis orange, alt blassgelb ausblassend; Rand scharf, durchscheinend gerieft. **Lamellen:** Am Stiel ausgebuchtet angeheftet, breit, entfernt stehend, grünlich, mit gelblichen Schneiden. **Stiel:** 4–6 cm lang, zylindrisch, dünn, sehr brüchig, alt hohl, schleimig, grünlich, abwärts auch gelb bis orange. **Fleisch:** Dünn, glasig-wässrig, brüchig, weißlich mit gelben oder grünlichen Tönen; ohne besonderen Geruch und Geschmack. **Sporenpulver:** Weiß. **Sporen:** 8–10 × 4–6 µm, elliptisch, farblos. **Vorkommen:** August bis November auf Grasflächen, in Magerrasen, naturnahen Wiesen, Weiden und an Waldrändern. In ganz Europa weit verbreitet. **Verwendung:** Schwach giftig.

3 Granatroter Saftling

Hygrocybe punicea (FR.) KUMM.

Sommer–Herbst
Grasige Plätze
Essbar
3a mit Zweig der Alpenrose

Hut: 4–7(–12) cm breit, jung kegelig, später glockig-ausgebreitet, stumpf gebuckelt; Oberfläche feucht klebrig, radialfaserig, blutrot bis scharlachrot, gelbrot ausblassend; Rand scharf, glatt, schwach gerieft, im Alter aufgebogen. **Lamellen:** Am Stiel ausgebuchtet bis schmal angeheftet, ziemlich entfernt stehend, breit, bauchig, jung blassgelb, später orangerot (3b). **Stiel:** 5–9 cm lang, bis 2 cm breit, zylindrisch, voll bis hohl, rot bis orangerot, Basis gelblich. **Fleisch:** Dünn, brüchig, blassgelb, unter der Huthaut braunrot; Geruch und Geschmack unbedeutend. **Sporenpulver:** Weiß. **Sporen:** 8–11 × 4,5–6 µm, elliptisch. **Vorkommen:** Sommer bis Herbst an grasigen Wald- und Wegrändern, auf naturnahen Wiesen, Magerrasen und alpinen Matten. **Verwendung:** Essbar; als Seltenheit zu schonen; in Deutschland geschützt. **Wissenswertes:** Wie alle Arten der Gattung *Hygrocybe* sind die Vorkommen des Granatroten Saftlings durch Überdüngung der Wiesen und deren Umstellung auf ertragreichere Fettwiesen vielerorts erloschen oder stark bedroht. Der sehr ähnliche Prächtige Saftling *(Hygrocybe splendidissima)* ist wohl als Varietät von *Hygrocybe punicea* einzustufen.

4 Grauer Saftling

Hygrocybe unguinosa (FR.: FR.) KARST.

Juli–September
Naturbelassene Wiesen
Kein Speisepilz

Hut: 1–5 cm breit, jung gewölbt, später abgeflacht, meist schwach gebuckelt, auch eingedellt; Oberfläche bei feuchter Witterung stark schleimig und fein gerieft, trocken klebrig, glänzend, grau, graubraun, alt ausblassend. **Lamellen:** Am Stiel breit angewachsen, mit Zahn kurz herablaufend, entfernt stehend, blassgrau; Schneiden heller, glatt. **Stiel:** 3–6 cm lang, bis 0,6 cm breit, hohl, oft breit gedrückt, schleimig-klebrig, graulich-graubräunlich. **Fleisch:** Dünn, brüchig, blassgrau; ohne besonderen Geruch und Geschmack. **Sporenpulver:** Weiß. **Sporen:** 6–9 × 4–6 µm, breitelliptisch, glatt, hyalin. **Vorkommen:** Juli bis September einzeln bis gesellig an grasigen Plätzen, in moosigen Wiesen, Magerwiesen, in wenig gepflegten Parkanlagen und an Waldrändern; selten. **Verwendung:** Kein Speisepilz. **Wissenswertes:** Ein Saftling ohne die sonst typischen bunten Farben.

5 Schneeweißer Saftling

Hygrocybe virginea (WULF.: FR.) ORT. & WATL.
Camarophyllus niveus (SCOP.: FR.) KARST.

September–Dezember
Naturbelassene Wiesen
Essbar

Hut: 1,5–3(–5) cm breit, jung konvex, später flach oder leicht vertieft mit stumpfem Buckel oder mit niedergedrückter Mitte; Oberfläche fühlt sich fettig an, trocken seidenmatt, cremeweißlich; Rand feucht durchscheinend gerieft. **Lamellen:** Weit herablaufend, entfernt stehend, am Grund aderig verbunden, cremeweiß; Schneiden glatt. **Stiel:** Bis 5 cm lang, zylindrisch mit zugespitzter Basis, erst voll, später ausgestopft bis hohl, weißcremefarben, Basis bisweilen schwach rosabräunlich gefärbt. **Fleisch:** Dünn, wässrig, cremeweiß; geruchlos, Geschmack mild. **Sporenpulver:** Weiß. **Sporen:** 7–11 × 4–5,5 µm, elliptisch, glatt, hyalin. **Vorkommen:** September bis Dezember meist truppweise, oft in Ringen und Reihen auf Wiesen, Weiden, Magerrasen, Wacholderheiden, bevorzugt auf Kalkböden, in ganz Europa. **Verwendung:** Essbar; als Seltenheit zu schonen.

1a
2a
2b
1b
3a
3b
4
5

Familie	Gattungen
Tricholomataceae	*Haasiella* (Goldnabelinge), *Rickenella* (Heftelnabelinge), *Phytoconis* (Flechtennabelinge), *Laccaria* (Lacktrichterlinge)

1 Zweisporiger Goldnabeling

Haasiella venustissima (Fr.) Kotl. & Pouz.

Winter–Frühjahr
Parkanlagen
Kein Speisepilz

Hut: 2–5 cm breit, anfangs gewölbt, bald niedergedrückt, alt trichterförmig; Oberfläche feucht klebrig, leuchtend orange-orangegelb, alt etwas ausblassend; Rand im Alter wellig, gerieft. **Lamellen:** Am Stiel weit herablaufend, entfernt stehend, bisweilen gegabelt, orangefarben. **Stiel:** Bis 4 cm lang, bis 0,5 cm breit, jung ausgestopft, bald hohl, orangefarben, schorfig-schuppig; Basis mit weißem Myzel. **Fleisch:** Weißlich-orange; Geruch seifig-mehlig, Geschmack mild. **Sporenpulver:** Blassorange. **Sporen:** 7–8 × 5–6 µm, breitelliptisch. **Vorkommen:** In milden Wintern bis zum Frühjahr in Parkanlagen; sehr selten. **Verwendung:** Kein Speisepilz.

2 Orangeroter Heftelnabeling

Rickenella fibula (Bull.: Fr.) Raith.
Gerronema fibula (Bull.: Fr.) Sing.

Juni–Oktober
Wiesen und Wälder
Unbedeutend

Hut: 0,4–1 cm breit, halbkugelig, Scheitel abgeflacht und tief genabelt; Oberfläche glatt, matt, lebhaft orange, zum Rand hin heller, trocken ausblassend; Rand schwach gekerbt-gefurcht, bisweilen etwas wellig. **Lamellen:** Sichelförmig am Stiel herablaufend, weißlich bis blassorange; Schneiden glatt. **Stiel:** 2–6 cm lang, etwa 1 mm breit, zylindrisch, hohl, glatt, orange, nach unten hin etwas heller; Basis bisweilen feinfilzig. **Fleisch:** Sehr dünn, blassorange; Geruch und Geschmack unbedeutend. **Sporenpulver:** Weißlich. **Sporen:** 4–5 × 2,5–3 µm, elliptisch, glatt, hyalin. **Vorkommen:** Juni bis Oktober einzeln oder gesellig in moosigen Wiesen, Rasenflächen und an Wegrändern, auch in Wäldern und Mooren, gern zwischen Moosen; weit verbreitet. **Verwendung:** Unbedeutend. **Wissenswertes:** Die Gattung *Rickenella* besteht aus vier Arten.

3 Blaustieliger Heftelnabeling

Rickenella swartzii (Fr.: Fr.) Kuyper

Juni–Oktober
Wälder und Parkanlagen
Unbedeutend
Foto mit Welligem Sternmoos

Hut: 0,5–1,5 cm breit, dünnhäutig, gewölbt, genabelt; Oberfläche bei feuchter Witterung fast bis zur Mitte gerieft, blass graubraun, Mitte grauviolett; Rand jung eingebogen, alt bisweilen aufgebogen. **Lamellen:** Am Stiel herablaufend, weiß bis blassgrau. **Stiel:** 3–5 cm lang, bis 1,5 mm breit, hohl, blassbräunlich, zur Spitze hin violett-bläulich. **Fleisch:** Bläulich bis dunkel violettbraun; Geruch und Geschmack unbedeutend. **Sporen:** 4–5 × 2–3 µm, elliptisch, glatt, hyalin. **Vorkommen:** Juni bis Oktober einzeln oder in Gruppen in feuchten Wäldern, Gebüschen, Gräben und Parkanlagen zwischen Gräsern und Moosen. **Verwendung:** Unbedeutend. **Wissenswertes:** Heftelnabelinge haben Ähnlichkeit mit Helmlingen. Alle leben in Gesellschaft von Moosen.

4 Heide-Flechtennabeling

Phytoconis ericetorum (Pers.: Fr.) Redh. & Kuyp.

Frühsommer–Herbst
Auf Torfböden und morschem Holz
Unbedeutend
Foto mit der Flechte *Botrydina*

Hut: 0,5–1,5 cm breit, erst gewölbt, dann ausgebreitet, genabelt bis trichterförmig; Oberfläche hygrophan, glatt, blassgelb, cremefarben, zur Mitte hin hellbräunlich mit +/– ausgeprägtem Lilaton, alt fast weiß; Rand gerieft bis gekerbt. **Lamellen:** Sehr entfernt stehend, vereinzelt gegabelt, blassgelb bis weißlich. **Stiel:** 1–2(–3) cm lang, hutfarben, zur Spitze hin dunkler, Basis schwach weißfilzig. **Fleisch:** Dünn, blass; ohne besonderen Geruch und Geschmack. **Sporenpulver:** Weißlich. **Sporen:** 7–11 × 5–8 µm, elliptisch. **Vorkommen:** Frühsommer bis Herbst auf Torfböden und auf morschem Holz; mit der Flechte *Botrydina vulgaris* vergesellschaftet. **Verwendung:** Unbedeutend.

5 Violetter Lacktrichterling

Laccaria amethystina (Huds.) Coke.
Laccaria amethystea (Bull.) Murr.

Juni–November
Laub- und Nadelwald
Essbar
5b Fruchtkörper-Missbildung

Hut: 2–5 cm breit, anfangs gewölbt, später ausgebreitet und meist etwas vertieft, oft unregelmäßig verbogen; Oberfläche glatt oder feinschuppig, hygrophan, lebhaft violett, im Alter und bei Trockenheit ausblassend; Rand anfangs eingerollt. **Lamellen:** Am Stiel breit angewachsen, etwas herablaufend, dick, breit, entfernt stehend, lebhaft violett (5a). **Stiel:** Bis 10 cm lang, bis 8 mm breit, schlank, oft wellig verbogen, steif, voll, violett, weißlich längs gefasert. **Fleisch:** Dünn, elastisch, violettlich; Geruch und Geschmack schwach, pilzartig. **Sporenpulver:** Weiß. **Sporen:** 8–10 µm, kugelig, stachelig. **Vorkommen:** Juni bis November selten einzeln, meist gesellig in Laub- und Nadelwäldern; in ganz Europa weit verbreitet. **Verwendung:** Essbar.

6 Rötlicher Lacktrichterling

Laccaria laccata (Scop.: Fr.) Cooke

Juni–November
Laub- und Nadelwald
Essbar
Foto mit Welligem Katharinenmoos

Hut: 1–4 cm breit, jung gewölbt, später abgeflacht bis niedergedrückt; Oberfläche glatt bis feinschuppig, hygrophan, feucht orangebraun-fleischrötlich, trocken blasser; Rand jung eingerollt, später wellig verbogen, durchscheinend gerieft. **Lamellen:** Am Stiel breit angewachsen, bisweilen etwas herablaufend, entfernt stehend, lachsrosa bis braunrötlich. **Stiel:** Bis 10 cm lang, schlank, zylindrisch, oft gedreht, zäh, hutfarben, weißlich längsfaserig. **Fleisch:** Dünn, fleischrötlich; Geruch schwach würzig, Geschmack mild. **Sporenpulver:** Weiß. **Sporen:** 7–9 × 6–8 µm, breitelliptisch, warzig-stachelig. **Vorkommen:** Juni bis November einzeln bis gesellig in Laub- und Nadelwäldern, an Waldrändern und in Parkanlagen. In ganz Europa weit verbreitet. **Verwendung:** Essbar.

1
2
3
4
5a
5b
6
5c

1 Buchsblättriger Trichterling

Clitocybe alexandri (GILL.) GILL.

August–November
Nadelwald
Essbar

Hut: 10–20 cm breit, jung konvex, mit schwachem Buckel, bald flach, alt niedergedrückt, fleischig; Oberfläche lederbräunlich bis ockerbraun, alt rissig; Rand anfangs eingerollt. **Lamellen:** Am Stiel herablaufend, gedrängt, queraderig verbunden, blass cremefarben, ocker, alt gelbbräunlich. **Stiel:** 4–7 cm lang, bis 4 cm breit, zylindrisch, voll, schmutzig weißgelblich. **Fleisch:** Weich, weißlich milchkaffeebraun; Geruch angenehm pilzartig, Geschmack mild. **Sporenpulver:** Weiß. **Sporen:** 5,5–6,5 × 3,5–4,5 µm. **Vorkommen:** August bis November gesellig und in Ringen in Nadelwäldern, auf Kalkböden; selten. **Verwendung:** Essbar. **Wissenswertes:** Die große Gattung *Clitocybe* enthält viele Arten mit herablaufenden Lamellen und mit trichterigem Hut; dieses Merkmal ist zwar namensgebend, jedoch nicht absolut zuverlässig. Die Stiele haben keinen Ring. Sporenpulver meist weiß. Neben Speisepilzen finden sich unter den Trichterlingen gefährliche Giftpilze.

2 Keulenfuß-Trichterling

Clitocybe clavipes (PERS.:FR.) KUMM.

Juli–November
Nadelwald
Kein Speisepilz
2b mit Sauerklee

Hut: 4–6 cm breit, anfangs flach gewölbt, dann ausgebreitet, bisweilen schwach niedergedrückt, stumpf gebuckelt; Oberfläche glatt, seidig-faserig, graubraun, braun-oliv, am Rand heller bis weißlich; Rand leicht gerippt. **Lamellen:** Sichelförmig am Stiel herablaufend, teilweise gegabelt, untermischt, elfenbeinweiß bis blassgelb; Schneiden glatt. **Stiel:** 4–7(–10) cm lang, voll, schwammig, längsfaserig, weißlich bis blassbräunlich; im unteren Teil auffallend aufgeblasen (2a), bis 3 cm breit (Name!); Basis weißfilzig. **Fleisch:** Weich, weißlich, schwammig, bei Regen vollgesogen; Geruch schwach würzig, mandelartig, Geschmack mild. **Sporenpulver:** Weiß. **Sporen:** 5–7 × 3–4 µm, elliptisch, glatt, hyalin. **Vorkommen:** Juli bis November gesellig in bodensauren Nadelwäldern, seltener auch in Laubwäldern mit eingestreuten Fichten; in ganz Europa weit verbreitet. **Verwendung:** Kein Speisepilz; mit Alkohol genossen giftig. Bislang wurden jedoch keine Inhaltsstoffe gefunden, die auf eine Giftwirkung des Keulenfuß-Trichterlings hindeuten.

3 Feld-Trichterling

Clitocybe dealbata (SOW.: FR.) KUMM.

Juli–November
Grasige Plätze
Giftig
Foto mit Spitzwegerich

Hut: 2–5 cm breit, bald niedergedrückt, fast trichterförmig; Oberfläche matt, weißlich, schwach firnisartig bereift; Rand jung eingerollt, ungerieft, alt wellig. **Lamellen:** Fast gerade angewachsen bis etwas herablaufend, schmal, ziemlich gedrängt stehend, gabelig, blassgelblich. **Stiel:** 2–4 cm lang, zylindrisch, faserig, voll, alt hohl, auf blass ockerrosalichem Grund weißlich, Spitze bisweilen bestäubt. **Fleisch:** Dünn, wässrig, blass fleischfarben; Geruch stark mehlartig, Geschmack mild, mehlartig. **Sporenpulver:** Weiß. **Sporen:** 5–6 × 3–4 µm, rundlich bis oval, glatt, hyalin. **Vorkommen:** Juli bis November meist gesellig an grasigen Plätzen, auf Rasenflächen, in Weiden und Fettwiesen, an Wegrändern. **Verwendung:** Giftig; enthält Muscarin. **Wissenswertes:** Es gibt eine Reihe ähnlicher, weißer, giftiger Trichterlinge, die mit weißhütigen Speisepilzen (Maipilz, Mehlpilz, Schnecklinge, Egerlinge, Ritterlinge) verwechselt werden können.

4 Kleinsporiger Mehl-Trichterling

Clitocybe ditopa (FR.: FR.) GILL.

September–November
Nadelwald
Kein Speisepilz

Hut: 2–5 cm breit, jung gewölbt, dann verflacht bis niedergedrückt, alt trichterig; Oberfläche hygrophan, feucht dunkel graubraun bis rußig graubraun, weißlich bereift, abwischbar, trocken heller, glatt; Rand lange eingebogen, nicht gerieft. **Lamellen:** Herablaufend, ziemlich dicht stehend, hell graubraun bis dunkelgrau. **Stiel:** 2–4 cm lang, zylindrisch, bald hohl, bisweilen etwas breit gedrückt, graubraun; Basis filzig. **Fleisch:** Dünn, grauweißlich-graubräunlich; Geruch und Geschmack mehlartig bis ranzig-mehlig. **Sporenpulver:** Weiß. **Sporen:** Mit 3–3,5 × 2,5–3 µm relativ klein, fast rund. **Vorkommen:** September bis November meist gesellig in Nadelwäldern, seltener in Laubwäldern mit eingestreuten Fichten. **Verwendung:** Kein Speisepilz.

5 Langstieliger Duft-Trichterling

Clitocybe fragrans (WITH.: FR.) KUMM.
Clitocybe suaveolens (SCHUM.: FR.) KUMM.

Frühjahr–Spätherbst
Laub- und Nadelwald
Giftig
Foto mit Grünstängelmoos

Hut: 1–5 cm breit, anfangs gewölbt, bald flach, niedergedrückt bis genabelt, wellig verbogen; Oberfläche hygrophan, glatt, feucht speckig glänzend, beige-grau, Mitte dunkler, trocken cremefarben bis weißlich; Hutrand feucht gerieft. **Lamellen:** Breit angewachsen oder etwas herablaufend, +/– gedrängt, hellbeige bis cremefarben; Schneiden glatt. **Stiel:** Bis 5 cm lang, zylindrisch, etwas knorpelig, alt hohl, wie der Hut gefärbt; Basis weißlich filzig, mit dem Substrat verwachsen. **Fleisch:** Dünn, hygrophan, weißlich; Geruch nach Anis, Geschmack mild mit süßlicher Komponente. **Sporenpulver:** Weiß. **Sporen:** 6–9 × 3–5 µm, elliptisch, glatt, hyalin. **Vorkommen:** Frühjahr bis Spätherbst einzeln oder gesellig im Laub-, seltener im Nadelwald. **Verwendung:** Giftig. **Wissenswertes:** Ähnliche grauweiße bis graubraune, hygrophane Trichterlinge sind schwer abzugrenzen. Einige sind giftig oder giftverdächtig. Auch der Grüne Anis-Trichterling *(Clitocybe odora)* hat einen aromatischen, an Anis erinnernden Geruch; er ist essbar.

2a

1

2b

3

4

5

Familie | Gattung

Tricholomataceae

Clitocybe (Trichterlinge)

1 Mönchskopf

Clitocybe geotropa (D. C. & LAM.) QUÉL.

September–November
Laub- und Nadelwald
Jung essbar
1a Hexenring im Nadelwald
1b mit Blättern der Rotbuche

Hut: 5–20(–30) cm breit, flach ausgebreitet mit eingesenkter Mitte, später trichterig, fast immer deutlich gebuckelt; Oberfläche seidig bis angedrückt filzig, später kahl, weißlich-ocker; Rand lange eingerollt, bisweilen kammartig gerippt, alt nach unten gebogen. **Lamellen:** Stark am Stiel herablaufend, dicht stehend, weich, am Rand mit vielen kürzeren Lamellen untermischt, weißlich bis cremefarben. **Stiel:** 8–15 cm lang, 1,5–3 cm breit, fest, voll, kräftig, hutfarben, häufig längsfaserig, im Alter zäh und wässrig; Basis etwas keulig und stark weißfilzig. **Fleisch:** Jung fest, alt elastisch-zäh, weißlich bis cremefarben; Geruch süßlich, aromatisch, Geschmack mild. **Sporenpulver:** Weiß. **Sporen:** 6–7 × 5–6 µm, elliptisch oder rundlich, glatt, hyalin. **Vorkommen:** September bis November meist in großen Ringen und Reihen an vorwiegend feuchten Stellen in Laub- und Nadelwäldern, an Waldrändern, auf Waldwiesen. **Verwendung:** Jung essbar.

2 Ockerbrauner Trichterling

Clitocybe gibba (PERS.: FR.) KUMM.
Clitocybe infundibuliformis (SCHAEFF.) QUÉL.

Sommer–Herbst
Laub- und Nadelwald
Kein Speisepilz
Foto mit Schüsselflechte

Hut: 2–8 cm breit, schon bald trichterförmig, oft mit kleinem Buckel; Oberfläche kahl, lederfarben bis bräunlich ocker, blass austrocknend; Rand anfangs stark eingerollt, alt +/– gerippt und wellig. **Lamellen:** Weit am Stiel herablaufend, gedrängt, einige bisweilen gegabelt, weißlich, alt cremefarben. **Stiel:** 3–5 cm lang, bis 0,8 cm breit, schlank, abwärts oft leicht verdickt, zäh, voll bis ausgestopft, alt hohl, weißlich; Basis mit weißem Myzelfilz. **Fleisch:** Zäh, weiß, zum Hutrand hin dünn; Geruch angenehm süßlich bis bittermandelartig, Geschmack mild. **Sporenpulver:** Weiß. **Sporen:** 5–7 × 3,5–5 µm, elliptisch-tropfenförmig, glatt, mit Tropfen. **Vorkommen:** Sommer bis Herbst meist gesellig, oft in Reihen und Ringen, auf toten Blättern und Nadeln im Laub- und Nadelwald, gern an Wegrändern; sehr häufig, verbreitet. **Verwendung:** Kein Speisepilz.

3 Nebelgrauer Trichterling, Nebelkappe

Clitocybe nebularis (BATSCH.: FR.) KUMM.
Lepista nebularis (BATSCH.: FR.) HARM.

September–November
Laub- und Nadelwald
Essbar
3a mit Efeu

Hut: 5–20 cm breit, anfangs stark gewölbt, später ausgebreitet, Mitte oft schwach gebuckelt oder niedergedrückt; Oberfläche glatt, trocken, feucht etwas fettig, mit abwischbarem Reif, aschgrau-graubraun; Rand anfangs eingerollt, alt flatterig.

Foto links: Hut mit Missbildung.

Lamellen: Am Stiel etwas herablaufend, schmal, sehr dicht stehend, leicht ablösbar, blassgelb. **Stiel:** 6–10 cm lang, bis 3 cm breit, kräftig, voll, später hohl, cremeweißlich bis hellgrau; Basis weißfilzig. **Fleisch:** Dick, jung fest, weißlich; Geruch süßlich, etwas unangenehm, Geschmack mild, säuerlich. **Sporenpulver:** Cremeweiß. **Sporen:** 6–7 × 3–4 µm, elliptisch, glatt. **Vorkommen:** September bis November im Laub- und Nadelwald. **Verwendung:** Essbar; individuelle Unverträglichkeitsreaktionen sind möglich. Personen, die nach dem Verzehr Beschwerden haben, müssen künftig auf den Genuss des Pilzes verzichten. **Wissenswertes:** Sehr ähnlich ist der giftige Riesen-Rötling *(Entoloma sinuatum)*.

4 Grüner Anis-Trichterling

Clitocybe odora (BULL.: FR.) KUMM.

August–November
Laub- und Nadelwald
Essbar
Foto mit Efeu

Hut: 3–8 cm breit, anfangs gewölbt, später flach ausgebreitet, oft stark wellig-flatterig verbogen, kaum trichterförmig; Oberfläche fein radialfaserig, in der Mitte feinschuppig, jung blaugrünlich, später mehr graugrün, im Alter meist stark ausblassend, bisweilen fast weiß; Rand jung etwas eingerollt. **Lamellen:** Am Stiel breit angewachsen bis leicht herablaufend, fast entfernt stehend, mit kürzeren und gegabelten untermischt, jung blass cremefarben, später blass graugrünlich bis ockergrünlich; Schneiden wellig bis schwach gekerbt. **Stiel:** 4–8 cm lang, bis 1 cm breit, zylindrisch, ausgestopft, später hohl, erst weißlich, dann blass graugrünlich, etwas heller als der Hut, längsfaserig; Basis feinflaumig. **Fleisch:** Weich, weiß bis blassgrün; Geruch stark anisartig, Geschmack mild. **Sporenpulver:** Cremefarben. **Sporen:** 6–8 × 4–5 µm. **Vorkommen:** August bis November einzeln bis gesellig, gern in Reihen und Ringen im Laub- und Nadelwald. **Verwendung:** Essbar.

5 Würzelchen-Trichterling

Clitocybe radicellata GILL.

Spätwinter–Frühjahr
Nadelwald
Kein Speisepilz
Foto mit Rotstängelmoos

Hut: 2–5 cm breit, ganz jung gewölbt, bald niedergedrückt, alt trichterig; Oberfläche matt, feucht fettig anzufühlen, trocken bisweilen konzentrisch rissig, hellbraun, grau bereift, alt ausblassend; Rand scharf, alt +/– wellig. **Lamellen:** Gerade angewachsen oder am Stiel kurz herablaufend, fast gedrängt, untermischt, weißlich bis blass gelbbräunlich; Schneiden glatt. **Stiel:** 2–5 cm lang, 3–5 mm breit, oft gebogen, elastisch, alt hohl, weißlich bis blass gelbbräunlich; Basis filzig, mit dünnen Myzelsträngen. **Fleisch:** Dünn, blass gelbbräunlich; Geruch unbedeutend, Geschmack etwas bitter. **Sporenpulver:** Weiß. **Sporen:** 4–6 × 3–4 µm, breitelliptisch, inamyloid. **Vorkommen:** Spätwinter bis zum späten Frühjahr im Nadelwald; selten. **Verwendung:** Kein Speisepilz.

1b

1a

2

3a

3b

4

5

Tricholomataceae

Lepista (Rötelritterlinge, Rötelrichterlinge)

1 Fuchsiger Rötelritterling

Lepista flaccida (Sow.: Fr.) Pat.
Lepista inversa (Scop.: Fr.) Pat.

August–November
Laub- und Nadelwald
Essbar
Foto mit Sauerklee

Hut: 3–8 cm breit, jung flach gewölbt, bald niedergedrückt, später trichterförmig; Oberfläche matt, etwas hygrophan, trocken blass ocker- bis lederbraun, feucht fuchsig-rotbraun, auch schwach fleckig; Rand scharf, jung eingerollt, später unregelmäßig gewellt. **Lamellen:** Weit herablaufend, teilweise gegabelt, dicht stehend, weißlich gelb, später gelbrötlich bis fuchsig, vom Hut ablösbar. **Stiel:** 2–5 cm lang, bis 1 cm breit, meist zylindrisch, jung voll, später hohl, hutfarben oder blasser, meist weißlich überfasert; Basis mit auffälligem Myzelfilz. **Fleisch:** Dünn, cremefarben bis blassbräunlich; Geruch und Geschmack herb säuerlich. **Sporenpulver:** Weißlich. **Sporen:** 4–5 × 3,5–4,5 µm. **Vorkommen:** August bis November meist in Gruppen oder Ringen in Laub- und Nadelwäldern, an Waldwegen. **Verwendung:** Essbar. **Wissenswertes:** Der ähnliche Wasserfleckige Rötelritterling *(Lepista gilva)* wird von manchen Autoren als Sonderform des Fuchsigen Rötelritterlings angesehen. Die Gattung *Lepista* umfasst etwa 20 ritterlings- oder trichterlingsähnliche Arten. Ihr Sporenpulver ist weiß, cremefarben oder fleischrosa, die Sporen sind feinwarzig oder glatt.

2 Veilchen-Rötelritterling

Lepista irina (Fr.) Bigelow

September–November
Laub- und Nadelwald
Essbar
Foto mit Fichtenzapfen

Hut: 4–8(–12) cm breit, jung fast halbkugelig, später gewölbt-abgeflacht mit +/– stumpfem Buckel; Oberfläche hygrophan, glatt, matt, blass weißgrau-cremefarben, in der Mitte blassbräunlich; Rand eingebogen, bisweilen schwach gerippt, alt flatterig. **Lamellen:** Etwas ausgebuchtet oder gerade angewachsen, mäßig gedrängt, leicht ablösbar, cremefarben, alt mit graurosa Tönung. **Stiel:** 6–10 cm lang, bis 2 cm breit, zylindrisch, jung voll, alt hohl, weißlich-cremefarben, längsfaserig. **Fleisch:** In der Hutmitte dick, weißlich, wässrig; Geruch nach getrockneter Veilchenwurzel (Iridis Rhizoma), Geschmack mild. **Sporenpulver:** Cremeorange. **Sporen:** 6–7 × 3,5–4,5 µm, elliptisch, glatt bis feinwarzig, mit Tropfen. **Vorkommen:** September bis November gesellig bis büschelig, in Ringen und Reihen im Laub- und Nadelwald; verbreitet. **Verwendung:** Essbar. **Wissenswertes:** Ähnlich ist der Blassblaue Rötelritterling *(Lepista glaucocana),* ein blasser Verwandter.

3 Violetter Rötelritterling

Lepista nuda (Bull.: Fr.) Cke.

April–November
Laub- und Nadelwald, Gärten
Essbar
3a mit Waldmeister
3c mit Rotbuchenlaub und Blättern vom Waldmeister

Hut: 5–15(–20) cm breit, anfangs gewölbt, später flach ausgebreitet, wellig verbogen; Oberfläche glatt, matt oder glänzend, violett, bräunlich-violett, alt hell- bis graulila ausblassend; Rand lange eingerollt, glatt. **Lamellen:** Am Stiel ausgebuchtet angewachsen, fast gedrängt, leicht vom Hutfleisch ablösbar, violett bis graulila (3b). **Stiel:** Bis 12 cm lang, bis 3 cm breit, zylindrisch bis keulig, voll, violett mit weißsilbrigen Längsfasern; Basis verdickt. **Fleisch:** Weich, zart, weißlich-lila; Geruch angenehm würzig-aromatisch, Geschmack mild, nussartig. **Sporenpulver:** Fleischrötlich. **Sporen:** 6,5–8,5 × 4–5 µm, elliptisch, hyalin. **Vorkommen:** April bis November (mit Hauptsaison im Herbst) meist in Ringen und Gruppen in Laub- und Nadelwäldern, auch in Gärten. **Verwendung:** Essbar; individuelle Unverträglichkeitsreaktionen sind möglich. Personen, die nach dem Verzehr Beschwerden haben, müssen künftig auf den Genuss des Pilzes verzichten.

4 Horngrauer Rötelritterling

Lepista panaeolus (Fr.) Karst.
Lepista luscina (Fr.: Fr.) Sing.

September–November
Wiesen und Parkanlagen
Essbar

Hut: 5–10(–15) cm breit, jung gewölbt, später ausgebreitet; Oberfläche hellgrau, hornbräunlich, graubraun, am Rand oft mit konzentrisch angeordneten dunkleren Flecken; Rand lange eingebogen. **Lamellen:** Am Stiel ausgebuchtet bis gerade angewachsen, leicht vom Hut ablösbar, dicht stehend, blass fleischrosa, alt schmutzig graurosa. **Stiel:** 3–7 cm lang, bis 2 cm breit, ocker-fleischfarben, weißlich längsfaserig; Basis keulig. **Fleisch:** Dick, weißlich; Geruch süßlich-aromatisch, Geschmack mild. **Sporenpulver:** Fleischrötlich. **Sporen:** 4,5–6,5 × 3–4 µm, breitelliptisch, feinwarzig. **Vorkommen:** September bis November einzeln oder in Ringen in Halbtrockenrasen, Wiesen, Weiden und Parks. Der Pilz ist seit Jahren stark rückläufig. **Verwendung:** Essbar.

5 Lilastiel-Rötelritterling

Lepista saeva (Fr.) Ort.
Lepista personata (Fr.: Fr.) Cke.

August–November
Wiesen, Weiden
Essbar

Hut: 5–15 cm breit, jung halbkugelig, bald flach gewölbt; Oberfläche glatt, matt, feucht glänzend, fettig anzufühlen, blassgrau, ockergrau, blassbräunlich, alt graubraun; Rand anfangs etwas eingerollt, später scharf. **Lamellen:** Am Stiel ausgebuchtet angeheftet, mit kleinem Zahn herablaufend, weißlich, später blassgrau; Schneiden glatt bis schwach wellig. **Stiel:** Bis 10 cm lang, kräftig, zylindrisch, am Grund bisweilen verdickt, voll, auf weißlichem Grund schön violettblau, längsfaserig. **Fleisch:** Dick, fest, weißlich; Geruch schwach, Geschmack mild, nussartig. **Sporenpulver:** Blassrosa. **Sporen:** 6–8 × 4–5 µm, elliptisch. **Vorkommen:** August bis November einzeln, in Gruppen oder Ringen auf Wiesen, Weiden, in Magerrasen, Parkanlagen; selten. **Verwendung:** Essbar; als Seltenheit zu schonen. **Wissenswertes:** Auffälliges Merkmal ist der schön gefärbte Stiel (Name!); damit ist der Pilz kaum zu verwechseln.

1

2

3a

3b

3c

4a

4b

5

Tricholomataceae

Tricholomopsis (Holzritterlinge), *Tricholoma* (Ritterlinge)

1 Olivgelber Holzritterling

Tricholomopsis decora (Fr.) Sing.

Sommer–Herbst
An morschem Nadelholz
Kein Speisepilz
1a auf morschem Fichtenstamm

Hut: 3–7 cm breit, jung konvex, später abgeflacht, Mitte bisweilen gebuckelt, oft schwach niedergedrückt; Oberfläche goldgelb, mit spitzen, dunkelbraunen bis olivschwärzlichen Schüppchen bedeckt, Mitte braunschwarz; Rand dünn, lange nach unten gebogen. **Lamellen:** Am Stiel ausgebuchtet angewachsen, mit Zwischenlamellen, goldgelb; Schneiden glatt. **Stiel:** 3–7 cm lang, zylindrisch, oft seitlich stehend, voll, alt hohl, schwefelgelb, längsfaserig, jung feinschuppig. **Fleisch:** Im Buckel dick, etwas zäh, blassgelb; Geschmack mild bis bitterlich, Geruch unbedeutend. **Sporenpulver:** Weiß. **Sporen:** 6–7,5 × 4–5,5 µm, breitelliptisch, glatt, hyalin, mit Tropfen. **Vorkommen:** Sommer bis Herbst einzeln oder büschelig in Berg-Nadelwäldern auf morschem Nadelholz. **Verwendung:** Kein Speisepilz. **Wissenswertes:** Die Gattung *Tricholomopsis* umfasst etwa vier auf Holz wachsende Arten; alle sind ungenießbar. Lamellen und Fleisch sind gelb gefärbt, Huthaut mit Schüppchen; Sporenpulver weiß. Weißfäuleerreger.

2 Purpurfilziger Holzritterling

Tricholomopsis rutilans (Schaeff.: Fr.) Sing.

Juni–November
An Nadelholz
Kein Speisepilz
2b auf morschem Fichtenstamm

Hut: 5–15 cm breit, jung stumpfkegelig-gewölbt, später ausgebreitet, oft mit stumpfem Buckel; Oberfläche matt, radial angedrückt schuppig-flockig, purpurrot oder violettrötlich, wenn sich der Hut ausbreitet, wird zunehmend die gelbe Grundfarbe sichtbar; Rand dünn, lange nach unten gebogen. **Lamellen:** Ausgebuchtet angewachsen, sehr gedrängt, lebhaft gelb; Schneiden flockig. **Stiel:** 5–12 cm lang, zylindrisch, oft gebogen, fest, voll, später hohl, wie der Hut auf gelbem Grund rötlich schuppig-flockig, seltener nur gelb, Stielspitze gelblich-weiß. **Fleisch:** In der Hutmitte dick, fest, alt wässrig-weich, blassgelb; Geschmack mild, Geruch unbedeutend. **Sporenpulver:** Weiß. **Sporen:** 6,5–8 × 4,5–5,5 µm, breitelliptisch, glatt. **Vorkommen:** Juni bis November einzeln oder in kleinen Büscheln an Wurzeln und morschen Stümpfen von Nadelhölzern, vereinzelt auch an Laubholz; in Europa weit verbreitet. **Verwendung:** Kein Speisepilz.

3 Silbergrauer Erd-Ritterling

Tricholoma argyraceum (Bull.) Gill.
Tricholoma scalpturatum (Fr.) Quél.

Mai–November
Laub- und Nadelwald, Gärten
Kein Speisepilz

Hut: 4–8 cm breit, anfangs kegelig, später abgeflacht mit stumpfem Buckel, auf hellgrauem oder graubräunlichem Grund grau bis dunkelgrau faserig oder feinschuppig, Mitte dunkler; Rand dünn, alt oft eingerissen und gelbfleckig. **Lamellen:** Ausgebuchtet, mit Zahn herablaufend, fast gedrängt, untermischt, weißlich, bei ausgewachsenen Fruchtkörpern sowie auf Druck nach längerem Liegen gilbend. **Stiel:** Bis 7 cm lang, bis 1 cm breit, ausgestopft-hohlfaserig, fast weiß, seidig-graufaserig, jung mit flüchtigen Velumresten. **Fleisch:** Dünn, weich, weiß, gilbend, im Stiel faserig; Geruch und Geschmack mehlartig. **Sporenpulver:** Weiß. **Sporen:** 5–7 × 3–4 µm, elliptisch, glatt, hyalin, mit Tropfen. **Vorkommen:** Mai bis November in grasigen Laub- und Nadelwäldern, in Gärten und Parks, oft sehr zahlreich. **Verwendung:** Kein Speisepilz. **Wissenswertes:** Die große Gattung *Tricholoma* enthält meist mittelgroße bis große Arten; Lamellen ausgebuchtet oder abgerundet angewachsen, Stiel meist ringlos, Sporenpulver weiß.

4 Orangeroter Ritterling

Tricholoma aurantium (Schaeff.: Fr.) Rick.

August–November
Nadelwald, selten Laubwald
Kein Speisepilz

Hut: 5–12 cm breit, anfangs gewölbt, später ausgebreitet bis niedergedrückt, oft mit flachem Buckel; Oberfläche feinschuppig, feucht schmierig, lebhaft orange bis orangebraun, Mitte bisweilen dunkler oder heller; Rand lange eingerollt, später wellig verbogen. Hutrand und Stielspitze im Wachstum oft mit orange-bernsteinfarbenen Tröpfchen besetzt. **Lamellen:** Am Stiel ausgebuchtet angewachsen, gedrängt, weiß, später cremefarben, rotbraun fleckend; Schneiden gezähnelt. Foto links unten: Guttationstropfen und Ritterlingsmerkmal „Burggraben“. **Stiel:** 5–8 cm lang, bis 2 cm breit, zylindrisch, voll, mit dicht stehenden, fast konzentrisch angeordneten orangeroten Schuppen auf hellem Grund, zur Spitze hin mit scharf abgegrenzter weißer Zone. **Fleisch:** Fest, weiß, in der Stielbasis etwas orange; Geruch mehlartig, Geschmack bitter. **Sporenpulver:** Weiß. **Sporen:** 4–5 × 3–3,5 µm, elliptisch, glatt, farblos. **Vorkommen:** August bis November einzeln bis gesellig, oft in Ringen in Nadelwäldern, gelegentlich auch in Laubwäldern, auf Kalkböden; selten, infolge von Umwelteinflüssen seit Jahren stark rückläufig. **Verwendung:** Kein Speisepilz. **Wissenswertes:** Der lebhaft orange gefärbte Hut und Stiel mit den bernsteinfarbenen Guttationströpfchen sind auffällige Merkmale dieses prächtigen, kaum verwechselbaren Ritterlings.

1a

1b

2a

2b

3

4

1 Krokodil-Ritterling

Tricholoma caligatum (VIV.) RICK.

September–November
Nadelwald
Essbar

Hut: 7–15 cm breit, anfangs lange halbkugelig, dann gewölbt bis ausgebreitet; Oberfläche auf elfenbeinfarbenem Grund mit rotbräunlichen, kastanien- bis porphyrbraunen Faserschuppen konzentrisch überzogen; Rand weißlich, lange eingerollt, jung mit dichtem Velum mit dem Stiel verbunden. **Lamellen:** Ausgebuchtet angeheftet, weiß oder cremefarben, auf Druck bräunlich fleckend. **Stiel:** 10–15 cm lang, bis 3 cm breit, voll, mit stark ausgeprägtem häutigem Ring, darüber weiß, darunter mit braunen Fasern der Gesamthülle zonenartig marmoriert; Basis abgerundet. **Fleisch:** Dick, fest, zäh, weiß-cremefarben; Geruch auffällig, nicht sehr angenehm, Geschmack süßlich. **Sporenpulver:** Weiß. **Sporen:** 6,5–7,5 × 4,5–5,5 µm. **Vorkommen:** September bis November einzeln bis gesellig im Nadelwald; selten. **Verwendung:** Essbar; als Seltenheit zu schonen.

2 Beringter Erd-Ritterling

Tricholoma cingulatum (ALMFELT IN FR.) JACOBASCH

September–Oktober
Unter Weiden und Birken
Essbar
2a mit Birkenblättern

Hut: 3–6 cm breit, gewölbt bis ausgebreitet, mit stumpfem Buckel, bisweilen schwach eingedellt; Oberfläche feinschuppig, trocken, matt, blassgrau bis graubraun, zum Rand hin heller; Rand jung mit weißen Velumresten, lange nach unten gebogen. **Lamellen:** Am Stiel ausgebuchtet angewachsen, weißlich bis graulich, alt gilbend. **Stiel:** Bis 8 cm lang, bis 1 cm breit, zylindrisch, brüchig, ausgestopft, weißlich bis schwach graubräunlich; Ring häutig-wollig, eng anliegend, darunter etwas faserschuppig. **Fleisch:** Dünn, fest, weißlich, alt etwas gilbend; Geruch und Geschmack leicht mehlartig. **Sporenpulver:** Weiß. **Sporen:** 4–5 × 2,5–3,5 µm, elliptisch, glatt, hyalin, teilweise mit Tropfen. **Vorkommen:** September bis Oktober unter Weiden *(Salix)* und Birken *(Betula)* in Auenwäldern und Parks; selten. **Verwendung:** Essbar; als Seltenheit zu schonen.

3 Grünling

Tricholoma equestre (L.: FR.) KUMM.
Tricholoma auratum (PAUL.: F.) GILL.
Tricholoma flavovirens (PERS.: FR.) LUND.

September–Dezember
Laub- und Nadelwald
Giftig
Foto mit Zapfen der Wald-Kiefer

Hut: Bis 12 cm breit, jung halbkugelig-glockig, bald konvex, breit gebuckelt, dickfleischig; Oberfläche feucht klebrig, gelbgrünlich, gelbolivbraun bis braungelb mit eingewachsenen bräunlich gelben Schüppchen; Rand anfangs stark eingebogen. **Lamellen:** Tief ausgebuchtet angewachsen, eng stehend, hell schwefelgelb bis zitronengelb. **Stiel:** Bis 10 cm lang, zylindrisch bis etwas keulig, voll, glatt oder etwas faserschuppig, Spitze weißlich, abwärts gelbgrünlich bis bräunlich gelb. **Fleisch:** Weiß bis gelblich; Geruch schwach mehlartig, Geschmack mild. **Sporenpulver:** Weiß. **Sporen:** 6–7 × 3–4 µm, breitelliptisch, glatt, hyalin. **Vorkommen:** September bis Dezember in Laub- und Nadelwäldern. In ganz Europa weit verbreitet. **Verwendung:** Giftig. **Wissenswertes:** Der Grünling wurde bislang als hervorragender Speisepilz geschätzt und war ein beliebter Marktpilz. In einer Studie haben französische Wissenschaftler festgestellt, dass der Pilz eine Rhabdomyolyse, das heißt eine Muskeldegeneration und Nekrose bewirken kann. Damit einhergehende Komplikationen haben zum Tod von drei Menschen geführt. Vom Verzehr ist künftig abzuraten.

4 Fastberingter Ritterling

Tricholoma fracticum (BRITZ.) KREIS.
Tricholoma subannulatum (BATSCH) BRES.

Herbst
Berg-Nadelwald
Schwach giftig
4a mit Zapfen der Wald-Kiefer
4b mit Wald-Erdbeere

Hut: 7–12 cm breit, jung halbkugelig, dann gewölbt, später abgeflacht; Oberfläche bei feuchter Witterung sehr schmierig, trocken seidenmatt, dunkel rotbraun bis kastanienbraun; Rand lange eingerollt, bei alten Fruchtkörpern wellig. **Lamellen:** Am Stiel ausgebuchtet angewachsen, eng stehend, mit Zwischenlamellen, erst weißlich-cremefarben, alt bräunlich fleckend. **Stiel:** 6–12 cm lang, kräftig, unten blass rotbraun, längsfaserig, oben mit ringartiger Zone, darüber seidig-weiß. **Fleisch:** Fest, weiß, rosabraun fleckend; mit schwachem Mehlgeruch, Geschmack bitter. **Sporenpulver:** Weiß. **Sporen:** 4–6 × 3,5–4,5 µm, rundlich, glatt, hyalin. **Vorkommen:** Im Herbst einzeln bis gesellig in montanen Nadelwäldern, auf Kalk. **Verwendung:** Schwach giftig. **Wissenswertes:** Der Fastberingte Ritterling gehört zur Untergattung *Subannulata,* einer Gruppe von braunen Ritterlingen, die alle leicht verwechselt werden können.

5 Gelbblättriger Ritterling

Tricholoma fulvum (D. C.: FR.) SACC.
Tricholoma flavobrunneum (FR.) KUMM.

Sommer–Herbst
Unter Birken
Kein Speisepilz
5a mit Birkenblättern

Hut: 4–10 cm breit, jung gewölbt, bald ausgebreitet, mit niedergedrückter Mitte oder schwachem Buckel; Oberfläche feucht glänzend, schmierig, fein eingewachsen radialfaserig, dunkel rotbraun, zum Rand hin gelblich; Rand meist gerippt. **Lamellen:** Am Stiel ausgebuchtet angewachsen, jung blassgelb, bald bräunlich gelb, rostbraun fleckend, zuletzt gänzlich rostbraun. **Stiel:** 5–10 cm lang, bis 2 cm breit, zylindrisch, bisweilen bauchig und spindelig wurzelnd, jung voll, gelbbräunlich mit dunklerer Längsfaserung, Spitze blass. **Fleisch:** Fest, im Hut weiß-blassgelb, im Stiel gelb; Geruch und Geschmack mehlartig. **Sporenpulver:** Weiß. **Sporen:** 5–7 × 4–5 µm, breitelliptisch. **Vorkommen:** Sommer bis Herbst einzeln bis gesellig meist unter Birken *(Betula)*. **Verwendung:** Kein Speisepilz. **Wissenswertes:** Ähnlich ist der Blassfleischige Fichten-Trichterling *(Tricholoma pseudonictitans);* er wächst in Fichtenwäldern.

1

2a

2b

3

4a

4b

5a

5b

Tricholomataceae

Tricholoma (Ritterlinge)

1 Lästiger Ritterling

Tricholoma inamoenum (Fr.: Fr.) Gil.

September–Oktober
Berg-Fichtenwald
Kein Speisepilz
Foto mit Grünstängelmoos

Hut: 4–6 cm breit, anfangs halbkugelig, später gewölbt-ausgebreitet, mit schwachem Buckel; Oberfläche seidig, kahl, matt, weißlich bis weißgelblich, Mitte dunkler, tonblass; Rand glatt. **Lamellen:** Ausgebuchtet angewachsen, entfernt stehend, breit, weiß bis blassgelb. **Stiel:** Bis 7 cm lang, schlank, voll, weißlich, zur Basis hin oft schmutzig-bräunlich. **Fleisch:** Dünn, weißlich; Geruch sehr unangenehm, leuchtgasartig, Geschmack mild, kohlartig. **Sporenpulver:** Weiß. **Sporen:** 8–10 × 4–5,5 µm, mandelförmig, hyalin. **Vorkommen:** September bis Oktober einzeln oder truppweise in Berg-Fichtenwäldern, auf Kalkböden. **Verwendung:** Kein Speisepilz. **Wissenswertes:** Es gibt verschiedene schwer abgrenzbare Arten mit unterschiedlichen Standortansprüchen. Typisch für alle ist der unangenehme Geruch.

2 Tiger-Ritterling

Tricholoma pardalotum Herink & Kotl.
Tricholoma pardinum (Pers.) Quél. ss. Kuehn. & Romagn.

August–Oktober
Laub- und Nadelwald
Giftig

Hut: 5–10(–20) cm breit, jung halbkugelig-glockig, später ausgebreitet, niedergedrückt oder stumpf gebuckelt; Oberfläche auf weißem Grund mit silbergrauen bis graubräunlichen, groben, konzentrisch angeordneten Schuppen besetzt; Rand meist heller, lange eingebogen. **Lamellen:** Am Stiel ausgebuchtet angewachsen, breit, mäßig dicht stehend, jung weißlich, später gelblich; Schneiden gekerbt. **Stiel:** Bis 10 cm lang, bis 3,5 cm breit, zylindrisch mit keuliger Basis, fest, voll, weißlich oder etwas ockerlich, schwach bräunlich längsfaserig bis schuppig; Spitze jung oft mit Wassertröpfchen. **Fleisch:** Dick, weißlich; Geruch mehlartig, Geschmack mild, mehlartig. **Sporenpulver:** Weiß. **Sporen:** 8–10 × 5,5–6,5 µm, oval, glatt, hyalin, mit Tropfen. **Vorkommen:** August bis Oktober einzeln bis gesellig im Laub- und Nadelwald, auf Kalkböden. **Verwendung:** Giftig; verursacht schwere Brechdurchfälle, die eine halbe bis drei Stunden nach der Mahlzeit eintreten.

3 Schwarzfaseriger Ritterling

Tricholoma portentosum (Fr.) Quél.

September–Dezember
Laub- und Nadelwald
Essbar

Hut: 4–12(–15) cm breit, jung halbkugelig-glockig, dann gewölbt bis flach mit stumpfem Buckel; Oberfläche bei feuchter Witterung klebrig-schmierig, trocken glänzend, graubraun mit gelben bis graulila Tönen, durch eingewachsene, schwarze Fasern radial gestreift, Mitte fast schwarz; Huthaut abziehbar. **Lamellen:** Am Stiel ausgebuchtet angewachsen, jung weiß, später gelb fleckend, alt gelblich grün. **Stiel:** 6–10 cm lang, bis 2,5 cm breit, etwas faserig, alt hohl, kahl, weißlich, grüngelblich fleckend. **Fleisch:** Weißlich, unter der Huthaut graugelb; Geruch mehlartig, Geschmack mild, schwach mehlartig. **Sporenpulver:** Weiß. **Sporen:** 5–6 × 3,5–5 µm, elliptisch. **Vorkommen:** September bis Dezember im Laub- und Nadelwald auf sandigen und lehmigen Böden, gern unter Fichten *(Picea abies)* und Kiefern *(Pinus);* selten. **Verwendung:** Essbar.

4 Seifen-Ritterling

Tricholoma saponaceum (Fr.: Fr.) Kumm.

August–November
Laub- und Nadelwald
Giftig
4b mit Schlafmoos

Hut: 4–8(–16) cm breit, anfangs halbkugelig, später gewölbt-abgeflacht; Oberfläche kahl, glatt, auch eingewachsen faserschuppig, feucht schmierig, Farbe sehr veränderlich, schwarzbraun, graubraun bis olivbraun, auch mit grünlichen und gelblichen Tönen, selten gänzlich weiß; Rand nach unten gebogen, die Lamellen etwas überragend; dunkle Hüte sind zum Rand hin stets heller gefärbt. **Lamellen:** Ausgebuchtet angewachsen, breit, entfernt stehend, schmutzig weißlich bis grüngelblich, bei Verletzung langsam rötend. **Stiel:** 4–10 cm lang, bis 2 cm breit, zylindrisch, oft spindelförmig, auch keulig, cremeweißlich, mit graubraunen Schüppchen oder Fasern; Basis meist zugespitzt und beim Reiben langsam rötend. **Fleisch:** Schmutzig weißlich, blass, an verletzten Stellen besonders in der Stielbasis langsam rötend; Geruch nach Seifenlauge, Geschmack bitterlich-mehlartig. **Sporenpulver:** Weiß. **Sporen:** 5–6 × 3–4 µm, elliptisch, glatt, hyalin, teilweise mit Tropfen. **Vorkommen:** August bis November gesellig in Laub- und Nadelwäldern; weit verbreitet. **Verwendung:** Giftig, verursacht Brechdurchfälle. **Wissenswertes:** Verschiedene Farb- und Formvarianten bereiten gelegentlich Schwierigkeiten bei der Bestimmung.

5 Schärflicher Ritterling

Tricholoma sciodes (Pers.) Martin

Spätsommer–Herbst
Buchenwald
Kein Speisepilz
Foto mit Blättern der Rotbuche

Hut: 4–7 cm breit, jung glockig, später gewölbt-ausgebreitet, abgerundet gebuckelt; Oberfläche seidig glänzend, auf hellgrauem Grund bisweilen mit violettlichem Ton radial braunfaserig, mitunter angedrückt schuppig; Rand lange nach unten gebogen, radial einreißend. **Lamellen:** Am Stiel ausgebuchtet angewachsen, dicht stehend, weiß, meist mit rosa Schein; Schneiden alt schwärzend. **Stiel:** 5–10 cm lang, 1–2 cm breit, zylindrisch, alt hohl, glatt, weiß-grauweiß, eingewachsen faserig, Spitze bereift. **Fleisch:** Dünn, weiß-grauweißlich; Geruch schwach erdartig, Geschmack erst bitter, nach längerem Kauen scharf. **Sporenpulver:** Weiß. **Sporen:** 6–8 × 5–6,5 µm, breitelliptisch, glatt, hyalin. **Vorkommen:** Spätsommer bis Herbst einzeln bis gesellig in kalkreichen Rotbuchenwäldern. **Verwendung:** Kein Speisepilz, schwach giftig, verursacht Magen- und Darmstörungen.

1

2

3

4a

4b

5

1 Strohblasser Ritterling

Tricholoma album (SCHAEFF.) KUMM. SS. AUCT.

August–November
Unter Birken
Kein Speisepilz
Foto mit Birkenblättern

Hut: 3–7(–13) cm breit, anfangs halbkugelig, später abgeflacht-ausgebreitet, oft unregelmäßig wellig, häufig stumpf gebuckelt, zuletzt oft niedergedrückt, fleischig; Oberfläche matt bis seidig glänzend, trocken, anfangs weiß, bald gelbbräunlich; Rand alt etwas rippig, dünn, leicht überstehend. **Lamellen:** Am Stiel ausgebuchtet angewachsen und mit Zahn herablaufend, ziemlich eng stehend, weißlich, später cremefarben; Schneiden schwach gekerbt. **Stiel:** 5–10 cm lang, 1–2 cm breit, zylindrisch, etwas verbogen, voll, fest, weißlich-cremefarben, bei Berührung schmutzig-bräunlich. **Fleisch:** Weiß; Geruch süßlich-widerlich, unangenehm; Geschmack erst bitterlich-unangenehm, dann scharf. **Sporenpulver:** Weißlich. **Sporen:** 6–8 × 3,5–5 µm. **Vorkommen:** August bis November einzeln bis gesellig in Laub- und Mischwäldern, an Waldrändern, auf Wiesen unter Birken *(Betula)*. **Verwendung:** Kein Speisepilz. **Wissenswertes:** Ähnlich ist der Unverschämte Ritterling *(Tricholoma lascivum)*. Dieser Pilz hat ebenfalls einen sehr unangenehmen Geruch. Er wächst in Laubwäldern unter Eichen *(Quercus)*, Hainbuchen *(Carpinus betulus)* und Rotbuchen *(Fagus sylvatica)*, nicht unter Birken.

2 Schwefel-Ritterling

Tricholoma sulphureum (BULL.: FR.) KUMM.

August–Oktober
Laub- und Nadelwald
Giftig
2b var. *bufonium* mit Tamarisken-Thujamoos

Hut: 3–7 cm breit, anfangs halbkugelig, bisweilen stumpfkegelig, dann gewölbt bis abgeflacht, gebuckelt, alt oft unregelmäßig verbogen; Oberfläche matt, trocken, kahl, schwefelgelblich, bisweilen mit braunrötlicher, geschuppter Mitte; Rand lange eingerollt. **Lamellen:** Am Stiel ausgebuchtet, mit Zahn angewachsen, entfernt stehend, breit, schwefelgelblich. **Stiel:** Bis 8 cm lang, schlank, oft gebogen, bisweilen keulig, voll, längsfaserig, schwefelgelblich. **Fleisch:** Fest, lebhaft schwefelgelblich; Geruch widerlich, leuchtgasähnlich, Geschmack unangenehm. **Sporenpulver:** Weiß. **Sporen:** 9–12 × 5–6 µm. **Vorkommen:** August bis Oktober in Laub- und Nadelwäldern; in Europa weit verbreitet. **Verwendung:** Giftig. **Wissenswertes:** Der Violettbraune Schwefel-Ritterling *(Tricholoma sulphureum* var. *bufonium*, Abb. 2b) mit purpurviolett-braunem Hut gehört zum Formenkreis um den Schwefel-Ritterling. Er ist ebenfalls giftig.

3 Erd-Ritterling

Tricholoma terreum (SCHFF.: FR.) KUMM.

September–November
Unter Kiefern
Essbar
3b mit Zypressen-Wolfsmilch

Hut: 4–8 cm, anfangs glockig, dann ausgebreitet, mit stumpfem Buckel; Oberfläche matt, trocken, radialfaserig, Fasern mausgrau bis nahezu schwarz; Rand scharf, etwas nach unten gebogen, im Alter bisweilen eingerissen. **Lamellen:** Ausgebuchtet, zahnartig herablaufend, ziemlich eng stehend, besonders zum Rand hin blassgrau; Schneiden oft gekerbt. **Stiel:** 4–8 cm lang, 1–1,5 cm breit, zylindrisch, alt hohl, brüchig, weiß bis blassgrau, glatt. **Fleisch:** Dünn, zerbrechlich, weißlich bis grauweiß; fast geruchlos, Geschmack mild. **Sporenpulver:** Weiß. **Sporen:** 5–8 × 4–6 µm, elliptisch, glatt. **Vorkommen:** September bis November unter Kiefern, auf Kalkböden. Bei milder Witterung erscheint er oft noch nach den ersten Frösten massenhaft. **Verwendung:** Essbar.

4 Brandiger Ritterling

Tricholoma ustale (FR.: FR.) KUMM.

Sommer–Herbst
Laubwald
Kein Speisepilz

Hut: 4–7(–12) cm breit, jung halbkugelig-kegelig, dann gewölbt, zuletzt abgeflacht; Oberfläche bei feuchter Witterung klebrig-schmierig, trocken glänzend, glatt, hell kastanienbraun bis braunschwarz, zum Rand hin blasser, alt schwärzlich. **Lamellen:** Am Stiel ausgebuchtet angewachsen, dicht stehend, mit Zwischenlamellen, cremeweiß, später rostfleckig. **Stiel:** 4–10 cm lang, bis 2 cm breit, alt meist hohl, an der Spitze hell, abwärts mit feiner bräunlicher Faserung, ohne Ringzone; oft büschelig verwachsen. **Fleisch:** Weiß, im Schnitt bräunend; Geruch und Geschmack unbedeutend. **Sporenpulver:** Hell cremefarben. **Sporen:** 5,5–6,5 × 3,5–5 µm. **Vorkommen:** Sommer bis Herbst vor allem unter Rotbuchen *(Fagus sylvatica)*. **Verwendung:** Kein Speisepilz; giftverdächtig. **Wissenswertes:** Verschiedene ähnliche braunhütige Ritterlinge sind schwer abgrenzbar.

5 Bärtiger Ritterling

Tricholoma vaccinum (SCHAEFF.: FR.) KUMM.

August–November
Nadelwald
Kein Speisepilz

Hut: 3–7(–10) cm breit, jung halbkugelig, später abgeflacht mit stumpfem Buckel; Oberfläche trocken, mit braunen bis braunroten faserigen Schuppen besetzt; Rand stark wollig-filzig, zottig, die Lamellen etwas überragend und eingerollt. **Lamellen:** Ausgebuchtet angewachsen, mit Zahn am Stiel herablaufend, jung weißlich-cremefarben, dann braunrot fleckend, im Alter bräunlich; Schneiden schwach wellig. **Stiel:** 3–10 cm lang, 1–2 cm breit, zylindrisch, bald hohl, faserig, unten hell braunrot, zur Spitze hin heller; Basis etwas verdickt. **Fleisch:** Dünn, weißlich, im Schnitt etwas rötend, dann bräunend; Geruch erdartig, Geschmack bitter, schärflich. **Sporenpulver:** Weiß. **Sporen:** 6,5–8 × 4,5–5,5 µm, breitelliptisch, glatt. **Vorkommen:** August bis November häufig in Gruppen oder Reihen im Nadelwald unter Fichten *(Picea abies)*, selten im Laubwald, ohne besondere Ansprüche an den Boden. In ganz Europa weit verbreitet. **Verwendung:** Kein Speisepilz.

1

2a

2b

3b

3a

4

5

Familie | Gattungen

Tricholomataceae

Armillaria (Hallimaschverwandte), *Lyophyllum* (Raslinge, Graublättler)

1 Hallimasch

Armillaria mellea (VAHL.: FR.) KUMM. SS. LAT.

August–November
An Laubholz
Essbar (roh giftig)
1b mit Italienischem Aronstab

Hut: 3–10 cm breit, anfangs halbkugelig, geschlossen, dann gewölbt bis ausgebreitet, oft mit stumpfem Buckel; Oberfläche jung olivgelb, später honiggelb, mit kleinen, faserigen, abwischbaren Schüppchen bedeckt; Rand heller, lange eingebogen, oft gerieft. **Lamellen:** Ausgebuchtet bis gerade angewachsen, mit Zahn herablaufend, weißlich bis hellbräunlich, im Alter gefleckt. **Stiel:** Bis 15 cm lang, zylindrisch, längsfaserig, zäh, alt hohl, weißlich bis bräunlich, mit abstehendem Ring. **Fleisch:** Dünn, fest, im Stiel faserig, weißlich; Geruch muffig, Geschmack herb-zusammenziehend, kratzend. **Sporenpulver:** Weiß. **Sporen:** 7–8,5 × 5–7 µm. **Vorkommen:** August bis November meist büschelig an lebendem und abgestorbenem Laubholz; bildet dicke, kräftige, braunschwarze Myzelstränge. **Verwendung:** Essbar, roh giftig. Gut abkochen und das Kochwasser weggießen! Individuelle Unverträglichkeitsreaktionen sind möglich. Personen, die nach dem Verzehr Beschwerden haben, müssen künftig auf den Genuss des Pilzes verzichten. **Wissenswertes:** Der Hallimasch wird in etwa fünf Kleinarten unterteilt. Die Variationsbreite der Arten ist jedoch so groß, dass eine Bestimmung oft schwierig ist. Alle sind roh genossen giftig.

2 Weißer Rasling

Lyophyllum connatum (SCHUM.: FR.) SING.

August–November
Laub- und Nadelwald
Giftig
Foto mit Blättern der Hainbuche

Hut: 3–7(–15) cm breit, jung halbkugelig, später gewölbt, im Alter ausgebreitet-niedergedrückt mit wellig verbogenem Rand; Oberfläche matt bis seidig glänzend, rein weiß, fein bereift, im Alter wässrig-grauweiß. **Lamellen:** Angewachsen oder herablaufend, weiß, alt cremefarben-gelblich. **Stiel:** 4–10 cm lang, 1–2 cm breit, zylindrisch, auch bauchig, jung voll, später fast hohl, weiß, im Alter gelblich, matt, Spitze weiß bepudert; meist büschelig verwachsen. **Fleisch:** Dünn, knorpelig, weiß; Geruch süßlich; Geschmack mild. **Sporenpulver:** Weiß. **Sporen:** 5,5–7 × 3–4 µm. **Vorkommen:** August bis November in Laub- und Nadelwäldern, an Waldwegen. **Verwendung:** Giftig. **Wissenswertes:** Die Gattung *Lyophyllum* ist sehr heterogen. Sie enthält einschließlich der vereinigten Gattung *Tephrocybe* (Graublättler) etwa 50 Arten.

3 Büscheliger Rasling

Lyophyllum decastes (FR.: FR.) SING.
Lyophyllum aggregatum (SCHAEFF.) KUEHN.

September–November
Wälder und Wiesen
Essbar
3a mit Faden-Ehrenpreis
3b mit Sumpf-Vergissmeinnicht

Hut: 3–7(–15) cm breit, gewölbt bis ausgebreitet, bisweilen wellig verbogen; Oberfläche glatt, matt glänzend, feucht etwas schmierig, weißlich-grau, braun, graubraun bis schwärzlich braun; Haut abziehbar; Rand anfangs nach unten gebogen. **Lamellen:** Ausgebuchtet angewachsen, bisweilen etwas herablaufend, weißlich mit ockerlichem Schein. **Stiel:** 5–12 cm lang, bis 1,5 cm breit, zylindrisch, verbogen, elastisch, längsfaserig, weißlich bis hellbräunlich; meist büschelig verwachsen (3a). **Fleisch:** Fest und etwas zäh, weißlich; Geruch unbedeutend, nicht mehlartig, Geschmack mild. **Sporenpulver:** Weiß. **Sporen:** 5,5–7 × 5–6,5 µm. **Vorkommen:** September bis November in Wäldern, an Wegrändern, in Parks und auf Wiesen. **Verwendung:** Essbar. **Wissenswertes:** Vom Büscheligen Rasling sind verschiedene Varianten bekannt, die sich in Habitus, Hutfarbe und Konsistenz unterscheiden. Da unter dem Mikroskop kaum Trennungsmerkmale festzustellen sind, wird von einigen Autoren nur eine Art anerkannt. Alle Varianten sind essbar.

4 Wurzel-Graublatt

Lyophyllum rancidum (FR.) SING.
Tephrocybe rancida (FR.) DONK

Herbst
Laub- und Nadelwald
Kein Speisepilz

Hut: 2–5 cm breit, anfangs gewölbt, später ausgebreitet, stumpf gebuckelt; Oberfläche grau bis graubraun, bisweilen weißlich bereift. **Lamellen:** Am Stiel ausgebuchtet angewachsen, grau. **Stiel:** Bis 10 cm lang, bisweilen exzentrisch, wurzelartig verlängert, hohl, grau bis graubraun. **Fleisch:** Dünn, weißlich; Geruch stark ranzig, Geschmack mehlartig-ranzig. **Sporenpulver:** Weiß. **Sporen:** 7–8 × 3–4 µm, elliptisch, glatt, mit Tropfen. **Vorkommen:** Im Herbst einzeln bis gesellig im Laub- und Nadelwald. **Verwendung:** Kein Speisepilz. **Wissenswertes:** Das Wurzel-Graublatt ist an seinem wurzelartig verlängerten Stiel und seiner graubraunen Farbe gut zu erkennen.

5 Ulmen-Rasling

Lyophyllum ulmarium (BULL.: FR.) KÜHN.
Hypsizygus ulmarius (BULL.: FR.) READHEAD

Sommer–Herbst
An Laubholz
Kein Speisepilz
Foto an Laubholzstamm

Hut: 5–15(–20) cm breit, gewölbt bis ausgebreitet; Oberfläche matt, trocken, blass ockergrau, beige bis lederfarben, selten graulich, zumindest jung wasserfleckig; Rand lange nach unten gebogen, scharf. **Lamellen:** Am Stiel angewachsen und mit Zähnchen herablaufend, eng stehend, mit Zwischenlamellen, jung weißlich, später cremefarben; Schneiden wellig. **Stiel:** 5–15 cm lang, 1–3 cm breit, meist exzentrisch und stark gebogen; Basis etwas zugespitzt. **Fleisch:** Dick, zäh, weiß; Geruch jung mehlig-säuerlich, Geschmack mild. **Sporenpulver:** Weiß. **Sporen:** 5–7,5 µm, kugelig, glatt, hyalin. **Vorkommen:** Sommer bis Herbst einzeln bis büschelig an lebenden und umgestürzten Laubbäumen, gern an Ulmen *(Ulmus);* selten. **Verwendung:** Kein Speisepilz. **Wissenswertes:** Die Begradigung der Flüsse und das bekannte „Ulmensterben" haben zu einem starken Rückgang der Ulmenbestände geführt. Damit ist auch der Ulmen-Rasling vielerorts verschwunden.

1a

1b

3a

2

3b

4

5

Familie	Gattungen
Tricholomataceae	*Calocybe* (Schönköpfe), *Nyctalis* (Zwitterlinge), *Cantharellula* (Gabelblättlinge)

1 Fleischrötlicher Schönkopf

Calocybe carnea (BULL.: FR.) DONK
Tricholoma carneum (BULL.: FR.) KUMM.

Sommer–Herbst
Parkanlagen, Gärten
Kein Speisepilz
Foto mit Blättern vom Weiß-Klee

Hut: 1–4 cm breit, jung gewölbt, später abgeflacht; Oberfläche trocken, matt, rosa bis fleischfarben, Mitte dunkler, im Alter ausblassend; Rand eingebogen. **Lamellen:** Am Stiel schwach ausgebuchtet und mit Zahn kurz herablaufend, dicht stehend, weißlich-cremefarben. **Stiel:** 3–5 cm lang, 3–7 mm breit, voll, alt hohl, hutfarben, Spitze weiß abgesetzt; Basis filzig. **Fleisch:** Dünn, weißlich; Geruch würzig, Geschmack unbedeutend. **Sporenpulver:** Weißlich. **Sporen:** 4–6 × 2–3 µm, elliptisch, glatt. **Vorkommen:** Sommer bis Herbst meist außerhalb des Waldes gesellig an grasigen Plätzen in Parkanlagen und Gärten, auf Wiesen und Weiden. **Verwendung:** Kein Speisepilz. **Wissenswertes:** Ähnlich ist der Veilchenblaue Schönkopf *(Calocybe ionides)*. Er unterscheidet sich durch lila Töne im Hut und deutlichen Mehlgeruch. Die Gattung *Calocybe* ist vielgestaltig. Oft sind die Pilze klein, rüblingsähnlich; die Hüte sind weiß bis lebhaft gefärbt. Etwa zehn Arten.

2 Dottergelber Schönkopf

Calocybe chrysenteron (BULL.: FR.) SING. EX BON

August–Oktober
Laub- und Nadelwald
Kein Speisepilz
Foto mit Sternmoos

Hut: 2–5 cm breit, jung halbkugelig bis glockig, später ausgebreitet, bisweilen niedergedrückt; Oberfläche seidenmatt, feinfaserig, goldgelb bis dottergelb; Rand anfangs eingerollt, glatt. **Lamellen:** Ausgebuchtet angewachsen, goldgelb; Schneiden glatt. **Stiel:** Bis 6 cm lang, zylindrisch, oft zur Basis hin verjüngt, meist kürzer als der Hut breit, voll, später hohl, fein längsfaserig, goldgelb. **Fleisch:** Dünn, hell zitronengelb; Geruch mehlartig, Geschmack mild, später bitter. **Sporenpulver:** Weiß. **Sporen:** 3–4,5 × 2–3 µm, elliptisch. **Vorkommen:** August bis Oktober meist truppweise im Laub- und Nadelwald, gern an Waldwegen; selten. **Verwendung:** Kein Speisepilz.

3 Maipilz

Calocybe gambosa (FR.) SING.
Tricholoma georgii (CLUS.: FR.) QUÉL.

April–Juni
Laubwald, Wiesen
Essbar
3b mit Krücken-Kegelmoos
3c mit Behaartem Ginster

Hut: 3–10 cm breit, jung halbkugelig,später abgeflacht, fleischig; Oberfläche kahl, glatt, weißlich, cremeweiß bis blassockerlich; Rand jung eingerollt und lange eingebogen. **Lamellen:** Am Stiel etwas ausgebuchtet, schmal, dicht stehend, weißlich, später cremefarben (3b). **Stiel:** 5–8 cm lang, 1–2 cm breit, zylindrisch, voll, fest, an der Spitze etwas faserig, weißlich-elfenbeinfarben. **Fleisch:** Dick, fest, weißlich; mit starkem Mehlgeruch, Geschmack mehlartig. **Sporenpulver:** Weiß. **Sporen:** 4–6 × 2–2,5 µm, elliptisch, glatt. **Vorkommen:** April bis Juni gesellig, oft in Reihen und Ringen an grasigen Stellen im Laubwald, an geschützten Waldrändern, in Gebüschen, auf Wiesen und in Parks. **Verwendung:** Essbar. Als standorttreuer Frühjahrspilz geschätzt.

4 Veilchenblauer Schönkopf

Calocybe ionides (BULL: FR.) DONK

Juli–Oktober
Laub- und Nadelwald
Kein Speisepilz

Hut: 3–5 cm breit, gewölbt bis ausgebreitet mit stumpfem Buckel; Oberfläche matt, glatt, blauviolett, bisweilen etwas violettbräunlich, alt ausblassend; Rand bereift, ohne Velumreste. **Lamellen:** Am Stiel ausgebuchtet, mit kleinem Zahn angeheftet, weiß-cremefarben. **Stiel:** 3–6 cm lang, bis 7 mm breit, fein längsfaserig, hutfarben, Spitze weiß; Basis weißfilzig. **Fleisch:** Weißlich; Geruch nach Mehl, Geschmack mild, mehlartig. **Sporenpulver:** Weiß. **Sporen:** 5–6 × 2–3 µm, elliptisch, glatt, hyalin. **Vorkommen:** Juli bis Oktober meist gesellig im Laub- und Nadelwald, in Auenwäldern und Schluchten auf feuchten, kalkhaltigen Böden. **Verwendung:** Kein Speisepilz.

5 Beschleierter Zwitterling

Nyctalis parasitica (BULL.: FR.) FR.
Asterospora parasitica (BULL.: FR.) SING

Sommer–Herbst
Auf alten, faulenden Pilzfruchtkörpern
Kein Speisepilz
Foto auf *Russula*-Fruchtkörper

Hut: 0,5–2 cm breit, jung halbkugelig, später flach; Oberfläche seidig faserig, weißlich, alt grau. **Lamellen:** Am Stiel +/– breit angewachsen, entfernt stehend, breit, weißlich bis graulich. **Stiel:** Bis 3 cm lang, 2–3 mm breit, zylindrisch, weißlich überfasert. **Fleisch:** Dünn; Geruch unangenehm bis mehlartig. **Sporenpulver:** Weiß. **Sporen:** 5–6 × 3–4 µm, elliptisch; Chlamydosporen größer, spindelförmig. **Vorkommen:** Sommer bis Herbst in Gruppen parasitisch auf faulenden Pilzen aus der Familie der *Russulaceae;* selten. **Verwendung:** Kein Speisepilz. **Wissenswertes:** Ähnlich ist der Stäubende Zwitterling *(Nyctalis asterophora)* mit mehlig bräunlichen, bei der Reife in Sporenstaub zerfallenden Fruchtkörpern und kaum ausgebildeten Lamellen.

6 Rötender Gabelblättling

Cantharellula umbonata (GMELIN: FR.) SING.

September–Oktober
Auf feuchten, sauren Böden
Kein Speisepilz
Foto mit Blutwurz

Hut: 2–4 cm breit, jung gewölbt, mit eingerolltem Rand, bald trichterig-kreiselförmig, oft mit kleinem Buckel; Oberfläche trocken, angedrückt schuppig, etwas schorfig, grau, graubraun oder violettlich; Rand alt wellig, schwach gekerbt. **Lamellen:** Herablaufend, vor dem Hutrand gegabelt, wachsartig, weiß, cremeweiß. **Stiel:** 3–7 cm lang, zylindrisch, alt hohl, blasser als der Hut. **Fleisch:** Dünn, weißlich, unter der Huthaut blassgrau, an Bruchstellen und im Schnitt oft langsam rötend; Geruch und Geschmack unbedeutend. **Sporenpulver:** Weiß. **Sporen:** 7–11 × 3–4 µm. **Vorkommen:** September bis Oktober einzeln oder gesellig auf sauren Böden im Nadelwald, auf Sumpfwiesen, am Rand von Mooren. **Verwendung:** Kein Speisepilz.

1
2
3a
3c
3b
4
5
6

Tricholomataceae

Pseudoclitocybe (Gabeltrichterlinge), *Leucopaxillus* (Krempenritterlinge), *Melanoleuca* (Weichritterlinge)

1 Kaffeebrauner Gabeltrichterling

Pseudoclitocybe cyathiformis (Bull.: Fr.) Sing.

September–November
Laub- und Nadelwald
Essbar
1a mit Blättern der Rotbuche

Hut: 3–8 cm breit, trichterförmig; Oberfläche kahl, glatt, hygrophan, matt bis glänzend, dunkel kastanienbraun, kaffeebraun, trocken milchkaffeebraun; Rand lange eingerollt, scharf, bisweilen schwach gerieft. **Lamellen:** Sichelförmig am Stiel herablaufend, gedrängt, oft gegabelt, teilweise anastomosierend, schmutzig graubeige. **Stiel:** 5–8 cm lang, 0,5–1 cm breit, zylindrisch, bräunlich, teilweise weißlich überfasert; Basis meist verdickt, weißfilzig. **Fleisch:** Dünn, wässrig, graubeige-bräunlich; Geruch schwach aromatisch, Geschmack mild, pilzartig. **Sporenpulver:** Weißlich. **Sporen:** 8–12 × 5–7 µm, elliptisch. **Vorkommen:** September bis November meist gesellig im Laub- und Nadelwald, an grasigen Waldwegen, auch auf kultivierten Böden und auf morschem Holz. **Verwendung:** Essbar. **Wissenswertes:** Zur Gattung *Pseudoclitocybe* gehören drei Arten. Sie stehen den Trichterlingen nahe, haben aber amyloide Sporen.

2 Riesen-Krempenritterling

Leucopaxillus giganteus (Sibth.: Fr.) Sing.

Juli–September
Berg-Nadelwald, Waldwiesen
Essbar
2a mit Nesselblättriger Glockenblume

Hut: 10–40 cm breit, trichterförmig, ohne Buckel; Oberfläche glatt, matt, wildlederartig, jung weißlich, später blass lederfarben, bisweilen schwach tropfig gefleckt; Haut abziehbar; Rand lange eingerollt, schwach gefurcht. **Lamellen:** Am Stiel herablaufend, dicht stehend, schmutzig weißlich bis cremefarben, alt blass lederfarben. **Stiel:** 3–12 cm lang, 2–4 cm breit, zylindrisch mit verdickter Basis, voll, fest, glatt, jung weiß, später cremeocker bis braungelblich, schwach längsfaserig. **Fleisch:** Dick, fest, weiß; Geruch mehlig-aromatisch, Geschmack nussartig. **Sporenpulver:** Weiß. **Sporen:** 6–7 × 3–4 µm, glatt, amyloid. **Vorkommen:** Juli bis September gesellig, oft in großen Ringen in montanen Fichten- und Mischwäldern, auf Waldwiesen, Almen. **Verwendung:** Essbar; wird jedoch nicht von jedermann vertragen. **Wissenswertes:** Die Spezies *Leucopaxillus candidus* wird von verschiedenen Autoren als Synonym betrachtet. Die Gattung *Leucopaxillus* umfasst etwa 20 mittelgroße bis große Arten mit herablaufenden bis ausgebuchtet angewachsenen Lamellen.

3 Kurzstieliger Weichritterling

Melanoleuca brevipes (Bull.: Fr.) Pat.

Mai–Dezember
Grasige Plätze
Essbar
Foto mit Gelbem Windröschen

Hut: 5–8 cm breit, gewölbt bis flach, +/– gebuckelt bis niedergedrückt; Oberfläche etwas hygrophan, kahl, eingewachsen faserig, graubraun-porphyrbraun; Rand lange nach unten gebogen. **Lamellen:** Am Stiel ausgebuchtet angewachsen bis schwach herablaufend, sehr gedrängt stehend, jung weißlich, alt grau. **Stiel:** 2–4 cm lang, bis 2 cm breit, kurz, etwas keulig, graubraun. **Fleisch:** Weich, weißlich, im Stiel bräunlich; Geruch pilzartig, Geschmack angenehm, mild. **Sporenpulver:** Blass cremefarben. **Sporen:** 7–9 × 4,5–7 µm, elliptisch, warzig, hyalin. **Vorkommen:** Mai bis Dezember einzeln bis gesellig an grasigen Plätzen, auf Wiesen, Weiden, an Wegrändern, in Parkanlagen. **Verwendung:** Essbar. **Wissenswertes:** Die Gattung *Melanoleuca* umfasst etwa 35 meist schwer bestimmbare Arten. Weichritterlinge haben flache, breite, fleischige, ritterlingsähnliche Fruchtkörper; ihre Lamellen sind am Stiel ausgebuchtet angewachsen; die Sporen sind warzig.

4 Frühlings-Weichritterling

Melanoleuca cognata (Fr.) Konr. & Maubl.

April–Juni
Laub- und Nadelwald
Essbar
4b mit Wald-Veilchen

Hut: 4–10 cm breit, gewölbt, stumpf gebuckelt, später abgeflacht; Oberfläche glatt, fühlt sich fettig an, bei Regen schmierig, hellbraun, ockerbraun, graubräunlich, Mitte dunkler; Rand anfangs eingebogen. **Lamellen:** Am Stiel ausgebuchtet, mit Zähnchen angewachsen, breit, gedrängt, jung cremefarben, alt sattocker (4a). **Stiel:** Bis 10 cm lang, zylindrisch, ausgestopft, heller als der Hut, faserig gestreift; Basis verdickt, weißfilzig. **Fleisch:** Zart, weich, cremefarben, blassgelblich; Geruch schwach, Geschmack mild. **Sporenpulver:** Cremefarben. **Sporen:** 9–10 × 5,5–6 µm, elliptisch, feinwarzig. **Vorkommen:** April bis Juni, seltener Sommer bis Herbst im Laub- und Nadelwald, gern an Waldwegen, unter Reisig und an grasigen Plätzen. **Verwendung:** Essbar.

5 Raufuß-Weichritterling

Melanoleuca verrucipes (Fr. in Quél.) Sing.

Mai–Oktober
Gärten und Wälder
Essbar

Hut: 8–10(–15) cm breit, bald flach ausgebreitet, mit niedergedrückter Mitte, oft mit Buckel; Oberfläche trocken, lederig, glatt, matt, weiß, alt cremefarben, Buckel etwas dunkler bis bräunlich; Rand jung eingerollt, alt zurückgezogen. **Lamellen:** Am Stiel ausgebuchtet angewachsen, mit Zahn kurz herablaufend, untermischt, fast eng stehend, bauchig, jung weißlich bis gelblich weiß. **Stiel:** 5–15 cm lang, 0,5–1,5 cm breit, zylindrisch, markig gefüllt, grob längs gerieft, weiß, alt weißgelb, gänzlich mit kleinen, dunkelbraunen bis schwarzbraunen, nicht abwischbaren Pusteln besetzt; Basis knollig verdickt (bis 3 cm), mit Myzel- und Substratresten. **Fleisch:** Fest, weiß; Geruch süßlich-anisartig, später etwas unangenehm, Geschmack angenehm, mild, nussartig. **Sporenpulver:** Weiß. **Sporen:** 8–10 × 4–5,5 µm, elliptisch, feinwarzig, amyloid. **Vorkommen:** Mai bis Oktober meist gesellig in Gärten, Wäldern und auf Weiden, an Holzlagerplätzen und auf Rindenmulch; selten, befindet sich aber in rascher Ausbreitung. **Verwendung:** Essbar.

1a

1b

2a

2b

3

4a

4b

5

Familie	Gattungen
Tricholomataceae	*Catathelasma* (Möhrlinge), *Phyllotus* (Seitlinge), *Marasmiellus* (Zwergschwindlinge), *Micromphale* (Stinkschwindlinge)

1 Wurzel-Möhrling

Catathelasma imperiale (Quél.) Sing.

Sommer–Herbst
Berg-Nadelwald, Almen
Essbar
Foto mit Bandflechte

Hut: 7–20 cm breit, jung gewölbt, später ausgebreitet, selten schwach trichterig, kompakt; Oberfläche trocken, faserschuppig, zur Mitte hin schuppig-schollig, blassbraun bis dunkelbraun; Rand lange eingerollt und faserig-fetzig behangen. **Lamellen:** Herablaufend, dicht stehend, schmal, einzelne gegabelt, cremefarben, bisweilen an den Schneiden schwärzend. **Stiel:** Bis 12 cm lang, bis 4 cm breit, voll, starr, über dem doppelten Ring weiß, darunter häutig-fetzig, +/– gebändert, schmutzig cremefarben bis blass ockerfarben; Basis zugespitzt, bisweilen wurzelnd. **Fleisch:** Hart, kompakt, weiß; Geruch und Geschmack mehlig-gurkenartig. **Sporenpulver:** Weißlich. **Sporen:** 11–13 × 5–6 µm. **Vorkommen:** Sommer bis Herbst einzeln bis gesellig in Gebirgs-Nadelwäldern und auf Almweiden, auf Kalk. **Verwendung:** Essbar; als Seltenheit zu schonen.

2 Ohrförmiger Seitling

Phyllotus porrigens (Pers.: Fr.) Karst.
Pleurocybella porrigens (Pers.: Fr.) Sing.

Sommer–Herbst
Berg-Nadelwald
Kein Speisepilz
2a an morschem Nadelholzstumpf

Hut: Stiellos angewachsen, spatel- bis muschelförmig, 2–10 cm vom Substrat abstehend, 2–5 cm breit, meist büschelig; Oberfläche glatt, weiß, im Alter gilbend; Rand jung eingebogen, später gewellt und gelappt, glatt, scharf. **Lamellen:** Dicht stehend, von der Anwachsstelle radial ausgebreitet, weißlich-elfenbeinfarben. **Fleisch:** Dünn, zäh, weiß; Geruch pilzartig, Geschmack unbedeutend. **Sporenpulver:** Weiß. **Sporen:** 5–7 × 4,5–6,5 µm, kugelig, glatt. **Vorkommen:** Sommer bis Herbst meist büschelig an morschem Nadelholz in Berg-Nadelwäldern; selten. *Phyllotus porrigens* ist in mehreren europäischen Ländern stark gefährdet. In Deutschland findet man diesen schönen Seitling noch im Schwarzwald und in Gebirgslagen der Alpen. **Verwendung:** Kein Speisepilz. **Wissenswertes:** *Phyllotus porrigens* ist weltweit die einzige Art der Gattung.

3 Gemeiner Zwergschwindling

Marasmiellus ramealis (Bull.: Fr.) Sing.

Juni–Oktober
An Laub- und Nadelholzästchen
Unbedeutend
Foto auf Laubholzästchen

Hut: Bis 1 cm breit, erst halbkugelig, bald gewölbt-ausgebreitet, alt schwach genabelt; Oberfläche matt, schmutzig weiß bis lederblass, in der Mitte oft etwas dunkler; Rand scharf, feucht runzelig gerieft. **Lamellen:** Breit angewachsen, entfernt stehend, untermischt, jung weißlich-cremefarben, später mit schmutzig rosa Ton. **Stiel:** 1–2 cm lang, voll, elastisch, Spitze weißlich, nach unten dunkler bis rotbraun, schwach weißlich flockig. **Fleisch:** Sehr dünn; Geruch unbedeutend, Geschmack etwas bitterlich-moderig. **Sporen:** 8–11 × 2,5–4 µm. **Vorkommen:** Juni bis Oktober in Regenperioden gruppenweise, oft in dichten Rasen an morschen Laub- und Nadelholzästchen; verbreitet. **Verwendung:** Unbedeutend. **Wissenswertes:** Arten der Gattung *Marasmiellus* gleichen den Schwindlingen *(Marasmius);* sie unterscheiden sich von diesen unter anderem durch das fehlende Wiederaufleben nach Eintrocknung. Die Gattung enthält etwa zehn Arten.

4 Gemeiner Stinkschwindling

Micromphale foetidum (Sow.: Fr.) Sing.

Mai–November
An Laubholz
Kein Speisepilz
4b mit Gamander-Ehrenpreis

Hut: 1,5–3,5 cm breit, dünn, fast häutig, jung halbkugelig, später ausgebreitet mit niedergedrückter Mitte; feucht schmutzig rotbräunlich, deutlich radial gefurcht und bisweilen fast bis zur Mitte dunkler gestreift, trocken heller; Rand dünn, jung eingebogen, im Alter wellig verbogen. **Lamellen:** Breit angewachsen, bisweilen leicht herablaufend, entfernt stehend, am Grund mit Anastomosen, heller als der Hut; Schneiden blasser, glatt. **Stiel:** 1,5–5 cm lang, oft breit gedrückt und verbogen, zur Basis hin verschmälert, elastisch, hohl, zäh, schwarzbraun, feinsamtig, Spitze heller. **Fleisch:** Dünn, zäh-gelatinös, braunrötlich; Geruch und Geschmack nach faulem Kohl mit Lauchkomponente. **Sporenpulver:** Weißlich. **Sporen:** 6–10 × 3–5 µm, elliptisch, glatt, hyalin, mit Tropfen. **Vorkommen:** Mai bis November gesellig bis fast büschelig auf morschen Ästen und Stümpfen von Hasel *(Corylus avellana),* Rotbuche *(Fagus sylvatica),* Esche *(Fraxinus excelsior)* und verschiedenen anderen Laubbäumen, gern an feuchten Stellen auf Kalkböden. In Europa weit verbreitet. **Verwendung:** Kein Speisepilz. **Wissenswertes:** Die Arten der Gattung *Micromphale* haben einen unangenehmen Geruch, der an faulenden Kohl erinnert, und sind ungenießbar; Sporenpulver weiß. Sie wachsen auf morschem Holz oder anderen Pflanzenresten.

5 Nadel-Stinkschwindling

Micromphale perforans (Hoffm.: Fr.) Gray

Mai–November
Auf Fichtennadeln
Unbedeutend
Foto mit Fichtennadeln und -zweig

Hut: 0,5–1,5 cm breit, jung gewölbt, bald abgeflacht, Mitte leicht vertieft; Oberfläche radial gefurcht-gerunzelt, trocken beigefarben, feucht fleischbräunlich. **Lamellen:** Am Stiel angewachsen, sehr weit, teils verkümmert, hellbeige bis fleischfarben. **Stiel:** Bis 3 cm lang, 1–1,5 mm breit, elastisch, hohl, feinsamtig (Lupe!), schwarzbraun, Spitze heller; meist einzeln einer Nadel aufsitzend. **Fleisch:** Dünn; Geruch und Geschmack nach faulendem Kohl mit knoblauchartiger Komponente; der unangenehme Geruch verschwindet beim Trocknen. **Sporenpulver:** Weiß. **Sporen:** 5–8 × 3–3,5 µm, elliptisch-tropfenförmig. **Vorkommen:** Mai bis November meist scharenweise bis rasig auf Fichtennadeln. **Verwendung:** Unbedeutend.

1a

2

1b

3

4a

4b

5

Familie | Gattungen

Tricholomataceae

Microcollybia (Sklerotienrüblinge), *Collybia* (Rüblinge)

1 Seidiger Sklerotienrübling

Microcollybia cirrhata (PERS.) LENNOX

Sommer–Herbst
Auf faulenden Pilzfruchtkörpern
Unbedeutend
Foto mit Rauschbeeren

Hut: Bis 1,5 cm breit, jung halbkugelig, alt ausgebreitet-vertieft, feinfilzig, weißlich, Mitte blassbräunlich; Rand gerieft. **Lamellen:** Am Stiel angewachsen, weiß. **Stiel:** Bis 2 cm lang, dünn, Basis ohne Sklerotium. **Fleisch:** Dünn; Geruch und Geschmack unbedeutend. **Sporen:** 3,5–5,5 × 2–3 µm. **Vorkommen:** Sommer bis Herbst auf Resten faulender Blätterpilze der Gattungen *Lactarius* und *Russula* in Mooren, zwischen Heidelbeeren, Rauschbeeren und Moosen, bisweilen scheinbar auf Waldboden. **Verwendung:** Unbedeutend. **Wissenswertes:** Die Gattung *Microcollybia* umfasst vier Arten mit kleinen Fruchtkörpern, die auf faulenden Resten größerer Lamellenpilze wachsen.

2 Braunknolliger Sklerotienrübling

Microcollybia tuberosa (BULL: FR.) LENNOX

August–November
Auf faulenden Pilzfruchtkörpern
Unbedeutend
Foto auf altem Pilzfruchtkörper

Hut: Bis 1,5 cm breit, dünn, flach gewölbt, bisweilen schwach genabelt; Oberfläche matt, seidig, weißlich, Mitte gelbbräunlich; Rand nach unten gebogen. **Lamellen:** Ausgebuchtet angewachsen, breit, weißlich-cremefarben. **Stiel:** Bis 5 cm lang, zylindrisch, röhrig, glatt, weiß bis blassbräunlich; Basis mit einem länglichen, rotbraunen, glänzenden, innen weißlichen Sklerotium verbunden. **Fleisch:** Häutig; Geruch und Geschmack unbedeutend. **Sporenpulver:** Weiß. **Sporen:** 4–6 × 2–3 µm, elliptisch, glatt, hyalin. **Vorkommen:** August bis November gesellig auf den Resten abgestorbener Milchlinge und Täublinge. **Verwendung:** Unbedeutend. **Wissenswertes:** Der ähnliche Gelbknollige Sklerotienrübling *(Microcollybia cookei)* unterscheidet sich durch gelbe Sklerotien.

3 Butter-Rübling

Collybia butyracea (BULL.: FR.) KUMM. *var. butyracea*

Juli–November
Laub- und Nadelwald
Essbar
3a mit Rotstängelmoos
3b mit Schönem Widertonmoos

Hut: 2,5–7 cm breit, gewölbt-ausgebreitet, alt abgeflacht, oft stumpf gebuckelt; Oberfläche hygrophan, kahl, glatt, feucht fettig glänzend, +/– rotbraun mit dunklerer Mitte; Rand jung eingerollt, alt oft hochgebogen. **Lamellen:** Ausgebuchtet, schmal angeheftet, gedrängt, weich, weiß bis schmutzig weiß; Schneiden oft schartig-gesägt. **Stiel:** 4–8 cm lang, elastisch-zäh, hohl, zur Basis hin aufgeblasen (3b), rotbraun, weißlich faserig längs gestreift; Basis meist filzig. **Fleisch:** Dünn, elastisch, weißlich, blass; Geruch würzig, Geschmack mild. **Sporenpulver:** Weiß-cremefarben. **Sporen:** 6–7 × 3–3,5 µm. **Vorkommen:** Juli bis November meist gesellig im Laub- und Nadelwald, auf nährstoffarmen Böden. **Verwendung:** Essbar. **Wissenswertes:** Die Gattung *Collybia* enthält etwa 40 Arten. Bestes Kennzeichen ist die knorpelig-zähe oder elastische Konsistenz der Fruchtkörper. Ring oder Volva fehlen. Sporenpulver weiß bis cremeocker.

4 Horngrauer Rübling

Collybia butyracea (BULL.: FR.) KUMM. *var. asema*

Sommer–Herbst
Laub- und Nadelwald
Essbar
Foto mit Blättern der Rotbuche

Hut: 2,5–7 cm breit, gewölbt-ausgebreitet, alt abgeflacht, meist stumpf gebuckelt; Oberfläche kahl, glatt, bei feuchter Witterung fettig glänzend, horngrau, graubraun mit dunklerer Mitte und hellerem Rand. **Lamellen:** Am Stiel ausgebuchtet, gedrängt, weich, weiß; Schneiden leicht gekerbt. **Stiel:** 3–8 cm lang, elastisch, hohl, zur Basis hin aufgeblasen, längsfaserig, graubräunlich-horngrau. **Fleisch:** Dünn, elastisch, weiß; Geruch würzig, Geschmack mild. **Sporenpulver:** Weiß-cremefarben. **Sporen:** 6–7 × 3–3,5 µm, glatt, hyalin, mit Tropfen. **Vorkommen:** Sommer bis Herbst selten einzeln, meist gesellig im Laub- und Nadelwald. **Verwendung:** Essbar.

5 Knopfstieliger Rübling

Collybia confluens (PERS.: FR.) KUMM.

Sommer–Herbst
Laub- und Nadelwald
Kein Speisepilz
Foto mit Sauerklee und Vielblütiger Weißwurz

Hut: 1,5–4 cm breit, dünn, gewölbt bis abgeflacht, mit niederem Buckel; Oberfläche glatt, matt, feucht blassocker, blassbräunlich, trocken ausblassend; Rand alt wellig verbogen und schwach gerieft. **Lamellen:** Fast frei, auffallend dicht stehend, anfangs weißlich, später cremefarben, lederblass bis rosabräunlich. **Stiel:** Bis 10 cm lang, steif, hohl, glatt oder längsrillig, rotbräunlich-graulich, mit lilagrauer, feinflockiger Bereifung; Stielspitze am Lamellenansatz knopfförmig erweitert; Basis mit weißfilzigem Myzelgeflecht. **Fleisch:** Dünn, zäh, creme-bräunlich; Geruch schwach aromatisch, Geschmack mild. **Sporenpulver:** Weiß. **Sporen:** 7–10 × 2–3 µm. **Vorkommen:** Sommer bis Herbst in Büscheln im Laub- und Nadelwald. **Verwendung:** Kein Speisepilz.

6 Waldfreund-Rübling

Collybia dryophila (BULL.: FR.) KUMM

Mai–Oktober
Laub- und Nadelwald
Essbar
Foto mit Lippen-Schüsselflechte

Hut: 2–6 cm breit, anfangs gewölbt, dann flach, dünn, alt oft wellig verbogen; Oberfläche glatt, kahl, feucht etwas glänzend, Farbe variabel: gelblich, gelbbraun, fleischrötlich, bräunlich, bei Trockenheit ausblassend; Rand scharf. **Lamellen:** Ausgebuchtet, mit Zähnchen angewachsen, sehr gedrängt, weißlich bis blassgelblich. **Stiel:** 3–8 cm lang, 2–5 mm breit, schlank, zäh, hohl, kahl, gelblich-rot bis orange-bräunlich mit hellerer Spitze; Basis oft filzig. **Fleisch:** Dünn, blass, weißlich; Geruch schwach säuerlich, Geschmack mild. **Sporenpulver:** Weiß. **Sporen:** 4–6 × 2–3 µm. **Vorkommen:** Mai bis Oktober häufig im Laub- und Nadelwald, in Parkanlagen und Gärten. **Verwendung:** Essbar, gut abkochen! Empfindliche Personen sollten ihn meiden.

1

2

3a

3b

4

5

6

Familie | Gattungen

Tricholomataceae

Collybia (Rüblinge), *Tectella* (Schleierseitlinge)

1 Spindeliger Rübling

Collybia fusipes (BULL.: FR.) QUÉL.

Juli–Oktober
An Eichenstümpfen
Kein Speisepilz
Foto an morschem Eichenstumpf, mit Blatt der Stiel-Eiche

Hut: Bis 8 cm breit, jung kegelig bis gewölbt, bald unregelmäßig verbogen bis abgeflacht, bisweilen mit stumpfem Buckel; Oberfläche matt, mitunter rissig, rotbraun, bald verblassend, mit rostbraunen Flecken; Rand anfangs eingebogen. **Lamellen:** Am Stiel tief ausgebuchtet und schmal angeheftet, entfernt stehend, dick, mit Zwischenlamellen, anastomosierend, weißlich bis blass rötlich braun, rostrot gefleckt; Schneiden glatt. **Stiel:** 5–10 cm lang, 1–2 cm breit, spindelförmig, oft verdreht, knorpelig, zäh, alt hohl, tief wurzelnd, runzelig gefurcht, blass bis braunrot, Spitze heller. **Fleisch:** Dünn, sehr zäh, weißlich bis blass cremefarben; Geruch schwach pilzartig, Geschmack mild. **Sporenpulver:** Weiß. **Sporen:** 5–6,5 × 3–4 µm, elliptisch, glatt, hyalin. **Vorkommen:** Juli bis Oktober meist büschelig an Wurzeln und Stümpfen alter Eichen *(Quercus)*, seltener an Rotbuchen (*Fagus sylvatica*) und anderen Laubbäumen. **Verwendung:** Kein Speisepilz. **Wissenswertes:** Mit der rotbraunen Farbe von Hut und Stiel, dem wurzelnden Stiel und dem bevorzugten Vorkommen an Eichenstümpfen ist der Spindelige Rübling im Feld leicht ansprechbar.

2 Striegeliger Rübling

Collybia hariolorum (BULL.: FR.) QUÉL.

Mai–September
Laubwald
Giftig
2a mit Frühlings-Platterbse

Hut: 2–5 cm breit, konvex bis abgeflacht, bisweilen mit stumpfem Buckel; Oberfläche glatt, matt, cremefarben bis blassbräunlich, Mitte mehr rötlich braun; Rand feucht kurz gerieft, scharf. **Lamellen:** Ausgebuchtet angewachsen, etwas gedrängt, schmal; Schneiden glatt. **Stiel:** Bis 6 cm lang, bis 0,5 cm breit, voll bis hohl, weißlich bis blassgelblich, feinfilzig, im unteren Teil meist deutlich striegelig. **Fleisch:** Blass; Geruch stark nach faulendem Kohl, Geschmack nach altem Kohl. **Sporenpulver:** Weißlich-cremefarben. **Sporen:** 6–8 × 3–3,5 µm, zylindrisch-elliptisch, glatt, hyalin. **Vorkommen:** Mai bis September gesellig, meist büschelig im Laubwald. **Verwendung:** Giftig; verursacht Verdauungsstörungen. **Wissenswertes:** Der Striegelige Rübling ist durch seinen unangenehmen Geruch und seine striegelige Stielbasis gut erkennbar. Der ähnliche Waldfreund-Rübling *(Collybia dryophila)* riecht schwach säuerlich.

3 Gefleckter Rübling

Collybia maculata (ALB. & SCHW.: FR.) KUMM.

August–Oktober
Laub- und Nadelwald
Kein Speisepilz
3a mit Weißmoos
3b mit Schattenblümchen

Hut: 3–8(–12) cm breit, jung halbkugelig, später flach gewölbt; Oberfläche kahl, glatt, anfangs weiß-cremeweiß, allmählich mit rostigen Flecken bedeckt, besonders zur Mitte hin; Rand dünn, lange eingebogen, alt wellig. **Lamellen:** Abgerundet-angeheftet, dünn, sehr gedrängt, weiß-cremefarben; Schneiden gekerbt. **Stiel:** Bis 10 cm lang, zylindrisch, oft verdreht, nach unten zugespitzt, zäh, alt hohl, anfangs weißlich, später nach unten hin rostfleckig. **Fleisch:** In der Hutmitte dick, fest, weiß; Geruch streng, holzartig, Geschmack bitter. **Sporenpulver:** Cremerosa. **Sporen:** 5–6 × 4–5 µm, rundlich, glatt, farblos, mit Tropfen. **Vorkommen:** August bis Oktober meist gesellig, oft in Ringen im Laub- und Nadelwald auf +/– sauren Böden. Der Gefleckte Rübling ist in Europa weit verbreitet. Aus Finnland sind Funde bis zum Polarkreis bekannt. **Verwendung:** Kein Speisepilz.

4 Brennender Rübling

Collybia peronata (BOLT.: FR.) SING.

Juli–Oktober
Laub- und Nadelwald
Kein Speisepilz

Hut: 3–5(–7) cm breit, anfangs gewölbt, später flach mit kleinem Buckel; Oberfläche kahl bis fein radialfaserig, hellbraun, blass rötlich braun, bisweilen mit gelblichem Ton, bei Trockenheit hell semmelfarben; Rand scharf, lange abwärts gebogen, alt bisweilen schwach gekerbt, wellig-schlaff. **Lamellen:** Ausgebuchtet bis angewachsen, ziemlich entfernt stehend, mit Zwischenlamellen, blassgelb bis gelbbraun, auch mit Lilaton; Schneiden hell. **Stiel:** Bis 7 cm lang, 3–5 mm breit, zylindrisch, nach unten leicht verbreitert, zäh, elastisch; Basis und bisweilen auch der untere Teil des Stiels mit dichtem gelblichem oder weißlichem Myzelfilz überzogen. **Fleisch:** Dünn, alt zäh, lederig, weißlich bis blassgelb; Geruch angenehm, Geschmack zuerst mild, nach längerem Kauen brennend scharf. **Sporenpulver:** Cremefarben. **Sporen:** 6–8 × 3–4 µm, elliptisch, glatt, hyalin. **Vorkommen:** Juli bis Oktober meist gesellig bis truppweise auf Blättern und Nadeln im Laub- und Nadelwald; weit verbreitet. **Verwendung:** Kein Speisepilz.

5 Klebriger Schleierseitling

Tectella patellaris (FR.) MURR.

Ganzjährig
An Laubholz
Kein Speisepilz
5a mit Haselkätzchen
5b auf Haselästchen

Fruchtkörper: 1–2 cm breit, umgekehrt-becherförmig aus dem Substrat hervorbrechend, jung von ocker-weißem Velum überzogen, das bald in Schüppchen zerreißt und die haselnussbraune Hutfarbe freigibt; Fruchtkörper +/– stielartig ausgezogen; Rand zottig, weiß. **Lamellen:** Gedrängt, jung von wattig-faserigem Velum bedeckt, dunkel ockergelb-bräunlich (5a). **Fleisch:** Zäh, trocken knochenhart, ockergelblich. **Sporenpulver:** Weiß. **Sporen:** 3–4 × 1–1,5 µm, wurst- bis bohnenförmig, mit Tropfen. **Vorkommen:** Ganzjährig an alten, abgestorbenen, noch stehenden Haselstämmen und -ästen *(Corylus avellana)*, auch an anderen Laubhölzern; sehr selten. Vom Klebrigen Schleierseitling sind in Deutschland nur wenige Standorte bekannt. **Verwendung:** Kein Speisepilz.

2a
1
2b
3a
3b
4
5a
5b

Tricholomataceae

Panellus (Zwergknäuelinge), *Sarcomyxa* (Muschelseitlinge), *Oudemansiella* (Schleimrüblinge)

1 Milder Zwergknäueling

Panellus mitis (PERS.: FR.) SING.

Oktober–März
An Nadelholz
Kein Speisepilz
Foto auf Fichtenast

Hut: 0,5–2 cm breit, muschel- bis nierenförmig; Oberfläche matt, anfangs feinsamtig, hygrophan, jung weißlich mit schwachem Rosaton, später lehmfarben, zuletzt blass fleischbräunlich; Haut zäh, gummiartig dehnbar, abziehbar. **Lamellen:** Scharf vom kurzen Stielchen abgesetzt, schmal, gedrängt, jung weißlich, später blass rosaocker; Schneiden glatt, gelatinös, mit einer Pinzette als Faden abziehbar. **Stiel:** Kurz, manchmal fast fehlend, seitlich ansitzend, nach oben verdickt, weißlich, mit mehligen Körnchen. **Fleisch:** Dünn, zäh; Geruch pilzartig, Geschmack mild. **Sporenpulver:** Weiß. **Sporen:** 3–5 × 1–1,3 µm, zylindrisch bis allantoid, hyalin. **Vorkommen:** Oktober bis März an Nadelholz, meist gesellig an liegenden Stämmen und Ästen; weit verbreitet. **Verwendung:** Kein Speisepilz. **Wissenswertes:** Die Gattung *Panellus* umfasst vier auf Holz wachsende Arten.

2 Herber Zwergknäueling

Panellus stipticus (BULL.: FR.) KARST.

Ganzjährig
An Laubholz
Kein Speisepilz
2a und 2b an Eichenstumpf

Hut: Bis 4 cm breit, halbkreis- bis muschelförmig, abgeflacht; Oberfläche matt, fein kleiig-schuppig, schwach konzentrisch gezont, klebrig, bräunlich gelb, ockergelb, trocken blassbeige; Rand jung eingerollt, später wellig, gekerbt-gerillt. **Lamellen:** Fühlen sich klebrig an, deutlich vom kurzen Stielchen abgesetzt, dicht stehend, teilweise gegabelt, am Grund mit Anastomosen, zimtbräunlich-hellbräunlich. **Stiel:** 0,5–2 cm lang, seitlich stehend, voll, elastisch, zu den Lamellen hin verbreitert, hellbeige bis ockerbräunlich, fein kleiig-schuppig. **Fleisch:** Dünn, elastisch; Geruch unbedeutend, Geschmack nach längerem Kauen herb, kratzend, bitter. **Sporenpulver:** Weißlich. **Sporen:** 3–5,5 × 2–3 µm, elliptisch, glatt, hyalin, amyloid. **Vorkommen:** Das ganze Jahr über meist büschelig oder dachziegelförmig, seltener einzeln an totem Holz von Laubbäumen, vorwiegend auf Schnittflächen alter Eichen- und Buchenstümpfe. In Europa weit verbreitet. **Verwendung:** Kein Speisepilz.

3 Violettblättriger Zwergknäueling

Panellus violaceofulvus (BATSCH: FR.) SING.
Pleurotus violaceofulvus (BATSCH: FR.) PIL.

Winter–Frühjahr
An Weißtannenästen
Kein Speisepilz
Foto auf Weißtannenast

Hut: 0,5–2,5 cm breit, jung rundlich-haubenförmig, dann muschelförmig ausgebreitet; Oberfläche matt, feinfilzig, trocken, rotbraun, zur Anwachsstelle hin oft weiß bereift. **Lamellen:** Radial von der Anwachsstelle ausgehend, fast entfernt stehend, untermischt, violettbräunlich; Schneiden glatt. **Stiel:** Kaum ausgebildet, Hüte meist stiellos am Holz angewachsen. **Fleisch:** Sehr dünn; Geruch und Geschmack unbedeutend. **Sporenpulver:** Weiß. **Sporen:** 6–10 × 2–4 µm, elliptisch, glatt, hyalin. **Vorkommen:** Vom Winter bis zum Frühjahr, besonders nach der Schneeschmelze, meist gesellig an toten, noch berindeten Ästchen und Stämmchen der Weißtanne *(Abies alba)*; selten. In Europa liegt sein Hauptverbreitungsgebiet in den Alpen und Karpaten; in Deutschland findet man ihn in den Weißtannenwäldern Baden-Württembergs und Bayerns. **Verwendung:** Kein Speisepilz.

4 Gelbstieliger Muschelseitling

Sarcomyxa serotina (SCHRAD.: FR.) KARST.
Panellus serotinus (SCHRAD.: FR.) KUEHN.

Oktober–November
An Laubholz
Kein Speisepilz
Foto mit Zypressen-Schlafmoos

Hut: 3–10 cm breit, muschel-, breit zungen- bis nierenförmig, Oberfläche trocken fein braunfilzig, später kahl, feucht schleimig-schmierig, olivgrün, olivgelb, gelbbraun, auch grauviolettlich; Rand jung eingerollt. **Lamellen:** Gerade angewachsen oder etwas am Stiel herablaufend und +/– abgegrenzt, gedrängt stehend, blassgelb bis ockergelb; Schneiden manchmal violettlich. **Stiel:** 0,5–3 cm lang, 1–2 cm breit, kurz, randständig, gelb-ockerlich mit feinen bräunlichen Schuppen. **Fleisch:** An der Anwachsstelle dick, zum Rand hin dünn, blass; Geruch pilzartig, Geschmack mild bis etwas bitter. **Sporenpulver:** Weiß. **Sporen:** 4,5–5,5 × 1–2 µm, zylindrisch, schwach gekrümmt. **Vorkommen:** Oktober bis November und in milden Wintern gesellig bis dachziegelig auf lebenden oder abgestorbenen Stämmen und Stümpfen verschiedener Laubhölzer, selten an Nadelholz. **Verwendung:** Kein Speisepilz. **Wissenswertes:** Verwechselt werden kann der Pilz mit dem Austern-Seitling *(Pleurotus ostreatus)*.

5 Buchen-Schleimrübling

Oudemansiella mucida (SCHRAD.: FR.) V. HOEHN.

September–November
An Laubholz
Kein Speisepilz

Hut: 3–8(–12) cm breit, jung halbkugelig, später gewölbt; Oberfläche bei feuchter Witterung stark schleimig, weiß, alt ockerlich, besonders in der Hutmitte; Rand runzelig gerieft. **Lamellen:** Am Stiel ausgebuchtet angewachsen, mit Zahn herablaufend, bauchig, entfernt stehend, weiß, alt ockerlich. **Stiel:** 4–9 cm lang, bis 1 cm breit, schlank, weiß, mit Ring; Basis keulig verdickt, graubräunlich. **Fleisch:** Dünn, zäh, weiß; Geruch und Geschmack unbedeutend. **Sporenpulver:** Weiß. **Sporen:** 14–18 × 12–16 µm, rundlich, glatt, hyalin. **Vorkommen:** September bis November selten einzeln, meist büschelig an stehenden oder liegenden Stämmen und Ästen der Rotbuche *(Fagus sylvatica)*, selten an anderen Laubbäumen; verbreitet. **Verwendung:** Kein Speisepilz. **Wissenswertes:** Der Pilz ist mit seinem weißen, schleimigen Hut, dem beringten Stiel und dem Standort auf Buchenholz kaum zu verwechseln. Zur Gattung *Oudemansiella* gehören nur zwei Arten. Nahe verwandt und früher in derselben Gattung vereint sind die Wurzelrüblinge *(Xerula)*.

1
2a
2b
3
4
5

Familie | Gattungen

Tricholomataceae

Megacollybia (Breitblattrüblinge), *Xerula* (Wurzelrüblinge), *Strobilurus* (Nagelschwämme), *Crinipellis* (Haarschwindlinge)

1 Breitblattrübling

Megacollybia platyphylla (PERS.: FR.) KOTL. & POUZ.

Mai–Oktober
An morschem Laub- und Nadelholz
Kein Speisepilz
1a bei Trockenheit; mit Heidelbeere
1b an bemoostem Laubholzstumpf

Hut: 5–15 cm breit, anfangs halbkugelig bis glockig, später ausgebreitet, oft flach gebuckelt; Oberfläche glatt, eingewachsen radialfaserig, bisweilen etwas schuppig aufgerissen, graubraun, hell olivbräunlich, auch schmutzig weißlich; bei Trockenheit vom Rand her oft strahlig eingerissen. **Lamellen:** Ausgebuchtet angeheftet, entfernt stehend, blassweißlich, cremefarben bis ockerlich. **Stiel:** 5–15 cm lang, 1–2 cm breit, zylindrisch, zäh, jung voll, bald hohl, erst schmutzig weiß, später blassgrau, faserig gestreift; Basis mit langen, weißen, verzweigten Myzelsträngen. **Fleisch:** Dünn, weiß; Geruch muffig. **Sporenpulver:** Weiß. **Sporen:** 7–10 × 6–7 µm. **Vorkommen:** Mai bis Oktober meist gesellig an morschem Laub- und Nadelholz. **Verwendung:** Kein Speisepilz.

2 Schwarzhaariger Wurzelrübling

Xerula melanotricha DOERF.

Juli–Oktober
Bei Weißtannen
Kein Speisepilz
Foto mit Weißtannenzweig

Hut: Bis 8 cm breit, bald flach ausgebreitet, bisweilen schwach gebuckelt; Oberfläche matt, samtig, dunkel rotbraun-schwarzbraun; Rand meist heller, mit 1–2 mm langen Borsten. **Lamellen:** Am Stiel ausgebuchtet, mit Zahn angewachsen, untermischt, entfernt stehend, cremeweiß. **Stiel:** 5–15 cm lang, bis 2 cm breit, zylindrisch, zäh, steif, rotbraun-schwarzbraun, Spitze gelborange-orangebraun; Basis verdickt, spindelig, wurzelnd. **Fleisch:** Dünn, weißlich; Geruch unbedeutend, Geschmack mild. **Sporenpulver:** Weiß. **Sporen:** 9–12 × 10–11 µm. **Vorkommen:** Juli bis Oktober bei Stümpfen und Wurzeln von Weißtannen *(Abies alba)*; selten. **Verwendung:** Kein Speisepilz.

3 Grubiger Wurzelrübling

Xerula radicata (RELHAN: FR.) DOERF.

Frühsommer–Herbst
An Stümpfen und vergrabenem Laubholz
Essbar
3a mit Ruprechts-Storchschnabel

Hut: 3–8(–15) cm breit, jung kegelig-glockig, konvex, bald fast flach, meist mit Buckel; Oberfläche radialrunzelig, feucht schmierig, trocken glänzend, milchkaffeebraun bis haselnussbraun. **Lamellen:** Angewachsen oder mit Zahn herablaufend, entfernt stehend, mit Zwischenlamellen, am Grunde teilweise aderig, weiß; Schneiden weiß, bisweilen auch bräunlich. **Stiel:** 8–20 cm lang mit wurzelartiger Verlängerung im Boden, 0,5–2 cm breit, graubräunlich, zur Spitze hin weißlich, längsstreifig bis schwach gefurcht. **Fleisch:** Sehr dünn, weich, weiß. **Sporenpulver:** Weiß. **Sporen:** 13–16 × 9–11 µm. **Vorkommen:** Frühsommer bis Herbst einzeln bis gesellig auf oder neben alten Baumstümpfen oder am Boden auf vergrabenem Laubholz. **Verwendung:** Essbar.

4 Fichtenzapfen-Nagelschwamm

Strobilurus esculentus (WULF.: FR.) SING.

März–Mai
Auf Fichtenzapfen
Essbar
Foto mit Grünstängelmoos

Hut: 1–4 cm breit, jung gewölbt, später ausgebreitet, bisweilen etwas gebuckelt; Oberfläche kahl, matt, oft etwas radialrunzelig, hellbraun bis dunkelbraun, selten fast weiß. **Lamellen:** Angeheftet bis fast frei, fast gedrängt, weißlich-blassgrau. **Stiel:** 2–8 cm lang, dünn, zäh, hohl, glatt, jung weißlich, später nach unten gelb-rostbraun, nach oben heller; mit langer, faseriger Wurzel. **Fleisch:** Dünn, etwas zäh, weiß; Geruch schwach würzig, Geschmack mild, pilzartig. **Sporenpulver:** Weißlich. **Sporen:** 4,5–7,5 × 3–4 µm. **Vorkommen:** März bis Mai, bisweilen auch im Spätherbst, gesellig auf vergrabenen Fichtenzapfen. **Verwendung:** Essbar. **Wissenswertes:** Ebenfalls an Fichtenzapfen findet man den nach Chlor riechenden Fichtenzapfen-Helmling *(Mycena strobilicola)*.

5 Milder Kiefernzapfen-Nagelschwamm

Strobilurus stephanocystis (HORA) SING.

März–Mai
Auf Kiefernzapfen
Kein Speisepilz
Foto mit Kiefernzapfen und Weißmoos

Hut: 0,5–2,5 cm breit, erst gewölbt, dann ausgebreitet, bisweilen flach gebuckelt; Oberfläche glatt, matt, gelbbraun bis rötlich braun; Rand glatt, die Lamellen etwas überragend. **Lamellen:** Angeheftet bis frei, weißlich bis blassgelblich; Zystiden breit keulig-flaschenförmig, oft mit Kristallen. **Stiel:** Bis 6 cm lang, 1–2 mm breit, elastisch, im unteren Teil gelb- bis rotbraun, Spitze heller bis weißlich; mit faserig-filziger Wurzel. **Fleisch:** Dünn, weiß; Geruch angenehm, Geschmack mild. **Sporen:** 5,5–10 × 3–4 µm. **Vorkommen:** März bis Mai einzeln bis gesellig auf im Boden liegenden Kiefernzapfen. **Verwendung:** Kein Speisepilz. **Wissenswertes:** Ähnlich ist der Bittere Kiefernzapfen-Nagelschwamm *(Strobilurus tenacellus)* mit meist bitterem Fleisch.

6 Wiesen-Haarschwindling

Crinipellis scabellus (ALB. & SCHW.: FR.) MURR.

Juni–November
Auf Wiesen
Unbedeutend

Hut: 0,5–1,5 cm breit, jung halbkugelig, später ausgebreitet mit eingedellter Mitte; Oberfläche trocken, cremefarben mit orange- bis rotbraunen, faserigen, anliegenden Schüppchen, Mitte dunkler; Rand oft gerunzelt. **Lamellen:** Ausgebuchtet angewachsen, entfernt stehend, weißlich-cremefarben. **Stiel:** 1–3 cm lang, dünn, voll bis hohl, rostbraun, alt fast schwarzbraun, feinfilzig. **Fleisch:** Häutig, unbedeutend; Geruch und Geschmack unbedeutend. **Sporenpulver:** Weiß. **Sporen:** 6–8 × 4,5–5,5 µm. **Vorkommen:** Juni bis November gesellig auf Wiesen, Rasen, Ödland an Gräsern und krautigen Stängeln; verbreitet, leicht zu übersehen. **Verwendung:** Unbedeutend. **Wissenswertes:** Der Fruchtkörper erinnert im Habitus an einen Schwindling.

1a

1b

2

3a

3b

5

4

6

Tricholomataceae

Marasmius (Schwindlinge)

1 Langstieliger Knoblauch-Schwindling

Marasmius alliaceus (Jacq.: Fr.) Fr.

Juni–November
Auf Buchenzweigen
Kein Speisepilz
1a mit Adlerfarn

Hut: 2–4 cm breit, zunächst halbkugelig-glockig, später gewölbt, Mitte niedergedrückt; Oberfläche matt, blassbräunlich, mit dunklerem Scheitel, feucht dunkelbräunlich; Rand gerieft, trocken ockerlich bis milchweiß. **Lamellen:** Am Stiel angeheftet, fast entfernt stehend, weißlich bis cremefarben. **Stiel:** 6–20 cm lang, 3–6 mm breit, hohl, starr, glanzlos, dunkelbraun, schwarzbraun, bereift, an der Spitze blasser; Basis erweitert, striegelig-filzig. **Fleisch:** Dünn, weißlich-grau; Geruch knoblauchartig, Geschmack stark knoblauchartig, nicht brennend. **Sporenpulver:** Hell cremefarben. **Sporen:** 8–11 × 6–8 µm, mandelförmig, glatt, hyalin, mit Tropfen. **Vorkommen:** Juni bis November einzeln bis gesellig in feuchten Buchenwäldern meist auf abgestorbenen Buchenästen; nicht häufig. **Verwendung:** Kein Speisepilz, wird aber bisweilen in kleinen Mengen als Würzpilz verwendet. **Wissenswertes:** Sehr ähnlich ist der Große Knoblauch-Schwindling *(Marasmius querceus)* mit rotbräunlichem Stiel und brennend scharfem Geschmack; er wächst auf abgefallenen Blättern. Schwindlinge *(Marasmius)* sind kleine bis mittelgroße Pilze, die bei Trockenheit einschrumpfen und kaum noch zu erkennen sind und bei Feuchtigkeit wieder aufleben können.

2 Rosshaar-Schwindling

Marasmius androsaceus (L.: Fr.) Fr.

April–November
Auf Nadeln und Holzresten
Unbedeutend
Foto auf Fichtenast, mit Fichtensämlingen

Hut: 0,3–1 cm breit, gewölbt, Mitte oft leicht niedergedrückt; Oberfläche radialrunzelig, kahl, matt, rosabraun bis dunkel rotbraun, Mitte dunkler. **Lamellen:** Am Stiel breit angewachsen, ohne Kollar, untermischt, sehr entfernt stehend, mit Zwischenlamellen, schmutzig braunrosa. **Stiel:** 3–6 cm lang, bis 0,5 mm breit, rosshaarartig, steif, zäh, trocken gerieft und verdreht, kahl, glänzend, schwarz bis dunkelbraun, mit auffälligen rosshaarähnlichen Rhizoiden. **Fleisch:** Häutig dünn, dunkel rotbraun; ohne besonderen Geruch und Geschmack. **Sporenpulver:** Weiß. **Sporen:** 6–7 × 3–4 µm, elliptisch, glatt, hyalin. **Vorkommen:** April bis November an Nadeln, Rindenresten und Zweigen; weit verbreitet und sehr häufig. **Verwendung:** Unbedeutend. **Wissenswertes:** Ähnlich ist der Nadel-Stinkschwindling *(Micromphale perforans)* mit unangenehmem Geruch.

3 Nadelstreu-Käsepilzchen

Marasmius bulliardii Quél.

Frühjahr–Herbst
Auf Fichtennadeln und Blättern
Unbedeutend
Foto mit Sauerklee und Welligem Sternmoos

Hut: 2–6(–10) mm breit, fallschirmartig, radial gefurcht; Oberfläche glatt, genabelt, weißlich cremefarben, blass lederfarben, Nabel dunkelbraun; Rand wellig. **Lamellen:** Vom Stiel durch ein kragenartiges Kollar getrennt, breit, entfernt stehend, blass. **Stiel:** Bis 5 cm lang, rosshaarartig, hohl, steif, glatt, braunschwarz, Spitze blass. **Fleisch:** Sehr dünn; Geruch und Geschmack unbedeutend. **Sporen:** 7–9 × 3,5–4,5 µm, elliptisch bis tropfenförmig, glatt, hyalin. **Vorkommen:** Frühjahr bis Herbst in der Nadelstreu auf Fichtennadeln, auch auf abgestorbenen Blättern, gesellig bis rasig wachsend. **Verwendung:** Unbedeutend. **Wissenswertes:** Sehr ähnlich, aber größer ist der Halsband-Schwindling *(Marasmius rotula)*; er wächst auf toten Zweigen und seltener auf abgestorbenen Blättern. Vom Käsepilzchen findet man im Laubwald auf abgestorbenen Blättern eine Form mit Stielauswüchsen und sterilen Hütchen.

4 Hornstiel-Schwindling

Marasmius cohaerens (Pers.: Fr.) Cke. & Quél.

Sommer–Herbst
Laubwald
Kein Speisepilz
Foto mit Schönschnabelmoos

Hut: 2–3,5 cm breit, jung halbkugelig-glockig, dann konvex, alt verflacht mit stumpfem Buckel; Oberfläche kaum hygrophan, glatt oder runzelig, blassbraun, lederbraun, Mitte dunkler; Rand feucht gerieft. **Lamellen:** Ausgebuchtet, +/– entfernt stehend, bauchig, gelblich weiß; Schneiden dunkler. **Stiel:** Bis 8 cm lang, bis 4 mm breit, zylindrisch, röhrig, kahl, glänzend, schwarzbraun, nach oben rotbraun, Spitze weißlich; Basis filzig. **Fleisch:** Weiß bis blassgelblich; geruchlos, Geschmack unbedeutend. **Sporenpulver:** Weiß. **Sporen:** 6,5–10 × 4–5 µm, elliptisch-mandelförmig, glatt, hyalin. **Vorkommen:** Sommer bis Herbst einzeln oder gesellig auf Laubblättern und Pflanzenresten, selten bei Nadelbäumen. **Verwendung:** Kein Speisepilz.

5 Nelken-Schwindling

Marasmius oreades (Bolt.: Fr.) Fr.

Mai–November
Grasige Plätze
Essbar
5a Hexenring im Rasen
5b mit Kleiner Braunelle

Hut: 2–5 cm breit, anfangs gewölbt, später ausgebreitet, oft gebuckelt; Oberfläche hygrophan, bei feuchter Witterung fettig glänzend, blass ledergelb bis lederbräunlich, rotbräunlich, trocken blasser; Rand bisweilen etwas gefurcht. **Lamellen:** Am Stiel ausgebuchtet angeheftet, entfernt stehend, dicklich, anastomosierend, weißlich bis blass lederfarben. **Stiel:** 4–7 cm lang, schlank, zäh, elastisch, voll, weißlich, später nussbraun; Basis weißzottig. **Fleisch:** Dünn, weißlich; Geruch angenehm, Geschmack mild. **Sporenpulver:** Weiß. **Sporen:** 7–10 × 5–6 µm, elliptisch bis mandelförmig, glatt, hyalin. **Vorkommen:** Mai bis November oft in Reihen und Hexenringen auf Wiesen, Rasenflächen, an Waldrändern; weit verbreitet. **Verwendung:** Essbar; eignet sich gut als Würzpilz. **Wissenswertes:** Das Myzel setzt im Wachstumsbereich des Pilzes Stickstoffverbindungen frei. Infolge der Düngung wächst das Gras im Bereich der Ringe besonders üppig und erscheint saftig dunkelgrün.

1a

2

1b

3

4

5a

5b

Familie	Gattungen
Tricholomataceae	*Marasmius* (Schwindlinge), *Macrocystidia* (Gurkenschnitzlinge)

1 Echter Knoblauch-Schwindling

Marasmius scorodonius (Fr.: Fr.) Fr.

Juni–November
Nadelwald
Essbar

Hut: 0,5–3 cm breit, jung halbkugelig, dann abgeflacht mit kleinem Buckel; Oberfläche matt, meist gerunzelt, rosabraun, braunrot, alt ausblassend; Rand dünn, +/– schwach gerieft. **Lamellen:** Am Stiel angeheftet, entfernt stehend, weißlich. **Stiel:** 3–6 cm lang, dünn, röhrig, zäh, glänzend, rotbraun-schwarzbraun, zur Spitze hin heller. **Fleisch:** Sehr dünn, zäh; Geruch und Geschmack nach Knoblauch. **Sporenpulver:** Weiß. **Sporen:** 7–9 × 3–4 µm. **Vorkommen:** Juni bis November gesellig bis rasig auf Nadelstreu und an Pflanzenresten. **Verwendung:** Feiner Würzpilz, der sich gut zum Trocknen eignet und als KnoblaucherSatz dient. **Wissenswertes:** Es gibt verschiedene Schwindlinge mit Knoblaucharoma, die als Würzpilze verwendet werden, der Echte Knoblauch-Schwindling ist der beste; sein Aroma verliert sich beim Trocknen nicht.

2 Halsband-Schwindling

Marasmius rotula (Scop.: Fr.) Fr.

Frühjahr–Herbst
Auf Laubholzästchen
Kein Speisepilz
Foto auf Laubholzästchen

Hut: 0,5–1,5 cm breit, halbkugelig bis konvex, genabelt, oft mit angedeuteter kleiner Papille, tief faltig-gefurcht, an einen offenen Fallschirm erinnernd; Oberfläche jung weißlich, später beige-

ocker bis blassbräunlich. **Lamellen:** Am Stielansatz in einen Ring (Kollar) mündend (siehe Foto links), entfernt stehend, weißlich; Schneiden glatt. **Stiel:** 2–6 cm lang, 0,5 mm breit, fadenförmig, zäh, glatt, kahl, glänzend, dunkelbraun-schwärzlich, Spitze weißlich; Basis mit schwarzen Rhizomorphen. **Fleisch:** Dünn; Geruch unbedeutend, Geschmack mild bis pilzartig. **Sporenpulver:** Weißlich. **Sporen:** 7–10 × 3,5–5 µm, elliptisch, glatt, hyalin. **Vorkommen:** Frühjahr bis Herbst oft in dichten Kolonien auf am Boden liegenden Laubholzästchen und auf Holzabfällen; weit verbreitet. **Verwendung:** Kein Speisepilz.

3 Ledergelber Schwindling

Marasmius torquescens Quél.

September–November
Laubwald
Kein Speisepilz
3a mit Blättern der Rotbuche

Hut: 1–3 cm breit, jung halbkugelig, später ausgebreitet mit schwachem Buckel; Oberfläche glatt, bis zur Mitte gerieft, trocken gelbbräunlich, Mitte dunkler; Rand im Alter wellig gekerbt. **Lamellen:** Angeheftet bis fast frei, entfernt stehend, ziemlich dick, cremefarben bis blass lederfarben; Schneiden gleichfarben. **Stiel:** Bis 6 cm lang, 1–2 mm breit, zylindrisch, hohl, feinsamtig, matt, Spitze blass cremefarben, abwärts rotbraun, zum Grund hin fast schwarz; Basis mit auffälligem hellbräunlichem Myzelfilz. **Fleisch:** Dünn, zäh, blass; Geruch und Geschmack fehlend oder etwas unangenehm. **Sporenpulver:** Weiß. **Sporen:** 7–10 × 4–6 µm, elliptisch, glatt, hyalin. **Vorkommen:** September bis November in feuchten Laubwäldern auf Laubblättern und Ästchen von Laubhölzern, selten an Nadelhölzern; gern unter Rotbuchen *(Fagus sylvatica)*. **Verwendung:** Kein Speisepilz.

4 Violettlicher Schwindling

Marasmius wynnei Berk. & Br.

Juni–November
Laubwald
Kein Speisepilz
4b mit fruchtendem Maiglöckchen

Hut: 2–4(–6) cm breit, jung halbkugelig, bald flach ausgebreitet oder leicht gebuckelt, etwas verbogen; Oberfläche kahl, hygrophan, feucht fast bis zur Mitte gerieft, Farbe veränderlich: weißlich, auch blassbräunlich, meist mit violettem Ton; Rand blasser, wellig. **Lamellen:** Ausgebuchtet angewachsen mit schmal herablaufendem Zahn, entfernt stehend, breit, weißlich bis cremefarben, auch graulila; Schneiden glatt oder schartig. **Stiel:** 3–7 cm lang, 2–8 mm breit, zylindrisch bis flach, bisweilen verdreht, steif, elastisch, hohl, im oberen Teil cremefarben, abwärts rotbraun, bereift; büschelig verwachsen; Basis mit feinem Myzel, das als dichter Filz oft große Flächen unter der Laubstreu überziehen kann. **Fleisch:** Dünn, im Hut weiß; Geruch und Geschmack etwas unangenehm. **Sporenpulver:** Weiß. **Sporen:** 5–7 × 3–4 µm, elliptisch, glatt, hyalin, mit Tropfen. **Vorkommen:** Juni bis November meist büschelig und in Ringen in Laubwäldern auf Laubstreu und auf morschem Holz; bevorzugt in Kalkgebieten. **Verwendung:** Kein Speisepilz.

5 Gurkenschnitzling

Macrocystidia cucumis (Pers.: Fr.) Joss.

Juli–November
Waldwege, Holzplätze
Kein Speisepilz
5b mit Fichtenzweig

Hut: 2–6 cm breit, jung kegelig bis glockig, später abgeflacht und gebuckelt; Oberfläche feinsamtig, rotbraun bis dunkelbraun, Mitte fast schwarzbraun, zum Rand hin blasser, gelblich-ockergelblich; Rand schwach durchscheinend gerieft. **Lamellen:** Am Stiel ausgebuchtet angewachsen, jung weißlich, alt ockerbräunlich. **Stiel:** 3–7 cm lang, 3–6 mm breit, zylindrisch, voll bis hohl, zäh, steif, dunkel rotbraun bis schwarzbraun, Spitze meist heller, fein bereift (5a). **Fleisch:** Dunkelbraun; Geruch jung gurkenartig, alt nach Fisch oder Tran, Geschmack mild, tranartig. **Sporenpulver:** Rostockerfarben-orangebraun. **Sporen:** 8–9 × 3,5–4,5 µm. **Vorkommen:** Juli bis November meist gesellig an grasigen Waldwegen, oft auf Holzlagerplätzen, in Laub- und Nadelwäldern, in Parks, unter Brennnesseln *(Urtica)* und anderen Kräutern. **Verwendung:** Kein Speisepilz. **Wissenswertes:** Die Gattung *Macrocystidia* besteht nur aus einer Art mit zwei verschiedenen Varietäten.

1
2
3a
3b
4a
5a
4b
5b

1 Voreilender Helmling

Mycena abramsii (MURR.) MURR.
Mycena praecox VEL.

Frühjahr–Sommer
Laub- und Nadelwald
Kein Speisepilz

Hut: 1–3(–4) cm breit, jung stumpf kegelig-glockig, alt fast ganz flach, meist gebuckelt; Oberfläche matt, dunkelbraun bis rußbraun, graubraun bis beige, zum Rand hin weißlich-blassgrau, zu Dreiviertel durchscheinend gerieft. **Lamellen:** Ausgebuchtet, mit Zähnchen angewachsen, etwas entfernt stehend, breit, schwach bauchig, untermischt, schmutzig weißlich, später grauweißlich mit helleren Schneiden. **Stiel:** 3–6(–9) cm lang, 1–3 mm breit, zylindrisch, hohl, brüchig, hutfarben, zur Spitze hin weißlich; Basis weißlich striegelig-filzig. **Fleisch:** Dünn, blass; Geruch kräftig nitrös-rettichartig, Geschmack schwach rettichartig. **Sporenpulver:** Weiß. **Sporen:** 8–12 × 4,5–6 µm, zylindrisch-elliptisch, glatt, hyalin, mit Tropfen, amyloid. **Vorkommen:** Frühjahr bis Sommer gesellig bis büschelig auf morschem Laubholz, an modrigen, vermoosten Nadelholzstümpfen und auf moosbedeckten Fichtenreisighaufen; verbreitet. **Verwendung:** Unbedeutend. **Wissenswertes:** Die Gattung *Mycena* umfasst mehr als 100 meist kleinere, zarte Arten mit meist +/– glockigem Hut und dünnem Stielchen; das Sporenpulver ist weiß. Einige milchen bei Verletzung weiß, rot oder orange, andere fallen durch gefärbte Lamellenschneiden auf.

2 Orangeroter Helmling

Mycena acicula (SCHAEFF.: FR.) KUMM.

Mai–Oktober
Auf Pflanzenresten
Unbedeutend
Foto auf abgestorbenen Pflanzenresten

Hut: 0,3–1 cm breit, jung halbkugelig, später glockig bis gewölbt, Oberfläche matt bis seidig glänzend, etwas bereift, leuchtend orange bis orangerot, zum Rand hin gelblich, durchscheinend gerieft; Rand wellig. **Lamellen:** Gerade angewachsen, weiß bis gelblich. **Stiel:** 2–5 cm lang, 0,5–1 mm breit, zylindrisch, hellgelb, zum Grund hin heller; Basis mit weißem Filz. **Fleisch:** Dünn; ohne besonderen Geruch und Geschmack. **Sporenpulver:** Weiß. **Sporen:** 9–12 × 3–4,5 µm. **Vorkommen:** Mai bis Oktober einzeln bis gesellig auf am Boden liegenden Zweigen, Rindenstücken, Pflanzenresten inner- und außerhalb der Wälder an feuchten Plätzen. **Verwendung:** Unbedeutend. **Wissenswertes:** Ähnlich ist der Korallenrote Helmling *(Mycena adonis);* er hat einen weißen Stiel.

3 Orangeschneidiger Helmling

Mycena aurantiomarginata (FR.) QUÉL.

August–Oktober
Nadelwald
Unbedeutend
3a mit Sternmoos
3b in Nadelstreu, mit Fichtenzweig

Hut: 0,5–2 cm breit, anfangs halbkugelig, dann glockig bis gewölbt, etwas gebuckelt; Oberfläche glatt, matt, ockerbraun, olivbraun; Rand gelborange, gerieft. **Lamellen:** Am Stiel ausgebuchtet, mit Zähnchen herablaufend, jung graubräunlich, später ockerbräunlich; Schneiden intensiv orangegelb. **Stiel:** Bis 5 cm lang, 1–2 mm breit, zylindrisch, hohl, glatt, kahl, matt glänzend, ockerbräunlich, braungelblich, Spitze heller; Basis mit gelb-weißem Myzelfilz. **Fleisch:** Sehr dünn; geruchlos, Geschmack mild. **Sporenpulver:** Weißlich-cremefarben. **Sporen:** 8–9 × 4–5 µm, elliptisch, farblos. **Vorkommen:** August bis Oktober gesellig, oft wie gesät im Nadelwald. **Verwendung:** Unbedeutend. **Wissenswertes:** Wegen seiner orangefarbenen Lamellenschneiden ist der beschriebene Pilz leicht zu bestimmen.

4 Gelborangemilchender Helmling

Mycena crocata (SCHRAD.: FR.) KUMM.

Mai–November
Buchenwald
Unbedeutend
4a auf Laubholzast
4b Stielbasis milchend

Hut: 1–2(–3) cm breit, jung kegelig, bald glockig-ausgebreitet, mit Buckel; Oberfläche kahl, etwa bis zur Mitte gerieft, graugelb bis graubraun mit dunklerem Scheitel, oft orangerot fleckend. **Lamellen:** Am Stiel ausgebuchtet angewachsen, weiß, oft orangefleckig. **Stiel:** 4–8 cm lang, etwa 2 mm breit, steif, hohl, im oberen Teil gelblich-blassgrau, nach unten hin leuchtend rotgelb-gelbbraun, oft schwach wurzelnd, Basis weiß- oder gelbstriegelig. **Fleisch:** Dünn, wässrig, safrangelb, bei Verletzung in Hut und Stiel sofort gelborange milchend; Geruch und Geschmack unbedeutend. **Sporenpulver:** Cremeweißlich. **Sporen:** 7–11 × 4–6 µm, elliptisch, glatt, mit Tropfen, amyloid. **Vorkommen:** Mai bis November einzeln, truppweise oder etwas büschelig in Buchenwäldern auf am Boden liegenden Buchenästen und -zweigen. **Verwendung:** Unbedeutend.

5 Überhäuteter Helmling

Mycena epipterygia (SCOP.: FR.) GRAY

September–November
Laub- und Nadelwald
Unbedeutend

Hut: 1–2,5 cm breit, anfangs glockig, später glockig-gewölbt, oft mit flachem Buckel; Oberfläche klebrig, durchscheinend gerieft, weißlich, zitronengelblich bis graugelblich, zum Rand hin heller; Huthaut abziehbar. **Lamellen:** Am Stiel angewachsen und mit Zähnchen herablaufend, anfangs weiß, blassgrau, später oft mit rosa Schein; Schneiden mit einer Pinzette als Faden abziehbar. **Stiel:** Bis 8 cm lang, 1–3 mm breit, zylindrisch, zäh, hohl, blassgelb-zitronengelb, mit zäher, schleimiger Haut, die sich beim Auseinanderziehen des Stiels plastikartig dehnt. **Fleisch:** Dünn; Geruch muffig-mehlig, Geschmack unbedeutend. **Sporenpulver:** Weiß. **Sporen:** 8–10 × 4–5,5 µm, ellipsoid, hyalin, mit Tropfen. **Vorkommen:** September bis November selten einzeln, meist gesellig bis truppweise in Laub- und Nadelwäldern im abgefallenen Laub, an Pflanzenresten und vermodertem Holz. **Verwendung:** Unbedeutend. **Wissenswertes:** Der Überhäutete Helmling ist eine Sammelart; es gibt verschiedene Varietäten und Übergangsformen, die schwer abzugrenzen sind.

1
2
3a
4a
3b
4b
5

Familie | Gattung

Tricholomataceae

Mycena (Helmlinge)

1 Gelbschneidiger Helmling

Mycena flavescens VEL.

September–Oktober
Laub- und Nadelwald
Unbedeutend
Foto mit Bucheckern und Blättern der Rotbuche

Hut: 0,5–1,5 cm breit, jung kegelig, später glockig, bisweilen gebuckelt; Oberfläche weißlich-cremefarben, gelblich grau, gerieft. **Lamellen:** Am Stiel breit angewachsen, mit Zähnchen herablaufend, creme-weißlich, blassgelblich; Lamellenschneiden gelblich gefärbt, dieses Merkmal ist allerdings nicht immer deutlich ausgebildet. **Stiel:** 3–7 cm lang, 1–2 mm breit, hell graubraun mit Lilaton, Spitze heller. **Fleisch:** Dünn, unbedeutend; Geruch rettichartig. **Sporen:** 8–10 × 4–5,5 µm. **Vorkommen:** September bis Oktober in Laub- und Nadelwäldern auf verrottendem Laub und Nadeln. **Verwendung:** Unbedeutend. **Wissenswertes:** Anderer Name: Gelblicher Helmling.

2 Rosablättriger Helmling

Mycena galericulata (SCOP.: FR.) GRAY

Mai–Dezember
Auf morschem Holz
Kein Speisepilz
Foto mit Schönem Widertonmoos und Blatt der Stiel-Eiche

Hut: 2–6(–8) cm breit, jung kegelig-glockig, später gewölbt, nie ganz aufgeschirmt, mit breitem Buckel; Oberfläche kahl, matt, mit radialen Riefen oder Furchen, hellbräunlich, blass graubräunlich, Rand heller, Buckel dunkler. **Lamellen:** Schmal angewachsen, bauchig, nicht sehr dicht stehend, mit Zwischenlamellen, am Grunde aderig verbunden, anfangs weiß-grau, alt rosa überlaufen; Schneiden glatt bis gezähnt. **Stiel:** 4–8 cm lang, bis 0,5 cm breit, hohl, glatt, glänzend, graubräunlich, an der Spitze heller; Basis +/– striegelig; büschelig wachsend, bisweilen wurzelnd. **Fleisch:** Dünn, weißgrau; Geruch rettichartig bis mehlartig-ranzig, Geschmack mild, etwas mehlartig. **Sporenpulver:** Hell cremefarben. **Sporen:** 9–11 × 7–9 µm, oval, glatt, hyalin. **Vorkommen:** Mai bis Dezember einzeln oder in kleinen Büscheln auf morschem Laub- und Nadelholz; in Europa weit verbreitet, in ganz Deutschland anzutreffen. **Verwendung:** Kein Speisepilz.

3 Weißmilchender Helmling

Mycena galopus (PERS.: FR.) KUMM.

Mai–November
Laub- und Nadelwald
Unbedeutend
3a mit Tamarisken-Thujamoos; Stiel milchend
3b mit Grünstängelmoos

Hut: 1–2 cm breit, kegelig-glockig, bisweilen mit stumpfem Buckel; Oberfläche kahl, trocken, fast bis zur Mitte wellig gerieft, Farbe sehr variabel: graubraun, aber auch weißlich bis dunkel schwarzbraun, Mitte dunkler, Rand heller. **Lamellen:** Ausgebuchtet angewachsen, weißlich bis grauweißlich. **Stiel:** 5–8 cm lang, 1–2 mm breit, zylindrisch, hohl, glatt, matt, grau, Spitze weißlich-cremefarben; beim Abbrechen wird zumindest in frischem Zustand ein weißer Milchsaft abgesondert; Basis bisweilen verdickt, oft weißstriegelig. **Fleisch:** Dünn, weiß; Geruch rettichartig, Geschmack mild, etwas krautartig. **Sporenpulver:** Hell cremefarben. **Sporen:** 10–14 × 5–7 µm, ellipsoid, glatt, hyalin. **Vorkommen:** Mai bis November scharenweise in Wäldern aller Art zwischen Moosen und Laub, auch auf am Boden liegendem morschem Holz; weit verbreitet. **Verwendung:** Unbedeutend. **Wissenswertes:** Dieser weit verbreitete Helmling ist an seiner weißen Milch leicht zu erkennen. Man findet Farbvarietäten von weiß (var. *alba*) bis braunschwarz (var. *nigra*).

4 Großer Blut-Helmling

Mycena haematopus (PERS.: FR.) KUMM.

April–Oktober
An Laubholz
Kein Speisepilz
4b auf bemoostem Laubholzstumpf

Hut: 1–3 cm breit, jung halbkugelig, bald kegelig-glockenförmig, oft gebuckelt; Oberfäche kahl, matt, fleischbräunlich, hell braunrot, Mitte dunkler; Rand gerieft mit etwas überstehender, gezähnelt-gefranster Huthaut. **Lamellen:** Ausgebuchtet, mit Zahn angewachsen bis herablaufend, jung blass graurosa, später dunkler, an verletzten Stellen dunkelrot gefleckt; Schneiden glatt. **Stiel:** 4–8 cm lang, 1–3 mm breit, zylindrisch, hohl, glatt, oft schwach bepudert, rosabräunlich; meist büschelig wachsend. **Fleisch:** Dünn; bei Verletzung sondern frische Fruchtkörper dunkelrote bis braunrote Flüssigkeit ab; Geruch unbedeutend, Geschmack etwas schärflich-rettichartig. **Sporenpulver:** Weiß. **Sporen:** 8–11 × 5–7 µm, breitelliptisch. **Vorkommen:** April bis Oktober meist in kleinen Büscheln auf toten Stämmen, Ästen und Stümpfen von Laubhölzern, gern an Rotbuche *(Fagus sylvatica)*, sehr selten an Nadelholz. **Verwendung:** Kein Speisepilz.

5 Buntstieliger Helmling

Mycena inclinata (FR.) QUÉL.

September–November
An Laubholzstümpfen
Kein Speisepilz
5b an Eichenstumpf

Hut: 1,5–4 cm breit, jung halbkugelig, bald kegelig-glockig und +/– schwach gebuckelt; Oberfläche glatt, etwas fettig anzufühlen, bis gegen die Mitte runzelig gerieft, graubraun, blassgrau, beigebraun, Mitte dunkler; Rand heller, oft wellig gekerbt. **Lamellen:** Ausgebuchtet angewachsen, herablaufend, breit, ziemlich entfernt stehend, mit Zwischenlamellen, jung weißlich, alt graulich, bisweilen mit Rosaton; Schneiden glatt. **Stiel:** 4–8 cm lang, 0,2–0,4 cm breit, zylindrisch, hohl, anfangs elastisch, später brüchig, glatt, glänzend, Spitze weißlich, blass, zur Mitte hin gelblich braun bis goldbraun, abwärts rostbraun-dunkelbraun; Basis filzig-striegelig. **Fleisch:** Dünn, im Hut weißlich; Geruch tranig, ranzig bis gurkenartig, Geschmack etwas ranzig-gurkenartig. **Sporenpulver:** Cremefarben. **Sporen:** 8–11 × 5,5–6 µm, elliptisch, glatt, hyalin, mit Tropfen. **Vorkommen:** September bis November oft in dichten Büscheln an alten Laubholzstümpfen, vor allem an Eichen *(Quercus)*, selten auch an Rotbuchen *(Fagus sylvatica)*, Edelkastanien *(Castanea sativa)* und anderen Laubbäumen; in Europa weit verbreitet. **Verwendung:** Kein Speisepilz.

1

2

3a

3b

4a

4b

5a

5b

1 Schwarzgezähnelter Rettich-Helmling

Mycena pelianthina (Fr.) Quél.

Juni–Oktober
Laubwald
Giftig
1a mit Ruprechts-Storchschnabel

Hut: 3–6 cm breit, anfangs gewölbt, bald ausgebreitet, bisweilen verbogen, teilweise mit stumpfem Buckel; Oberfläche hygrophan, feucht grauviolett-blasslila, trocken beigefarben bis weißlich ausblassend, mit violettlichem Ton; Rand feucht gerieft, scharf. **Lamellen:** Ausgebuchtet angewachsen, mit Zahn herablaufend, breit, am Grunde aderig verbunden, grauviolett; Schneiden schwarzpurpurn (1b), unregelmäßig gezähnt. **Stiel:** 4–7 cm lang, zylindrisch, hohl, beige mit violettem Ton; Basis striegelig, etwas wurzelnd. **Fleisch:** Dünn, weißlich; Geruch und Geschmack rettichartig. **Sporenpulver:** Weiß. **Sporen:** 5–7 × 2–3 µm, elliptisch, hyalin. **Vorkommen:** Juni bis Oktober einzeln bis gesellig in Laubwäldern, gern im Buchenlaub. In Europa im Areal der Rotbuche verbreitet. **Verwendung:** Giftig. **Wissenswertes:** Der ähnliche Gemeine Rettich-Helmling *(Mycena pura)* und der seltene Duftende Rettich-Helmling *(Mycena diosma)* haben keine dunklen Schneiden.

2 Gemeiner Rettich-Helmling

Mycena pura (Pers.: Fr.) Kumm.

Mai–November
Laub- und Nadelwald
Giftig
2a mit Sauerklee

Hut: 2–5 cm breit, anfangs glockig, bald flach, mit stumpfem Buckel; Oberfläche glatt, hygrophan, Farbe variabel: die typische Farbausprägung ist blasslila bis violettlich, man findet aber auch lila-fleischfarbene, rosa, seltener gelb-weißliche Varianten; die Hutfarbe verblasst bei Trockenheit und im Alter. Rand durchscheinend gerieft. **Lamellen:** Ausgebuchtet angewachsen, bauchig, breit, am Grunde aderig verbunden, weiß-grauweiß mit Lilaton; Schneiden schwach gekerbt. **Stiel:** Bis 7 cm lang, 3–8 mm breit, zylindrisch, ausgestopft, später hohl, hutfarben; Basis striegelig. **Fleisch:** Sehr dünn, brüchig; Geruch und Geschmack rettichartig. **Sporenpulver:** Weiß. **Sporen:** 5–8,5 × 2,5–4 µm, oval, glatt. **Vorkommen:** Mai bis November einzeln bis gesellig in Laub- und Nadelwäldern, ohne besondere Ansprüche an den Boden; ziemlich häufig und weit verbreitet. **Verwendung:** Giftig; enthält geringe Mengen Muscarin. **Wissenswertes:** Allen Kleinarten des Gemeinen Rettich-Helmlings gemeinsam ist der typische Rettichgeruch und -geschmack. Der ähnliche Schwarzgezähnelte Rettich-Helmling *(Mycena pelianthina)* hat deutlich schwarzpurpurn gefärbte Lamellenschneiden. Beide Arten werden in alten Pilzbüchern fälschlich als essbar bezeichnet.

3 Gelbstieliger Nitrat-Helmling

Mycena renati Quél.

Mai–September
An Laubholz
Kein Speisepilz
3a und 3b auf morschem Laubholzast

Hut: 1–3 cm breit, anfangs halbkugelig, später kegelig-glockig (siehe Foto unten: die typische Hutform der Helmlinge); Oberfläche glatt, matt, rosa-bräunlich oder ockerfarben, Mitte dunkler; Rand gerieft, etwas heller. **Lamellen:** Mit Zähnchen am Stiel herablaufend, breit, anfangs weißlich, später nach rosa umschlagend; Schneiden glatt.

Stiel: 2–6 cm lang, 1–2 mm breit, hohl, brüchig, glatt, glänzend, gelbbraun, goldgelb bis orangegelb, Spitze etwas heller, Basis leicht filzig; zu dichten Büscheln verwachsen. **Fleisch:** Sehr dünn, weißlich; Geruch nitrös, Geschmack rettichartig. **Sporenpulver:** Weißlich. **Sporen:** 7–10 × 5–7 µm, elliptisch, glatt, hyalin, mit Tropfen. **Vorkommen:** Mai bis September büschelig an morschem Laubholz, vorwiegend an Rotbuche *(Fagus sylvatica)*, gern in feuchten Schluchtwäldern und montanen Buchen-Hangwäldern; vorzugsweise in Kalkgebieten. In den Buchenwäldern ganz Europas weit verbreitet. **Verwendung:** Kein Speisepilz. **Wissenswertes:** Morsche Äste und Baumstümpfe sind Lebensraum vieler büschelig wachsender Helmlinge. Je mehr Holzabfälle ungenutzt in feuchten Laub- und Nadelwäldern liegen bleiben, umso größer ist die Vielfalt von auf Holz wachsenden Arten.

4 Kleiner Schleimfuß-Helmling

Mycena rorida (Scop.: Fr.) Quél.

Mai–Oktober
Nadel- und Mischwald
Unbedeutend
4a mit Sternmoos
4b auf morschem Fichtenast

Hut: 2–10 mm breit, jung gewölbt, später abgeflacht, schwach eingedrückt, +/– genabelt; Oberfläche feinmehlig, gerieft oder gefurcht, weiß, blassgelb, graubraun, Mitte etwas dunkler. **Lamellen:** Am Stiel herablaufend, entfernt stehend, untermischt, weiß. **Stiel:** 2–5 cm lang, bis 1 mm breit, hyalin bis weiß, frisch mit dicker, transparenter Schleimschicht überzogen, die am Stiel nach unten hängende bis herablaufende Tropfen bilden kann. **Fleisch:** Unbedeutend. **Sporen:** 8–13 × 3,5–5,5 µm, schmalelliptisch. **Vorkommen:** Mai bis Oktober einzeln bis gesellig auf kleinen Zweigen und anderen Pflanzenresten in feuchten Nadel- und Mischwäldern, bevorzugt in montanen Lagen. **Verwendung:** Unbedeutend. **Wissenswertes:** *Mycena rorida* hat im Gegensatz zu den meisten Arten der Gattung *Mycena* eine Huthdeckschicht aus rundlichen Zellen. Im Wald ist der beschriebene Pilz an seinem dick mit Schleim überzogenen Stiel zu erkennen und mit anderen Helmlingen kaum zu verwechseln.

1a
2a
1b
2b
3a
4a
3b
4b

1 Rosa Rettich-Helmling

Mycena rosea (Bull.) Gramberg

Sommer–Herbst
Laubwald
Giftig
1a im Buchenwald, mit Sauerklee
1b Hutunterseite mit Waldmeister

Hut: 2–6 cm breit, jung kegelig, später gewölbt bis ausgebreitet und gebuckelt; Oberfläche glatt, bisweilen wellig, hygrophan, rosafarben-rosenrot, mitunter mit cremefarben-blassockerlichem Scheitel; Rand bisweilen heller, durchscheinend gerieft. **Lamellen:** Am Stiel ausgebuchtet angewachsen, breit, untermischt, queraderig verbunden, weißlich, bald mit rosa Ton; Schneiden glatt. **Stiel:** 5–8 cm lang, 3–8 mm breit, zylindrisch, Spitze verjüngt, voll, alt hohl, weiß, bisweilen rosa getönt; Basis weißfilzig-striegelig. **Fleisch:** Dünn, weich, weißlich; Geruch und Geschmack rettichartig. **Sporenpulver:** Weiß. **Sporen:** 6,5–7,5 × 4–5 µm, breitelliptisch, glatt, hyalin, mit Tropfen. **Vorkommen:** Sommer bis Herbst meist gesellig in Laub- und Mischwäldern, auf Kalkböden; ziemlich verbreitet. **Verwendung:** Giftig. **Wissenswertes:** *Mycena rosea* weist unter den verschiedenen Rettich-Helmlingen den höchsten Gehalt an giftigem Muscarin auf.

2 Rosaschneidiger Helmling

Mycena rosella (Fr.) Kumm.

September–November
Nadelwald
Unbedeutend
Foto mit Tamarisken-Thujamoos

Hut: 0,5–1,5 cm breit, jung halbkugelig, dann flach gewölbt mit kleinem Buckel; Oberfläche glatt, matt, bis zur Mitte dunkler gerieft-gefurcht, frisch lebhaft rosa mit dunklerer Mitte; Rand scharf, gekerbt. **Lamellen:** Am Stiel angewachsen bis etwas herablaufend, ziemlich entfernt stehend, untermischt, hellrosa; Schneiden glatt, dunkelrosa. **Stiel:** 2–4 cm lang, 1–1,5 mm breit, dünn, zylindrisch, hohl, glatt, fast durchscheinend, brüchig, rosa; Basis schwach striegelig. **Fleisch:** Häutig dünn, wässrig, weißlich; Geruch und Geschmack unbedeutend. **Sporenpulver:** Weiß. **Sporen:** 7–12 × 3–4,5 µm, elliptisch, glatt, hyalin, teilweise mit Tropfen. **Vorkommen:** September bis November, oft nach den ersten Frösten scharenweise und aspektbildend zwischen Moosen und auf der Streu in Nadelwäldern. **Verwendung:** Unbedeutend.

3 Rotschneidiger Helmling

Mycena rubromarginata (Fr.: Fr.) Kumm.

Frühjahr–Herbst
An morschem Holz
Unbedeutend
Foto auf morschem Nadelholz

Hut: 1–3 cm breit, anfangs halbkugelig, später glockenförmig bis gewölbt; Oberfläche matt, gerieft bis runzelig gefurcht, rosabräunlich, graubeige, graubraun, alt ausblassend; Rand schwach wellig, scharf. **Lamellen:** Am Stiel gerade angewachsen bis etwas herablaufend, mit Zwischenlamellen, weißlich, später blass beigegrau; Schneiden weinrot bis rotbraun. **Stiel:** 2–5 cm lang, 1–2 mm breit, zylindrisch, oft verbogen, hohl, zerbrechlich, ohne Milchsaft, glatt, blassgrau bis lila-graubraun; Spitze blass, weißlich; Basis mit weißem Myzelfilz. **Fleisch:** Dünn, wässrig; ohne besonderen Geruch und Geschmack. **Sporenpulver:** Weiß. **Sporen:** 9–13 × 5,5–8 µm, elliptisch, glatt, hyalin, mit Tropfen. **Vorkommen:** Frühjahr bis Herbst einzeln bis gesellig auf morschem Nadelholz, gern auf am Boden liegenden moderigen Zweigen von Fichte *(Picea abies)* und Weißtanne *(Abies alba)*, selten auch an Laubholz; in Süddeutschland ziemlich verbreitet, in Nord- und Westdeutschland selten. **Verwendung:** Unbedeutend.

4 Fichtenzapfen-Helmling

Mycena strobilicola Favre & Kühn.

Spätwinter–Frühjahr
Auf Fichtenzapfen
Kein Speisepilz
Foto mit Fichtenzweig und Fichtenzapfen

Hut: 1–3 cm breit, glockig bis spitzkegelig, alt fast flach, gebuckelt; Oberfläche trocken matt glänzend, dunkel graubraun, trocken hellbraun und schwach radialstreifig; Rand etwas blasser. **Lamellen:** Am Stiel angewachsen, mit Zahn herablaufend, untermischt, weißlich, blassgrau, alt oft rosa getönt. **Stiel:** 2–5 cm lang, 1–3 mm breit, zylindrisch, hohl, matt glänzend, grau, graubraun, zur Spitze hin heller bis blassbraun; Basis mit weißem, striegeligem Myzelfilz. **Fleisch:** Dünn; Geruch nitrös (Chlorgeruch), Geschmack rettichartig. **Sporenpulver:** Weiß. **Sporen:** 5–7(–9) × 4–6 µm, apfelkernförmig bis breitelliptisch. **Vorkommen:** Spätwinter bis Frühjahr im Fichtenwald einzeln bis gesellig an am Boden liegenden oder im Boden vergrabenen Fichtenzapfen. **Verwendung:** Kein Speisepilz. **Wissenswertes:** Zur gleichen Jahreszeit findet man an Fichtenzapfen den ähnlichen Fichtenzapfen-Nagelschwamm *(Strobilurus esculentus)*, der aber nicht nach Chlor riecht, und den kleinen schwarzgrauen Fichtenzapfen-Stromabecherling *(Ciboria bulgarioides)*.

5 Purpurschneidiger Blut-Helmling

Mycena sanguinolenta (Alb. & Schw.: Fr.) Kumm.

Mai–Oktober
Laub- und Nadelwald
Unbedeutend
Foto auf bemoostem Fichtenzweig

Hut: 0,5–1,5 cm breit, glockig-gewölbt bis ausgebreitet, oft mit niederem Buckel; Oberfläche matt, bis zum Scheitel gerieft, cremeockerlich mit rosa Ton, braunrot bis purpurbräunlich, zum Rand hin heller. **Lamellen:** Schmal angeheftet, schmutzig weiß bis blassgrau; Schneiden glatt, braun- bis weinrot. **Stiel:** 3–8 cm lang, bis 1,5 mm breit, zerbrechlich, hohl, kahl, graurosa, weinrot bis purpurbräunlich; scheidet jung bei Bruch einen wässrigen, weinroten bis braunrosafarbenen Saft aus; Basis striegelig. **Fleisch:** Dünn, graurosa; Geruch und Geschmack etwas nach Rettich. **Sporenpulver:** Weißlich. **Sporen:** 8–11 × 4–4,5 µm, elliptisch, glatt, hyalin, mit Tropfen. **Vorkommen:** Mai bis Oktober meist gesellig im Laub- und Nadelwald, gern auf im Boden liegenden morschen Fichtenzweigen und Holzresten; verbreitet. **Verwendung:** Unbedeutend.

1a
2
1b
4
3
5

Familie	Gattungen
Tricholomataceae	*Mycena* (Helmlinge), *Xeromphalina* (Glöckchennabelinge), *Baeospora* (Rüblinge), *Flammulina* (Samtfußrüblinge)

1 Rostfleckiger Helmling

Mycena zephirus (FR.: FR.) KUMM.

September–November
Nadelwald
Kein Speisepilz
1a mit Sauerklee und Tamarisken-Thujamoos

Hut: 2–4 cm breit, anfangs glockig, bald ausgebreitet, gebuckelt; Oberfläche gerieft bis radial gefurcht, schmutzig weißlich, blass bis graubraun, bald mit braunroten Flecken; Scheitel fuchsigbräunlich. **Lamellen:** Ausgebuchtet, mit Zahn etwas herablaufend, entfernt stehend, am Grund leicht aderig verbunden, jung weiß, bald rostfleckig. **Stiel:** Bis 8 cm lang, 2–3 mm breit, röhrig, feinschuppig, creme-graubräunlich, zumindest in der unteren Hälfte im Alter braunrot; Basis weißfilzig-striegelig. **Fleisch:** Dünn, weißlich; Geruch und Geschmack rettichartig. **Sporenpulver:** Weiß. **Sporen:** 9,5–12 × 4–5 µm, fast zylindrisch, schmal. **Vorkommen:** September bis November in moosigen Nadelwäldern. **Verwendung:** Kein Speisepilz. **Wissenswertes:** Der ähnliche Gefleckte Helmling *(Mycena maculata)* wächst meist büschelig an totem Laub- und Nadelholz.

2 Geselliger Glöckchennabeling

Xeromphalina campanella (BATSCH: FR.) MRE.
Omphalina campanella FR.

Vorfrühling–Herbst
Auf morschem Nadelholz
Kein Speisepilz
2a an morschem Fichtenstumpf

Hut: 0,5–2 cm breit, dünnfleischig, gewölbt mit genabelter Mitte; Oberfläche glatt, glänzend, gelbbraun, rostgelb bis rostbraun, Nabel dunkler; Rand fast bis zur Hutmitte gerieft-gekerbt. **Lamellen:** Etwas herablaufend, ziemlich entfernt stehend, am Grunde aderig verbunden, gelbbräunlich. **Stiel:** 1,5–3 cm lang, dünn, etwa 1,5 mm breit, im oberen Teil gelbbraun, abwärts dunkler rostbraun-schwarzbraun; Basis feinfilzig-striegelig, bisweilen schwach knollig. **Fleisch:** Dünn, hellbräunlich; Geruch unbedeutend, Geschmack mild, etwas pilzartig. **Sporenpulver:** Cremeweißlich. **Sporen:** 6–7 × 3–4 µm. **Vorkommen:** Ab Vorfrühling bis Herbst meist in dicht gedrängten Scharen (oft zu Hunderten) auf morschen Nadelholzstümpfen, besonders im Bergland. **Verwendung:** Kein Speisepilz. **Wissenswertes:** Die Gattung *Xeromphalina* umfasst vier kleine Arten mit meist glockig-nabeligem Hut; sie erinnern an Nabelinge *(Omphalina)* oder Schwindlinge *(Marasmius)*.

3 Mäuseschwanz-Rübling

Baeospora myosurus (FR.: FR.) SING.

September–November
Auf Fichten- und Kiefernzapfen
Kein Speisepilz
Foto auf Fichtenzapfen

Hut: 0,5–2 cm breit, jung fast halbkugelig, bald ausgebreitet; Oberfläche glatt, hellbräunlich, lederfarben, blass rotbräunlich, beim Trocknen ausblassend; Rand oft heller, scharf, glatt. **Lamellen:** Frei stehend, sehr gedrängt, schmal, weißlich bis hellbeige; Schneiden glatt. **Stiel:** Bis 4 cm lang, 1–2 mm breit, zylindrisch, jung voll, alt hohl, hellbräunlich, glatt, fein weiß bereift, erscheint dadurch schmutzig weißlich; Basis mit wurzelartiger Verlängerung. **Fleisch:** Dünn, hellbeige; Geruch unbedeutend, Geschmack mild. **Sporenpulver:** Weiß. **Sporen:** 3–4 × 1,5–2 µm, ellipsoid, glatt, farblos, amyloid. **Vorkommen:** September bis November einzeln bis gesellig auf am Boden liegenden oder vergrabenen Fichten- oder Kiefernzapfen. **Verwendung:** Kein Speisepilz. **Wissenswertes:** Die Gattung *Baeospora* besteht nur aus zwei Arten. Sie wachsen auf Zapfen oder Holz.

4 Lilablättriges Tausendblatt

Baeospora myriadophylla (PECK) SING.

Spätherbst–Frühjahr
An morschem Holz
Kein Speisepilz
Foto auf bemoostem Nadelholz-stumpf

Hut: 1–3 cm breit, bald flach ausgebreitet, Mitte bisweilen niedergedrückt; Oberfläche matt, hygrophan, feucht graubräunlich bis grauocker, trocken ausblassend; Rand anfangs nach unten gebogen, +/– wellig, dünn, bisweilen durchscheinend gerieft. **Lamellen:** Ausgebuchtet, mit Zähnchen angeheftet bis fast frei, sehr gedrängt, jung lilafarben, später bräunlich, lila getönt. **Stiel:** 1–4 cm lang, etwa 2 mm breit, alt hohl, glatt, kahl, jung hellgrau bis graubraun, später dunkelbraun mit Lilaton. **Fleisch:** Dünn, blass lilafarben; Geruch und Geschmack unbedeutend. **Sporenpulver:** Weiß. **Sporen:** 3,5–4,5 × 2–3 µm, elliptisch, glatt, hyalin. **Vorkommen:** Spätherbst bis zum Frühjahr einzeln bis gesellig auf morschem Nadel- und Laubholz; selten, in Deutschland nur im Süden, fehlt im Norden. **Verwendung:** Kein Speisepilz.

5 Samtfußrübling

Flammulina velutipes (CURT.: FR.) SING.

September–April
An Laub- und Nadelholz
Essbar
5a an Laubholz mit Violettem Knorpel-Schichtpilz
5b Pilzzucht mit Pilzbrut und kleinen Hüten

Hut: 2–8 cm breit, erst halbkugelig, dann flach ausgebreitet, dünnfleischig; Oberfläche glatt, feucht klebrig, glänzend, honiggelb, später rostbräunlich mit dunklerer Mitte; Rand heller, jung eingebogen, glatt oder schwach gerieft. Selten

findet man Pilze mit weißem bis cremefarbenem Hut und Stiel (var. *lactea*). **Lamellen:** Breit angewachsen bis schwach ausgebuchtet, anfangs gelblich weiß, später blass orangegelb (siehe Foto links). **Stiel:** Bis 10 cm lang, bis 1,5 cm breit, erst voll, bald hohl, zäh, weißgelblich, bald von unten her rot- bis braunschwarz, mit dichtem, feinsamtigem Filz. **Fleisch:** Dünn, zart, alt zäh, weiß oder blassgelb; Geruch angenehm, Geschmack mild, nussartig. **Sporenpulver:** Weiß. **Sporen:** 8–11 × 3– 4,5 µm, zylindrisch-elliptisch, glatt, hyalin. **Vorkommen:** September bis April meist büschelig an Laub-, selten an Nadelholz. **Verwendung:** Essbar. **Wissenswertes:** Der Samtfußrübling kann auf Holz gezüchtet werden.

1
2a
2b
3
4
5a
5b

Familien	Gattungen
Tricholomataceae	*Cystoderma* (Körnchenschirmlinge)
Entolomataceae	*Rhodocybe* (Tellerlinge), *Clitopilus* (Räslinge)

1 Amiant-Körnchenschirmling

Cystoderma amiantinum (Scop.) Fay.

August–November
Nadelwald, Waldwiesen
Kein Speisepilz
1a mit Tamarisken-Thujamoos
1b mit Rotstängelmoos

Hut: 2–4 cm breit, anfangs kegelig, dann gewölbt, schließlich abgeflacht, mit Buckel; Oberfläche flockig-körnig, alt oft radialrunzelig-faltig, blassgelb bis ockergelb-gelborange; Rand scharf, jung mit Velumresten. **Lamellen:** Am Stiel ausgerandet angewachsen, mit Zahn herablaufend, kaum gedrängt, erst weiß, später cremefarben bis hell ockergelblich. **Stiel:** 4–6 cm lang, bis 5 mm breit, schlank, hohl, ockergelb, mit aufsteigendem, flockigem, oft undeutlichem Ring, von der Basis bis zum Ring orangebräunlich, grobschuppig-körnig, über dem Ring cremefarben, alt bräunlich. **Fleisch:** Dünn, gelblich; Geruch schwach erdig, Geschmack mild. **Sporenpulver:** Cremefarben. **Sporen:** 4–6 × 3–4 µm, elliptisch, glatt, amyloid. **Vorkommen:** August bis November, bisweilen bis Dezember, einzeln bis gesellig im Nadelwald, an Waldrändern und in Wiesen auf nährstoffarmen Böden; in Europa weit verbreitet. **Verwendung:** Kein Speisepilz. **Wissenswertes:** Die Gattung *Cystoderma* umfasst etwa 12 Arten; sie wurden früher zu den Schirmlingen *(Lepiota)* gestellt. Es sind kleine, dem Amiant-Körnchenschirmling teilweise sehr ähnliche Pilze mit körniger oder feinschuppiger Hutoberfläche. Alle Körnchenschirmlinge sind ungenießbar.

2 Starkriechender Körnchenschirmling

Cystoderma carcharias (Pers.) Fayod

September–November
Nadelwald
Kein Speisepilz

Hut: 2–6 cm breit, jung kegelig, bald gewölbt-ausgebreitet, stumpf gebuckelt; Oberfläche feinkörnig-mehlig, graurosa, Mitte meist dunkler; Rand lange mit weißen Hüllresten behangen. **Lamellen:** Am Stiel angeheftet, mit Zahn herablaufend, fast gedrängt, weißlich, alt gilbend. **Stiel:** Bis 7 cm lang, bis 8 mm breit, alt hohl, mit aufsteigendem, trichterartigem, dauerhaftem Ring, über dem Ring glatt, weißlich, darunter graulich-graurosa, körnig-flockig. **Fleisch:** Weißlich; Geruch sehr unangenehm, gasartig, Geschmack widerlich. **Sporenpulver:** Weiß. **Sporen:** 4–5,5 × 3–3,5 µm, breitelliptisch. **Vorkommen:** September bis November meist gesellig im Nadelwald auf Kalk; verbreitet. **Verwendung:** Kein Speisepilz.

3 Weinroter Körnchenschirmling

Cystoderma superbum Huijsm.

August–Oktober
Laub- und Nadelwald
Kein Speisepilz

Hut: 2–5(–7) cm breit, jung halbkugelig, später abgeflacht und niedergedrückt; Oberfläche matt, feinkörnig, weinrötlich, alt weinbraun-grauviolett; Rand scharf, jung mit weißlichen Velumresten. **Lamellen:** Am Stiel ausgebuchtet, mit Zahn angewachsen, gedrängt, untermischt, blass cremefarben bis hell fleischfarben. **Stiel:** 2–5 cm lang, 3–7 mm breit, zylindrisch, hohl, weinbraun, mit vergänglicher Ringzone, darunter faserig-flockig. **Fleisch:** Cremefarben-rosa; Geruch muffig, Geschmack erst mild, dann bitter. **Sporenpulver:** Weiß. **Sporen:** 3–3,5 × 4–5 µm, breitelliptisch, hyalin, mit Tropfen. **Vorkommen:** August bis Oktober einzeln oder gesellig bis büschelig im Laub- und Nadelwald, auf Waldwiesen; selten. **Verwendung:** Kein Speisepilz.

4 Würziger Tellerling

Rhodocybe gemina (Fr.) Kuyper & Noord.

Juli–Oktober
Laub- und Nadelwald
Essbar

Hut: 4–10 cm breit, flach gewölbt bis niedergedrückt oder auch mit stumpfem Buckel; Oberfläche matt, trocken, glatt, fleischbräunlich-rötlich; Haut nicht abziehbar; Rand lange eingebogen, jung etwas feinfilzig. **Lamellen:** Am Stiel +/– herablaufend bis schwach ausgebuchtet, gedrängt stehend, vom Hut ablösbar, jung hellbeige bis blass ockerrosa, dann fleischbräunlich; Schneiden schwach gekerbt. **Stiel:** Bis 8 cm lang, bis 2 cm breit, weiß bis fleischrötlich, jung voll. **Fleisch:** In der Hutmitte dick, weißlich bis cremefarben; Geruch angenehm aromatisch, Geschmack mild bis schwach bitterlich. **Sporenpulver:** Fleischrosa. **Sporen:** 5–7,5 × 3–5,5 µm, oval bis leicht eckig. **Vorkommen:** Juli bis Oktober im Nadelwald, seltener im Laubwald, an Wegrändern. **Verwendung:** Essbar. **Wissenswertes:** Die Gattung *Rhodocybe* bildet den Übergang von den *Tricholomataceae* zu den *Entolomataceae*. Sie umfasst etwa 15 kleine bis mittelgroße, selten auch große, fleischige Arten mit herablaufenden Lamellen. Ihr Sporenpulver ist rosa, selten graubraun gefärbt. Viele Tellerlinge haben einen bitteren Geschmack, weshalb man sie auch Bitterlinge nennt.

5 Mehl-Räsling

Clitopilus prunulus (Scop.: Fr.) Kumm.

Juni–Oktober
Laub- und Nadelwald, grasige Plätze
Essbar
5a mit Sparrigem Kranzmoos
5b mit Hundsflechte

Hut: 3–10 cm breit, fleischig, anfangs halbkugelig, später gewölbt, bisweilen vertieft bis trichterförmig, mit Buckel; Oberfläche bereift, samtig, bei Regen schmierig, weiß, grauweiß bis cremeweiß; Rand lange eingerollt, alt wellig verbogen, flatterig. **Lamellen:** Weit am Stiel herablaufend, gedrängt, dünn, beige, langsam fleischrosa verfärbend. **Stiel:** 2–6 cm lang, 0,5–1,5 cm breit, kurz und dick, nach oben verbreitert, oft exzentrisch stehend, voll, weiß; Basis weißfilzig. **Fleisch:** Fest, zart, weiß; Geruch und Geschmack stark mehlartig. **Sporenpulver:** Rosa. **Sporen:** 8–14 × 5–6 µm, spindelförmig, längs gerippt. **Vorkommen:** Juni bis Oktober verbreitet in Laub- und Nadelwäldern, gern an grasigen Plätzen (Wiesen, Parkanlagen, Wegränder). **Verwendung:** Essbar. **Wissenswertes:** Die Gattung *Clitopilus* umfasst etwa 12 Arten mit rosa Sporenpulver; die Sporen sind längs gerippt.

1a
1b
2a
2b
3
4
5a
5b

Familie	Gattung
Entolomataceae	*Entoloma* (Rötlinge)

1 Blauer Rötling

Entoloma bloxamii (BERK. & BR.) SACC.
Entoloma madidum (FR.) GILL.

Sommer–Herbst
Naturbelassene Wiesen
Kein Speisepilz
Foto mit Zypressen-Wolfsmilch

Hut: 3–6 cm breit, jung konisch-glockig, später glockig-ausgebreitet, mit stumpfem Buckel; Oberfläche eingewachsen faserig, trocken seidig, matt, blauviolett, schiefergrau, stahlgrau, Scheitel bisweilen ockerlich; Rand lange nach unten gebogen. **Lamellen:** Am Stiel ausgebuchtet angewachsen, gedrängt, erst weißlich bis gelblich, dann blassrosa. **Stiel:** 3–6 cm lang, 1–2 cm breit, zylindrisch, voll, fest, alt hohl, hutfarben, längsfaserig; Basis weißlich. **Fleisch:** Weißlich; Geruch mehligspermatisch. **Sporenpulver:** Rotbraun. **Sporen:** 6–9 × 6–8 µm, rundlich-kantig. **Vorkommen:** Sommer bis Herbst einzeln bis gesellig auf naturbelassenen Wiesen, in Trockenrasen, lichten Wäldern, auf Kalkböden; selten. **Verwendung:** Kein Speisepilz. **Wissenswertes:** Die Gattung *Entoloma* umfasst weit mehr als 200 Arten. Einheitliches Merkmal sind die eckigen Sporen und das +/– rosafarbene Sporenpulver. Viele Rötlinge sind giftig oder giftverdächtig.

2 Schild-Rötling

Entoloma clypeatum (L.: FR.) KUMM.

April–Juli
Unter Rosengewächsen
Kein Speisepilz
Foto mit Gamander-Ehrenpreis

Hut: 5–12 cm breit, jung glockig, später abgeflacht mit +/– stark ausgebildetem Buckel, alt unregelmäßig ausgebreitet, oft verbogen; Oberfläche fein radial faserstreifig, seidig glänzend, hygrophan, bei feuchter Witterung dunkel graubraun, rußigbraun, trocken hell graubraun, beigebraun; Rand kaum gerieft, lange nach unten gebogen, später wellig verbogen. **Lamellen:** Am Stiel ausgebuchtet, mit Zähnchen angewachsen, untermischt, jung weißlich bis blassgrau, später graurosa; Schneiden wellig gekerbt. **Stiel:** 5–10 cm lang, 1–2 cm breit, zylindrisch, oft verbogen, längsfaserig, weiß bis graulich, bisweilen büschelig verwachsen. **Fleisch:** Zum Hutrand hin dünn, weiß bis grauweiß; Geruch und Geschmack mehlig-gurkenartig. **Sporenpulver:** Rosa. **Sporen:** 9–11 × 7,5–9 µm, mit 5–6 stumpfen Ecken. **Vorkommen:** April bis Juli meist gesellig in Streuobstwiesen, Parkanlagen, Gärten, Gebüsch und an Waldrändern unter Obstbäumen, Weißdorn und anderen Rosengewächsen. **Verwendung:** Kein Speisepilz; der Schild-Rötling ist roh genossen giftig. Seine Reizstoffe, die beim Kochen zerstört werden, verursachen heftige Magen-Darm-Störungen. **Wissenswertes:** Der Schild-Rötling ist in Form und Farbe sehr variabel; von ihm sind mehrere Varietäten beschrieben.

3 Violetter Rötling

Entoloma euchroum (PERS.: FR.) DONK

Sommer–Herbst
An morschem Laubholz
Kein Speisepilz
Foto auf morschem Erlenstamm

Hut: 2–4 cm breit, anfangs halbkugelig, später gewölbt; Oberfläche fein radialfaserig mit filziger Mitte, jung intensiv blauviolett, Mitte besonders im Alter braunviolett. **Lamellen:** Ausgebuchtet, mit Zahn herablaufend, jung kobaltblau, später blaugrau, alt schmutzig violettlich; Schneiden dunkler. **Stiel:** 2–5 cm lang, bis 4 mm breit, zylindrisch, alt hohl, blauviolett mit feiner seidiger Längsfaserung. **Fleisch:** Dünn, grauviolett; Geruch angenehm, Geschmack mild. **Sporenpulver:** Rötlich. **Sporen:** 9–13 × 5–7,5 µm, 5- bis 7-eckig. **Vorkommen:** Sommer bis Herbst in feuchten, schattigen Wäldern an moosigen morschen Erlen- und anderen Laubholzstümpfen und -ästen; selten. **Verwendung:** Kein Speisepilz. **Wissenswertes:** Typisch sind die intensiv blauvioletten Farben.

4 Traniger Glöckling

Entoloma hirtipes (SCHUM.: FR.) MOS.
Rhodophyllus mammosus (L.) QUÉL. SS. KUEHN. & ROMAGN.

April–Juni
Laub- und Nadelwald
Giftig
Foto mit Busch-Windröschen

Hut: 2–5(–8) cm breit, glockig-kegelig, meist mit Papille; Oberfläche glatt, hygrophan, feucht fast bis zur Hälfte durchscheinend gerieft, radialstreifig, graubräunlich bis dunkelbraun, trocken beigebraun ausblassend; Rand gerieft bis radial eingerissen. **Lamellen:** Ausgebuchtet angewachsen, jung blassgrau, alt graurosa. **Stiel:** 8–12 cm lang, 0,3–0,8 cm breit, oft verdreht, bisweilen zusammengedrückt, hohl, zerbrechlich, weißlich faserig-längsstreifig, graubraun; Basis mit weißem Filz. **Fleisch:** Dünn, im Stiel faserig, blassgrau; Geruch fischartig-tranig mit Gurkenkomponente, Geschmack mild, ranzig. **Sporenpulver:** Rosabraun. **Sporen:** 10–14 × 8–9 µm, eckig-kantig. **Vorkommen:** April bis Juni meist in Gruppen im Laub- und Nadelwald, gern an Waldwegen und grasigen Stellen. **Verwendung:** Giftig.

5 Braungrüner Rötling

Entoloma incanum (FR.) HESL.

Juli–September
Wiesen, grasige Plätze
Kein Speisepilz

Hut: 1–3 cm breit, jung halbkugelig, dann flach gewölbt, Mitte genabelt; Oberfläche glatt, in der Mitte oft feinflockig, gelb mit olivbrauner Mitte, bisweilen auch mit Grünton; Rand bis zu zwei Drittel durchscheinend gerieft. **Lamellen:** Am Stiel angewachsen, etwas entfernt stehend, anfangs gelbweißlich, später rosa. **Stiel:** 3–6 cm lang, 1–3 mm breit, zylindrisch, hohl, zerbrechlich, grün bis gelbgrün, an der Basis und an Druckstellen dunkler blaugrün; Basis mit weißem Myzelfilz. **Fleisch:** Dünn, gelbgrün; Geruch unangenehm, besonders im Alter charakteristisch nach verbranntem Horn oder Mäuseurin, Geschmack fade, nicht mehlartig. **Sporenpulver:** Rosa. **Sporen:** 11–14 × 8–9 µm. **Vorkommen:** Juli bis September einzeln bis gesellig auf naturnahen Wiesen, Halbtrockenrasen, in lichten Wäldern, auf Kalkböden; selten. **Verwendung:** Kein Speisepilz.

1

2

3

4

5

Familie | Gattung

Entolomataceae

Entoloma (Rötlinge)

1 Stahlblauer Rötling

Entoloma nitidum QUÉL.

Juli–Oktober
Feuchte Nadel- und Mischwälder, Moore
Giftig
Foto mit Rippenfarn

Hut: 2–5 cm breit, anfangs konisch-glockig, dann glockig-ausgebreitet mit stumpfem Buckel; Oberfläche eingewachsen radialfaserig, matt, glatt, jung schwarzblau, dann typisch dunkelblau-stahlblau, alt etwas ausblassend; Rand nach unten gebogen, ungerieft. **Lamellen:** Ausgebuchtet angewachsen, bauchig, etwas entfernt stehend, erst weißlich, später vom Sporenpulver fleischfarben-rosalich gefärbt. **Stiel:** 4–6 cm lang, 3–6 mm breit, zylindrisch, zur Basis hin breiter werdend, hohl bis wattig ausgestopft, zerbrechlich, hutfarben, hell längsfaserig gestreift; Basis striegelig, weiß. **Fleisch:** Dünn, weich, weiß; Geruch etwas unangenehm, Geschmack mild. **Sporenpulver:** Rosabraun. **Sporen:** 7–10 × 6,5–7,5 µm, rundlich-kantig. **Vorkommen:** Juli bis Oktober verbreitet in feuchten Nadel- und Mischwäldern auf sauren, moorigen Böden. **Verwendung:** Giftig.

2 Niedergedrückter Rötling

Entoloma rhodopolium (FR.) KUMM.

August–Oktober
Laubwald
Giftig
Foto mit Sauerklee

Hut: 4–10 cm breit, anfangs gewölbt, bald ausgebreitet, eingedellt, alt niedergedrückt, stark flatterig verbogen; Oberfläche hygrophan, bisweilen fein radial gefurcht, feucht graubraun, fettig anzufühlen, trocken hellgrau bis hellbeige; Rand nach unten gebogen und am Saum bis 2 mm überstehend. **Lamellen:** Am Stiel ausgebuchtet angewachsen, ziemlich dicht stehend, breit, häufig wellig verbogen, jung hell graubraun, später lachsrosa. **Stiel:** Bis 12 cm lang, 0,5–1 cm breit, hohl, weiß bis hellgelblich, längsstreifig. **Fleisch:** Dünn, weich, im Stiel faserig, weißlich; Geruch fast fehlend oder beim Verreiben bisweilen schwach mehlig, nie nitrös, Geschmack mild. **Sporenpulver:** Braunrosa. **Sporen:** 8–11 × 6–8 µm, eckig, dickwandig. **Vorkommen:** August bis Oktober gesellig, oft in Reihen oder Ringen in feuchten Laubwäldern, besonders bei Rotbuchen *(Fagus sylvatica)*. **Verwendung:** Giftig. **Wissenswertes:** Sehr ähnlich (und bisher als eigene Art geführt) ist der Alkalische Rötling *(Entoloma rhodopolium* f. *nidorosum)*. Er hat einen stark alkalischen Geruch.

3 Riesen-Rötling

Entoloma sinuatum (BULL.: FR.) KUMM.
Entoloma eulividum NOORD.

Juni–Oktober
Laubwald
Giftig
Foto mit fruchtendem Maiglöckchen und Blättern der Stiel-Eiche

Hut: 5–20 cm breit, anfangs halbkugelig-gewölbt, dann ausgebreitet-abgeflacht, stumpf gebuckelt; Oberfläche glatt, seidig glänzend, feinfaserig, trocken, bei feuchter Witterung etwas klebrig, elfenbeinfarben, hellocker, beigegrau; Haut abziehbar; Rand anfangs eingebogen, im Alter wellig. **Lamellen**: Ausgebuchtet angewachsen bis fast frei, breit, anfangs hellgelblich, später lachsgelb bis rosagelb (siehe Foto oben); Schneiden wellig bis schwach gekerbt. **Stiel:** 5–12 cm lang, 1–3 cm breit, kräftig, jung fest, voll, später schwammig, alt hohl, weißlich oder gelblich, fein gerillt, bisweilen feinschuppig; Basis oft etwas verdickt. **Fleisch:** Fest, weißlich, im Stiel längsfaserig; Geruch mehl- bis gurkenartig, Geschmack mild, mehlartig. **Sporenpulver:** Rosa bis graurosa. **Sporen:** 8–10 × 7–8,5 µm, eckig-kantig. **Vorkommen:** Juni bis Oktober einzeln, bisweilen auch büschelig im Laubwald, auf kalkhaltigen und lehmigen Böden; ziemlich selten. **Verwendung:** Giftig; verursacht sehr schwere, mehrtägige Brechdurchfälle. Der Riesen-Rötling ist der giftige Doppelgänger des Nebelgrauen Trichterlings *(Clitocybe nebularis)*.

4 Gezonter Rötling

Entoloma undatum (FR. EX GILL.) MOS.

Sommer–Herbst
Wegränder, Wiesen
Kein Speisepilz
Foto mit Sauerklee und Muschelmoos

Hut: 1–4 cm breit, bald tief genabelt bis trichterförmig; Oberfläche seidig-faserig, grau bis graubraun, trocken glänzend, teilweise gezont; Rand jung nach unten gebogen, nicht oder nur schwach gerieft, alt wellig-flatterig. **Lamellen:** Am Stiel herablaufend, jung hellgrau, später graurötlich. **Stiel:** 1–3 cm lang, hutfarben oder etwas blasser; Basis weißfilzig. **Fleisch:** Dünn, grauweißlich; Geruch mehlartig, Geschmack mild, mehl- bis rettichartig. **Sporenpulver:** Braunrot. **Sporen:** 8–11 × 5–7 µm, unregelmäßig eckig. **Vorkommen:** Sommer bis Herbst einzeln bis gesellig in- und außerhalb von Wäldern, an Wegrändern und auf Ruderalflächen, in Wiesen und Trockenrasen. **Verwendung:** Kein Speisepilz. **Wissenswertes:** Zonierung, Geruch und Geschmack sind ziemlich variabel.

5 Frühlings-Glöckling

Entoloma vernum LUND.
Rhodophyllus cucullatus FAV.

März–Juni
Laub- und Nadelwald
Giftig
Foto mit Blättern der Rotbuche

Hut: 2–6 cm breit, jung kegelig-glockig, bald ausgebreitet, gebuckelt; Oberfläche hygrophan, matt, feucht fettig glänzend, radialrinnig, hornbraun, schwarzbraun, trocken hell graubraun bis beigebraun; Rand überstehend, bisweilen schwach gerieft oder gekerbt. **Lamellen:** Frei, breit, lange blassgrau, später graurötlich. **Stiel:** 4–7 cm lang, 0,3–0,7 cm breit, oft gedreht oder flach gedrückt, längsfaserig, alt hohl, zerbrechlich, hutfarben. **Fleisch:** Dünn, schmutzig graubräunlich; Geruch schwach, weder mehlartig noch gurkenartig oder tranig, Geschmack mild, pilzartig. **Sporenpulver:** Rotbraun. **Sporen:** 9–12 × 7–9 µm. **Vorkommen:** März bis Juni in Laub- und Nadelwäldern, auch außerhalb von Wäldern. **Verwendung:** Giftig; verursacht schwere Magen-Darm-Störungen.

2a
1a
1b
1
3
4
2
2b
3
4
5
5a
5b

Familie	Gattungen
Pluteaceae	*Volvariella* (Scheidlinge), *Pluteus* (Dachpilze)

1 Wolliger Scheidling

Volvariella bombycina (Schaeff.: Fr.) Sing.

Juni–September
An Laubholz
Kein Speisepilz
1a an Esche

Hut: 5–20 cm breit, jung eiförmig-glockig, alt flach gewölbt; Oberfläche trocken, fein seidig-filzig, später mehr zottig-filzig, jung weißlich, alt blassgelb; Rand faserschuppig. **Lamellen:** Dicht stehend, breit, anfangs weiß, später rosafarben bis rosabraun; Schneiden schwach gekerbt. **Stiel:** 7–15 cm lang, 0,5–2 cm breit, mit verdickter Basis, glatt, weiß; Scheide groß, dickhäutig, dauerhaft, Außenseite jung weißlich, später hellbräunlich-dunkelbräunlich. **Fleisch:** Weiß, im Alter gelblich; Geruch und Geschmack rettichartig.

Sporenpulver: R
breitelliptisch, g
ber einzeln oder
abfällen (Sägem
oft auch hoch ol
toter Laubbäum
ten; sehr selten.
senswertes: Die
12 Arten. Stiel c
Pilze sind vom V
Die Lamellen sir

2 Großer Scheidling, Acker-Scheidling

Volvariella gloiocephala (D. C.: Fr.) Boekh. & End.
Volvariella speciosa (Fr.: Fr.) Sing.

Mai–November
Auf Feldern
Essbar
2a mit Blättern vom Spitz-Wegerich

Hut: 5–10(–15) cm breit, anfangs eiförmig-glockig, bald ausgebreitet, oft mit flachem Buckel, seltener schwach eingedellt; Oberfläche glatt, feucht schmierig-klebrig, glänzend, trocken matt, weißlich bis graubräunlich, Mitte dunkler; Rand lange eingebogen, nicht gerieft. **Lamellen:** Am Stiel frei, gedrängt, bauchig, weich, erst weiß, dann schmutzig rosa, alt ziegelbraun; Schneiden schwach gekerbt. **Stiel:** 8–15 cm lang, 0,5–2 cm breit, zylindrisch, voll, weiß, ohne Ring; Basis knollig verdickt mit weißer, 2–3 cm hoher, häutiger Scheide. **Fleisch:** Weich, weiß; Geruch muffig-

erdig bis rettich
rettichartig. **Spo**
11–18 × 7–10
men: Mai bis N
verrottetem Stro
auf Feldern, in C
dern, seltener in
Wissenswertes:
mit dem tödlich
blätterpilz *(Ama*
verwechselt wer
will, muss bei de

3 Nadel-Scheidling

Volvariella hypopithys (Fr.) Shaffer

Sommer–Herbst
Laub- und Nadelwald
Kein Speisepilz
Foto mit Blatt vom Waldmeister

Hut: 1–2(–5) cm breit, jung halbkugelig bis eiförmig, später glockig-gewölbt, alt ausgebreitet, mit stumpfem Buckel; Oberfläche trocken, fein eingewachsen faserig, weiß, bisweilen mit gelblicher Mitte; Rand leicht flockig-fransig. **Lamellen:** Frei, etwas gedrängt, jung weiß, alt rosafarben; Schneiden feinflockig. **Stiel:** 2–5 cm lang, 1–4 mm breit, zylindrisch, hohl, fein filzig-haarig, weiß; Volva weiß, alt gelblich, zwei- bis vierlappig. **Fleisch:**

Dünn, weißlich;
krautartig. **Spor**
3,5–6 µm, eiför
men: Sommer b
Laub- und Nade
und in Gräben. **V**
senswertes: Es g
Volvariella-Arten
abgegrenzt werd

4 Parasitischer Scheidling

Volvariella surrecta (Knapp) Sing.

Spätsommer–Spätherbst
Auf alten Pilzfruchtkörpern
Kein Speisepilz
Foto auf alten Fruchtkörpern der Nebelkappe

Hut: 3–6 cm breit, anfangs kugelig, rundlich, später gewölbt, alt abgeflacht, bisweilen mit stumpfem Buckel; Oberfläche fein seidig-radialfaserig, weiß, grauweiß, Mitte allmählich gilbend, später schmutzig hellgrau; Rand etwas überstehend. **Lamellen:** Am Stiel frei, dicht stehend, mit Zwischenlamellen, jung weißlich, später vom Sporenstaub rosa; Schneiden glatt. **Stiel:** 3–9 cm lang, 0,5–1 cm breit, zylindrisch, voll, alt hohl, weiß-

lich, längsfaseri
flaumig, weiß bi
zart, weiß; Geru
renpulver: Rosa.
soid, glatt. **Vork**
herbst meist zu
alter Pilzfruchtk
(Lepista nebular
Speisepilz.

5 Schwarzschneidiger Dachpilz

Pluteus atromarginatus (Sing.) Kühn.

Frühsommer–Herbst
An morschem Nadelholz
Essbar
5b an bemoostem Fichtenstumpf

Hut: 4–10 cm breit, gewölbt bis ausgebreitet, bisweilen schwach runzelig, mit stumpfem Buckel; Oberfläche fein faserig-schuppig, dunkel rotbraun bis schwarzbraun; Rand bisweilen schwach gerieft, die Lamellen überragend. **Lamellen:** Frei, gedrängt stehend, jung weiß, später rosa, alt bräunlich rosa; Schneiden auffallend schwarzbraun gefärbt (5a). **Stiel:** 5–8 cm lang, 0,5–1,5 cm breit, zylindrisch, brüchig, weißlich mit

bräunlichen Län
und Geschmack
Rosabräunlich. **S**
men: Frühsomm
reren auf morsch
bar. **Wissenswert**
50 Arten der Ga
Ring und keine V
tisch auf Holz od

Familie	Gattung
Pluteaceae	*Pluteus* (Dachpilze)

1 Rehbrauner Dachpilz

Pluteus cervinus (Schaeff.) Kumm.
Pluteus atricapillus (Batsch) Fay.

Mai–November
An morschem Laub- und Nadelholz
Essbar
1a mit Plattmoos und Fichtenstreu
1b mit Dornfarn

Hut: 4–15 cm breit, anfangs kegelig-glockig und oft runzelig, dann gewölbt bis ausgebreitet, meist gebuckelt; Oberfläche glatt, matt bis seidig glänzend, eingewachsen radialfaserig, hellbraun bis dunkel rotbraun, in der Mitte oft dunkler, fast schwarz; Rand nicht gerieft. **Lamellen:** Abgerundet, frei, gedrängt, breit, bauchig, mit Zwischenlamellen, jung weißlich, später rosa-lachsrötlich. **Stiel:** Bis 12 cm lang, 1–2 cm breit, zerbrechlich, faserig, weißlich mit dunklen Längsfasern. **Fleisch:** Dünn, weich, weiß; Geruch rettichartig, Geschmack erst mild, dann bitterlich. **Sporenpulver:** Fleischrosa. **Sporen:** 7–8 × 5–6 µm, breitelliptisch, glatt, ohne Keimporus. **Vorkommen:** Mai bis November einzeln oder zu wenigen auf vermorschten Stämmen, Stümpfen und Wurzeln sowie Holzabfällen von Laub- und Nadelbäumen. **Verwendung:** Essbar.

2 Löwengelber Dachpilz

Pluteus leoninus (Schaef.: Fr.) Kumm.

Sommer–Herbst
An morschem Holz
Kein Speisepilz
Foto auf bemoostem Holzstumpf

Hut: 2–6 cm breit, anfangs kegelig-glockig, bald ausgebreitet bis abgeflacht, manchmal gebuckelt; Oberfläche schwach hygrophan, feinsamtig, leuchtend goldgelb, Mitte bisweilen mit etwas rußbräunlichem Ton, leicht radialstreifig; Rand feucht schwach gerieft. **Lamellen:** Frei, fast gedrängt, anfangs blass cremefarben, dann rosa. **Stiel:** 4–10 cm lang, 5–7 mm breit, zerbrechlich, alt hohl, jung weiß, später gelblich überhaucht, faserstreifig; Basis verdickt, schwach weißfilzig. **Fleisch:** Dünn, weich, weißlich; Geruch unauffällig bis schwach rettichartig, Geschmack unbedeutend. **Sporenpulver:** Rosabräunlich. **Sporen:** 6–7 × 5–6 µm. **Vorkommen:** Sommer bis Herbst meist einzeln auf morschem Laub- und Nadelholz; selten. **Verwendung:** Kein Speisepilz.

3 Gelbstieliger Dachpilz

Pluteus romellii (Britz.) Sacc.

August–Oktober
An moderndem Holz
Kein Speisepilz
Foto mit Pfennig-Gilbweiderich

Hut: 2–6 cm breit, jung halbkugelig und gebuckelt, später flach ausgebreitet, mit vertiefter Mitte; Oberfläche matt, etwas aderig gerunzelt, dunkelbraun, alt hellbraun ausblassend; Rand schwach gerieft. **Lamellen:** Am Stiel frei, gedrängt, untermischt, jung intensiv gelb, dann rosa, alt schmutzig rosa. **Stiel:** 2–7 cm lang, bis 4 mm breit, zitronen- bis blass goldgelb, längsfaserig gestreift; Basis schwach verdickt. **Fleisch:** Dünn, im Hut weiß, im Stiel zitronengelb; Geruch und Geschmack unbedeutend. **Sporenpulver:** Rosa. **Sporen:** 6–8 × 5–7 µm, rundlich bis breitelliptisch, glatt. **Vorkommen:** August bis Oktober einzeln oder gesellig auf morschem Holz, modernden Stümpfen und in der Erde liegenden Holzabfällen. **Verwendung:** Kein Speisepilz.

4 Rosastieliger Dachpilz

Pluteus roseipes v. Hoehn.

Juli–Oktober
Auf Nadelholzstümpfen und Holzabfällen
Kein Speisepilz
4a in Fichtenstreu
4b mit Huflattichblättern

Hut: 4–8 cm breit, jung glockig, alt ausgebreitet, stumpf gebuckelt; Oberfläche feinsamtig, trocken, graubräunlich, dunkelbraun, rußbraun, weißlich bereift, etwas radialrunzelig; Rand scharf, alt bisweilen eingerissen. **Lamellen:** Am Stiel frei, untermischt, gedrängt stehend, erst blassrosa, dann lachsrosa bis schmutzig rosa. **Stiel:** 7–11 cm lang, bis 1,5 cm breit, zylindrisch, zur Basis hin etwas verdickt, jung voll, alt hohl, jung weißlich bis zartrosa, später schmutzig rosa, deutlich längsfaserig; Basis weißfilzig. **Fleisch:** Ziemlich fest, weißlich, im Stiel schwach rosa; Geruch unbedeutend, Geschmack mild. **Sporenpulver:** Rotbraun. **Sporen:** 6–8,5 × 5–6,5 µm, rundlich bis breitelliptisch, glatt. **Vorkommen:** Juli bis Oktober meist gesellig bis fast büschelig an Nadelholzstümpfen und bei Holzabfällen; fehlt im Norden. **Verwendung:** Kein Speisepilz.

5 Grünlichgrauer Dachpilz

Pluteus salicinus (Pers.: Fr.) Kumm.

Mai–September
An totem Laubholz
Giftig
5a auf morschem Laubholz

Hut: 2–7 cm breit, jung gewölbt, später niedergedrückt mit schwachem Buckel; Oberfläche glatt bis fein radial gestreift, graugrünlich, Mitte dunkler. **Lamellen:** Weiß, später rosa (5b). **Stiel:** 3–7 cm lang, 2–8 mm breit, weiß, unten bisweilen graugrün überhaucht, fein weiß überfasert. **Fleisch:** Dünn, weißlich; Geruch rettichartig, Geschmack mild. **Sporenpulver:** Rosabraun. **Sporen:** 7–10 × 5–7 µm, elliptisch. **Vorkommen:** Mai bis September in feuchten Wäldern auf totem Laubholz; selten. **Verwendung:** Giftig, enthält wie einige Arten der Gattung *Psilocybe* (Kahlköpfe) Psilocybin.

6 Schwarzflockiger Dachpilz

Pluteus umbrosus (Pers.: Fr.) Kumm.

Juli–Oktober
An totem Laubholz
Kein Speisepilz
Foto auf morschem Laubholz

Hut: 4–10 cm breit, erst glockig, dann gewölbt; Oberfläche auf hell- bis mittelbraunem Grund dicht mit schwarzbraunen Faserschuppen bedeckt, am Rand und Scheitel am dichtesten; Rand dünn, lange nach unten gebogen. **Lamellen:** Am Stiel frei, jung schmutzig weißlich, später rosabraun; Schneiden dunkelbraun. **Stiel:** 3–10 cm lang, bis 1 cm breit, zylindrisch, jung voll, alt hohl, im Alter fein braunschuppig; Basis verdickt. **Fleisch:** Dünn, blass; Geruch etwas unangenehm, Geschmack schwach rettichartig. **Sporenpulver:** Rosabraun. **Sporen:** 5–7 × 4–6 µm, fast rund. **Vorkommen:** Juli bis Oktober auf vermorschten Stümpfen und am Boden liegenden Stämmen und Ästen verschiedener Laubhölzer in Laub- und Auenwäldern; selten. **Verwendung:** Kein Speisepilz.

1b

1a

2

3

4a

4b

5a

5b

6

Familie | Gattung

Amanitaceae

Amanita (Wulstlinge, Streiflinge)

1 Zweifarbiger Streifling

Amanita battarae (Boud.) Bon
Amanita umbrinolutea Secr.

Juni–Oktober
Berg-Nadelwald
Essbar
Foto mit Fichtenzapfen und Fichtensämlingen

Hut: 5–12 cm breit, zuerst eiförmig, bald kegelig-glockig, dann flach ausgebreitet, bisweilen niedergedrückt, mit Buckel; Oberfläche glatt, ohne Velumreste, graubraun, braunocker bis gelbbraun, mit einer deutlichen dunkleren, bräunlichen Zone am inneren Ende der Hutrandriefen; Rand deutlich gerieft. **Lamellen:** Am Stiel frei, breit, weißlich; Schneiden zum Hutrand hin graubräunlich. **Stiel:** 8–10(–15) cm lang, 1–1,5 cm breit, zylindrisch oder nach oben verjüngt, alt hohl, schmutzig weißlich, mit kleinen graubräunlichen Schüppchen bedeckt, bisweilen genattert; Ring fehlt; Volva häutig, hoch, jung schmutzig weißlich. **Fleisch:** Zart, zerbrechlich, weißlich; ohne besonderen Geruch, Geschmack mild. **Sporenpulver:** Weiß. **Sporen:** 9–14 µm, rund, glatt, farblos. **Vorkommen:** Juni bis Oktober einzeln oder in kleinen Gruppen vor allem im Berg-Nadelwald; im Norden selten. **Verwendung:** Essbar, roh giftig. **Wissenswertes:** Die Gattung *Amanita* umfasst mehr als 30 Arten, darunter einige tödlich giftige. Die Hutoberfläche ist oft mit Hüllresten bedeckt; Lamellen weiß, meist frei; Stiel mit oder ohne Ring, Stielgrund mit ausgeprägter Volva oder Flockengürteln. Die zur Gattung gehörenden Streiflinge (früher *Amanitopsis*) haben keinen Ring; ihr Hutrand ist deutlich gerieft. Ihre schlanke Knolle sitzt meist tief im Boden.

2 Kaiserling

Amanita caesarea (Scop.: Fr.) Pers.

Juli–Oktober
Laubwald
Essbar
2b mit Braunstieligem Streifenfarn

Hut: 8–15(–20) cm breit, jung kugelig-eiförmig und von weißem Velum umhüllt, später halbrund, schließlich flach ausgebreitet; Oberfläche glänzend, glatt, selten mit weißen Velumflocken, leuchtend rot, orangerot bis orangegelb; Rand deutlich gerieft. **Lamellen:** Am Stiel frei, sehr breit, gedrängt, blassgelb bis goldgelb; Schneiden feinflockig. **Stiel:** 8–16 cm lang, 2–3 cm breit, nach unten verdickt, fleischig, ausgestopft bis markighohl; Ring weit, schlaff herabhängend, oberseits fein gerieft; Stiel und Ring zitronengelb; Volva weiß, weit, dickhäutig, dauerhaft. **Fleisch:** Dick, gelblich weiß; Geruch schwach, Geschmack angenehm nussartig. **Sporenpulver:** Weiß. **Sporen:** 9–12 × 6–7 µm, elliptisch-eiförmig, glatt, hyalin. **Vorkommen:** Juli bis Oktober einzeln bis gesellig in Laubwäldern, wärmeliebend; in Mitteleuropa sehr selten. **Verwendung:** Essbar; in Italien schon seit der Antike ein geschätzter Speisepilz, in Mitteleuropa als Seltenheit zu schonen. In Deutschland geschützt. **Wissenswertes:** Der ähnliche Fliegenpilz *(Amanita muscaria)* hat auf dem Hut meist zahlreiche weiße, flockige Velumreste, weiße Lamellen und einen weißen Stiel.

3 Doppelscheidiger Scheidenstreifling

Amanita ceciliae (Berk. & Br.) Bas
Amanita inaurata (Secr.) Boud.

Juni–Oktober
Laub- und Nadelwald
Essbar

Hut: 10–15(–20) cm breit, erst eiförmig, dann glockig, später gewölbt bis ausgebreitet; Oberfläche feucht etwas klebrig, gelbbraun, graubraun, rotbraun, dicht mit ablösbaren, graulich weißen, scholligen Hüllresten bedeckt; Rand stark gerieft. **Lamellen:** Am Stiel frei, breit, gedrängt, weiß; Schneiden flockig. **Stiel:** 10–20 cm lang, 2–3 cm breit, zylindrisch, ausgestopft, alt hohl, jung weißlich, dann blassbräunlich genattert; Basis mit 2–3 gürtelartigen, schuppigen Ringzonen. **Fleisch:** Dünn, brüchig, zart, weißlich; ohne besonderen Geruch, Geschmack mild. **Sporenpulver:** Weiß. **Sporen:** 11–14 µm, rundlich, hyalin. **Vorkommen:** Juni bis Oktober meist einzeln in Laub- und Nadelwäldern, in Parkanlagen, auf kalkhaltigen Böden; selten. **Verwendung:** Essbar, roh giftig.

4 Gelber Knollenblätterpilz

Amanita citrina (Schaeff.) Pers.

August–November
Laub- und Nadelwald
Kein Speisepilz
4a und 4b mit Heidelbeere

Hut: 5–9 cm breit, jung halbkugelig, dann gewölbt bis ausgebreitet; Oberfläche glatt, matt bis glänzend, blassgelb, zitronengelblich, bisweilen gelbgrünlich, selten weiß (var. *alba*), mit unregelmäßigen, eckigen, weißgelben, scholligen Velumresten. **Lamellen:** Frei, gedrängt, weißlich bis blassgelblich. **Stiel:** 4–12 cm lang, 0,8–1,5 cm breit, zylindrisch; Ring häutig, hängend, blassgelb; Knolle rundlich, bis 3 cm breit, durch kantig gerandeten Wulst vom Stiel abgesetzt. **Fleisch:** Dünn, weich, weißlich; Geruch nach rohen Kartoffeln, Geschmack widerlich. **Sporenpulver:** Weiß. **Sporen:** 8–11 × 7–9 µm, rundlich, glatt, hyalin. **Vorkommen:** August bis November einzeln bis gesellig im Laub- und Nadelwald auf sauren Böden. **Verwendung:** Kein Speisepilz.

5 Orangegelber Streifling

Amanita crocea (Quél.) Kuehn. & Romagn.

Juni–November
Laub- und Nadelwald
Essbar

Hut: 6–12 cm breit, jung kegelig-glockig, später gewölbt bis flach ausgebreitet, mit Buckel; Oberfläche feucht schmierig, trocken glatt, glänzend, orangegelb bis ockergelb, selten mit weißen Hüllresten; Rand gerieft. **Lamellen:** Frei, bauchig, gedrängt, cremeweiß. **Stiel:** 10–15 cm lang, 1–2 cm breit, nach oben verjüngt, zerbrechlich, alt hohl, orangegelb, feinschuppig genattert; ohne Ring; Volva hoch, lappig, außen weißlich, innen gelblich. **Fleisch:** Dünn, zart, zerbrechlich, weiß; ohne besonderen Geruch und Geschmack. **Sporenpulver:** Weiß. **Sporen:** 8–12 µm, rund, glatt, hyalin. **Vorkommen:** Juni bis November im Laub- und Nadelwald, gern bei Birken, auf zumindest oberflächlich versauerten Böden. **Verwendung:** Essbar, roh giftig.

1

2a

2b

3

4a

5a

5b

4b

Familie | Gattung

Amanitaceae

Amanita (Wulstlinge, Streiflinge)

1 Grauer Wulstling

Amanita excelsa (Fr.) Bertil.
Amanita spissa (Fr.) Kumm.

Juni–Oktober
Laub- und Nadelwald
Essbar

Hut: 5–14 cm breit, jung halbkugelig, später gewölbt bis abgeflacht; Oberfläche auf grauem bis hellgrau-bräunlichem Grund mit grauweißlichen Flocken oder Schollen (1b); Rand meist ungerieft. **Lamellen:** Frei stehend, breit, gedrängt, weich, weiß. **Stiel:** Bis 15 cm lang, schlank, weiß bis hellgrau; Ring oberseits weiß, deutlich gerieft; Knolle ungerandet, nach oben mit undeutlichen Schuppengürteln in den Stiel übergehend; darüber bis zum Ring glatt bis schuppig. **Fleisch:** Weiß, unter der Hutmitte graulich; Geruch und Geschmack rübenartig. **Sporenpulver:** Weiß. **Sporen:** 9–10 × 7–8 µm, breitelliptisch. **Vorkommen:** Juni bis Oktober einzeln bis gesellig im Laub- und Nadelwald, gern auf zumindest oberflächlich versauerten Böden. **Verwendung:** Essbar. **Wissenswertes:** Der Graue Wulstling ist sehr variabel. Wegen der großen Verwechslungsgefahr mit dem Pantherpilz *(Amanita pantherina)* und anderen giftigen Wulstlingen ist er als Speisepilz zu meiden.

2 Rotbrauner Streifling

Amanita fulva (Schaeff.) Sing.

Juni–Oktober
Laub- und Nadelwald
Essbar
2b mit Wurmfarn

Hut: 4–7(–10) cm breit, anfangs kegelig-glockig, später flach ausgebreitet, mit stumpfem Buckel; Oberfläche jung klebrig, glänzend, meist ohne Velumreste, orangebraun bis dunkel rotbraun, Mitte bisweilen kastanienbräunlich; Rand heller, gerieft. **Lamellen:** Am Stiel frei, gedrängt, bauchig, breit, weißlich. **Stiel:** 7–12(–18) cm lang, 0,5–1,5 cm breit, zylindrisch, nach oben verjüngt, brüchig, hohl, weißlich bis hell rotbräunlich, nicht genattert, ohne Ring; Volva lappig, am Stiel heraufreichend. **Fleisch:** Dünn, zart, brüchig, weiß; ohne besonderen Geruch und Geschmack. **Sporenpulver:** Weiß. **Sporen:** 9–12 µm, rundlich, glatt. **Vorkommen:** Juni bis Oktober häufig in Laub- und Nadelwäldern, bevorzugt auf moorigen, sauren Böden. **Verwendung:** Essbar, roh giftig.

3 Narzissengelber Wulstling

Amanita gemmata (Fr.) Bertill.

Juni–Oktober
Laub- und Nadelwald
Giftig
Foto mit Weißtannensämling

Hut: 5–10 cm breit, jung halbkugelig, später gewölbt-ausgebreitet; Oberfläche feucht etwas klebrig, glänzend, trocken matt, zitronengelb-ockergelb, mit unregelmäßig angeordneten weißen Hüllresten; Rand gerieft. **Lamellen:** Frei stehend, gedrängt, breit, weiß. **Stiel:** 6–10 cm lang, 0,5–1 cm breit, alt hohl, weiß; Ring herabhängend, flüchtig-vergänglich, bisweilen fehlend, weiß; Basisknolle +/– weiß gegürtelt. **Fleisch:** Dünn, zart, weiß, unter der Huthaut schwach gelblich; Geruch unbedeutend, Geschmack mild. **Sporenpulver:** Weiß. **Sporen:** 9–11 × 7–9 µm, rundlich-breitelliptisch, glatt, hyalin. **Vorkommen:** Juni bis Oktober meist einzeln im Laub- und Nadelwald; selten. **Verwendung:** Giftig; Symptome wie bei einer Fliegenpilzvergiftung.

4 Fliegenpilz

Amanita muscaria (L.) Pers.

Juli–Oktober
Laub- und Nadelwald
Giftig
4a junge Fruchtkörper

Hut: 5–15(–30) cm breit, anfangs kugelig mit weißer, flockiger Hülle, bald gewölbt, später flach ausgebreitet; Oberfläche lebhaft rot, orangerot bis orangegelb, alt blassgelb ausblassend, fettig glänzend, mit +/– konzentrisch angeordneten, kegeligen, abwischbaren weißen Velumflocken, die vom Regen ganz abgewaschen sein können; Rand anfangs glatt, später gerieft. **Lamellen:** Frei, sehr gedrängt, bauchig, breit, weich, weißlich bis schwach gelblich. **Stiel:** 6–20 cm lang, 1–3 cm breit, erst voll, bald hohl, weiß; Ring fein gerieft, schlaff herabhängend, weiß, am Rand feinflockig; Basis knollig, weiß bis gelblich, mit mehrfachem warzigem Schuppengürtel. **Fleisch:** Weiß, unter der Huthaut gelborange; Geruch angenehm, Geschmack unbedeutend. **Sporenpulver:** Weiß. **Sporen:** 9–11 × 6–9 µm, ellipsoid, hyalin. **Vorkommen:** Juli bis Oktober einzeln, gesellig oder truppweise oft unter Birken *(Betula)* und Fichten *(Picea abies)*, häufig in montanen Lagen, im Flachland seltener. **Verwendung:** Giftig; verursacht rauschähnliche Zustände, Bewusstlosigkeit bis hin zu Atemlähmung und Kreislaufversagen, Latenzzeit eine Viertel- bis vier Stunden.

5 Pantherpilz

Amanita pantherina (D. C.: Fr.) Krombh.

Juli–Oktober
Laub- und Nadelwald
Tödlich giftig

Hut: 5–12 cm breit, jung halbkugelig, dann gewölbt, schließlich flach ausgebreitet; Oberfläche glänzend, hellbraun, graubräunlich bis dunkelbraun mit zahlreichen kleinen, weißen, fast regelmäßig angeordneten, abwischbaren Flöckchen; Huthaut fast bis zur Mitte abziehbar; Rand lange nach unten gebogen, zumindest bei älteren Fruchtkörpern gerieft. **Lamellen:** Am Stiel abgerundet, frei, weich, dicht stehend, weiß. **Stiel:** 5–12 cm lang, bis 2 cm breit, ausgestopft, später hohl, weiß, feinfaserig-feinschuppig; Ring hängend, vergänglich, ungerieft; Knolle bis 4 cm breit, wulstig gerandet, darüber mit bis zu drei schuppigen Gürtelzonen. **Fleisch:** Relativ dünn, weich, weiß; Geruch fehlend oder schwach rettichartig; Geschmack mild. **Sporenpulver:** Weiß. **Sporen:** 10–12 × 7–8 µm, eiförmig, glatt, hyalin. **Vorkommen:** Juli bis Oktober in Laub- und Nadelwäldern, selten auch in Parkanlagen. Im Gebirge findet man die robustere Form *Amanita pantherina* var. *abietinum*. **Verwendung:** Tödlich giftig; verursacht Schwindel, geistige Verwirrtheit, Krämpfe, Erbrechen, Bewusstlosigkeit; Gefahr von Atemlähmung und Kreislaufversagen.

1a

2a

2b

1b

3

4a

5a

4b

5b

Amanitaceae

Amanita (Wulstlinge, Streiflinge)

1 Grüner Knollenblätterpilz

Amanita phalloides (FR.) LINK

Juli–Oktober
Laubwald
Tödlich giftig
1a mit fruchtender Einbeere
1b Stiel mit Volva
1c und 1d mit Blättern der Stiel-Eiche

Hut: 4–12(–15) cm breit, anfangs eiförmig und von weißer Gesamthülle umgeben, bald aufbrechend und kegelig bis gewölbt, später flach ausgebreitet; Oberfläche bei feuchtem Wetter klebrig, mit feiner, eingewachsener Radialfaserung, gelbgrün, olivgrün bis dunkeloliv, selten blassgrünlich-weißlich, ohne oder selten mit weißen Hüllresten; Rand glatt, nicht gerieft. **Lamellen:** Am Stiel frei, gedrängt, weich, weiß, alt gelbgrünlich überhaucht; Schneiden glatt. **Stiel:** 6–12(–20) cm lang, 1–2 cm breit, zylindrisch, ausgestopft, alt hohl, weißlich, unterhalb des Ringes mit seidigem, grünlich schimmerndem Bandmuster; Ring zart, häutig, hängend, weißlich, oberseits fein gerieft; Basis knollig verdickt, mit häutiger, weißlicher, offen abstehender Volva. **Fleisch:** Zart, weiß, unter der Huthaut gelbgrünlich; ganz jung ziemlich geruchlos, bald honigartig, süßlich, alt widerlich, Geschmack mild (nicht probieren!). **Sporenpulver:** Weiß. **Sporen:** 8–10 × 6,5–8,5 µm, rundlich bis breitelliptisch, glatt, farblos. **Vorkommen:** Juli bis Oktober einzeln oder gruppenweise im Laubwald, auch in Parkanlagen, hauptsächlich unter Eichen *(Quercus)* und Buchen *(Fagus sylvatica),* selten im Nadelwald. **Verwendung:** Tödlich giftig! **Wissenswertes:** Jeder Speisepilzsammler muss die Merkmale des Grünen Knollenblätterpilzes genau kennen. Todesfälle wurden verursacht durch Verwechslungen mit grünhütigen Täublingen, Ritterlingen, jungen Champignons und anderen Speisepilzen. Knollenblätterpilzvergiftungen sind besonders heimtückisch, da sie sich erst 6–24 (maximal 48) Stunden nach der Mahlzeit mit Übelkeit, kolikartigen Bauchschmerzen, Erbrechen und schweren Durchfällen zeigen. Nach 2–4 Tagen folgt die hepatische Phase mit Symptomen schwerster Leberschädigung. In schweren Fällen Tod im Leberkoma. Bei Symptomen sofort Krankenhauseinlieferung veranlassen!

2 Porphyrbrauner Wulstling

Amanita porphyria ALB. & SCHW.: FR.

Juli–Oktober
Nadelwald
Giftig

Hut: 4–9 cm breit, jung stumpfkegelig, bald gewölbt bis flach ausgebreitet, bisweilen niedergedrückt; Oberfläche trocken glänzend, glatt, graubraun, porphyrbraun bis grauviolettlich, mit grauen Velumresten, die auch ganz fehlen können; Rand glatt, nicht gerieft. **Lamellen:** Frei, weich, eng stehend, weißlich, alt dunkler. **Stiel:** 6–10 cm lang, bis 1,5 cm breit, zylindrisch, zur Basis hin verdickt und knollig, ausgestopft, bald hohl, weißlich bis grauviolettlich und genattert; Ring dünn, zart, hängend, unterseits grauviolett, oberseits heller, gerieft; Knolle breit, gerandet, mit Volvaresten. **Fleisch:** Weißlich, unter der Huthaut grauviolettlich; Geruch muffig nach rohen Kartoffeln, Geschmack rettichartig. **Sporenpulver:** Weiß. **Sporen:** 7,5–11 µm, rund. **Vorkommen:** Juli bis Oktober in Nadelwäldern. **Verwendung:** Giftig; verursacht Erbrechen.

3 Brauner Fliegenpilz

Amanita regalis (FR.) MICHAEL

Juli–Oktober
Fichtenwald
Giftig
Foto mit Sauerklee

Hut: 10–15 cm breit, jung kugelig, von gelblichem Velum eingehüllt, dann gewölbt bis ausgebreitet mit niedergedrückter Mitte; Oberfläche feucht etwas klebrig, glänzend, gelbbraun, lederbraun bis dunkelbraun, mit warzig-scholligen, weißlichen bis gelbweißen Velumresten; Rand gerieft. **Lamellen:** Frei, breit, bauchig, sehr gedrängt, weißlich bis gelblich; Schneiden flockig. **Stiel:** Bis 20 cm lang, bis 2,5 cm breit, zylindrisch, voll, alt hohl, weißlich bis gelblich weiß; Ring vergänglich, hängend; Knolle bis 3 cm breit, mit mehreren Schuppengürteln. **Fleisch:** Weiß; Geruch und Geschmack unbedeutend. **Sporenpulver:** Weiß. **Sporen:** 9–12 × 6–9 µm. **Vorkommen:** Juli bis Oktober in Fichtenwäldern, kalkmeidend; nordisch-montane Art. **Verwendung:** Giftig wie *Amanita muscaria.*

4 Perlpilz

Amanita rubescens PERS.: FR.

Juni–Oktober
Laub- und Nadelwald
Essbar
4b mit Weißer Hainsimse

Hut: 5–15 cm breit, jung halbkugelig, dann ausgebreitet bis abgeflacht; Oberfläche matt bis seidig glänzend, schmutzig fleischrötlich, graurötlich oder rotbräunlich, mit flachen, grauweißen bis graurötlichen, meist konzentrisch angeordneten, abwischbaren Hüllresten; Huthaut etwa zu Zweidrittel abziehbar; Rand glatt, ungerieft. **Lamellen:** Schmal angeheftet bis frei, ziemlich breit, weich, dicht gedrängt, weiß, im Alter und an Fraßstellen weinrötlich. **Stiel:** 8–15 cm lang, 1–3 cm breit, kräftig, weißlich mit leicht rötlicher Tönung, später weinrötlich; Ring häutig, groß, herabhängend, weißlich bis rosa, gerieft; Knolle kräftig, meist mit einem Warzengürtel. **Fleisch:** Zart, weiß, unter der Huthaut rosa-rotbräunlich; vor allem in Madengängen in der Stielbasis braunrötlich bis weinrötlich; Geruch unbedeutend, Geschmack anfangs mild, schnell herb und kratzend. **Sporenpulver:** Weiß. **Sporen:** 8–11 × 5–7 µm, ellipsoid, glatt, hyalin. **Vorkommen:** Juni bis Oktober meist gesellig in Laub- und Nadelwäldern, auch in Parkanlagen; weit verbreitet. **Verwendung:** Essbar, roh giftig. Die giftigen Stoffe werden durch gründliches Erhitzen beim Kochvorgang zerstört. **Wissenswertes:** Wichtige Merkmale des sehr variablen Perlpilzes sind die weinrot verfärbten Madenfraßgänge in der Stielbasis sowie die weinrot-braunrötlich gefleckten Lamellen älterer Pilze.

1a
1b
1c
1d
2
3
4a
4b

Familie	Gattung
Amanitaceae	*Amanita* (Wulstlinge, Streiflinge)

1 Igel-Wulstling

Amanita solitaria (BULL.: FR.) MÉR.
Amanita echinocephala (VITT.) QUÉL.

Juni–Oktober
Laubwald
Kein Speisepilz
Foto mit Blättern der Rotbuche

Hut: 7–10(–15) cm breit, jung rundlich, später gewölbt bis flach ausgebreitet; Oberfläche feucht etwas schmierig, schmutzig weißlich bis silbergrau mit vielen weißlich-ockerlichen bis schmutzig-bräunlich weißen, kegelig-pyramidenförmigen Hüllresten, die bei alten Pilzen und nach Regen bisweilen fehlen können; Rand ungerieft, die Lamellen überragend. **Lamellen:** Frei oder angeheftet, weich, entfernt stehend, weißlich-creme mit grünlichem Reflex; Schneiden bewimpert. **Stiel:** Bis 15 cm lang, bis 2 cm breit, weißlich-cremefarben mit grünlichem Reflex; Ring dünn, hängend, Oberseite gerieft, Unterseite flockig-faserig; Basis +/– knollig verdickt, mit Gürtelzonen, rübenförmig wurzelnd. **Fleisch:** Weich, zart, weißlich; Geruch unangenehm, Geschmack mild, unbedeutend. **Sporenpulver:** Blassgrünlich. **Sporen:** 9,5–11 × 6,5–7,5 µm. **Vorkommen:** Juni bis Oktober meist einzeln im Laubwald, bevorzugt warme Standorte. **Verwendung:** Kein Speisepilz.

2 Fransiger Wulstling

Amanita strobiliformis (PAUL. EX VITT.) BERTIL.

Juni–September
Laubwald, Parkanlagen
Essbar

Hut: 5–20 cm breit, jung halbkugelig mit graulich-mehlig-wattiger Hülle, die beim Aufschirmen zerreißt und große Velumfetzen hinterlässt, Hut bald gewölbt bis ausgebreitet; Oberfläche glänzend, weißlich, mit weißgrauen, wolligen Velumflocken bedeckt; Rand mit fransigen Velumresten behangen. **Lamellen:** Frei, gedrängt, weiß bis cremefarben. **Stiel:** 10–20 cm lang, voll, fest, tief im Boden eingesenkt, weiß, mit mehlig-flockigen, vergänglichen Schuppen; Ring vergänglich, herabhängend, oberseits gerieft; Basis verdickt, meist mit gegürtelter-berandeter Knolle. **Fleisch:** Zart, weich, weiß; Geruch und Geschmack unbedeutend. **Sporenpulver:** Weiß. **Sporen:** 9–14 × 7–9,5 µm. **Vorkommen:** Juni bis September im Laubwald. **Verwendung:** Essbar; als Seltenheit zu schonen.

3 Grauhäutiger Streifling

Amanita submembranacea (BON) GRÖGER

Sommer–Herbst
Nadelwald
Kein Speisepilz
Foto mit Fichtensämlingen

Hut: 6–10 cm breit, jung eiförmig-glockig, dann ausgebreitet mit flachem Buckel; Oberfläche glatt, graubraun, olivbraun, mit großen, grauen Velumresten; Rand heller, über ein Drittel gerieft. **Lamellen:** Frei, +/– gedrängt, jung weiß. **Fleisch:** Dünn; ohne besonderen Geruch, Geschmack mild. **Stiel:** 7–14 cm lang, bis 1,5 cm breit, ohne Ring, weiß, mit feinen, grauen Schüppchen bedeckt, genattert; Basis knollig mit grauer, häutiger Volva. **Sporenpulver:** Weiß. **Sporen:** 10–15 × 9–13 µm. **Vorkommen:** Sommer bis Herbst in Nadel-, selten in Laubwäldern, gern auf sauren Böden. **Verwendung:** Kein Speisepilz.

4 Grauer Scheidenstreifling

Amanita vaginata (BULL.: FR.) VITT.

Juli–Oktober
Laub- und Nadelwald
Essbar

Hut: 3–8(–12) cm breit, jung kegelig-glockig, später flach ausgebreitet, mit Buckel; Oberfläche feucht leicht schmierig, meist ohne Hüllreste, hellgrau, dunkelgrau, graubraun, selten weiß; Rand stark gerieft. **Lamellen:** Frei, breit, gedrängt, weiß. **Stiel:** Bis 15 cm lang, 0,5–1,5 cm breit, schlank, nach oben verjüngt, röhrig-hohl, brüchig, ohne Ring, weiß bis blassgrau, +/– genattert oder sehr feinflockig; Volva weißlich, häutig. **Fleisch:** Weich, brüchig, weiß; geruchlos, Geschmack mild. **Sporenpulver:** Weiß. **Sporen:** 9–12 µm, rundlich, hyalin. **Vorkommen:** Juli bis Oktober einzeln bis gesellig im Laub- und Nadelwald. **Verwendung:** Essbar, roh giftig. **Wissenswertes:** Streiflinge sind gut gekocht zwar essbar, die verschiedenen, teilweise schwer zu unterscheidenden Arten und Varietäten können jedoch leicht mit giftigen Wulstlingen verwechselt werden.

5 Kegelhütiger Knollenblätterpilz

Amanita virosa (FR.) BERTIL.

Juli–Oktober
Feuchte Nadelwälder
Tödlich giftig
5a Schnitt durch jungen Fruchtkörper
5b Stielbasis mit Volva
5c mit Torfmoos
5d mit Sumpffarn und Torfmoos

Hut: 4–8 cm breit, jung eiförmig, dann kegelig-glockig (siehe Foto unten), später gewölbt, mit stumpfem Buckel; Oberfläche trocken seidig-faserig, feucht etwas klebrig, weiß, Scheitel im Alter blass gelbbräunlich; Haut abziehbar; Rand lange eingebogen, glatt, ungerieft, bisweilen mit weißen Schleierresten behangen. **Lamellen:** Am Stiel frei, weich, weiß; Schneiden feinflockig. **Stiel:** Bis

15 cm lang, schlank, ausgestopft, alt hohl, weiß, seidig, unterhalb des Ringes faserig-schuppig; Ring dünn, hängend, oft zerrissen, vergänglich; Stielknolle mit weißer, häutiger, meist anliegender Volva. **Fleisch:** Weich, weiß; Geruch unangenehm, dumpf, muffig, nach rohen Kartoffeln, Geschmack mild (nicht probieren!). **Sporenpulver:** Weiß. **Sporen:** 8–11 × 6,5–9,5 µm, rundlich bis breitelliptisch, glatt, hyalin. **Vorkommen:** Juli bis Oktober einzeln oder zu mehreren in feuchten Nadelwäldern und Mooren, selten in Laubwäldern. **Verwendung:** Tödlich giftig! Symptome wie bei *Amanita phalloides*. **Wissenswertes:** Es besteht Verwechslungsgefahr mit Egerlingen und anderen weißhütigen Speisepilzen! Ebenso giftig ist der Weiße Knollenblätterpilz *(Amanita verna)*. Er erscheint vom Frühling bis Sommer in wärmeren Gegenden in Laubwäldern und Parkanlagen.

1

2

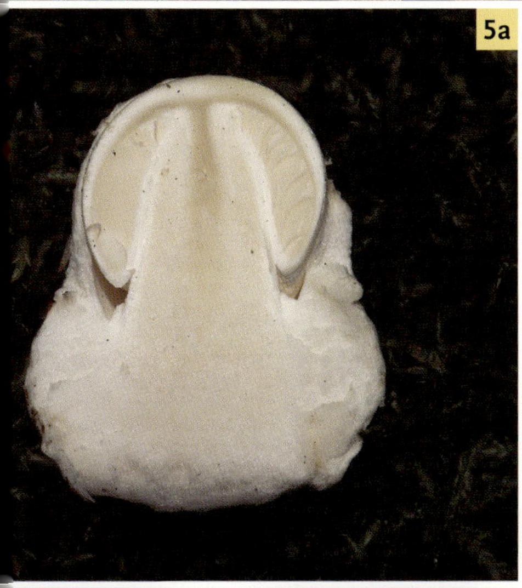
5a

3

4

5b

5d

5c

Familien	Gattungen
Amanitaceae	*Limacella* (Schleimschirmlinge)
Agaricaceae	*Agaricus* (Egerlinge)

1 **Rotbrauner Schleimschirmling**
Limacella glioderma (FR.) MRE.

Juli–Oktober
Nadelwald
Essbar
Foto mit Grünstängelmoos

Hut: 2–5 cm breit, jung halbkugelig-glockig, später ausgebreitet, mit Buckel; Oberfläche feucht mit starker Schleimschicht, darunter rot- bis orangebraun, Mitte dunkler; Rand lange nach unten gebogen, jung oft mit Velumresten und Hutschleim behangen. **Lamellen:** Frei, weißlich-cremefarben. **Stiel:** 4–7 cm lang, bis 1 cm breit, blassrosa, mit flüchtigem Ring, darunter mit orangegelben Querbändern. **Fleisch:** Weiß; Geruch und Geschmack mehlig-gurkenartig. **Sporenpulver:** Weiß. **Sporen:** 4–5 × 3,5–4,5 µm. **Vorkommen:** Juli bis Oktober meist im Nadelwald. **Verwendung:** Essbar. **Wissenswertes:** Die Gattung *Limacella* umfasst acht Arten. Ihr Hut ist oft schmierig, die Lamellen stehen frei; Sporenpulver weiß. Sie sind mit den Wulstlingen eng verwandt.

2 **Getropfter Schleimschirmling**
Limacella guttata (PERS.:FR.) KONR. & MAUBL.

August–Oktober
Laub- und Nadelwald
Essbar

Hut: 5–12(–15) cm breit, anfangs halbkugelig geschlossen, dann flach gewölbt-ausgebreitet, stumpf gebuckelt; Oberfläche glatt, jung gerunzelt, feucht schmierig, glänzend, trocken matt, schwach klebrig, schmutzig weiß, cremefarben, hellocker bis lederfarben, Hutmitte dunkler; Rand glatt. **Lamellen:** Am Stiel frei stehend, gedrängt, dünn, weißlich. **Stiel:** 7–12 cm lang, bis 2 cm breit, zylindrisch, weißlich, unterm Ring flockig-faserig; Ring abstehend, häutig, ungerieft; Basis leicht knollig. Junge Pilze haben auf der Ring- und Stieloberfläche oft gelbliche Tröpfchen, die dunkle Flecken hinterlassen. **Fleisch:** Weiß; Geruch mehlartig oder fehlend, Geschmack mild, mehlartig. **Sporenpulver:** Weiß. **Sporen:** 5–6,5 × 3,5–5 µm. **Vorkommen:** August bis Oktober einzeln oder in Gruppen in Laub- und Nadelwäldern auf frischen, basenreichen Böden. **Verwendung:** Essbar.

3 **Braunschuppiger Riesen-Egerling**
Agaricus augustus FR.
Agaricus perrarus SCHULZ.

Juli–Oktober
Nadelwald
Essbar
3b mit Brombeerblättern

Hut: 12–18(–30) cm breit, anfangs nahezu kugelig geschlossen, dann flach gewölbt bis ausgebreitet; Oberfläche strohgelb bis gelbbraun, mit oft fast konzentrisch angeordneten, angedrückten, braunen Faserschuppen bedeckt, die im Scheitel zusammenfließen; bei Druck gelb verfärbend; Rand jung eingerollt, später nach unten gebogen, mit Velumresten. **Lamellen:** Frei, gedrängt, anfangs blassgräulich bis graurosa, alt dunkler braun bis schwarzbraun; Schneiden blass. **Stiel:** 10–20 cm lang, 2–3 cm breit, zylindrisch mit etwas verdickter Basis, ausgestopft bis hohl, unterhalb des Ringes mit gelblich-weißen, im Alter bräunlichen Flocken bedeckt; Ring breit, herabhängend. **Fleisch:** Weißlich; Geruch nach Anis oder Bittermandel, Geschmack mild, nussartig. **Sporenpulver:** Purpurbraun. **Sporen:** 7–9 × 5–6 µm. **Vorkommen:** Juli bis Oktober in Nadel-, seltener in Laubwäldern. **Verwendung:** Essbar. **Wissenswertes:** Die Gattung *Agaricus* umfasst mehr als 60 Arten mit im Alter +/– dunkelbraunen Lamellen. Viele sind essbar; verschiedene gilbende Arten sind jedoch stark mit giftigen Schwermetallen belastet. Es besteht Verwechslungsgefahr mit weißhütigen Knollenblätterpilzen, die aber immer weiße Lamellen haben.

4 **Stadt-Egerling**
Agaricus bitorquis (QUÉL.) SACC.

Mai–Oktober
In Gärten, an Straßen
Essbar
4a mit Gamander-Ehrenpreis
4b mit Scharbockskraut

Hut: 4–10(–17) cm breit, abgeflacht, kompakt, dickfleischig, Mitte niedergedrückt; Oberfläche weißlich bis grauweiß, bisweilen rissig und gilbend, oft mit Erdresten bedeckt; Rand dick, lange eingerollt, die Lamellen überragend. **Lamellen:** Am Stiel abgerundet, schmal, sehr dicht stehend, jung blass fleischfarben, später lilagrau, zuletzt schokoladenbraun. **Stiel:** 3–6 cm lang, 1–3 cm breit, nach unten verjüngt, hart, weiß; mit abstehendem, häutigem, oberseits gerieftem Ring, darunter mit 1–2 volvaähnlichen Gürteln. **Fleisch:** Sehr fest, weiß, im Schnitt etwas rosa; Geruch angenehm pilzartig, Geschmack mild, nussartig. **Sporenpulver:** Purpurbraun. **Sporen:** 5–6 × 4–5 µm, breitelliptisch-kugelig. **Vorkommen:** Mai bis Oktober meist gesellig in Gärten und Parkanlagen, an Straßen und Wegen, bisweilen unter Asphalt und Pflastersteinen hervorbrechend. **Verwendung:** Essbar; an seinem Standort jedoch oft stark schadstoffbelastet. **Wissenswertes:** An ähnlichen Plätzen erscheint der giftige Karbol-Egerling *(Agaricus xanthoderma);* er unterscheidet sich durch seinen Karbolgeruch und durch starkes Gilben an Druck- und Schnittstellen.

5 **Wiesen-Egerling**
Agaricus campestris L.: FR.

Juni–Oktober
Wiesen
Essbar
5a mit Löwenzahn
5b mit Weiß-Klee

Hut: 3–12 cm breit, jung halbkugelig, später flach gewölbt, seidig matt oder feinschuppig, weiß, alt auch etwas bräunlich, auf Druck nicht gilbend; Huthaut am Rand überstehend, abziehbar. **Lamellen:** Frei, breit, dicht stehend, jung hellrosa, im Alter schokoladenbraun (5b). **Stiel:** 5–7 cm lang, 1–2 cm breit, zylindrisch, voll, brüchig, weißlich, etwas faserig; Ring weiß, dünn, hängend, oft verkümmert. **Fleisch:** Dick, weiß, im Schnitt +/– schwach rosa; Geruch angenehm, Geschmack nussartig. **Sporenpulver:** Purpurbraun. **Sporen:** 7–8 × 4–5 µm, eiförmig-elliptisch. **Vorkommen:** Juni bis Oktober auf Wiesen, Weiden und Äckern; in Europa weit verbreitet. **Verwendung:** Essbar; beliebter, viel gesammelter Speisepilz.

1

2

3a

4a

3b

4b

5a

5b

1 Flachknolliger Anis-Egerling
Agaricus essettei Bon

Frühsommer–Herbst
Nadel- und Mischwald
Essbar
Foto mit Tamarisken-Thujamoos

Hut: 6–12 cm breit, jung kugelig, dann glockig-gewölbt, alt ausgebreitet; Oberfläche anfangs weiß bis blassgelb, bei Berührung chromgelb verfärbend, fein seidig-schuppig, alt gelblich; Rand anfangs mit Velumresten behangen. **Lamellen:** Frei, dicht stehend, graurosa, dann dunkelbraun, alt fast schwarz. **Stiel:** 7–12 cm lang, 1–2 cm breit, zylindrisch, alt hohl, weiß, bei Berührung gilbend; Ring breit, hängend; Basis meist mit flacher, gerandeter, 2–3 cm dicker Knolle. **Fleisch:** Weiß, im Schnitt nicht verfärbend; Geruch angenehm, anisartig, Geschmack mild. **Sporenpulver:** Dunkelbraun. **Sporen:** 6–8 × 4–5 µm, breitelliptisch, glatt. **Vorkommen:** Frühsommer bis Herbst in Nadel- und Mischwäldern. **Verwendung:** Essbar. **Wissenswertes:** *Agaricus essettei* kann wie andere gilbende Arten der Gattung giftige Schwermetalle speichern.

2 Großsporiger Anis-Egerling
Agaricus macrosporus (Moell.) Moell.

Sommer–Herbst
Grasige Wälder, Wiesen
Essbar

Hut: 10–30 cm breit, jung halbkugelig, dann breit gewölbt, dickfleischig; Oberfläche weiß, mit feinen, dichten, weißen Radialfasern oder Schüppchen bedeckt, die alt gelblich-ocker gefärbt sind, bei kräftiger Berührung gilbend; Rand lange nach unten gebogen. **Lamellen:** Frei, jung graurosa, bald dunkel schokoladenbraun bis schwarzbraun. **Stiel:** 5–10 cm lang, 2–3,5 cm breit, weiß, unterhalb des Ringes weißflockig; Ring sehr breit, am Rand gezackt, unterseits schuppig; Basis angeschwollen. **Fleisch:** Dick, fest, rein weiß, im Schnitt im Stiel langsam rosa verfärbend; Geruch jung anisartig, alt unangenehm, Geschmack mild. **Sporenpulver:** Dunkelbraun. **Sporen:** 10–13 × 6– 7 µm, elliptisch, glatt, dickwandig. **Vorkommen:** Sommer bis Herbst einzeln bis gesellig in lichten, grasigen Wäldern, auf naturnahen Wiesen, auch in Parkanlagen; als Folge der Umwandlung naturnaher Wiesen in intensiv genutzte Flächen vielerorts selten geworden. **Verwendung:** Essbar. **Wissenswertes:** *Agaricus macrosporus* ist im Feld bereits an seiner beachtlichen Größe, dem kräftigen Ring, aber auch an seinem schwachen Anisgeruch und dem rosa anlaufenden Stielfleisch zu erkennen. Von ähnlichen Arten unterscheidet er sich zudem deutlich durch seine großen Sporen (Name!).

3 Kleiner Wald-Egerling
Agaricus silvaticus Schaeff.: Fr.

Juli–Oktober
Nadel-, seltener Laubwald
Essbar
3a mit Zypressen-Schlafmoos

Hut: 5–10 cm breit, jung halbkugelig-glockig, dann gewölbt, im Alter flach, mit stumpfem Buckel; Oberfläche hellbräunlich mit gelbbraunen bis dunkelbraunen angedrückten Faserschuppen. **Lamellen:** Frei, dicht stehend, jung blassrosa, allmählich graurötlich, im Alter purpurbraun; Schneiden weißflockig. **Stiel:** Bis 12 cm lang, schlank, anfangs voll, später hohl, weißlich oder graurosa, bei Berührung rötend; Ring dünn, hängend, anfangs weißlich, vom Sporenpulver bald dunkel gefärbt, Basis leicht knollig verdickt. **Fleisch:** Zart, weißlich, bei Verletzung rasch rötend; Geruch schwach, Geschmack mild. **Sporenpulver:** Purpurbraun. **Sporen:** 4,5–6 × 3– 3,5 µm, elliptisch, glatt. **Vorkommen:** Juli bis Oktober oft in Gruppen in Nadelwäldern, seltener in Laubwäldern. **Verwendung:** Essbar. **Wissenswertes:** Der Kleine Wald-Egerling ist sehr variabel. Der Großsporige Blut-Egerling *(Agaricus langei)* ist kräftiger und hat größere Sporen.

4 Weinrötlicher Zwerg-Egerling
Agaricus semotus Fr.

Juli–Oktober
Laub- und Nadelwald
Kein Speisepilz
Foto mit Blättern der Rotbuche

Hut: 2–5 cm breit, anfangs halbkugelig, später gewölbt bis abgeflacht; Oberfläche auf weißlichem Grund rötlich braun bis schwach weinrot-violettlich faserschuppig, Mitte dunkler, alt gilbend; Rand lange eingebogen. **Lamellen:** Graurosa, alt purpurbraun; Schneiden blass. **Stiel:** 3–6 cm lang, 4–8 mm breit, zylindrisch, jung voll, alt hohl, weißlich, über dem Ring blassrosa; Ring schmal, hängend, vergänglich; Basis etwas knollig verdickt, gelblich überlaufen. **Fleisch:** Weißlich, in der Stielbasis gelblich; Geruch anisartig, Geschmack mild. **Sporenpulver:** Purpurbraun. **Sporen:** 4–5 × 3–3,5 µm, oval, glatt, dickwandig. **Vorkommen:** Juli bis Oktober meist gesellig im Laub- und Nadelwald. **Verwendung:** Kein Speisepilz.

5 Dünnfleischiger Anis-Egerling
Agaricus silvicola (Vitt.) Sacc.

Juli–November
Laub- und Nadelwald
Essbar
5b mit Fichtenzapfen und Sauerklee

Hut: 5–10(–12) cm breit, jung halbkugelig-konisch, später ausgebreitet; Oberfläche matt, seidig-faserig, cremeweiß, Scheitel gelblich, bei Druck gilbend und später braungelb färbend; Haut teilweise abziehbar; Rand +/– behangen. **Lamellen:** Frei, dicht stehend, jung grauweißlich, dann blassrosa-graurosa, alt violettbraun-schwarzviolett. **Stiel:** Bis 10 cm lang, 1–1,5 cm breit, schlank, hohl, Spitze rosa, glatt, unterhalb des Ringes feinflaumig-faserig, weiß, bei Druck gilbend; Ring häutig, groß, hängend, vergänglich, oft nur in Fetzen vorhanden; am Grunde meist knollig verdickt, Basis +/– flach. **Fleisch:** Dünn, weiß, weder rötend noch gilbend; Geruch und Geschmack nach Anis. **Sporenpulver:** Purpurbraun. **Sporen:** 5–6 × 3–4 µm, oval, glatt, hellbraun, dickwandig. **Vorkommen:** Juli bis November meist gesellig im Laub- und Nadelwald, gern in der Nadelstreu unter Fichten *(Picea abies)*. **Verwendung:** Essbar.

2a
1
2b
3a
3b
5a
4
5b

Familie	Gattungen
Agaricaceae	*Agaricus* (Egerlinge), *Chamaemyces* (Schmierschirmlinge)

1 Zucht-Champignon

Agaricus bisporus (LGE.) IMBACH
Agaricus hortensis (CKE.) IMAI

Ganzjährig
Zuchtpilz
Essbar
1c braunhütige Form

Hut: 5–10 cm breit, anfangs rundlich-halbkugelig gewölbt, später abgeflacht-ausgebreitet; Oberfläche jung weiß, matt, glatt bis angedrückt schuppig, bei Druck fleckend; Rand lange nach unten gebogen, die Lamellen überragend, jung mit Velumresten. **Lamellen:** Frei bis angeheftet, dicht stehend, jung blassrosa, alt schokoladenbraun bis schwarz; Schneiden hell. **Stiel:** 5–8 cm lang, zylindrisch, fest, voll, weiß, faserig, über dem Ring blass graurosa; Ring häutig. **Fleisch:** Dick, weiß, im Schnitt leicht rosa färbend und wieder verblassend; Geruch aromatisch, Geschmack angenehm, mild, nussartig. **Sporenpulver:** Purpurbraun. **Sporen:** 7–8,5 × 5–5,5 µm, breitelliptisch, glatt. **Vorkommen:** Der Zucht-Champignon wird in verschiedenen, auch braunhütigen Rassen gezüchtet und das ganze Jahr über angeboten; im Freien ist er selten in Gärten anzutreffen. **Verwendung:** Essbar. **Wissenswertes:** Die Anfänge des Anbaus dieses beliebten Speisepilzes gehen bis ins 17. Jahrhundert zurück. Heute wird der Zucht-Champignon in vielen Ländern der Erde unter industriellen Bedingungen kultiviert. Braunhütige Varianten werden bisweilen im Handel fälschlich als „Wald-Champignons“ angeboten. Für den Eigenanbau wird Fertigsubstrat angeboten. Ergebnisse im Hausanbau können sich natürlich nicht mit den Erfolgen professioneller Züchter messen. Die Ausbeute ist von der genauen Einhaltung der Kulturbedingungen abhängig. Oft stellen sich nur kleine Ernten ein und es bleibt lediglich der „Spaß an der Freud'“ für den Amateurzüchter.

2 Brauner Kompost-Egerling

Agaricus vaporarius (PERS.) CAPELLI

August–Oktober
In Gärten, an Wegen
Essbar

Hut: 7–15 cm breit, anfangs halbkugelig, bald gewölbt, später flach ausgebreitet; Oberfläche schmutzig braun bis tabakbraun, jung glatt, später in dunkelbraune, große, breitfaserige, angedrückte Schuppen aufreißend; Rand mit fransigen Hüllresten behangen. **Lamellen:** Am Stiel frei, schmal, gedrängt, anfangs fleischfarben, graurosa, alt dunkel purpurbraun; Schneiden heller. **Stiel:** 6–12 cm lang, 2–4 cm breit, zur Basis hin bisweilen verjüngt, fest, voll, alt hohl, schmutzig weiß, unterhalb des Ringes braunschuppig, mit braunen Gürtelzonen; Ring jung weißlich, doppelrandig, unterseits braunschuppig. **Fleisch:** Weißlich, im Schnitt nur schwach rötend; Geruch und Geschmack angenehm. **Sporenpulver:** Dunkelbraun. **Sporen:** 6–7 × 4,5–6 µm, rundlich, glatt, dickwandig. **Vorkommen:** August bis Oktober oft in Büscheln in Gärten, Parkanlagen, auf Müll- und Schuttplätzen, Komposthaufen, an Wegen und Straßen. **Verwendung:** Essbar, am Standort aber oft schadstoffbelastet.

3 Karbol-Egerling

Agaricus xanthoderma GENEV.

Mai–Oktober
Wälder, Wiesen
Giftig
Foto zwei Fruchtkörper durch Druck verfärbt

Hut: 5–15 cm breit, anfangs halbkugelig bis abgestutzt-kegelförmig, im Querschnitt trapezförmig, später ausgebreitet mit abgeflachter Mitte; Oberfläche glatt, kalkweiß, später in der Mitte blassbräunlich, auch schuppig, beim Reiben chromgelb; Rand lange nach unten gebogen, bisweilen mit Velumresten behangen. **Lamellen:** Frei, dicht stehend, jung rosafarben, bald graurosa, alt dunkelbraun bis fast schwarz. **Stiel:** 8–12 cm lang, 1–2 cm breit, zylindrisch; Ring häutig, dauerhaft, weiß; Basis knollig. **Fleisch:** Weißlich, im Schnitt gelb, in der Stielbasis chromgelb verfärbend; Geruch unangenehm nach Tinte oder Karbol, vor allem beim Kochen, Geschmack unangenehm. **Sporenpulver:** Purpurbraun. **Sporen:** 5–7 × 3–4 µm, oval, glatt. **Vorkommen:** Mai bis Oktober meist gesellig in lichten Wäldern, an Waldrändern, in Wiesen, Gärten und Parkanlagen. **Verwendung:** Giftig mit unterschiedlicher toxikologischer Wirkung, verursacht Übelkeit, Erbrechen, Durchfälle und Bauchschmerzen, die kolik- oder krampfartig verstärkt sein können; Latenzzeit bis vier Stunden. **Wissenswertes:** In der Gruppe *Xanthodermatei* gibt es mehrere Arten und Varietäten. Verwechslungen mit essbaren Egerlingen sind zu vermeiden, wenn man auf die im Schnitt gilbende Stielknolle und den unangenehmen Karbolgeruch achtet. Der widerliche Geruch, der für alle Pilze der Gruppe typisch ist, verstärkt sich noch beim Kochen und schreckt vom Verzehr des Pilzgerichts ab.

4 Fleckender Schmierschirmling

Chamaemyces fracidus (FR.) DONK

Juli–Oktober
Laub- und Nadelwald, an grasigen Plätzen
Kein Speisepilz
Foto mit Spitzwegerich

Hut: 3–8 cm breit, jung halbkugelig, dann gewölbt, mit stumpfem Buckel; Oberfläche feucht schmierig, blassgelblich, später hellocker, jung mit Tröpfchen, die bräunliche Flecken hinterlassen; Rand lange eingebogen, jung mit Velumresten. **Lamellen:** Am Stiel ausgebuchtet angeheftet, eng stehend, weiß bis blass strohfarben. **Stiel:** 3–6 cm lang, bis 1 cm breit, unterhalb des Ringes braunschuppig und jung mit gelblich-orangefarbenen Tröpfchen, die Flecken hinterlassen; Ring häutig, vergänglich. **Fleisch:** Weißlich; Geruch und Geschmack unangenehm. **Sporen:** 4–6 × 2,5–3 µm. **Vorkommen:** Juli bis Oktober einzeln oder gesellig in Laub- und Nadelwäldern, auch auf grasigen Waldlichtungen, in Parkanlagen, an Weg- und Straßenrändern und auf Weiden; selten. **Verwendung:** Kein Speisepilz. **Wissenswertes:** Pilze der Gattung *Chamaemyces* sind mit den Schirmlingen *(Lepiota)* und den Schleimschirmlingen *(Limacella)* nahe verwandt.

1b

1a

1c

2

4

3

Familie	Gattungen
Agaricaceae	*Cystolepiota* (Mehlschirmlinge), *Echinoderma* (Stachelschirmlinge), *Lepiota* (Schirmlinge)

1 Violettlicher Mehlschirmling

Cystolepiota bucknallii (BERK. & BR.) SING. & CLÉM.

August–Oktober
Laubwald
Kein Speisepilz
Foto mit Sauerklee

Hut: 1–2,5 cm breit, jung glockig, später gewölbt, alt abgeflacht; Oberfläche matt, körnig-mehlig, heller oder dunkler violettlich, alt creme-ocker ausgeblasst; Rand jung mit Velumresten. **Lamellen:** Frei, gedrängt, creme-weißlich; Schneiden glatt. **Stiel:** 2,5–6 cm lang, 2–4 mm breit, alt hohl, körnig-flockig, violettlich, besonders an Druckstellen, zur Basis hin dunkler violett; Ringzone flüchtig. **Fleisch:** Dünn, weißlich; Geruch unangenehm nach Leuchtgas, Geschmack unangenehm. **Sporenpulver:** Weiß. **Sporen:** 7,5–9 × 3–3,5 µm. **Vorkommen:** August bis Oktober im Laubwald. **Verwendung:** Kein Speisepilz. **Wissenswertes:** Die Gattung *Cystolepiota* umfasst etwa zehn kleinere Arten, die an Schirmlinge erinnern. Alle haben einen mehligen, abwischbaren Hutbelag.

2 Zierlicher Mehlschirmling

Cystolepiota sistrata (FR.: FR.) SING. EX BON & BELLU

August–November
Laub- und Nadelwald
Unbedeutend
Foto mit Eiben-Spaltzahnmoos

Hut: 0,5–1,5 cm breit, anfangs kegelig-glockig, dann gewölbt bis ausgebreitet, Mitte meist gebuckelt; Oberfläche matt, mehlig, rein weiß bis blassgelb, Mitte oft mit gelbbräunlichem oder graulila Ton; Rand jung flockig behangen. **Lamellen:** Am Stiel frei, etwas gedrängt, mit Zwischenlamellen, weißlich. **Stiel:** 3–5 cm lang, 1–2 mm breit, oft etwas gekrümmt, mehlig bereift, weiß, später besonders bei Berührung vom Grund her lila-bräunlich. **Fleisch:** Sehr dünn; Geruch und Geschmack unbedeutend. **Sporenpulver:** Weiß. **Sporen:** 3–4 × 2–3 µm. **Vorkommen:** August bis November meist gesellig in Laub- und Nadelwäldern. **Verwendung:** Unbedeutend.

3 Spitzschuppiger Stachelschirmling

Echinoderma asperum (PERS.: FR.) BON
Lepiota acutesquamosa (WEINM.: FR.) GILL.

August–Oktober
Laub- und Nadelwald
Giftig
3b mit Blatt vom Großen Springkraut

Hut: 4–15 cm breit, jung kegelig-glockig, alt flach ausgebreitet, dickfleischig; Oberfläche auf cremefarbenem Grund mit gelbbraunen bis dunkelbraunen, spitzkegeligen bis angedrückten, abreibbaren Schuppen; Rand jung durch feinfädigen Schleier mit dem Stiel verbunden (3a). **Lamellen:** Am Stiel frei, sehr gedrängt stehend, häufig gegabelt, jung weißlich, später cremefarben. **Stiel:** Bis 12 cm lang, 1–2 cm breit, zylindrisch, anfangs voll, bald hohl, cremefarben; Ring häutig, hängend, oberseits cremefarben, mit braunflockigem Rand; Basis meist knollig. **Fleisch:** Weich, weiß, alt etwas bräunend; Geruch und Geschmack widerlich. **Sporenpulver:** Cremefarben. **Sporen:** 7–8 × 3–4 µm. **Vorkommen:** August bis Oktober in Laub- und Nadelwäldern, an Waldwegen, selten auch in Gärten auf nährstoffreichen lockeren Böden. **Verwendung:** Giftig.

4 Weißer Schirmling

Lepiota alba (BRES.) SACC.

August–November
Wiesen, Magerrasen
Kein Speisepilz
Foto mit Spitzwegerich

Hut: 2–6 cm breit, jung glockig, dann gewölbt mit stumpfem Buckel; Oberfläche weiß, fein faserig-flockig bis glatt, Scheitel blassgelblich bis hellbräunlich; Rand jung mit weißen Velumresten. **Lamellen:** Am Stiel frei, gedrängt stehend, weiß bis blass lehmfarben. **Stiel:** 4–7 cm lang, 0,3–0,8 cm breit, zylindrisch, brüchig, weiß, oberhalb der Ringzone glatt, darunter wollig-faserig; Ring faserig, vergänglich. **Fleisch:** Dünn, weiß; Geruch und Geschmack unangenehm. **Sporenpulver:** Weiß. **Sporen:** 11–13 × 5,5–6,5 µm. **Vorkommen:** August bis November einzeln bis gesellig in sonnigen Lagen auf Wiesen, Weiden, Kalkmagerrasen; selten. **Verwendung:** Kein Speisepilz.

5 Kastanienbrauner Schirmling

Lepiota castanea QUÉL.

August–Oktober
Laub- und Nadelwald
Giftig
Foto mit Fichtensämlingen

Hut: 2–4 cm breit, breitkegelig, bald ausgebreitet mit stumpfem Buckel; Oberfläche ockergelb mit rotbraunen bis schwarzbraunen, +/– konzentrisch angeordneten Schuppen, Scheitel fast glatt. **Lamellen:** Am Stiel frei, bauchig, mäßig dicht, cremegelb, alt etwas rostfleckig. **Stiel:** Bis 5 cm lang, bis 3 mm breit, zylindrisch, ohne Ring, jedoch mit unauffälliger Ringzone, im unteren Teil stark kastanienbräunlich geschuppt; Basis +/– verdickt. **Fleisch:** Weiß, etwas rötend; Geruch unangenehm, streng. **Sporenpulver:** Weiß. **Sporen:** 8,5–10 × 4–4,5 µm. **Vorkommen:** August bis Oktober im Laub- und Nadelwald, an Waldwegen. **Verwendung:** Giftig. **Wissenswertes:** Die Gattung *Lepiota* enthält weitere kleine, schwer unterscheidbare, sehr giftige Arten. Dazu gehören der Fleischbräunliche Schirmling *(Lepiota brunneoincarnata)*, der Fleischrötliche Schirmling *(Lepiota helveola)* und der Fleischfarbene Schirmling *(Lepiota subincarnata)*.

6 Wolliggestiefelter Schirmling

Lepiota clypeolaria (BULL.: FR.) KUMM.

August–Oktober
Laubwald
Kein Speisepilz

Hut: 4–8 cm breit, jung halbkugelig, später glockig bis flach mit stumpfem Buckel; Oberfläche weißlich-cremefarben mit kleinen, blass ockerfarbenen Schüppchen, Mitte blassbräunlich, glatt; Rand jung mit weißen Velumresten. **Lamellen:** Am Stiel frei, weiß; Schneiden flockig. **Stiel:** 5–10 cm lang, 0,4–1 cm breit, brüchig, hohl, weißlich, alt gelblich, unter dem flockigen Ringansatz wollig-faserig; Basis verdickt, bräunend. **Fleisch:** Dünn, weich, weiß; Geruch fruchtig-würzig, Geschmack mild. **Sporenpulver:** Cremegelb. **Sporen:** 12–16 × 5,5–6,5 µm. **Vorkommen:** August bis Oktober in Laub-, seltener in Mischwäldern. **Verwendung:** Kein Speisepilz.

1

2

3a

3b

4

5

6

Familie	Gattungen
Agaricaceae	*Lepiota* (Schirmlinge), *Melanophyllum* (Zwergschirmlinge)

1 Stink-Schirmling

Lepiota cristata (BOLT.: FR.) KUMM.

Juni–Oktober
Laub- und Nadelwald
Kein Speisepilz
1a mit Pfennigkraut
1b mit Blatt der Wald-Erdbeere

Hut: 1–4 cm breit, anfangs halbkugelig, bald kegelig-glockig, dann gewölbt mit stumpfem Buckel; Oberfläche weißlich mit feinen, rotbraunen, +/– konzentrisch angeordneten Schüppchen, Scheitel glatt, rotbraun; Rand lange eingebogen, fransig, bisweilen behangen. **Lamellen:** Frei, gedrängt stehend, bauchig, weiß, später gelblich, alt rostfleckig; Schneiden schartig. **Stiel:** 4–6 cm lang, bis 0,4 cm breit, zylindrisch, hohl, brüchig, weißlich, zur Basis hin rosa getönt; Ring aufsteigend, vergänglich, weiß. **Fleisch:** Weiß; Geruch und Geschmack unangenehm-widerlich. **Sporenpulver:** Gelbweiß. **Sporen:** 6–9 × 3–3,5 µm. **Vorkommen:** Juni bis Oktober meist gesellig in Laub- und Nadelwäldern, gern an Waldwegen unter Gras und Kräutern, auch in Gärten und Parkanlagen. **Verwendung:** Kein Speisepilz; ungenießbar durch seinen widerlichen Geruch und Geschmack.

2 Schwarzschuppiger Schirmling

Lepiota felina (PERS.: FR.) KARST.

Juli–Oktober
Nadelwald
Kein Speisepilz
Foto mit Sternmoos

Hut: 2–4 cm breit, jung breitkegelig, gewölbt, später flach ausgebreitet, mit breitem, stumpfem Buckel; Oberfläche auf weißlichem Grund mit konzentrisch angeordneten, dicken, dunkel rot- bis schwarzbraunen Schüppchen, Mitte fast glatt bis grobkörnig, dunkel rotbraun bis schwärzlich. **Lamellen:** Am Stiel frei, ziemlich breit, bauchig, etwas untermischt, weiß, alt leicht gilbend. **Stiel:** Bis 5,5 cm lang, zylindrisch mit etwas angeschwollener Basis, hohl, feinfaserig, weißlich, unterm Ring hellbräunlich, bisweilen mit schwarzbraunen Schüppchen; Ring vergänglich, weiß, mit schwarzbraunen Schüppchen. **Fleisch:** Weiß; Geruch schwach an Stink-Schirmling erinnernd, Geschmack mild. **Sporenpulver:** Weiß. **Sporen:** 6–8 × 3,5–4,5 µm. **Vorkommen:** Juli bis Oktober einzeln oder in kleinen Trupps meist im Nadelwald, auf Waldwegen; selten. **Verwendung:** Kein Speisepilz; ungenießbar durch seinen widerlichen Geruch.

3 Grünspan-Schirmling

Lepiota grangei (EYRE) KUEHN.

Herbst
Laubwald
Kein Speisepilz
Foto mit Gewelltem Sternmoos und Wald-Erdbeere

Hut: 2–3,5 cm breit, jung kegelig bis breit glockig, später gewölbt bis flach ausgebreitet mit stumpfem Buckel; Oberfläche mit braungrünen Schüppchen, Mitte blaugrün, zum Rand hin hellockerlich; Rand jung mit weißlichen Velumresten. **Lamellen:** Am Stiel frei, gedrängt, schwach bauchig, jung cremefarben, alt schmutzig-ockerlich, bisweilen mit rostbräunlichen Flecken. **Stiel:** Bis 6 cm lang, 3–5 mm breit, hohl, brüchig, weißlich, nach unten hin beige mit blaugrünen Schüppchen; Basis etwas knollig. **Fleisch:** Dünn; Geruch unangenehm, Geschmack mild, fade. **Sporenpulver:** Hellgelb. **Sporen:** 9,5–13 × 3,5–4,5 µm, abgestutzt projektilförmig mit seitlichem Sporn, hyalin. **Vorkommen:** Im Herbst gesellig in Laubwäldern, an Waldwegen zwischen Gräsern und Moosen; selten. **Verwendung:** Kein Speisepilz.

4 Braunberingter Schirmling

Lepiota ignivolvata BOUSS. & JOSS. EX JOSS.

Juli–Oktober
Laubwald
Kein Speisepilz
Foto mit Laub der Rotbuche

Hut: 4–11 cm breit, anfangs halbkugelig bis stumpfkegelig, später ausgebreitet mit stumpfem Buckel; Oberseite auf weißlichem Grund mit +/– anliegenden hellcreme- bis ockerfarbenen Schüppchen bedeckt, Scheitel hell haselnussbraun bis rötlich braun; Rand mit Velumresten. **Lamellen:** Am Stiel frei, dünn, gedrängt, weiß, später cremefarben, im Alter oft rostig gesprenkelt. **Stiel:** 5–12 cm lang, 0,5–1,5 cm breit, alt hohl, weiß, unterhalb der Ringzone zerstreut schuppig; Ringzone schräg verlaufend, oft unvollständig ausgebildet, mit braunem bis orangebraunem Streifen an der Außenkante; Basis von weißem Myzel umhüllt, das sich beim Reiben und im Alter +/– orange verfärbt. **Fleisch:** Weiß; Geruch unangenehm nach Stink-Schirmling, Geschmack unangenehm, widerlich. **Sporenpulver:** Hell cremefarben. **Sporen:** 9–13 × 5,5–7 µm, elliptisch, glatt, hyalin. **Vorkommen:** Juli bis Oktober einzeln bis gesellig in Laubwäldern. **Verwendung:** Kein Speisepilz. **Wissenswertes:** An seiner färbenden Stielbasis ist der Pilz leicht zu erkennen.

5 Blutblättriger Zwergschirmling

Melanophyllum haematospermum (BULL.: FR.) KREIS.
Melanophyllum echinatum (ROTH: FR.) SING.

Juni–Oktober
Laub- und Nadelwald
Kein Speisepilz
Foto mit Sauerklee

Hut: 1–3(–5) cm breit, anfangs kegelig gewölbt bis glockig, später flach ausgebreitet, oft flach gebuckelt; Oberfläche hellbraun-graubraun, kleiigkörnig, +/– verkahlend; Rand anfangs eingerollt, später mit Velumfetzen behangen. **Lamellen:** Am Stiel schmal angeheftet, fast gedrängt, jung karmin-weinrot, später braunrot. **Stiel:** 2–4 cm lang, 3–6 mm breit, zylindrisch, hohl, zerbrechlich, auf weinrotem Grund graukörnig-mehlig; Ringzone vergänglich; Basis verdickt bis knollig. **Fleisch:** Dünn, im Hut weißlich, im Schnitt sofort rötend; Geruch unangenehm, Geschmack mild. **Sporenpulver:** Frisch olivgrün, trocken rotbraun. **Sporen:** 6–7 × 3–4 µm, elliptisch, fein rau, dickwandig. **Vorkommen:** Juni bis Oktober meist truppweise im Laub- und Nadelwald, an Gräben, auf Holzlagerplätzen, entlang von Waldwegen unter Kräutern und Gräsern. **Verwendung:** Kein Speisepilz. **Wissenswertes:** Die Gattung *Melanophyllum* besteht aus zwei kleinen Arten; ihre Hüte haben eine kleiig-körnige Oberfläche, das Sporenpulver ist zuerst grün, trocken rotbraun.

1a

2

1b

3

4

5

Familie | Gattung

Agaricaceae

Macrolepiota (Riesenschirmpilze)

1 Warzen-Schirmpilz

Macrolepiota mastoidea (FR.) SING.

August–November
Buchenwald
Essbar
Foto mit Deutschem Enzian

Hut: 5–12 cm breit, erst eiförmig-glockig, bald flach gewölbt-ausgebreitet, mit deutlichem, glattem, brustwarzenförmigem, bräunlichem Buckel; Oberseite blassbräunlich, zunächst glatt, bald besonders zum Rand hin feinschuppig aufgelöst. **Lamellen:** Frei stehend, gedrängt, weich, untermischt, weißlich-blass. **Stiel:** 7–15 cm lang, bis 1 cm breit, zylindrisch, jung voll, alt hohl, weißlich-hellbräunlich, schwach gezont oder leicht genattert; Ring oben bräunlich, unten weißlich; Basis knollig verdickt, bis 4 cm breit, weißfilzig. **Fleisch:** Weich, weiß, nicht rötend; Geruch wenig ausgeprägt, Geschmack mild. **Sporenpulver:** Weiß. **Sporen:** 12–16 × 8–9 µm, elliptisch, glatt, hyalin, dickwandig. **Vorkommen:** August bis November einzeln oder truppweise vor allem im Buchenwald, gern an lichten Stellen. **Verwendung:** Essbar. **Wissenswertes:** Die Gattung *Macrolepiota* umfasst etwa 15 Arten. Einige davon sind geschätzte Speisepilze. Wichtige Merkmale sind Farbe und Form der Huthautschuppen. Der Ring am Stiel ist +/– verschiebbar. Manche Riesenschirmpilze färben sich im Schnitt oder bei Verletzung rötlich. Ihr Sporenpulver ist weiß.

2 Parasolpilz

Macrolepiota procera (SCOP.: FR.) SING.

Juli–Oktober
Laub- und Nadelwald
Essbar
2a junge Fruchtkörper im Buchenlaub
2b „Paukenschlegel“

Hut: 10–25(–40) cm breit, jung kugelig-eiförmig (Paukenschlegelform), später gewölbt bis ausgebreitet, mit kleinem Buckel; Oberfläche hellbraun mit sparrig abstehenden, +/– konzentrisch angeordneten Schuppen, Hutmitte mit Buckel glatt, braun; Rand behangen. **Lamellen:** Frei stehend, breit, bauchig, weich, sehr gedrängt, weiß, alt hellbräunlich; Schneiden flockig. **Stiel:** 15–30 (–40) cm lang, bis 2 cm breit, schlank, faserig, zäh, jung markig, später hohl, hellbräunlich, bald mit dunklerer Natterung; Ring groß, zweischichtig, am Rand flockig, verschiebbar; Basis weißfilzig, keulig verdickt (bis 5 cm). **Fleisch:** Weich, zart, etwas schwammig, im Stiel zäh, weiß, im Schnitt nicht verfärbend; Geruch und Geschmack angenehm nussartig. **Sporenpulver:** Weißlich. **Sporen:** 15–20 × 10–13 µm, elliptisch, glatt, hyalin, dickwandig. **Vorkommen:** Juli bis Oktober einzeln oder gesellig, bisweilen in Ringen in lichten Laub- und Nadelwäldern, auf grasigen Lichtungen und Heiden, an Wald-, Weg- und Straßenrändern; verbreitet. **Verwendung:** Essbar. **Wissenswertes:** Jung erinnert der Parasol an ein Weihnachtsplätzchen. Dann entwickelt er sich zum „Paukenschlegel“ und schließlich wächst er zu einem wahrhaftigen „Riesen“-Schirmpilz heran.

3 Jungfernschirmling

Macrolepiota puellaris (FR.) MOS.

Sommer–Herbst
Berg-Nadelwald
Essbar
3a und 3b mit Fichtenzweig

Hut: 4–8 cm breit, jung halbkugelig, später aufgeschirmt und abgeflacht; Oberfläche auf weißem Grund mit wolligen bis sparrig abstehenden, +/– konzentrisch angeordneten, anfangs weißlichen, später zur Mitte hin hell graubraunen Schuppen, Mitte glatt, hell graubraun; Rand jung mit Velumresten behangen. **Lamellen:** Abgerundet, frei, breit, mit Zwischenlamellen, erst weiß, später blass gelbbräunlich mit rosa Tönen, bei Druck bräunend. **Stiel:** 7–12(–15) cm lang, bis 1 cm breit, hohl, starr, jung weiß, dann ledergelblich, nicht genattert, beim Reiben bräunlich verfärbend, kaum rötend; Ring im Alter verschiebbar; Basis knollig verdickt. **Fleisch:** Weich, weiß, im Schnitt nicht rötend; Geruch unbedeutend, Geschmack mild. **Sporenpulver:** Weiß. **Sporen:** 9–12 × 6–7 µm, elliptisch, glatt, hyalin, mit Keimporus. **Vorkommen:** Sommer bis Herbst einzeln bis truppweise in Berg-Nadelwäldern, an Waldrändern entlang auch auf Wiesen und Weiden; in Norddeutschland sehr selten. **Verwendung:** Essbar; als Seltenheit zu schonen.

4 Safran-Schirmpilz

Macrolepiota rachodes (VITT.) SING.

Juli–November
Nadel- und Laubwald
Essbar
4b mit Tamarisken-Thujamoos

Hut: 7–15 cm breit, jung halbkugelig-eiförmig, später flach gewölbt, ohne Buckel; Oberfläche braun oder graubraun, dicht wollig-schuppig, Schuppen aufgebogen, bisweilen fast konzentrisch angeordnet, Hutmitte glatt, ockerbräunlich; Rand flockig behangen. **Lamellen:** Frei, gedrängt, bauchig, weiß-cremeweiß, bei Berührung rötlich verfärbend; Schneiden jung weißlich, später braunflockig. **Stiel:** 9–15(–20) cm lang, 1–2 cm breit, zylindrisch, ausgestopft, später hohl, glatt, ohne Natterung, weißlich-bräunlich, alt schmutzig-bräunlich, bei Verletzung orangerot; Ring mit gezacktem Rand, wattig, verschiebbar; Basis weißlich, mit kräftiger Knolle. **Fleisch:** Zart, weiß, im Schnitt schnell safrangelb-orangerot anlaufend, dann rotbräunlich verfärbend; Geruch und Geschmack angenehm. **Sporenpulver:** Weißlich. **Sporen:** 9–12 × 6–7 µm, elliptisch, glatt, hyalin, dickwandig. **Vorkommen:** Juli bis November oft gesellig in Nadel-, seltener in Laubwäldern, gern an Waldwegen, bisweilen auch in Gärten; verbreitet. **Verwendung:** Essbar. Wie ein paniertes Schnitzel gebraten und mit einer Scheibe Käse und Schinken verfeinert werden die Hüte vom Safran-Schirmpilz und vom oben beschriebenen Parasolpilz zur Delikatesse. **Wissenswertes:** Meist außerhalb von Wäldern wächst auf fetten, gedüngten Wiesen, in Gärten und Parks der sehr seltene Gift-Riesenschirmling *(Macrolepiota venenata)*; dieser erscheint gern büschelig, hat einen einfachen Ring und schollig aufreißende Hutschuppen, sein Fleisch färbt sich purpurrosa.

1

2a

2b

2c

2d

3a

3b

4a

4b

Familie	Gattungen
Agaricaceae	*Leucoagaricus* (Egerlingsschirmpilze), *Leucocoprinus* (Faltenschirmlinge), *Phaeolepiota* (Glimmerschüpplinge)

1 Anlaufender Egerlingsschirmpilz

Leucoagaricus badhamii (Berk. & Br.) Sing.

Spätsommer–Herbst
Laub- und Nadelwald
Kein Speisepilz
1a und 1b mit Großer Brennnessel

Hut: 4–9 cm breit, jung glockig, später flach gewölbt bis ausgebreitet, mit schwachem Buckel; Oberfläche jung hellbeige, alt rotbräunlich bis dunkelbräunlich, Mitte glatt bis feinkörnig, zum Rand hin schuppig aufreißend, Schuppen am Rand überstehend; Huthaut wie Lamellen und Stiel bei frischen Pilzen bei Berührung sofort orangerot bis dunkel karottenrot anlaufend, bald dunkelbräunlich verfärbend. **Lamellen:** Am Stiel frei, deutlich vom Stiel abgesetzt, gedrängt, bauchig, cremeweißlich bis blassgelb. **Stiel:** 5–9 cm lang, bis 2 cm breit, zylindrisch, ausgestopft bis hohl, weiß; Ring aufsteigend, weiß, häutig, vergänglich; Basis knollig verdickt. **Fleisch:** Weiß bis hell cremefarben, im Schnitt nur unter der Huthaut etwas safranrötlich verfärbend; Geruch unauffällig, Geschmack säuerlich. **Sporen:** 6–7,5 × 4–5 µm, elliptisch, glatt, hyalin, dickwandig. **Vorkommen:** Spätsommer bis Herbst in Laub- und Nadelwäldern, an Waldrändern, auf nährstoffreichen, kalkhaltigen Böden; selten. **Verwendung:** Kein Speisepilz.

2 Büscheliger Egerlings-Schirmpilz

Leucoagaricus bresadolae (Schulz.) Bon

Sommer–Herbst
Gärten, Parkanlagen
Giftig

Hut: 8–10(–18) cm breit, anfangs kegelig-glockig, später gewölbt bis ausgebreitet, mit stumpfem Buckel; Oberfläche auf hellem Grund mit rotbräunlichen, konzentrisch angeordneten Schuppen bedeckt, Scheitel braun; Rand alt schwach gekerbt. **Lamellen:** Frei, gedrängt, mit Zwischenlamellen, weiß, später cremeweiß, bei Verletzung safranfarben fleckend. **Stiel:** 8–15 cm lang, bis 3 cm breit, zylindrisch, zur Basis hin zugespitzt oder knollig, alt hohl, oberhalb des Ringes weiß, unterhalb rotbräunlich, längsfaserig; bei Berührung intensiv chromgelb verfärbend, bald purpurbraun, dann schwärzend; Ring dünn, hängend, vergänglich. **Fleisch:** Weiß, im Schnitt zuerst gilbend, dann lebhaft rötend; Geruch angenehm, Geschmack mild. **Sporenpulver:** Cremeweiß. **Sporen:** 8–12 × 6–8 µm. **Vorkommen:** Sommer bis Herbst meist büschelig in Gärten und Parkanlagen, auf Holzabfällen (Rindenhaufen); selten. **Verwendung:** Giftig.

3 Rosablättriger Egerlingsschirmpilz

Leucoagaricus leucothites (Vitt.) Wasser

August–Oktober
Gärten, Wiesen
Kein Speisepilz

Hut: 5–10 cm breit, jung glockig, dann gewölbt, später ausgebreitet, +/– stumpf gebuckelt; Oberfläche glatt, seidig, weißlich-cremefarben, Scheibe ockerlich; Rand besäumt. **Lamellen:** Am Stiel frei, weißlich, alt blass fleischfarben bis rosa. **Stiel:** 6–8 cm lang, 1–2 cm breit, zylindrisch, hohl, cremeweiß; Ring schmal, nach oben abziehbar; Basis knollig verdickt (bis 2,5 cm), ohne Scheide. **Fleisch:** In der Hutmitte dick, zum Rand hin dünn, weiß; Geruch und Geschmack unbedeutend. **Sporenpulver:** Weiß. **Sporen:** 8–9 × 5–5,5 µm, elliptisch, glatt, hyalin, dickwandig, mit Keimporus. **Vorkommen:** August bis Oktober einzeln bis gesellig in Gärten, Parkanlagen, Wiesen und an Wegrändern; selten. **Verwendung:** Kein Speisepilz.

4 Gelber Faltenschirmling

Leucocoprinus flos-sulphuris Bon
Leucocoprinus birnbaumii (Corda) Sing.

Ganzjährig
In Gewächshäusern und Blumentöpfen
Kein Speisepilz
Foto im Blumentopf mit Birkenfeige

Hut: 2–7 cm breit, jung konisch-glockig, später flach ausgebreitet; Oberfläche zitronengelb bis goldgelb mit gleichfarbenen bis etwas dunkleren, im Alter hellbräunlichen Flöckchen, besonders in der Hutmitte; Rand faltig, bisweilen mit Resten von Hutschüppchen behangen. **Lamellen:** Am Stiel frei, hellgelb; Schneiden bisweilen schwach bräunlich. **Stiel:** 4–8 cm lang, bis 1 cm breit, zylindrisch, voll, alt hohl, zitronen- bis schwefelgelb, fein faserschuppig; Ring aufsteigend, vergänglich; Basis keulig verdickt. **Fleisch:** Dünn, gelb; Geruch und Geschmack unbedeutend. **Sporenpulver:** Weiß. **Sporen:** 8,5–14,5 × 6–9 µm, oval, glatt, hyalin. **Vorkommen:** Das ganze Jahr über einzeln bis büschelig in Gewächshäusern und Blumentöpfen, wo man ihn ruhig wachsen lassen kann, er schadet den Pflanzen nicht. **Verwendung:** Kein Speisepilz. **Wissenswertes**: Pilze der Gattung *Leucocoprinus* findet man bei uns meist eingeschleppt in Gewächshäusern.

5 Goldfarbener Glimmerschüppling

Phaeolepiota aurea (Matt.: Fr.) Mre. ex Konr. & Maubl.

September–November
Grasige Plätze
Essbar
5b und 5c mit Blättern der Kohl-Kratzdistel

Hut: 6–20(–25) cm breit, jung +/– halbkugelig-geschlossen (5a), dann gewölbt, im Alter fast niedergedrückt; Oberfläche glatt bis radialrunzelig, fein glimmerig-kleiig, goldgelb, gelbbraun bis orangebraun; Rand jung mit Velumresten behangen. **Lamellen:** Am Stiel ausgebuchtet, gedrängt stehend, schmal, jung cremefarben, bald hell rostbraun; Schneiden glatt. **Stiel:** 10–20 cm lang, kräftig, zylindrisch mit keuliger Basis, voll, unterhalb des Ringes hellgelb oder gelbbraun, streifig, mit körnigem Belag; Ring breit, häutig, aufsteigend, jung lange mit dem Hutrand verbunden, unterseits mehlig-körnig, gelbbraun. **Fleisch:** Blassgelb; Geruch angenehm, aromatisch, Geschmack mild. **Sporenpulver:** Rostbraun. **Sporen:** 9–15 × 4–6 µm, elliptisch-spindelig. **Vorkommen:** September bis November einzeln bis büschelig, am Standort oft in großen Mengen, in Gärten und Parkanlagen, an Straßen und grasigen Wegrändern und in Wäldern; selten. **Verwendung:** Essbar. **Wissenswertes**: Die Gattung *Phaeolepiota* besteht aus einer Art.

1a
2a
1b
4
3
2b
5a
5b
5c

1 Großer Rauspor-Tintling

Coprinus alopecia LASCH
Coprinus insignis PECK

Juli–September
An toten und lebenden Stämmen
Kein Speisepilz

Hut: 7(–10) cm hoch, walzenförmig, grauweißlich, graubräunlich, mit graubraunem Scheitel; Oberfläche anfangs mit anliegenden, zarten, silbrigen, abwischbaren Schüppchen bedeckt, die schnell verschwinden; deutlich radial gestreift. **Lamellen:** Sehr gedrängt, jung blassgrau, schließlich violett-schwärzlich; Schneiden weiß. **Stiel:** 6–15 cm lang, bis 1,5 cm breit, zylindrisch, nach oben verjüngt, voll, später hohl, weiß, ganzer Stiel fein weißflockig. **Fleisch:** Dünn, weiß, im Alter schwarz zerfließend; ohne besonderen Geruch und Geschmack. **Sporenpulver:** Schwarz. **Sporen:** 9–14 × 6–8 µm, mandel- bis zitronenförmig, warzig-rau. **Vorkommen:** Juli bis September gesellig oder in kleinen Büscheln an toten und lebenden Baumstämmen; wärmeliebende, seltene Art. **Verwendung:** Kein Speisepilz; wie der Graue Falten-Tintling zusammen mit Alkohol genossen giftig. **Wissenswertes:** Seinen wissenschaftlichen Namen hat der Pilz vom kahlen Scheitel (Alopezie = Haarausfall). Ähnlich ist der Graue Falten-Tintling *(Coprinus atramentarius)*.

2 Brauner Kohlen-Tintling

Coprinus angulatus PECK

Frühjahr–Sommer
Auf Brandstellen
Kein Speisepilz
Foto auf Brandstelle

Hut: 2–3 cm breit, eiförmig-glockig bis ausgebreitet; Oberfläche kahl, ohne Velum, beige, ockerbraun bis dunkel rostbraun, Mitte meist dunkler, trocken hellocker; Rand radial faltig-gefurcht; Hut langsam zerfließend. **Lamellen:** Am Stiel angewachsen, creme-blassgraulich, bald schwarz zerfließend; Schneiden weiß-glimmerig. **Stiel:** Bis 5 cm lang, bis 3 mm breit, zylindrisch, hohl, zerbrechlich, blassweiß, blassgrau bis hellocker, feinfaserig. **Fleisch:** Dünn; Geruch und Geschmack unbedeutend. **Sporenpulver:** Schwarz. **Sporen:** 9,5–10,5 × 7–8 µm, kronenförmig bzw. dreilappig mitraförmig. **Vorkommen:** Frühjahr bis Sommer meist gesellig auf Brandstellen; selten. **Verwendung:** Kein Speisepilz. **Wissenswertes:** Der beschriebene Pilz ist charakterisiert durch sein Vorkommen auf älteren Brandstellen, fehlendes Velum und die außergewöhnliche Sporenform. Die Gattung *Coprinus* umfasst etwa 100 Arten. Die sehr zarten bis großen, eiförmigen oder kegeligen Hüte zerfließen bei der Sporenreife oder zergehen schnell. Das Sporenpulver ist schwarz. Nur wenige eignen sich als Speisepilze.

3 Grauer Falten-Tintling

Coprinus atramentarius (BULL.: FR.) FR.

April–November
An Wegen, Ruderalplätzen
Kein Speisepilz
3a mit Großer Brennnessel

Hut: 3–7(–10) cm hoch, 3–6 cm breit, erst eiförmig, dann kegelig-glockig; Oberfläche grauweißlich, aschgrau bis graubräunlich, Scheitel anfangs mit anliegenden, bräunlichen, abwischbaren Schüppchen bedeckt; Rand gerieft-faltig, alt zerrissen-aufgebogen; Hut im Alter vom Rand her tintenartig zerfließend. **Lamellen:** Am Stiel abgerundet bis schmal angeheftet, bauchig, sehr gedrängt, jung weißlich, bald graurosa, schließlich schwarz. **Stiel:** 6–15 cm lang, bis 1,5 cm breit, zylindrisch, nach oben verjüngt, voll, später hohl, zerbrechlich, jung weißlich, zartfaserig-schuppig; zur Basis hin verdickt mit ringartigem Wulst. **Fleisch:** Dünn, sehr mürbe, weiß, im Alter schwarz zerfließend; Geruch schwach, Geschmack mild, angenehm. **Sporenpulver:** Schwarz. **Sporen:** 8–10 × 5–6 µm, elliptisch, glatt, mit Keimporus. **Vorkommen:** April bis November selten einzeln, meist büschelig in Parkanlagen, an Wegen, in Obstgärten, an Ruderalplätzen und in Laubwäldern, gern in Verbindung mit vergrabenem Holz; verbreitet. **Verwendung:** Kein Speisepilz; junge Pilze sind zwar essbar, solange die Lamellen noch schön weiß sind, sie wirken zusammen mit Alkohol genossen aber giftig. **Wissenswertes:** Der Falten-Tintling enthält Coprin, das in Verbindung mit Alkohol zu unangenehmen Vergiftungserscheinungen führt (Hautrötung, Engegefühl, Kopfschmerzen, Atemnot, Angstzustände, Blutdruckabfall, Kollaps). Die Symptome klingen in der Regel nach 2–4 Stunden wieder ab. Früher hat man aus Falten-Tintlingen Tinte hergestellt. Dazu wurden die Pilzhüte in ein Gefäß gelegt, die entstehende braunschwarze Tinte wurde aufgefangen, mit Phenol behandelt und mit Gummi arabicum stabilisiert.

4 Braunhaariger Tintling

Coprinus auricomus PAT.

Frühjahr–Herbst
Wälder und Gärten
Kein Speisepilz

Hut: 1,5–4 cm breit, jung eichel- bis walzenförmig, später glockig, schließlich ausgebreitet bis fast flach, bisweilen mit kleinem, stumpfem Buckel; Oberfläche jung feucht glänzend, rostbraun bis dattelbraun, Mitte dunkler, alt dunkelbraun bis schwarzbraun; Hut etwa zu drei Vierteln fein gerieft, im Alter nicht zerfließend, sondern welkend. **Lamellen:** Schmal angeheftet bis frei, ohne Kollar, jung gedrängt, anfangs schmutzig weißlich, später bräunlich, alt grauschwarz; Schneiden jung weißlich. **Stiel:** 3–10(–14) cm lang, bis 5 mm breit, zylindrisch, hohl, sehr zerbrechlich, jung weißlich, bald blassockerlich, fein längsfaserig; Basis bisweilen etwas weißfilzig und wurzelnd. **Fleisch:** Dünn, unbedeutend. **Sporenpulver:** Schwarz. **Sporen:** 10–15 × 6–8,5 µm, elliptisch, glatt. **Vorkommen:** Bevorzugt im Frühjahr, jedoch bis Herbst gruppenweise bis fast büschelig in Wäldern, Gärten, Parkanlagen auf feuchter Erde, oft an morschem, vergrabenem Holz, auch auf alten Brandstellen. **Verwendung:** Kein Speisepilz.

1

2

3a

3b

4

Familie | Gattung

Coprinaceae

Coprinus (Tintlinge)

1 Schopf-Tintling

Coprinus comatus (MUELL.: FR.) PERS.
Coprinus ovatus (SCOP.: FR.) FR.

Mai–November
Wiesen und Wälder
Essbar

Hut: 2–6 cm breit, 6–12(–18) cm hoch, zylindrisch bis walzenförmig, im Alter glockig und vom Rand her schnell tintenartig zerfließend (siehe Foto unten); Oberfläche jung weiß, später schmutzig weiß, mit groben, abstehenden, weißlichen, im Alter bräunlichen Schuppen; Scheitel meist bräunlich. **Lamellen:** Frei, breit, sehr dicht stehend,

anfangs weiß, bald rosafarben, zuletzt mit dem Hut tiefschwarz tintenartig zerfließend. **Stiel:** Bis 15 cm lang, bis 2 cm breit, mit verdickter Basis, hohl, weiß, glatt; mit beweglichem, vergänglichem, zartem Ring. **Fleisch:** Dünn, weich, jung weiß, alt zerfließend; Geruch und Geschmack angenehm. **Sporenpulver:** Schwarz. **Sporen:** 10–14 × 6–8 µm. **Vorkommen:** Mai bis November meist truppweise in Gärten, Wiesen, Parkanlagen, an Wegen und Schuttplätzen, auch in Wäldern, bevorzugt nährstoffreiche Böden; in Mitteleuropa weit verbreitet. **Verwendung:** Essbar; vomRand her schwärzende Fruchtkörper kommen für den Verzehr nicht mehr in Frage. **Wissenswertes:** Der ähnliche Graue Falten-Tintling *(Coprinus atramentarius)* hat einen aschgrauen bis graubräunlichen Hut; er wirkt in Verbindung mit Alkohol giftig.

2 Gesäter Tintling

Coprinus disseminatus (PERS.: FR.) GRAY

Mai–Oktober
An totem Holz
Kein Speisepilz
2a auf morschem Eichenstumpf mit Blättern der Stiel-Eiche
2b an Laubholzstamm

Hut: 0,5–2 cm breit, eiförmig-stumpfglockig bis ausgebreitet; Oberfläche bis zur Scheibe auffallend radialfurchig gerieft, jung mit feinen Härchen (Lupe!), sehr zerbrechlich, erst creme-weißlich mit ockerfarbener Scheibe, bald kahl und graulich; alte Hüte zerfließen nicht. **Lamellen:** Breit am Stiel angewachsen, ziemlich entfernt stehend, etwas bauchig, anfangs weißlich, rasch graubraun, später grauviolett-braunschwarz, nicht zerfließend; Schneiden weißlich, glatt. **Stiel:** 2–5 cm lang, bis 1,5 mm breit, zylindrisch, meist verbogen, dünn und zerbrechlich, weißlich, glasig; Oberfläche jung weißlich bestäubt. **Fleisch:** Unbedeutend, sehr dünn; geruchlos, Geschmack mild. **Sporenpulver:** Schwarz. **Sporen:** 7,5–10 × 4–5 µm, ellipsoid, glatt, mit breitem, abgestutztem Keimporus. **Vorkommen:** Mai bis Oktober in Wäldern, Parkanlagen und Gärten in dichten Gruppen wie gesät an alten Baumstümpfen oder über vergrabenem Holz. **Verwendung:** Kein Speisepilz.

3 Haus-Tintling

Coprinus domesticus (BOLT.: FR.) GRAY

Frühling–Herbst
An morschem Holz
Kein Speisepilz
Foto mit Schuppenzweigmoos

Hut: 1–4(–6) cm breit, bis 4 cm hoch, anfangs eiförmig geschlossen, dann glockig aufschirmend, alt ausgebreitet; Oberfläche jung auf creme- bis blass lederfarbenem Grund und gelblich brauner bis ockerfarbener Mitte mit weißen, leicht abwischbaren, körnigen Schüppchen bedeckt, alt grauschwarz, kahl, vom Rand bis zum Scheitel gefurcht. **Lamellen:** Schmal angewachsen, anfangs weißlich, im Alter dunkelbraun bis schwarz, nicht zerfließend, sondern welkend. **Stiel:** 2–10 cm lang, bis 0,9 cm breit, zylindrisch, hohl, zerbrechlich, weiß; Basis oft mit angedeuteter volvaartiger Ringzone. **Fleisch:** Dünn, weißlich; Geruch und Geschmack pilzartig. **Sporenpulver:** Dunkelbraun. **Sporen:** 7–10 × 4–5 µm. **Vorkommen:** Frühling bis Herbst einzeln oder büschelig in Wäldern, Gärten, Parkanlagen an morschem Laubholz, seltener an Nadelholz. **Verwendung:** Kein Speisepilz.

4 Graublättriger Tintling

Coprinus impatiens (FR.) QUÉL.

August–November
Laubwald
Kein Speisepilz
Foto mit Blättern der Rotbuche

Hut: 1,5–3 cm breit, jung eiförmig, dann glockig, zuletzt flachkegelig; Oberfläche hygrophan, ockerbräunlich, lederfarben, später graubeige, bis zum rotbraunen Scheitel tief gefaltet-gefurcht, Furchen grau; Rand scharf; Hut nicht zerfließend. **Lamellen:** Angewachsen, erst beige, alt purpurbraun, nicht zerfließend; Schneiden weißflockig. **Stiel:** 7–10 cm lang, 2–4 mm breit, zylindrisch, hohl, zerbrechlich, weiß, bereift, fein längsfaserig. **Fleisch:** Dünn, weiß; Geruch und Geschmack unbedeutend. **Sporenpulver:** Schwarz. **Sporen:** 8,5–11,5 × 5,5–7 µm. **Vorkommen:** August bis November in Laubwäldern auf abgestorbenem Laub. **Verwendung:** Kein Speisepilz.

5 Glimmer-Tintling

Coprinus micaceus (BULL.: FR.) FR.

Mai–November
An Laubholz
Kein Speisepilz

Hut: 2–3 cm breit, 1–2,5 cm hoch, jung kugelig-eichelförmig, bald glockig, alt ausgebreitet; Oberfläche anfangs ockergelb-gelbbraun mit dunklerer Mitte, alt grauschwarz, jung mit zahlreichen vergänglichen, glimmerigen, weiß-bräunlichen Körnchen bedeckt, bis zum Scheitel eng gerieft. **Lamellen:** Angeheftet, gedrängt, breit, ganz jung beige, bald graubraun-graulila, alt schwarz zerfließend; Schneiden flockig. **Stiel:** 5–8(–10) cm lang, bis 0,5 cm breit, zylindrisch, hohl, zerbrechlich, weißlich, später gelblich, kahl. **Fleisch:** Dünn, weißlich, im Stiel ocker; Geruch und Geschmack unbedeutend. **Sporenpulver:** Schwarz. **Sporen:** 6,5–9 × 4–5 × 5–6 µm. **Vorkommen:** Mai bis November oft in dichten Büscheln an oder neben abgestorbenen Laubholzstümpfen und vergrabenem Holz in Wäldern, Parkanlagen und Gärten; verbreitet. **Verwendung:** Kein Speisepilz.

1a

1b

2b

2a

3

4

5

Coprinaceae

Coprinus (Tintlinge), *Lacrymaria* (Saumpilze)

1 Schneeweißer Tintling

Coprinus niveus (PERS.: FR.) FR.

Juli–Oktober
Auf Dung von Weidetieren
Kein Speisepilz
Foto auf Dung

Hut: 1,5–4 cm breit, 2–3,5 cm hoch, zunächst eiförmig, dann glockig, schließlich ausgebreitet; Oberfläche jung mit dichten, mehlig-kleiigen, kalkweißen, abwischbaren Flocken bedeckt; Rand fein behangen, alt aufgesplittert, fransig, oft aufgerollt. **Lamellen:** Dicht stehend, anfangs weiß, bald grau, alt schwarz; Schneiden fein weißflockig. **Stiel:** 2–5(–12) cm lang, 2–6 mm breit, zylindrisch, röhrig, zerbrechlich, auf weißem Grund mehlig-feinflockig, alt verkahlend; Basis verdickt. **Fleisch:** Dünn, grau; ohne besonderen Geruch und Geschmack. **Sporenpulver:** Schwarz. **Sporen:** 15–19 × 8,5–11 × 11–14 µm, elliptisch bis mandelförmig, glatt, schwarzbraun. **Vorkommen:** Juli bis Oktober einzeln oder gesellig auf Dung; selten, im Küstenbereich verbreitet. **Verwendung:** Kein Speisepilz.

2 Specht-Tintling

Coprinus picaceus (BULL.: FR.) GRAY

Sommer–Spätherbst
Laubwald
Kein Speisepilz
Foto mit Fruchthüllen der Edelkastanie

Hut: 4–8 cm breit, 4–6(–10) cm hoch, anfangs eiförmig-zylindrisch, walzenförmig, später kegelig-glockig; Oberfläche ganz jung weißlich, bald aufbrechend und auf dunkelbraunem bis schwarzbraunem Grund mit flachen, weißen, faserigen Flockenschuppen gesprenkelt, an flockenlosen Stellen ist die Hutriefung sichtbar; Rand zur Zeit der Reife aufgebogen und mit den Lamellen durch Autolyse zu einer schwärzlichen Tinte zerfließend. **Lamellen:** Frei, dicht stehend, bauchig, erst grauweißlich, dann rosa, schließlich schwarz, tintenartig zerfließend. **Stiel:** Bis 15(–25) cm lang, bis 2 cm breit, hohl, zerbrechlich, weißlich, flaumig-schuppig; am Grunde leicht knollig verdickt und weißlich feinfilzig. **Fleisch:** Dünn; Geruch im Alter teerähnlich, unangenehm, Geschmack unangenehm. **Sporenpulver:** Schwärzlich. **Sporen:** 13–17 × 10–12 µm, elliptisch, glatt. **Vorkommen:** Sommer bis Spätherbst einzeln bis gesellig in humusreichen Laubwäldern auf Kalkböden. **Verwendung:** Kein Speisepilz. **Wissenswertes:** An seinen Hutflocken leicht erkennbarer Tintling.

3 Glimmeriger Scheibchen-Tintling

Coprinus plicatilis (CURT.: FR.) FR.

Mai–Oktober
Grasige Plätze
Kein Speisepilz

Hut: 1–2(–3) cm breit, anfangs walzenförmig, schnell flach ausgebreitet, zart; Oberfläche glatt, matt, vom Rand bis fast zur Mitte radialfurchig, dünn und durchscheinend, jung graubraun mit rotbrauner bis orangebrauner Mitte, alt grau, Rand schwärzlich; nicht zerfließend. **Lamellen:** Vor dem Stiel mit kollarartigem Ring, entfernt stehend, untermischt, anfangs weiß bis blassgrau, alt schwarz, nicht zerfließend; Schneiden glatt. **Stiel:** Bis 7 cm lang, 1–2(–4) mm breit, zylindrisch, hohl, brüchig, weißlich-cremefarben, matt, kahl; Basis mit Knöllchen, weißflaumig. **Fleisch:** Dünn, wässrig; Geruch und Geschmack unbedeutend. **Sporenpulver:** Schwarz. **Sporen:** 10–13 × 6,5–7,5 × 8,5–10,5 µm, in Frontansicht mitraförmig, in Seitenansicht elliptisch-mandelförmig. **Vorkommen:** Mai bis Oktober einzeln oder in kleinen Gruppen an grasigen Plätzen, auf Wiesen, Zierrasen, Weiden, Brachland, an Wegrändern; verbreitet. **Verwendung:** Kein Speisepilz. **Wissenswertes:** Verschiedene verwandte Arten unterscheiden sich nur durch abweichende Mikromerkmale.

4 Gelbschuppiger Tintling

Coprinus xanthothrix ROMAGN.

Juni–August
An Holz
Kein Speisepilz
Foto mit fruchtender Maienblume und Blättern der Rotbuche

Hut: 2–4 cm breit, jung eiförmig, später ausgebreitet; Oberfläche cremefarben, Mitte ockerfarben, mit gelblich-bräunlichen Velumkörnchen bedeckt, gerieft-gefurcht; alt grau zerfließend. **Lamellen:** Eng stehend, jung cremeweiß, alt schwarzbraun. **Stiel:** 4–7 cm lang, hohl, brüchig, weiß. **Fleisch:** Dünn; Geruch und Geschmack unbedeutend. **Sporenpulver:** Schwarzbraun. **Sporen:** 7–10 × 4,5–5 × 5,5–6,5 µm, elliptisch, glatt, mit Keimporus. **Vorkommen:** Juni bis August einzeln oder zu wenigen an toten Laubholzästchen und moderndem Laub. **Verwendung:** Kein Speisepilz. **Wissenswertes:** Ähnlichkeit hat der Haus-Tintling *(Coprinus domesticus);* seine Sporen sind jedoch elliptisch bis bohnenförmig.

5 Tränender Saumpilz

Lacrymaria lacrymabunda (BULL.: FR.) PAT.
Psathyrella velutina (PERS.) SING.

Juni–Oktober
Waldwege, Wiesen
Kein Speisepilz
5a mit Wald-Veilchen
5b Hutunterseiten mit Stinkendem Storchschnabel

Hut: 3–10 cm breit, gewölbt bis ausgebreitet, stumpf gebuckelt; Oberfläche filzig-faserig, ockerbräunlich, schmutzig graubraun bis rostbraun; Rand mit vergänglichen faserigen Velumresten. **Lamellen:** Ausgebuchtet angewachsen, gedrängt, marmoriert, dunkelbraun bis fast schwarz; Schneiden weiß, gekerbt, jung und bei feuchter Witterung mit kleinen wässrigen Tröpfchen, die beim Eintrocknen dunkle Flecken hinterlassen. **Stiel:** 4–12 cm lang, 3–10 mm breit, zylindrisch, hohl, zerbrechlich, oben blass, unterhalb der vergänglichen Ringzone schmutzig bräunlich, faserig-flockig. **Fleisch:** Dünn, bräunlich; Geruch schwach, Geschmack unangenehm. **Sporenpulver:** Schwarz. **Sporen:** 8–11,5 × 5–6,5 µm, zitronenförmig, grobwarzig. **Vorkommen:** Juni bis Oktober meist gesellig an Waldwegen, Ruderalstellen, in Wiesen und Parkanlagen. **Verwendung:** Kein Speisepilz. **Wissenswertes:** Die Gattung *Lacrymaria* ist bei uns nur mit zwei Arten vertreten. Sie unterscheidet sich von *Psathyrella* durch warzige Sporen und marmorierte Lamellen.

1

2

3

4

5a

5b

Familie	Gattungen
Coprinaceae	*Panaeolus* (Düngerlinge), *Psathyrella* (Faserlinge, Mürblinge)

1 Ring-Düngerling

Panaeolus fimiputris (Bull.: Fr.) Quél.
Panaeolus semiovatus (With.: Fr.) Wünsche

Juni–November
Auf Tierdung
Giftig
Foto auf Kuhdung

Hut: 2–6 cm hoch, 2–4 cm breit, jung eiförmig, dann halbkugelig-glockig; Oberfläche glatt bis runzelig, feucht schmierig-klebrig, bei Trockenheit glänzend und feldrig aufgerissen, weiß bis blassocker, alt oft mit ocker-blassbräunlicher Mitte; Rand die Lamellen etwas überragend. **Lamellen:** Breit angewachsen, ganz jung, solange der Hut geschlossen ist, grauweiß, dann fleckig-marmoriert, zuletzt schwarz; Schneiden weißlich. **Stiel:** 5–10(–15) cm lang, 2–8 mm breit, zylindrisch, zur Basis hin bisweilen verdickt, hohl, brüchig, weißlich; Ring häutig, schmal, aufsteigend, vergänglich, oberseits gerieft. **Fleisch:** In der Hutmitte dick, weiß bis cremefarben; Geruch und Geschmack pilzartig. **Sporenpulver:** Schwarz. **Sporen:** 15–22 × 9–13 µm, breitelliptisch, glatt, dickwandig. **Vorkommen:** Juni bis November einzeln bis gesellig auf Tierdung. **Verwendung:** Giftig. **Wissenswertes:** Die Arten der Gattung *Panaeolus* sind oft Mistbewohner; sie haben schwarzes Sporenpulver. Verschiedene Düngerlinge können Psilocybin enthalten; einige haben Vergiftungen halluzinogener Art verursacht.

2 Heu-Düngerling

Panaeolus foenisecii (Pers.: Fr.) Schroet.

Mai–Oktober
Grasige Plätze
Giftig

Hut: 1–2,5 cm breit, anfangs halbkugelig-kegelig, später glockig-gewölbt, nie flach; Oberfläche glatt, matt, hygrophan, feucht rotbraun mit lilabraunem Beiton, trocken von der Mitte her heller braun mit deutlichem Rand. **Lamellen:** Am Stiel breit angewachsen, erst blass graubraun, dann marmoriert, alt schwarzbraun mit purpurfarbenem Ton; Schneiden weiß. **Stiel:** 4–8 cm lang, 1–3 mm breit, zylindrisch, hohl, glatt, blasser als der Hut. **Fleisch:** Dünn, bräunlich; Geruch würzig, Geschmack mild. **Sporenpulver:** Purpurbraun. **Sporen:** 12–17 × 7–9 µm, zitronen- bis mandelförmig, rau, feinwarzig. **Vorkommen:** Mai bis Oktober meist gesellig an grasigen Plätzen, vor allem im Zierrasen nach dem Mähen und nach starken Regenfällen; verbreitet. **Verwendung:** Giftig. Die Meinungen über eine halluzinogene Wirkung gehen beim Heu-Düngerling weit auseinander. Sehr gefährlich ist er nicht.

3 Behangener Düngerling

Panaeolus papilionaceus (Bull.: Fr.) Quél.

Mai–Oktober
Auf Tierdung
Giftig
Foto mit Gelbem Buschwindröschen

Hut: 1,5–4 cm breit, kegelig-glockig bis gewölbt, oft mit kleiner Papille; Oberfläche nicht hygrophan, matt, glatt, bisweilen runzelig, grau bis graubraun, trocken seidig glänzend und etwas blasser; Rand jung mit weißen, zackigen oder fransigen Velumresten. **Lamellen:** Angeheftet, bauchig, gedrängt, grau, marmoriert, bald schwarz; Schneiden weißlich. **Stiel:** 6–10 (–14) cm lang, 1–3 mm breit, hohl, zerbrechlich, graulich oder rotbräunlich, weißlich bereift, bei feuchter Witterung an der Spitze bisweilen mit Tröpfchen; Basis weißfilzig. **Fleisch:** Dünn, cremefarben; Geruch schwach würzig (Stielbasis), Geschmack mild. **Sporenpulver:** Schwarz. **Sporen:** 14–18 × 8–12 µm, zitronenförmig, glatt. **Vorkommen:** Mai bis Oktober meist gesellig auf Dung und neben alten Dunghaufen, auf gedüngten Wiesen; weit verbreitet. **Verwendung:** Giftig.

4 Behangener Faserling

Psathyrella candolleana (Fr.: Fr.) Mre.

Mai–Oktober
An morschem Laubholz
Kein Speisepilz
4a an bemoostem Laubholzast

Hut: 1–7 cm breit, erst halbkugelig, bald ausgebreitet, flach, mit stumpfem Buckel, dünnfleischig, sehr brüchig; Oberfläche jung mit kleinen Velumfasern, glatt, matt, hygrophan, feucht ocker- bis gelbbraun, trocken blass cremefarben bis fast weiß, bisweilen mit Lilatönen, Mitte dunkler; Rand mit flockigen, vergänglichen, weißen Velumresten, +/– schwach gerieft, oft eingerissen. **Lamellen:** Am Stiel angeheftet, dicht stehend, schmal, anfangs weißlich-cremefarben, später grau- bis braunlila, alt schokoladenbraun. **Stiel:** 4–8 cm lang, bis 0,6 cm breit, hohl, zerbrechlich, glatt, glänzend, weißlich. **Fleisch:** Dünn, sehr brüchig; Geruch unbedeutend, Geschmack mild. **Sporenpulver:** Dunkel violettbraun. **Sporen:** 7–8,5 × 4–4,5 µm, elliptisch, glatt. **Vorkommen:** Mai bis Oktober meist truppweise, bisweilen fast büschelig auf und neben alten Laubholzstümpfen und -ästen; in Mitteleuropa weit verbreitet. **Verwendung:** Kein Speisepilz.

5 Medusenhaupt

Psathyrella caputmedusae (Fr.) Konr. & Maubl.

August–Oktober
An Nadelholzstümpfen
Kein Speisepilz

Hut: 4–6 cm breit, anfangs eichelförmig, von sparrig flockigem, weißem Velum eingehüllt, später breit glockig gewölbt, mit stumpfem Buckel; Oberfläche sparrig schuppig, von der Mitte aus verkahlend, dabei kommt die haselnussbraune Huthaut zum Vorschein. **Lamellen:** Fast frei, eng stehend, jung hellbräunlich, alt hell schokoladenbraun, dunkler fleckig. **Stiel:** Bis 9 cm lang, bis 0,7 cm breit, oberhalb des Rings weißlich-seidig, darunter sparrig schuppig, alt fast kahl; Ring dick, locker wattig, abfallend. **Fleisch:** Brüchig, jung weißlich; Geruch süßlich-aromatisch, bisweilen auch fehlend, Geschmack mild, schwach aromatisch. **Sporenpulver:** Dunkelbraun. **Sporen:** 9–11,5 × 4,5–5,5 µm, fast spindelig. **Vorkommen:** August bis Oktober büschelig an Nadelholzstümpfen; selten. **Verwendung:** Kein Speisepilz.

2

1

4a

3

4b

5

Familie | Gattung

Coprinaceae

Psathyrella (Faserlinge, Mürblinge)

1 Huthaar-Faserling

Psathyrella conopilus (FR.) PEARS. & DENNIS

Sommer–Herbst
Wälder und Ruderalplätze
Kein Speisepilz
Foto mit Gierschblättern

Hut: Bis 4 cm hoch, bis 3 cm breit, kegelig-glockenförmig; Oberfläche hygrophan, glatt, feucht, bis zum Scheitel fein gerieft und dunkelbraun-braunrötlich glänzend, trocken beige-bräunlich; Rand ohne Velumreste. **Lamellen:** Am Stiel schmal angewachsen, dicht stehend, jung cremefarben, später bräunlich; Schneiden weißlich bewimpert. **Stiel:** Bis 12 cm lang, 2–6 mm breit, zylindrisch, hohl, sehr zerbrechlich, weiß; Spitze fein bereift, jung bisweilen mit Tröpfchen besetzt; Basis oft etwas verdickt, weißlich, filzig. **Fleisch:** Dünn, wässrig, im Stiel faserig, hellbräunlich; Geruch und Geschmack unbedeutend. **Sporenpulver:** Schwarz. **Sporen:** 12,5–18 × 6,5–8,5 µm, elliptisch, glatt, dunkelbraun. **Vorkommen:** Sommer bis Herbst meist truppweise an Waldrändern, Holzlagerplätzen, Wegrändern, Ruderalplätzen. **Verwendung:** Kein Speisepilz.

2 Pinsel-Faserling

Psathyrella cotonea (QUÉL.) KONR. & MAUBL.

September–November
An alten Laubholzstümpfen
Kein Speisepilz
2a und 2b mit Blättern der Rotbuche

Hut: 2–9 cm breit, jung halbkugelig, dann gewölbt bis ausgebreitet, mit stumpfem Buckel; Oberfläche schmutzig weißlich, später ockerlich, mit locker verteilten dunkleren, anliegenden bis abstehenden, vergänglichen Faserschuppen; Rand ungerieft, mit vergänglichen Schleierresten behangen, lange eingebogen. **Lamellen:** Angeheftet bis fast frei, gedrängt stehend, anfangs blass, grauweißlich, reif violettbraun bis schokoladenbraun; Schneiden weißflockig. **Stiel:** 5–12 cm lang, bis etwa 1 cm breit, hohl, weißlich, unterhalb der cortinaartigen Ringzone wollig-flockig; an der Basis mit lebhaft gelb gefärbten Myzelfäden, büschelig wachsend. **Fleisch:** Wässrig-weißlich; Geruch unbedeutend, Geschmack bitterlich bis schärflich. **Sporenpulver:** Dunkelbraun. **Sporen:** 8–9,5 × 3,5–4,5 µm, elliptisch-bohnenförmig. **Vorkommen:** September bis November meist büschelig an abgestorbenen Laubholzstümpfen; selten. **Verwendung:** Kein Speisepilz.

3 Wässriger Mürbling

Psathyrella piluliformis (BULL.: FR.) ORT.

August–November
An abgestorbenem Laubholz
Kein Speisepilz
Foto an Laubholz

Hut: 2–6 cm breit, jung halbkugelig-glockig, später gewölbt-ausgebreitet; Oberfläche matt, hygrophan, feucht dunkel rotbraun, trocken gelbbraun bis ockerbraun, oft gerunzelt; Rand mit häutigen, vergänglichen Velumresten. **Lamellen:** Angewachsen, mäßig gedrängt, erst weißlich-blass, bald graubraun-dunkelbraun; Schneiden weißlich, feinflockig. **Stiel:** 4–8(–10) cm lang, 3–7 mm breit, zylindrisch, hohl, zerbrechlich, weißlich, zur Basis hin bräunlich, etwas marmoriert, ohne Ring, Spitze jung mit faserigen Velumresten; büschelig wachsend. **Fleisch:** Dünn; Geruch und Geschmack unbedeutend. **Sporenpulver:** Dunkelbraun. **Sporen:** 4,5–6,5 × 3–4 µm, elliptisch, glatt. **Vorkommen:** August bis November oft in großen Büscheln an Laubholz, gern an Buchenstümpfen. **Verwendung:** Kein Speisepilz. **Wissenswertes:** Die Ähnlichkeit mit dem Stockschwämmchen *(Kuehneromyces mutabilis)* hat zu dem Volksnamen „Weißstieliges Stockschwämmchen" geführt; das Stockschwämmchen unterscheidet sich jedoch deutlich durch einen braunschuppigen, beringten Stiel.

4 Süßriechender Faserling

Psathyrella sacchariolens ENDERLE
Psathyrella suavissima AYER

Mai–Oktober
An Holzresten
Kein Speisepilz

Hut: 1,5–3(–5) cm breit, jung halbkugelig, von weißem Velum eingehüllt, später glockig-gewölbt, alt flach ausgebreitet; Oberfläche jung ockerbraun, mit vergänglichen weißen Faserschüppchen, im Alter hell grauocker, graubräunlich; Rand stark mit vergänglichen Velumresten behangen. **Lamellen:** Etwas gedrängt, schmal, jung beigebräunlich, alt dunkelbraun mit Lilaton; Schneiden weißlich bewimpert. **Stiel:** 3–7 cm lang, bis 3 mm breit, zylindrisch, nach unten etwas verdickt, jung dicht mit weißen, faserigen bis sparrigen Velumfasern besetzt, die im oberen Drittel ringartig angeordnet sind, alt verkahlend. **Fleisch:** Dünn, weißlich; Geruch süßlich-aromatisch, Geschmack mild bis schwach würzig. **Sporenpulver:** Grauschwarz. **Sporen:** 6,6–8,3 × 4,1–4,8 µm, länglich eiförmig, dickwandig. **Vorkommen:** Mai bis Oktober meist gesellig bis fast büschelig auf Holzresten (Häcksel, Rindenreste). **Verwendung:** Kein Speisepilz.

5 Schmalblättriger Faserling

Psathyrella spadiceogrisea (SCHAEFF.) MRE.

März–Juli
Laub- und Mischwald
Kein Speisepilz
Foto mit Lippen-Schüsselflechte

Hut: 2–5(–8) cm breit, jung kegelig bis glockig, bald flach gewölbt, mit stumpfem Buckel; Oberfläche glatt, seifig anzufühlen, hygrophan, feucht gelbbraun bis graubraun, dattelbraun mit durchscheinend gerieftem Rand, trocken beige bis fast weiß; Rand ganz jung mit weißen Velumresten. **Lamellen:** Angewachsen, untermischt, blass cremefarben, bald blassgrau, alt sepia- bis schokoladenbraun mit schwachem Lilaton; Schneiden weiß bewimpert. **Stiel:** 4–8 cm lang, 4–7 mm breit, zylindrisch, hohl, zerbrechlich, weißlich bis ockerlich; Basis schwach verdickt, weißfilzig. **Fleisch:** Dünn, blass, beigebraun, im Stiel weißlich; Geruch schwach pilzartig, Geschmack mild. **Sporenpulver:** Schwarzbraun. **Sporen:** 7–10 × 3,5–5 µm, elliptisch, glatt. **Vorkommen:** März bis Juli meist gesellig, auch fast büschelig in Laub- und Mischwäldern, bei morschem Laubholz und Pflanzenabfällen. **Verwendung:** Kein Speisepilz. **Wissenswertes:** Sehr variable Art.

1

2b

2a

3

4

5

Familie | Gattung

Bolbitiaceae

Conocybe (Samthäubchen, Glockenschüpplinge)

1 Frühlings-Glockenschüppling

Conocybe aporos V. WAV.
Pholiotina aporos (V. WAV.) CLC.

April–Juni
An Waldwegen und grasigen Plätzen
Kein Speisepilz

Hut: 1–4(–5) cm breit, anfangs halbkugelig, bald gewölbt, +/– flach gebuckelt; Oberfläche hygrophan, dunkel rötlich braun, zum Rand hin heller, trocken blasser; Rand feucht gerieft. **Lamellen:** Am Stiel schmal angeheftet, hell zimtbräunlich, alt zimt- bis dunkelbraun; Schneiden weiß bewimpert, meist fein gekerbt. **Stiel:** 3–5 cm lang, 2–5 mm breit, oft verbogen, hohl, im oberen Drittel mit kleinem, oberseits deutlich gekerbtem Ring, zum Grund hin bräunlich; Basis oft knöllchenartig verdickt. **Fleisch:** Dünn, graubraun; Geschmack mild, Geruch beim Zerreiben nach Pelargonien. **Sporenpulver:** Rostbraun. **Sporen:** 6,5–10 × 4–5 µm, elliptisch, glatt, dickwandig, ohne Keimporus. **Vorkommen:** April bis Juni einzeln oder in Gruppen im Laub- und Nadelwald, an Waldwegen und grasigen Plätzen; verbreitet. **Verwendung:** Kein Speisepilz.

2 Faltigberingter Glockenschüppling

Conocybe vexans ORT.

Sommer–Herbst
Wälder
Kein Speisepilz
Foto mit Sauerklee und Rührmichnichtan

Hut: 1–3,5 cm breit, jung halbkugelig, dann gewölbt; Oberfläche hygrophan, matt, feucht +/– rostbräunlich, trocken ockergelb; Rand kaum gerieft. **Lamellen:** Am Stiel angewachsen, braun; Schneiden weiß bewimpert. **Stiel:** 2–6 cm lang, 2–3 mm breit, hellbraun, mit weißlichem Ring; Basis bisweilen etwas knollig. **Fleisch:** Dünn; Geruch und Geschmack pilzartig. **Sporen:** 10 –13 × 5,5–6,5 µm. **Vorkommen:** Sommer bis Herbst meist gesellig in Wäldern an Wegen, auf Erde und Holzrestchen. **Verwendung:** Kein Speisepilz. **Wissenswertes:** Die Gattungen *Conocybe* und *Pholiotina* wurden vereint, damit umfasst die Gattung *Conocybe* in Mitteleuropa etwa 80 meist schwer bestimmbare Arten.

3 Milchweißes Samthäubchen

Conocybe lactea (LGE.) MÉTR.

Juli–November
Wiesen, Rasenflächen
Kein Speisepilz
Foto mit Weiß-Klee

Hut: 1–2 cm breit, kegelig bis schmal glockig oder fingerhutförmig; Oberfläche etwas radialrunzelig, matt, trocken, cremeweiß bis blass lederfarben, Scheitel etwas dunkler, feucht zu Zweidrittel durchscheinend gerieft. **Lamellen:** Angewachsen, blass zimtfarben, später leuchtend rostgelb; Schneiden glatt. **Stiel:** 4–10 cm lang, 1–3 mm breit, hohl, zerbrechlich, weißlich, bereift; Basis knöllchenartig verdickt. **Fleisch:** Dünn, zerbrechlich, weißlich; Geruch unbedeutend, Geschmack mild. **Sporenpulver:** Rostbraun. **Sporen:** 12–14 × 7,5–10 µm. **Vorkommen:** Juli bis November einzeln bis gesellig auf Wiesen, Weiden und Rasenflächen; verbreitet. **Verwendung:** Kein Speisepilz.

4 Dung-Samthäubchen

Conocybe rickenii (J. SCHFF.) KUEHN.

Juni–September
Grasige Plätze
Kein Speisepilz

Hut: 1–2,5 cm breit, jung halbkugelig, später kegelig bis glockig; Oberfläche hygrophan, bei feuchter Witterung leicht klebrig, glänzend, blass honigbräunlich, ockerbräunlich, trocken matt, hellbeige ausblassend; Rand nicht gerieft. **Lamellen:** Am Stiel angeheftet, blass zimtbräunlich, später zunehmend ockerbräunlich; Schneiden glatt bis weißflockig. **Stiel:** 4–7 cm lang, 1–2 mm breit, zylindrisch, hohl, elastisch, glänzend, weißlich, cremefarben bis blassbräunlich, alt dunkler, kleiig bereift. **Fleisch:** Dünn, graubeige; Geruch und Geschmack etwas rettichartig. **Sporenpulver:** Rostbraun. **Sporen:** 10–17 × 6–12 µm. **Vorkommen:** Juni bis September auf Wiesen, in Zierrasen und Parkanlagen, auf Mist und Kompost; verbreitet. **Verwendung**: Kein Speisepilz.

5 Sienablättriges Samthäubchen

Conocybe sienophylla (BERK. & BR.) SING.

Mai–Oktober
Wälder und Wiesen
Kein Speisepilz
Foto mit Wald-Veilchen

Hut: 1–3 cm breit, glockig-gewölbt; Oberfläche hygrophan, honigocker bis rötlich ocker, trocken blassocker, Mitte dunkler, jung und feucht bis zu Zweidrittel durchscheinend gerieft. **Lamellen:** Am Stiel angeheftet, mit Zwischenlamellen, fast entfernt stehend, hellockerlich bis zimtbraun. **Stiel:** Bis 10 cm lang, bis 2,5 mm breit, zylindrisch, sehr zerbrechlich, alt hohl, bisweilen etwas längsstreifig, rehbraun, Spitze heller, bis weißlich, zur Basis hin dunkel graubraun; Basis striegelig. **Fleisch:** Dünn, brüchig, blassbräunlich; Geruch und Geschmack unbedeutend. **Sporenpulver:** Rostbraun. **Sporen:** 9–13 × 6–8 µm, elliptisch, glatt. **Vorkommen:** Mai bis Oktober in Wäldern, auf Wiesen und an grasigen Plätzen. **Verwendung:** Kein Speisepilz.

6 Behangener Glockenschüppling

Conocybe vestita (FR. IN QUÉL.) SING.

Sommer–Herbst
An Waldwegen
Kein Speisepilz
Foto mit Spaltzahnmoos

Hut: 1–3 cm breit, jung halbkugelig, später glockig bis gewölbt; Oberfläche hygrophan, feucht rotbraun, etwas runzelig, schwach gerieft, trocken gelblich braun; Rand mit kräftigen, vergänglichen weißen Velumflocken umsäumt. **Lamellen:** Angewachsen, blass gelbbraun, alt dunkelbraun. **Stiel:** 2–5 cm lang, 2–3 mm breit, zylindrisch, alt hohl, jung weißlich, alt bräunlich, weißlich geflockt, bisweilen mit weißer vergänglicher Velumzone. **Fleisch**: Dünn; Geruch und Geschmack unbedeutend. **Sporenpulver:** Rostbraun. **Sporen:** 6–8,5 × 4–5 µm, elliptisch. **Vorkommen:** Sommer bis Herbst einzeln bis gesellig an schattigen Waldwegen; selten. **Verwendung:** Kein Speisepilz.

1

2

3

4

5

6

Familie	Gattungen
Bolbitiaceae	*Bolbitius* (Mistpilze), *Agrocybe* (Ackerlinge)

1 Gold-Mistpilz

Bolbitius vitellinus (Pers.: Fr.) Fr.

Mai–Oktober
Auf Stroh- und Pflanzenresten
Kein Speisepilz
1c auf Pflanzenresten

Hut: 2–6 cm breit, jung eiförmig, später glockig, zuletzt gewölbt bis ausgebreitet; Oberfläche jung glänzend, schmierig-klebrig, leuchtend goldgelb bis zitronengelb, trocken und alt hellgelb-gelbbräunlich, alt fast bis zur Mitte furchig-gerieft. **Lamellen:** Am Stiel angeheftet, etwas gedrängt, jung blassgelb, alt ockerbräunlich-rotbräunlich; Schneiden weiß bewimpert. **Stiel:** Bis 10 cm lang, bis 0,5 cm breit, zylindrisch, hohl, sehr zerbrechlich, gelblich, weiß bereift. **Fleisch:** Sehr dünn, gelblich; Geruch und Geschmack unbedeutend. **Sporenpulver:** Rostbraun. **Sporen:** 10–14 × 7–9 µm, elliptisch. **Vorkommen:** Mai bis Oktober einzeln bis gesellig auf gedüngten Böden, vermoderndem Stroh, auf Mist, Kompost, Holzabfällen. **Verwendung:** Kein Speisepilz. **Wissenswertes:** Die etwa fünf Arten der Gattung *Bolbitius* wachsen an gedüngten Plätzen, auf Mist oder Holz. Sie haben rostbraunes Sporenpulver, die Sporen sind glatt, mit Keimporus.

2 Südlicher Ackerling

Agrocybe cylindracea (D. C.: Fr.) Mre.
Agrocybe aegerita (Brig.) Sing.

Frühjahr–Herbst
An Pappelholz
Essbar
Foto auf Pappelstumpf

Hut: 3–10 cm breit, jung halbkugelig, später gewölbt, Mitte niedergedrückt; Oberfläche matt, etwas runzelig, feucht etwas klebrig, trocken feldrig aufreißend, jung graubräunlich, alt ausblassend; Rand heller, gelegentlich fast weiß. **Lamellen:** Angewachsen oder mit Zähnchen herablaufend, gedrängt, dünn, erst weißlich, bald braunocker-tabakbraun; Schneiden weiß. **Stiel:** Bis 12 cm lang, schlank, voll, fest, hart, erst weißlich, dann blassbräunlich; Ring hängend, anfangs weiß, später durch Sporenstaub tabakbraun. **Fleisch:** Fest, im Hut zart, weiß; Geruch und Geschmack aromatisch, rettichartig. **Sporenpulver:** Tabakbraun. **Sporen:** 8–11 × 4,5–6 µm, elliptisch, glatt, dickwandig. **Vorkommen:** In Deutschland sehr selten; in Südeuropa vom Frühjahr bis zum Herbst auf Laubholz, vorzugsweise auf Pappelstümpfen sowie an Verletzungen und Schnittstellen der Äste. **Verwendung:** Essbar. **Wissenswertes:** Der Südliche Ackerling ist einer der ältesten Kulturpilze, er wurde schon im Altertum von den Römern gezüchtet.

3 Weißer Ackerling

Agrocybe dura (Bolt.) Sing.

Mai–September
Wiesen und Felder
Essbar
Foto mit Kriechendem Günsel

Hut: 3–10 cm breit, jung halbkugelig, später gewölbt, alt abgeflacht; Oberfläche gelbweißlich bis ockerblass, glatt, feucht leicht schmierig, bei Trockenheit feldrig aufgerissen; Rand lange nach unten gebogen und von Velumresten fransig behangen. **Lamellen:** Ausgebuchtet angewachsen, mit Zwischenlamellen, erst blassgrau, bald graubraun mit violettem Ton, alt dunkelbraun; Schneiden weißflockig. **Stiel:** 4–8 cm lang, 0,5–1 cm breit, ausgestopft, alt hohl, lange weißlich, längsfaserig; Ringzone schwach ausgeprägt. **Fleisch:** In der Mitte ziemlich dick, fest, weiß; Geruch schwach, kaum mehlartig, Geschmack mild, bisweilen etwas bitter. **Sporenpulver:** Tabakbraun. **Sporen:** 9,5–12 × 6–8 µm, elliptisch, glatt, mit Keimporus. **Vorkommen:** Mai bis September gesellig bis büschelig in Gärten, Wiesen, Weinbergen, Trockenrasen, Parkanlagen und auf Äckern. **Verwendung:** Essbar. **Wissenswertes:** Ähnlich ist der Frühe Ackerling *(Agrocybe praecox)*.

4 Lederbrauner Ackerling

Agrocybe erebia (Fr.) Kuehn. in Sing.

Juni–September
Wälder und Wiesen
Kein Speisepilz
Foto mit Waldmeister

Hut: 3–8 cm breit, gewölbt bis ausgebreitet, oft stumpf gebuckelt, Rand alt aufgebogen; Oberfläche feucht klebrig-schmierig, dunkelbraun, Mitte dunkler, bei Trockenheit ausblassend; Rand fein gerieft. **Lamellen:** Breit angewachsen bis herablaufend, anfangs beige, dann graubraun, alt tabakbraun; Schneiden weißlich. **Stiel:** 3–6 cm lang, 0,5–1 cm breit, zylindrisch, blassbräunlich, längsfaserig; Ring häutig, jung aufsteigend, später hängend, oberseits gerieft. **Fleisch:** Dünn, weißlich-bräunlich; Geruch unbedeutend, Geschmack mild bis bitterlich. **Sporenpulver:** Tabakbraun. **Sporen:** 9,5–14 × 5,5–7 µm, elliptisch-mandelförmig. **Vorkommen:** Juni bis September einzeln bis büschelig in grasigen lichten Wäldern, Wiesen und Parkanlagen; selten. **Verwendung:** Kein Speisepilz.

5 Früher Ackerling

Agrocybe praecox (Pers.: Fr.) Fay.

Mai–Juni
Wälder und Felder
Essbar
Foto mit Gänsefingerkraut

Hut: 3–6(–8) cm breit, anfangs halbkugelig, bald gewölbt bis flach, oft gebuckelt, dünnfleischig; Oberfläche hygrophan, schmutzig gelblich weiß bis hell milchkaffeebraun oder ockerbräunlich, glatt, Huthaut bei Trockenheit feldrig aufgerissen; Rand bisweilen mit wenigen Schleierresten. **Lamellen:** Am Stiel ausgebuchtet und mit einem Zahn herablaufend, zuerst weißlich, bisweilen mit Lilaton, alt schmutzig-bräunlich. **Stiel:** 4–7 cm lang, bis 1,6 cm breit, markig ausgestopft, weißlich, alt schmutzig-bräunlich; jung mit häutigem, hängendem, vergänglichem weißem Ring; Basis oft mit weißen Myzelsträngen. **Fleisch:** Weich, weißlich; Geruch intensiv gurken- bis mehlartig, Geschmack mehlartig, nach längerem Kauen bitterlich. **Sporenpulver:** Tabakbräunlich. **Sporen:** 9–10 × 5–6 µm, elliptisch-eiförmig, glatt. **Vorkommen:** Mai bis Juni einzeln oder gesellig auf nährstoffreichen Böden an Waldwegen, in lichten Wäldern und Gebüschen, auf Weiden und an Ruderalstellen, in Gärten und Parkanlagen, oft an Plätzen mit Holzabfällen. **Verwendung:** Essbar.

1a

2

1b

3

1c

4

5

Strophariaceae

Hypholoma (Schwefelköpfe)

1 Rauchblättriger Schwefelkopf

Hypholoma capnoides (Fr.: Fr.) Kumm.

September–Dezember
An Nadelholz
Essbar
1a mit Zypressen-Schlafmoos und Blättern der Rotbuche

Hut: 2–8 cm breit, erst gewölbt, dann abgeflacht, bisweilen leicht gebuckelt; Oberfläche glatt, blassgelb, bald gelbbraun, Mitte fuchsig rötlich bis fuchsig bräunlich; Rand mit dünnen, vergänglichen, erst weißen, dann dunkelbraunen Schleierresten. **Lamellen:** Angeheftet-angewachsen, kaum gedrängt, erst blass, bald aschgrau, alt grauviolett, ohne grüne Farbtöne. **Stiel:** 5–8 cm lang, 3–7 mm breit, schlank, oft gebogen, hohl, oben weißlich-hellgelblich, abwärts gelbbräunlich bis rostbraun; Schleierreste können bei jungen Pilzen eine Ringzone andeuten; die Stiele sind am Grund oft büschelig verwachsen. **Fleisch:** Dünn, weich, im Hut weißlich; Geruch angenehm, Geschmack mild. **Sporenpulver:** Braunviolett. **Sporen:** 8–9 × 4–5 µm, länglich elliptisch, glatt, dickwandig. **Vorkommen:** September bis Dezember (auch bis Frühjahr) an Nadelholz; in Europa weit verbreitet. **Verwendung:** Essbar. **Wissenswertes:** Die Gattung *Hypholoma* enthält mehrere giftige oder ungenießbare Arten. Nur der Rauchblättrige Schwefelkopf ist essbar.

2 Grünblättriger Schwefelkopf

Hypholoma fasciculare (Huds.: Fr.) Kumm.

Frühjahr–Herbst
An morschem Laub- und Nadelholz
Giftig
2b mit Sauerklee

Hut: 3–7 cm breit, erst halbkugelig, dann ausgebreitet, oft stumpf gebuckelt; Oberfläche glatt, nicht klebrig, schwefelgelb, Scheitel ocker- bis rotbraun; Rand eingebogen, jung mit faserig-häutigen, vergänglichen Schleierresten. **Lamellen:** Ausgebuchtet, breit angewachsen, gedrängt, anfangs schwefelgelb, bald grüngelb bis olivgrün (2a), alt durch Sporenstaub dunkler gefärbt. **Stiel:** 5–10 cm lang, 3–7 mm breit, zylindrisch, oft verbogen, oben blass schwefelgelb, nach unten hin gelb- bis rostbräunlich; von Sporenpulver dunkel gefärbte Schleierreste können am Stiel eine ringförmige Zone andeuten; büschelig wachsend. **Fleisch:** Dünn, schwefelgelb; geruchlos, Geschmack sehr bitter. **Sporenpulver:** Schwarzviolett. **Sporen:** 6–8 × 4–5 µm, oval, glatt. **Vorkommen:** Frühjahr bis Herbst büschelig an morschem Laub- und Nadelholz. **Verwendung:** Giftig; verursacht Magenbeschwerden und schwere Brechdurchfälle, auch von tödlichen Vergiftungen wird berichtet. **Wissenswertes:** Zu verwechseln ist der Pilz mit dem essbaren Rauchblättrigen Schwefelkopf *(Hypholoma capnoides);* dieser schmeckt mild, seine Lamellen haben keinen grüngelben Farbton.

3 Ziegelroter Schwefelkopf

Hypholoma sublateritium (Fr.) Quél.

August–Dezember
Auf totem Laubholz
Kein Speisepilz
Foto mit Wald-Veilchen

Hut: 4–10 cm breit, jung halbkugelig, dann gewölbt bis abgeflacht mit stumpfem Buckel; Oberfläche trocken, ziegelrötlich, zum Rand hin hellgelb, mit anliegenden Velumresten bedeckt; Rand jung eingerollt und mit einem faserigen Velum mit dem Stiel verbunden. **Lamellen:** Ausgebuchtet angewachsen, hellgelb, blass olivgelb, alt grau- bis olivbraun; Schneiden weißlich. **Stiel:** 5–12 cm lang, oft verbogen, alt hohl, längsfaserig, gelblich, zur Basis hin bräunend, mit dunklerer Ringzone. **Fleisch:** Im Hut blassgelb; Geruch dumpf-muffig, Geschmack bitter. **Sporenpulver:** Purpurbraun. **Sporen:** 6–8 × 3,5–4,5 µm. **Vorkommen:** August bis Dezember, bisweilen auch schon ab Frühjahr büschelig auf totem Laubholz. **Verwendung:** Kein Speisepilz. **Wissenswertes:** Ähnlich ist der auf Nadelholzstümpfen wachsende Safranrote Schüppling *(Pholiota astragalina).*

4 Natternstieliger Schwefelkopf

Hypholoma marginatum (Pers.: Fr.) Schroet.

September–November
Bei morschem Nadelholz
Kein Speisepilz
Foto mit Schönem Kranzmoos

Hut: 1–4 cm breit, jung halbkugelig bis glockig, später gewölbt, oft gebuckelt; Oberfläche glatt, feucht glänzend, Mitte ockergelblich bis rotbraun, zum Rand hin heller, weißlich; Rand mit weißen Velumresten. **Lamellen:** Am Stiel breit angewachsen, dicht stehend, erst blass, bei der Reife olivgrau; Schneiden weißlich. **Stiel:** 5–10 cm lang, 2–3 mm breit, zylindrisch, blass graubräunlich, Spitze hellgelb, Basis schwarzbraun; von weißem Velum überfasert und genattert. **Fleisch:** Dünn; Geruch unbedeutend, Geschmack bitter. **Sporenpulver:** Braun. **Sporen:** 7–9 × 4–5 µm, oval, glatt, mit Keimporus. **Vorkommen:** September bis November einzeln bis gesellig, aber nicht büschelig auf oder in der Nähe von vermorschtem Nadelholz, auch auf im Boden liegenden Holzresten. **Verwendung:** Kein Speisepilz.

5 Wurzelnder Schwefelkopf

Hypholoma radicosum Lge.

August–November
Auf morschem Nadelholz
Giftig
Foto mit Zypressen-Schlafmoos

Hut: 2–6 cm breit, jung kugelig-gewölbt, später ausgebreitet, bisweilen flach gebuckelt; Oberfläche trocken, glatt, erst weißlich, mit seidig-weißen Velumschüppchen, alt gelbbräunlich mit ockerfarbener Mitte; Rand jung mit faserigen Velumresten. **Lamellen:** Kurz ausgebuchtet, dicht stehend, anfangs schmutzig weißlich, später graubraun; Schneiden weißlich. **Stiel:** Bis 8 cm lang, oben weißlich, mit undeutlicher Ringzone, darunter schuppig genattert, zur Basis hin rostbraun, bis 15 cm tief im Substrat wurzelnd. **Fleisch:** Blassgelb, in der Stielbasis rostockerlich; Geruch muffig, Geschmack sehr bitter. **Sporenpulver:** Braunviolettlich. **Sporen:** 5,5–7 × 3,5–4,5 µm, ellipsoid. **Vorkommen:** August bis November einzeln oder zu wenigen auf vermorschtem Nadelholz; ziemlich selten. **Verwendung:** Giftig.

1a

1b

2a

3

2b

4

5

1 Grünspan-Träuschling

Stropharia aeruginosa (Curtis: Fr.) Quél.

August–November
An morschem Holz
Kein Speisepilz

Hut: 3–6(–10) cm breit, jung halbkugelig, dann gewölbt bis ausgebreitet mit stumpfem Buckel; Oberfläche schleimig-klebrig, glänzend, dunkelgrün-blaugrün, alt gelblich ausblassend, mit schnell vergänglichen weißen Flöckchen bedeckt; Rand lange nach unten gebogen, ebenfalls mit Velumresten behangen; Haut leicht abziehbar. **Lamellen:** Am Stiel angewachsen, grauweiß bis graubraun mit Lilaton, später braunviolett; Schneiden weiß. **Stiel:** 5–10 cm lang, 4–8 mm breit, voll bis hohl, oberhalb des Ringes glatt, blaugrün, darunter auf blaugrünem Grund sparrig weißflockig; Ring dauerhaft, oben gerieft und vom Sporenpulver bräunlich violett gefärbt; Basis oft mit weißen Myzelsträngen. **Fleisch:** Weich, weißlich-grünlich; Geruch muffig, Geschmack mild. **Sporenpulver:** Braunviolett. **Sporen:** 7–9 × 4–4,5 µm, glatt. **Vorkommen:** August bis November meist gesellig im Laub- und Nadelwald an morschen Stümpfen und vergrabenem Holz, gelegentlich auch auf dem Erdboden. **Verwendung:** Kein Speisepilz. **Wissenswertes:** Die Gattung *Stropharia* umfasst nahezu 20 Arten; ihr Stiel trägt einen Ring, die Farbe des Sporenpulvers variiert von braun bis violettschwarz. Einige Arten sind giftig oder giftverdächtig.

2 Krönchen-Träuschling

Stropharia coronilla (Bull.: Fr.) Quél.

Juli–Oktober
Wiesen und Weiden
Giftig
Foto mit Fransen-Enzian

Hut: 2–5 cm breit, jung gewölbt, später abgeflacht; Oberfläche feucht schwach klebrig, trocken etwas schuppig, weißlich, hellgelblich bis hellocker; Rand lange nach unten gebogen. **Lamellen:** Am Stiel ausgebuchtet, herablaufend, jung blassgrau, später purpurgrau bis purpurbraun; Schneiden weißflockig. **Stiel:** 3–6 cm lang, bis 8 mm breit, zylindrisch, weißlich; Ring aufsteigend, oberseits grob gerieft, reif durch Sporenstaub gefärbt. **Fleisch:** Dünn, weißlich; Geruch schwach rettichartig, Geschmack mild. **Sporenpulver:** Purpurbraun. **Sporen:** 7–9 × 4–6 µm, elliptisch. **Vorkommen:** Juli bis Oktober einzeln bis gesellig auf Wiesen, Weiden, Rasenflächen, an grasigen Wegrändern. **Verwendung:** Giftig; verursacht Verdauungsstörungen und wirkt halluzinogen.

3 Riesen-Träuschling

Stropharia rugosoannulata Farlow in Murr.

Juni–Oktober
Auf Pflanzenabfällen
Essbar
3a gelbe Varietät
3b im Maisacker

Hut: 5–15(–25) cm breit, jung halbkugelig, später gewölbt bis ausgebreitet; Oberfläche matt, trocken, glatt, ockerlich, rotbraun, blass graubraun mit lilarosa Tönen, alt zunehmend heller, jung mit weißlichen Velumresten bedeckt; Rand anfangs eingebogen, mit Velumresten behangen. **Lamellen:** Am Stiel breit angewachsen, eng stehend, jung hellgrau, dann grauviolettlich, alt schwarzviolett; Schneiden weißlich, schwach gekerbt. **Stiel:** 7–20 cm lang, bis 3,5 cm breit, voll, über dem Ring weißlich, darunter gelblich; Ring fest, oberseits gerieft, jung weiß. **Fleisch:** Dick, fest, weiß, unter der Huthaut gelblich; Geruch schwach rettichartig, Geschmack mild, etwas erdartig-rettichartig. **Sporenpulver:** Schwarzbraunviolett. **Sporen:** 9–12 × 7–9 µm, elliptisch. **Vorkommen:** Juni bis Oktober, wild wachsend auf mit Stroh, Häcksel- und anderen pflanzlichen Abfällen durchsetzter Erde. **Verwendung:** Essbar, hat jedoch in sehr seltenen Fällen Brechdurchfälle verursacht und sollte nicht roh verzehrt werden. **Wissenswertes:** Der Pilz lässt sich leicht im Garten auf Stroh kultivieren. Gut geeignet ist ein Frühbeetkasten an einem schattigen Plätzchen. Pilzbrut erhält man oft unter der Bezeichnung „Braunkappen" in Gartenfachgeschäften.

4 Halbkugeliger Träuschling

Stropharia semiglobata (Batsch: Fr.) Quél.

Mai–Oktober
Auf Dung
Giftig

Hut: 1–4 cm breit, halbkugelig, später gewölbt mit stumpfem Buckel; Oberfläche glatt, feucht schmierig, hellgelb, später ockergelb; Rand feucht schwach gerieft. **Lamellen:** Am Stiel breit angewachsen, entfernt stehend, blassgrau mit violettlichem Ton, alt dunkelbraun; Schneiden fein weißflockig. **Stiel:** 5–10 cm lang, schlank, zylindrisch, hohl, zerbrechlich, gelblich; mit häutigem, sehr vergänglichem und oft unvollständigem kleinem Ring. **Fleisch:** Dünn, blass; ohne besonderen Geruch und Geschmack. **Sporenpulver:** Violettschwarz. **Sporen:** 15–19 × 8–10 µm, elliptisch, glatt, dickwandig, mit Keimporus. **Vorkommen:** Mai bis Oktober einzeln oder gesellig meist auf Viehdung oder auf stark gedüngten Böden. **Verwendung:** Schwach giftig.

5 Schuppiger Träuschling

Stropharia squamosa (Pers.: Fr.) Quél.

August–November
Laub- und Nadelwald
Giftig

Hut: 3–5 cm breit, jung halbkugelig, dann gewölbt bis ausgebreitet; Oberfläche feucht klebrig, ockergelblich-ockerbräunlich, jung mit konzentrisch angeordneten blassen Schüppchen; Rand jung mit Velumresten. **Lamellen:** Am Stiel breit angewachsen, untermischt, graubeige, graulich, alt dunkel purpurbraun; Schneiden weißflockig. **Stiel:** 6–12 cm lang, 4–9 mm breit, zylindrisch, hohl, bräunlich, mit tief sitzendem, häutigem, jung weißem, oberseits gerieftem Ring, darunter mit weißen Schüppchen. **Fleisch:** Dünn, cremefarben; Geruch unbedeutend, Geschmack mild bis bitterlich. **Sporenpulver:** Purpurbraun. **Sporen:** 10–14 × 6–8 µm. **Vorkommen:** August bis November im Laub- und Nadelwald. **Verwendung:** Giftig; enthält halluzinogene Stoffe.

2

1

3a

3b

4

5

Strophariaceae

Pholiota (Schüpplinge)

1 Zitronengelber Erlen-Schüppling

Pholiota alnicola (Fr.) Sing.

September–Dezember
An Erlenstümpfen
Kein Speisepilz
1a mit Blättern der Schwarz-Erle

Hut: 4–8 cm breit, jung halbkugelig, später gewölbt bis ausgebreitet; Oberfläche feucht klebrig, glatt, glänzend, gelb, Scheitel später bisweilen gelbbraun; Rand oft mit faserigen Velumresten. **Lamellen:** Angewachsen bis kurz herablaufend, blassgelb, alt rostfarben. **Stiel:** 5–8 cm lang, 0,5–1 cm breit, oft gekrümmt, gelb-blassgelb, nach unten hin zunehmend rostbraun, faserschuppig; Ring kaum ausgebildet. **Fleisch:** Blassgelb; Geruch aromatisch-süßlich, Geschmack mild bis leicht bitter. **Sporenpulver:** Rostbraun. **Sporen:** 8–12 × 4–5 µm, glatt. **Vorkommen:** September bis Dezember meist in kleinen Büscheln an Stümpfen oder auch an vergrabenem Holz von Erlen *(Alnus)*, bisweilen auch an anderen Laubhölzern. **Verwendung:** Kein Speisepilz. **Wissenswertes:** Die Gattung *Pholiota* umfasst etwa 30 Arten mit +/– schuppigem und/oder schmierig-schleimigem, oft gelb oder fuchsig gefärbtem Hut; Sporenpulver und Lamellen im Alter rostfarben. Die meisten wachsen saprophytisch oder parasitisch auf Holz. Keine Speisepilze.

2 Safranroter Schüppling

Pholiota astragalina (Fr.) Sing.

August–November
An Nadelholzstümpfen
Kein Speisepilz
2a auf morschem Nadelholzstumpf, mit Sauerklee
2b Hutunterseite mit Sauerklee und Hasenlattich

Hut: 2–6 cm breit, jung halbkugelig, bald gewölbt bis flach, alt wellig verbogen; Oberfläche glatt, feucht schwach schmierig, orangerot bis orangegelb; Rand jung mit Velumresten. **Lamellen:** Ausgebuchtet angewachsen, anfangs blassgelb, safranfarben bis rötlich braun, alt schwarz fleckend. **Stiel:** 5–10 cm lang, 0,5–1 cm breit, zylindrisch, oft gekrümmt, voll, alt hohl, zäh, hellgelb bis blassockerlich, unter der nur schwach angedeuteten Ringzone faserschuppig; Basis orangebraun, wurzelartig verlängert. **Fleisch:** Im Schnitt schwarz fleckend; Geruch unbedeutend, Geschmack bitter. **Sporenpulver:** Rostbraun. **Sporen:** 6–7,5 × 3–4 µm, elliptisch, glatt, dünnwandig. **Vorkommen:** August bis November einzeln oder in kleinen Büscheln auf morschen, moosigen Nadelholzstümpfen in Bergwäldern. **Verwendung:** Kein Speisepilz.

3 Goldfell-Schüppling

Pholiota aurivellus (Batsch: Fr.) Kumm.

September–November
An Laubbäumen
Kein Speisepilz
Foto an Apfelbaum

Hut: 5–15 cm breit, jung halbkugelig-geschlossen, dann gewölbt bis ausgebreitet, bisweilen wellig verbogen; Oberfläche schmierig-schleimig, zitronen- bis rostgelb mit rotbraunen, angedrückten, vergänglichen Schuppen; Rand lange nach unten gebogen, jung mit faserigen, hellgelben Velumresten. **Lamellen:** Ausgebuchtet angewachsen, gedrängt stehend, jung gelb, später olivbraun, alt rostbraun; Schneiden glatt bis schwach gekerbt. **Stiel:** 5–9 cm lang, 0,5–2,5 cm breit, zylindrisch, voll, zäh, nicht schleimig, gelb, unterhalb des schwach ausgebildeten und vergänglichen Ringes gürtelartig schuppig. **Fleisch:** Faserig, fest, zäh, blassgelb, in der Stielbasis rostbräunlich; Geruch schwach würzig, Geschmack mild. **Sporenpulver:** Rostbraun. **Sporen:** 7–10 × 4,5–6 µm, glatt, elliptisch, mit Keimporus. **Vorkommen:** September bis November einzeln bis büschelig von der Basis bis in die Kronen der Laubbäume. **Verwendung:** Kein Speisepilz.

4 Feuer-Schüppling

Pholiota flammans (Batsch: Fr.) Kumm.

Juli–Oktober
An morschem Nadelholz
Kein Speisepilz
4b an morschem Fichtenstumpf

Hut: 2–6(–8) cm breit, anfangs halbkugelig-geschlossen, dann flach gewölbt, später ausgebreitet-abgeflacht; Oberfläche jung zitronengelb, später dotter- bis orangegelb mit abstehenden, sparrigen Schuppen, die bei alten Exemplaren auch anliegen können, bei Regen schwach klebrig; Rand lange eingerollt, jung mit Velumfasern besetzt. **Lamellen:** Ausgebuchtet angewachsen, gedrängt stehend, anfangs gelb, alt vom Sporenstaub rostgelb; Schneiden glatt. **Stiel:** 3–8 cm lang, 0,4–1 cm breit, zylindrisch, kräftig, erst voll, später hohl, schwefelgelb, mit knapp unter dem Hut sitzendem Ring; unterhalb des Ringes dicht mit abstehenden, sparrigen, gelben Schüppchen besetzt, darüber glatt. **Fleisch:** Blassgelb, im Schnitt rotbräunlich anlaufend, später gelblich-rostfarben; Geruch etwas würzig, Geschmack meist bitter und adstringierend. **Sporenpulver:** Rostbräunlich. **Sporen:** 3–4,5 × 2–2,5 µm. **Vorkommen:** Juli bis Oktober einzeln oder zu mehreren an morschen Stämmen und Stümpfen von Nadelhölzern. **Verwendung:** Kein Speisepilz.

5 Kohlen-Schüppling

Pholiota highlandensis (Peck) Smith & Hes.

Mai–Oktober
Auf Brandstellen
Kein Speisepilz
Foto auf Brandstelle mit Brandstellen-Drehmoos

Hut: 1–4(–6) cm breit, gewölbt bis flach ausgebreitet; Oberfläche glatt, feucht klebrig, glänzend, trocken seidig matt, gelbbraun bis rotbraun mit blasserem Rand; Rand lange nach unten gebogen, jung mit hellerem Velum überfasert; Haut abziehbar. **Lamellen:** Ausgebuchtet angewachsen, gedrängt, anfangs blassgelb, dann schmutzig gelblich; Schneiden fein gezähnelt. **Stiel:** 2–6 cm lang, 3–8 mm breit, zylindrisch, alt hohl, gelblich, Spitze mit angedeuteter Ringzone, darunter faserig-schuppig. **Fleisch:** Dünn, bassgelb; Geruch unbedeutend, Geschmack mild. **Sporenpulver:** Braun. **Sporen:** 6–8 × 3,5–4,5 µm, elliptisch, glatt, dickwandig, mit Keimporus. **Vorkommen:** Mai bis Oktober einzeln oder gesellig bis büschelig auf Brandstellen. **Verwendung:** Kein Speisepilz. **Wissenswertes:** Sehr variable Art; es sind verschiedene Varietäten beschrieben.

1a
1b
2a
2b
3
4a
4b
5

Strophariaceae

Pholiota (Schüpplinge)

1 Pinsel-Schüppling

Pholiota jahnii TJALL. & BAS
Pholiota muelleri (FR.) ORT.

September–November
An morschem Laubholz
Kein Speisepilz

Hut: 2–5(–9) cm breit, anfangs halbkugelig, dann gewölbt, später ausgebreitet; Oberfläche feucht klebrig-schleimig, glänzend, auf chrom- bis goldgelbem Grund dicht mit konzentrisch angeordneten, dunkel- bis schwarzbraunen, spitz auslaufenden, etwas aufgerichteten Schüppchen besetzt; Rand jung eingerollt, mit bräunlichen Velumresten behangen. **Lamellen:** Ausgebuchtet und breit angewachsen, jung weißgelb, später ockerfarben bis rostbraun. **Stiel:** 5–7 cm lang, zylindrisch, voll, alt hohl, kaum schleimig, oberhalb der Ringzone kahl, darunter mit rotbraunen Schuppen besetzt; Basis dunkelbraun. **Fleisch:** Dick, hellgelb; Geruch unbedeutend, Geschmack mild. **Sporenpulver:** Braun. **Sporen:** 5–7 × 3–4 µm, elliptisch, glatt, dickwandig. **Vorkommen:** September bis November in großen Büscheln an morschen Stümpfen und Stämmen von Laubhölzern, bevorzugt an Rotbuche *(Fagus sylvatica)*; selten. **Verwendung:** Kein Speisepilz.

2 Tonblasser Schüppling

Pholiota lenta (PERS.: FR.) SING.

September–November
An Laub- und Nadelholz
Kein Speisepilz
2a an Fichtenstamm
2b an Laubholzast

Hut: 3–6(–10) cm breit, jung halbkugelig, dann gewölbt, später ausgebreitet; Oberfläche weißlich bis blass tonfarben, Scheitel falbbräunlich, bei feuchter Witterung mit schleimiger Schicht, in der weißliche Velumschüppchen schwimmen, die später verschwinden; Rand lange nach unten gebogen, jung mit weißlichen Velumresten behangen; Haut abziehbar. **Lamellen:** Angewachsen bis kurz herablaufend, gedrängt stehend, jung weißlich, später lehmbräunlich. **Stiel:** 3–7(–10) cm lang, 0,5–1 cm breit, zylindrisch, bisweilen gekrümmt, voll, elastisch, weißlich, unter der flüchtigen, vom Sporenstaub oft bräunlichen Ringzone faserschuppig, gelbbräunlich, im Alter verkahlend. **Fleisch:** Zäh, weißlich, in der Stielbasis bräunlich; Geruch würzig, Geschmack etwas schärflich-rettichartig. **Sporenpulver:** Braun. **Sporen:** 6–7 × 3–4 µm, elliptisch-bohnenförmig, glatt, dickwandig. **Vorkommen:** September bis November selten einzeln, meist gesellig bis büschelig an am Boden liegenden Ästen und Stämmen, seltener an Stümpfen von Laub-, bisweilen auch Nadelhölzern; in Mitteleuropa weit verbreitet. **Verwendung:** Kein Speisepilz.

3 Pappel-Schüppling

Pholiota populnea (PERS.: FR.) KUYPER & TJALLINGA

September–November
An Pappelholz
Kein Speisepilz
3a an Pappelstamm
3b an Pappelstamm, mit fruchtender Schmerwurz

Hut: 5–15 cm breit, anfangs halbkugelig, bald polsterförmig gewölbt, später breit ausladend, mit stumpfem Buckel, fleischig; Oberfläche gelblich braun bis rostbraun, breit wollig-schuppig oder flockig, vor allem im Randbereich, feucht klebrig; Rand fransig behangen, lange eingebogen (3a). **Lamellen:** Ausgebuchtet angewachsen, etwas entfernt stehend, jung weißlich, bald schmutzig-tonfarben, alt tabakbraun; Schneiden heller, bisweilen fein gekerbt. **Stiel:** Bis 8(–13) cm lang, bis 3 cm breit, weißlich-hellbraun mit unregelmäßigen, faserigen Schuppen, unter dem Hut mit flüchtigem Ring; zur Basis hin verdickt, im Substrat wurzelnd. **Fleisch:** Dick, fest, weißlich, in der Stielbasis zimtbräunlich; Geruch unbedeutend, Geschmack bitter. **Sporenpulver:** Dunkelbraun. **Sporen:** 7,5–8 × 5–5,5 µm, elliptisch-eiförmig, glatt. **Vorkommen:** September bis November einzeln bis büschelig an Stümpfen und liegenden oder noch stehenden Stämmen von Pappeln *(Populus)*. **Verwendung:** Kein Speisepilz, kann bei empfindlichen Personen Übelkeit hervorrufen.

4 Sparriger Schüppling

Pholiota squarrosa (MÜLLER: FR.) KUMM.

September–November
An Laub- und Nadelbäumen
Kein Speisepilz
4a an Apfelbaum

Hut: 4–8(–12) cm breit, jung halbkugelig bis glockig, später gewölbt-abgeflacht; Oberfläche trocken, auf strohgelbem Grund dicht mit sparrig abstehenden, rostbraunen Schuppen bedeckt; Rand lange eingebogen, dicht fransig behangen. **Lamellen:** Breit angewachsen, teils etwas herablaufend, jung blass olivgelb, alt olivbraun. **Stiel:** 7–15 cm lang, voll, zäh, hutfarben und wie der Hut mit sparrigen bräunlichen Schuppen bedeckt, oberhalb der sparrig-schuppigen Ringzone kahl; Basis verjüngt, dunkel rotbraun. **Fleisch:** Hart, blassgelb; Geruch würzig, Geschmack rettichartig. **Sporenpulver:** Braun. **Sporen:** 6,5–8 × 4–4,5 µm. **Vorkommen:** September bis November meist büschelig am Stammgrund von Laub- und Nadelbäumen. **Verwendung:** Kein Speisepilz.

5 Schwefelkopfähnlicher Schüppling

Pholiota subochracea (SMITH) SMITH & HESLER

Sommer–Herbst
An Nadelholzstümpfen
Kein Speisepilz
Foto an morschem Nadelholz

Hut: 1–2,5 cm breit, jung halbkugelig, später ausgebreitet; Oberfläche glatt, feucht klebrig-schmierig, glänzend, gelb bis rötlich gelb, trocken matt; Rand lange nach unten gebogen, jung mit Velumresten behangen; Haut abziehbar. **Lamellen:** Am Stiel angewachsen, jung hellgelb, alt ockerbraun; Schneiden heller. **Stiel:** 3–5 cm lang, 2–4 mm breit, zylindrisch, alt hohl, hellgelb, feinfaserig-schuppig, später verkahlend und von der Basis her bräunend. **Fleisch:** Dünn, hellgelb; Geruch muffig, Geschmack etwas bitterlich. **Sporenpulver:** Rotbraun. **Sporen:** 5–6 × 3–3,5 µm, elliptisch, glatt, dickwandig, ohne Keimporus. **Vorkommen:** Sommer bis Herbst meist büschelig an morschen Nadelholzstümpfen, montan bis subalpin; sehr selten. **Verwendung:** Kein Speisepilz.

1

2a

2b

4a

3a

3b

4b

5

Familien	Gattungen
Strophariaceae	*Psilocybe* (Kahlköpfe), *Kuehneromyces* (Stockschwämmchen), *Phaeomarasmius* (Schüppchenschnitzlinge), *Tubaria* (Trompetenschnitzlinge)
Crepidotaceae	*Crepidotus* (Stummelfüßchen)

1 Spitzkegeliger Kahlkopf

Psilocybe semilanceata (Fr.) Kumm.

August–Oktober
Viehweiden
Giftig
Foto mit Wiesen-Augentrost

Hut: 0,5–1,5 cm breit, spitzkegelig-glockig, nie ausgebreitet, meist mit zugespitzter Papille; Oberfläche hygrophan, klebrig, feucht gelbbraun, olivbraun, trocken ockerfarben bis lehmgelb; Rand fein gerieft, einwärts gebogen; Haut abziehbar. **Lamellen:** Ausgebuchtet angewachsen, jung hellbraun, alt rostbraun; Schneiden fein weißflockig. **Stiel:** 7–12 cm lang, 1–3 mm breit, zylindrisch, oft wellig gebogen, hohl, blassocker-hellbraun, glänzend. **Fleisch:** Dünn, blass; Geruch und Geschmack unbedeutend. **Sporenpulver:** Dunkelbraun. **Sporen:** 12–16 × 6–8 µm. **Vorkommen:** August bis Oktober gesellig auf Viehweiden, an Wegrändern. **Verwendung:** Giftig; wirkt halluzinogen.

2 Glattstieliges Frühlings-Stockschwämmchen

Kuehneromyces lignicola (Peck) Redhead

April–November
An Nadelholz
Kein Speisepilz

Hut: 1–4 cm breit, gewölbt mit stumpfem Buckel; Oberfläche hygrophan, trocken von der Mitte her ausblassend, ockergelb-cremegelb, feucht klebrig, dunkel hornbraun-dattelbraun; Rand feucht fein gerieft. **Lamellen:** Am Stiel gerade angewachsen, dicht stehend, untermischt, alt tabakbraun. **Stiel:** 3–7 cm lang, bis 0,5 cm breit, alt hohl, dunkelbraun, glatt, bisweilen mit vergänglichem Ring, büschelig verwachsen. **Fleisch:** Dünn, blass gelbbraun; Geruch und Geschmack unbedeutend. **Sporenpulver:** Dunkelbraun. **Sporen:** 6–7,5 × 3,5–4,5 µm. **Vorkommen:** April bis November auf Holzabfällen, an morschem Nadelholz; selten. **Verwendung:** Kein Speisepilz.

3 Gemeines Stockschwämmchen

Kuehneromyces mutabilis (Schaeff.: Fr.) Sing. & Smith

Mai–Dezember
An morschem Holz
Essbar
3b an morschem Laubholzstumpf, mit Sauerklee

Hut: 3–8 cm breit, gewölbt, alt flach ausgebreitet, stumpf gebuckelt; Oberfläche kahl, glatt, glänzend, hygrophan, feucht gelbbraun bis zimtbraun mit dunklerer Randzone, bei Trockenheit hellgelbhoniggelb; Rand schwach gerieft. **Lamellen:** Angewachsen, etwas herablaufend, gedrängt, dünn, erst hellbraun, alt rostbraun-dunkelbraun. **Stiel:** 3–8 cm lang, bis 6 mm breit, zylindrisch, hohl, zäh, oben gelbbräunlich, unterhalb des kleinen, vergänglichen braunen Ringes dunkler, mit feinen, sparrigen dunkelbraunen Schüppchen (3a); Basis dunkelbraun. **Fleisch:** Dünn, weich, im Hut gelblich; Geruch angenehm würzig, Geschmack mild, pilzartig. **Sporenpulver:** Rostbraun. **Sporen:** 5,5–7,5 × 3,5–4,5 µm, elliptisch, glatt. **Vorkommen:** Mai bis Dezember meist in Büscheln an Laub- und Nadelholz; weit verbreitet. **Verwendung:** Essbar. **Wissenswertes:** Ein sehr gefährlicher Doppelgänger ist der Gift-Häubling *(Galerina marginata);* er hat einen mehlartigen Geruch.

4 Igel-Schüppchenschnitzling

Phaeomarasmius erinaceus (Fr.) Kuehn. in Sing.

Frühjahr–Herbst
An Laubholzästchen
Unbedeutend

Hut: 1–2 cm breit, gewölbt bis ausgebreitet; Oberfläche orangefuchsig-rostbraun, mit sparrigen, abstehenden Faserschüppchen bedeckt. **Lamellen:** Ausgebuchtet angewachsen, blassgelb bis zimtbraun-orangefuchsig. **Stiel:** 1–2 cm lang, bis 3 mm breit, hutfarben, schuppig wie der Hut. **Fleisch:** Zäh. **Sporenpulver:** Rostbraun. **Sporen:** 10–14 × 6–9 µm, +/– zitronenförmig. **Vorkommen:** Frühjahr bis Herbst an Laubholzästchen. **Verwendung:** Unbedeutend. **Wissenswertes:** Von der Gattung *Phaeomarasmius* existieren in Europa nur zwei Arten. Der seltene Rinden-Schüppchenschnitzling *(Phaeomarasmius rimulincola)* wächst ebenfalls an Laubholz.

5 Winter-Trompetenschnitzling

Tubaria hiemalis Romagn.: Bon

November–Mai
An Holzresten
Kein Speisepilz
5a auf Holzabfällen

Hut: 1–5 cm breit, jung halbkugelig, alt verflachend, Mitte oft niedergedrückt; Oberfläche hygrophan, kahl, feucht zimtrostbraun bis hell honigocker, glänzend, durchscheinend gerieft, trocken ausblassend. **Lamellen:** Am Stiel +/– gerade angewachsen, ziemlich entfernt stehend, jung hellocker, alt braunocker. **Stiel:** Bis 6 cm lang, 2–5 mm breit, alt hohl, etwas zäh, hutfarben oder etwas heller, anfangs mit weißlicher Faserung; Basis oft auffällig weißfilzig. **Fleisch:** Dünn, blassbräunlich; fast geruchlos, Geschmack pilz- bis schwach rettichartig. **Sporenpulver:** Rostbraun. **Sporen:** 7,5–10 × 4,5–5,5 µm. **Vorkommen:** November bis Mai an Holzresten. **Verwendung:** Kein Speisepilz. **Wissenswertes:** Die Gattung *Tubaria* umfasst in Europa etwa zehn Arten.

6 Gallertfleischiges Stummelfüßchen

Crepidotus mollis (Schaeff.: Fr.) Staude

Frühjahr–Herbst
An Laubholz
Kein Speisepilz

Hut: 2–6 cm breit, muschel- bis nierenförmig, stiellos dem Substrat ansitzend; Oberfläche kahl, schmutzig weißlich, creme-graubraun; Haut abziehbar. **Lamellen:** Dicht stehend, in einem Punkt zusammenlaufend, jung grauweißlich, später schmutzig bräunlich, alt zimtfarben. **Fleisch:** Gallertig, blass; ohne besonderen Geruch und Geschmack. **Sporenpulver:** Tabakbraun. **Sporen:** 7–9 × 5–7 µm. **Vorkommen:** Frühjahr bis Herbst an totem Laubholz. **Verwendung:** Kein Speisepilz. **Wissenswertes:** Die Gattung Stummelfüßchen *(Crepidotus)* umfasst etwa 25 Arten. Ihre Hüte sind muschel-, fächer- oder spatelförmig; ihre Huthaut ist selten gelatinös; der Stiel ist kurz oder verkümmert (Name!). Eine Trennung der Arten ist nur anhand ihrer Mikromerkmale möglich.

1

3b

2

3a

4

5a

6

5b

1 Weinroter Risspilz

Inocybe adaequata (BRITZ.) SACC.
Inocybe jurana PAT.

Juni–September
Wälder und Parkanlagen
Kein Speisepilz

Hut: 3–8 cm breit, anfangs kegelig bis glockig, später gewölbt-ausgebreitet mit breitem Buckel; Oberfläche am Scheitel feinschuppig, zum Rand hin radialfaserig bis büschelig faserig, rötlich braun bis weinfarben; Rand jung mit weißlicher Cortina, alt oft tief eingerissen. **Lamellen:** Ausgebuchtet, mit kleinem Zahn angewachsen, untermischt, anfangs hellbeige, später lehmbraun, braunrot, mit weinrötlichem Ton; Schneiden weißlich bewimpert. **Stiel:** 2–6 cm lang, 0,7–1,5 cm breit, zylindrisch oder zum Grund hin etwas verjüngt, bisweilen breit gedrückt, blassbeige, bald weinrötlich überhaucht. **Fleisch:** Weiß, im Stiel weinrötlich; Geruch säuerlich, alt etwas muffig. **Sporenpulver:** Tabakbraun. **Sporen:** 10–15 × 5–7 µm. **Vorkommen:** Juni bis September gesellig in Wäldern und Parkanlagen, vorwiegend auf Kalkböden. **Verwendung:** Kein Speisepilz. **Wissenswertes:** Die Gattung *Inocybe* umfasst mehr als 150 mittelgroße, oft kegelhütige Arten. Ihre Hutoberfläche ist eingewachsen faserig bis filzig oder schuppig, der Hutrand oft radialrissig (Name „Risspilze"). Meist braunes Sporenpulver. Viele sind giftig. Nicht probieren!

2 Duftender Risspilz

Inocybe bongardii (WEINM.) QUÉL.

Juli–Oktober
Unter Laub- und Nadelbäumen
Giftig
2b mit Löwenzahnblättern

Hut: 2–6 cm breit, jung fast halbkugelig, bald kegelig-gewölbt, alt flach gewölbt; Oberfläche tabakbraun, oft mit rötlichen Tönen, mit bräunlichen Faserschüppchen; Rand anfangs eingebogen, mit fädiger, weißlicher Cortina, alt abgebogen, bisweilen kurz eingerissen. **Lamellen:** Ausgerandet angewachsen, etwas entfernt stehend, stark untermischt, erst beige bis hellbräunlich, alt bräunend, etwas rostbraun, an Druckstellen rötend; Schneiden schwach wellig, weißlich bewimpert. **Stiel:** Bis 6 cm lang, 0,5–1 cm breit, zylindrisch, zur Basis hin kaum verdickt, hellbeige, alt bräunlich, deutlich gefasert, an Druckstellen rötend. **Fleisch:** Im Hut weißlich, auf Druck oder im Anschnitt etwas rötend; Geruch widerlich süßlich-obstartig, Geschmack mild. **Sporenpulver:** Tabakbraun. **Sporen:** 10–15 × 6,5–8,5 µm. **Vorkommen:** Juli bis Oktober ziemlich häufig unter Laub- und Nadelbäumen, in Parkanlagen. **Verwendung:** Giftig; enthält Muscarin.

3 Hirschbrauner Risspilz

Inocybe cervicolor (PERS.) QUÉL.

Sommer–Herbst
Bei Nadelbäumen, an Wegrändern
Giftig

Hut: 3–5 cm breit, jung kegelig-glockig, alt flach gewölbt mit breitem Buckel; Oberfläche lehmbraun, lederbraun, ockerbraun, dunkler faserig-schuppig, zum Rand hin grob faserig; Rand jung mit Cortinaresten, im Alter abgebogen und +/– kurz eingerissen. **Lamellen:** Ausgebuchtet angewachsen, untermischt, jung fast weißlich, später beige-zimtfarben, alt schmutzig braun mit rostigem Ton; Schneiden weißlich bewimpert. **Stiel:** 4–7 cm lang, 5–7 mm breit, zylindrisch, beige-hellbraun, Spitze weißlich, sehr fein flockig, abwärts hutfarben, befasert. **Fleisch:** Im Hut weißlich-cremefarben, im Stiel faserig, besonders im Basisbereich rötend; Geruch muffig, widerlich, staubig. **Sporenpulver:** Olivbraun. **Sporen:** 10–16 × 6,5–8 µm. **Vorkommen:** Sommer bis Herbst meist gesellig bei Nadelbäumen, an Wegrändern; auf Kalk. **Verwendung:** Giftig; enthält Muscarin.

4 Grünscheiteliger Risspilz

Inocybe corydalina QUÉL.

Juli–Oktober
Laub- und Nadelwald, Parkanlagen
Kein Speisepilz
Foto mit Efeu

Hut: 2–6 cm breit, jung glockig, später flach, stumpf gebuckelt; Oberfläche radial gefasert, im Scheitelbereich olivgrünlich bis blaugrünlich überhaucht, zum Rand hin ockerlich bis ockerbräunlich; Rand rissig. **Lamellen:** Ausgerandet angewachsen, jung weißlich, bald blass lehmfarben bis schmutzig graulich; Schneiden weiß. **Stiel:** 3–6 cm lang, 0,5–1 cm breit, zylindrisch, jung weißlich, dann bräunlich; Basis gleich dick oder schwach knollig, zuweilen etwas grünlich. **Fleisch:** Faserig, weißlich; Geruch süßlich-aromatisch. **Sporenpulver:** Tabakbraun. **Sporen:** 8–10 × 5– 6,5 µm, +/– zitronenförmig bis elliptisch, glatt. **Vorkommen:** Juli bis Oktober gern gesellig in Laub- und Nadelwäldern und in Parkanlagen; auf Kalk. **Verwendung:** Kein Speisepilz.

5 Ziegelroter Risspilz

Inocybe erubescens BLYTT.

Mai–August
Laubwald, Parkanlagen
Giftig
5b mit Löwenzahnblättern

Hut: 2–7(–9) cm breit, jung stumpfkegelig, dann glockig-ausgebreitet, stumpf gebuckelt; Oberfläche fein radialfaserig, etwas glänzend, jung weißlich bis blass strohgelb-ockerlich, verfärbt sich später und bei Verletzungen vom Rand und den Rissen her schwach ziegelrot, schließlich gänzlich rotbräunlich; Rand jung eingerollt, später oft rissig, gespalten. **Lamellen:** Ausgebuchtet angeheftet bis fast frei, gedrängt, untermischt, erst weißlich, bald graubeige, zuletzt olivbraun, an Druckstellen langsam rötend; Schneiden weiß bewimpert. **Stiel:** 4–8 cm lang, 1–1,5 cm breit, voll, faserig, anfangs weißlich, später und bei Berührung rötend. **Fleisch:** Fest, faserig, weiß, an Bruch- und Schnittstellen langsam rötend; Geruch fruchtartig-süßlich, alt unangenehm, Geschmack mild (nicht probieren!). **Sporenpulver:** Dunkelbraun-olivbraun. **Sporen:** 9–15 × 5–8 µm. **Vorkommen:** Mai bis August bei alten Laubbäumen in Parkanlagen, Gärten, Laubwäldern, an Waldwegen; gern auf kalkhaltigen Böden. **Verwendung:** Stark giftig; enthält Muscarin.

1a

2a

3a

1b

2b

3b

4

5b

5a

Familie | Gattung

Cortinariaceae

Inocybe (Risspilze)

1 Birnen-Risspilz

Inocybe fraudans (BRITZ.) SACC.
Inocybe pyriodora (PERS.: FR.) QUÉL.

Juli–Oktober
Laub- und Nadelwald
Kein Speisepilz
Foto mit Rundblättriger Glockenblume

Hut: 2–6(–10) cm breit, jung kegelig-gewölbt, dann abgerundet-ausgebreitet mit gebuckeltem Scheitel; Oberfläche cremeweißlich, hellbraun, satt ockerfarben, ockerbraun, mit rötlich braunen Faserschuppen besetzt; Rand abgebogen, alt abstehend und bisweilen etwas über die Lamellen hinausragend, +/– eingerissen. **Lamellen:** Ausgebuchtet angewachsen, untermischt, erst grauweißlich, später ockerlich und etwas rötlich überhaucht; Schneiden weißlich bewimpert. **Stiel:** 4–8 cm lang, bis 1 cm breit, zylindrisch, zur Basis hin etwas angeschwollen, im oberen Teil fast weißlich, abwärts holzfarben bis bräunlich und fein befasert. **Fleisch:** Weißlich, im Schnitt rötend; Geruch auffallend süßlich, Geschmack unbedeutend. **Sporenpulver:** Tabakbraun. **Sporen:** 8–11 × 5–7 µm, elliptisch bis mandelförmig, glatt. **Vorkommen:** Juli bis Oktober meist gesellig im Laub- und Nadelwald, in Auenwäldern und Parkanlagen; auf Kalk. **Verwendung:** Kein Speisepilz.

2 Seidiger Risspilz, Erdblättriger Risspilz

Inocybe geophylla (SOW.: FR.) KUMM.

Juli–November
Laub- und Nadelwald
Giftig
Foto mit Früchten der Linde

Hut: 1–4 cm breit, anfangs kegelig gewölbt, dann gewölbt-ausgebreitet mit kleinem Buckel; Oberfläche fein seidig-faserig, weiß oder cremefarben; Rand jung eingebogen und durch einen weißlichen Haarschleier mit dem Stiel verbunden, im Alter abstehend, bisweilen hochgeschlagen, eingerissen. **Lamellen:** Angeheftet bis fast frei, bauchig, erst weißlich, blassgrau, später erdfarben, olivstichig; Schneiden weißlich. **Stiel:** Bis 6 cm lang, 2–4 mm breit, zylindrisch, oft gebogen, zerbrechlich; Basis +/– verdickt, meist leicht knollig, weißlich, fein seidig-faserig. **Fleisch:** Dünn, weißlich; Geruch widerlich, spermatisch, Geschmack schärflich. **Sporenpulver:** Schmutzig tonfarben. **Sporen:** 7,5–10,5 × 4,5–6 µm. **Vorkommen:** Juli bis November meist gesellig in feuchten Laub- und Nadelwäldern, auch in Parkanlagen; weit verbreitet. **Verwendung:** Giftig; enthält Muscarin.

3 Lilaseidiger Risspilz

Inocybe geophylla var. *lilacina* (PECK) GILL

Juli–November
Laub- und Nadelwald
Giftig

Vom Erdblättrigen Risspilz unterscheidet man verschiedene Varietäten. Bisweilen findet man diese violette Farbvariante mit lila Stiel und Hut. Wie zahlreiche Risspilze enthält *Inocybe geophylla* Muscarin. Vorsichtshalber sollte man auf eine Geschmacksprobe verzichten. Vergiftungssymptome zeigen sich bereits 15–30 Minuten nach dem Verzehr: starke Schweißausbrüche, Speichel- und Tränenfluss, Erbrechen, Durchfall, Pupillenverengung, langsamer Puls. Die häufigsten Erkrankungen dieses Vergiftungstyps verursacht der Ziegelrote Risspilz *(Inocybe erubescens)*.

4 Rötender Risspilz

Inocybe godeyi GILL.

Juni–September
Bei Laubbäumen
Giftig
4a und 4b mit Ruprechts-Storchschnabel

Hut: 2–4 cm breit, jung halbkugelig-kegelig, dann flach gewölbt, gebuckelt; Oberfläche seidig bis eingewachsen radialfaserig, jung weißlich-creme-ocker, bald orangerötlich bis sattrötlich; Rand jung eingebogen, mit flüchtiger weißer Cortina, alt +/– eingerissen. **Lamellen:** Ausgebuchtet angewachsen, untermischt, jung grauweiß, bald ockerlich bis orangerötlich. **Stiel:** 2–4 cm lang, zylindrisch, weißlich, bereift, +/– rötend; Basis gerandet knollig, Knolle außen weißlich, im Schnitt weiß bleibend. **Fleisch:** Dünn, jung weißlich, alt rötlich; Geruch widerlich, säuerlich. **Sporenpulver:** Tabakbraun. **Sporen:** 9–12 × 5–7 µm, mandelförmig. **Vorkommen:** Juni bis September unter Laubbäumen, an geschotterten Waldwegen, in Parks; auf Kalk. **Verwendung:** Giftig; enthält Muscarin.

5 Grauvioletter Risspilz

Inocybe griseolilacina LGE.

Juli–Oktober
Bei Laubbäumen
Giftig

Hut: Bis 4 cm breit, jung halbkugelig, bald gewölbt, dann flach ausgebreitet und gebuckelt; Oberfläche faserig kleinschuppig, hell graubraun mit violettem Ton, Scheitel ockerlich-haselbraun; Rand jung eingebogen, mit grauvioletter Cortina. **Lamellen:** Ausgebuchtet angewachsen, graubeige, alt graubraun mit lila Beiton; Schneiden weiß, fein bewimpert. **Stiel:** 3–7 cm lang, zylindrisch, grauviolett, mit grauweißen Längsfasern. **Fleisch:** Zunächst weißlich-lilafarben, später schmutzig weiß bis bräunlich; Geruch schwach spermatisch. **Sporenpulver:** Tabakbraun. **Sporen:** 8,5–11 × 5–6 µm. **Vorkommen:** Juli bis Oktober in Laubwäldern. **Verwendung:** Giftig.

6 Gefleckter Risspilz

Inocybe maculata BOUD.

Juli–Oktober
Laubwald, Parkanlagen
Giftig

Hut: 3–6 cm breit, anfangs konisch gewölbt, später ausgebreitet mit Buckel; Oberfläche kastanienbraun, Scheitel mit +/– stark ausgeprägten silbrigen Velumresten überzogen, zum Rand hin grob radialfaserig; Rand jung eingebogen, alt abstehend, tief radial eingerissen. **Lamellen:** Ausgebuchtet angewachsen, jung grauweißlich, später bräunlich, +/– olivstichig; Schneiden weiß. **Stiel:** Bis 6 cm lang, 0,5–1 cm breit, zylindrisch, längsfaserig, Spitze blass, graulich, abwärts ockerbräunlich bis dunkelbraun; Basis +/– knollig verdickt, weiß. **Fleisch:** Weißlich cremefarben, faserig; Geschmack mild, Geruch etwas säuerlich. **Sporenpulver:** Tabakbräunlich. **Sporen:** 8–12 × 4,5–6,5 µm. **Vorkommen:** Juli bis Oktober in Laubwäldern, Parks; auf Kalk. **Verwendung:** Giftig.

1

2

3a

3b

4a

4b

5

6

Familie | Gattung

Cortinariaceae

Inocybe (Risspilze)

1 Früher Risspilz

Inocybe nitidiuscula (BRITZ.) SACC.
Inocybe friesii R. HEIM

Juni–Oktober
Im Fichtenwald, an Waldwegen
Giftig
1a und 1b mit Sparrigem Kranzmoos

Hut: 1–4 cm breit, anfangs kegelig-glockig, dann ausgebreitet, meist mit warzig-zapfigem Buckel; Oberfläche radialfaserig, rot- bis kastanienbraun, selten ockerlich; Rand jung kaum eingebogen, mit weißer, vergänglicher Cortina, alt abstehend, +/– tief eingerissen. **Lamellen:** Ausgebuchtet angewachsen, untermischt, anfangs fast weiß, später bräunlich (1b); Schneiden weiß bewimpert. **Stiel:** 3–6 cm lang, 2–4 mm breit, zylindrisch, wachsfarben, im Oberteil rötlich behaucht, zur Basis hin etwas angeschwollen. **Fleisch:** Im Hut weiß; Geruch spermatisch. **Sporenpulver:** Tabakbraun. **Sporen:** 9–12 × 5,5–7 µm, elliptisch-mandelförmig, glatt. **Vorkommen:** Juni bis Oktober in Fichtenwäldern, seltener in Laubwäldern, an Waldwegen; auf Kalk. **Verwendung:** Giftig.

2 Graugezonter Zwerg-Risspilz

Inocybe petiginosa (FR.) GILL.

Juni–November
Laubwald
Kein Speisepilz
Foto mit Knospenschuppen der Rotbuche

Hut: 1–2 cm breit, jung gewölbt, bald flach mit kleinem Buckel; Oberfläche glatt, rotbräunlich, schwarzbräunlich, zum Rand hin farblich deutlich abgesetzt grauweißlich bis grauocker und filzig bleibend, Scheitel alt kahl. **Lamellen:** Ausgebuchtet angewachsen, gedrängt, strohgelblich, gelblich ocker, alt dunkler. **Stiel:** 1,5–3 cm lang, 1–2 mm breit, zylindrisch, schlank, +/– verbogen, ocker- bis fleischfarben, fein bereift; Basis bisweilen weißstriegelig. **Fleisch:** Dünn, cremegelblich bis blassockerlich; Geruch schwach spermatisch, Geschmack etwas bitterlich. **Sporen:** 6,5–7 × 4,5–6 µm, rundlich bis länglich, höckerig. **Vorkommen:** Juni bis November in Laubwäldern, gern gesellig auf nackter Erde zwischen Holzresten, Laub und alten Fruchthüllen der Rotbuche *(Fagus sylvatica)*, auch unter Eichen *(Quercus)*. **Verwendung:** Kein Speisepilz.

3 Kegeliger Risspilz

Inocybe rimosa (BULL.: FR.) KUMM.
Inocybe fastigiata (SCHAEFF.: FR.) QUÉL.

Juni–Oktober
Laub- und Nadelwald
Giftig
Foto mit Sauerklee

Hut: 3–7 cm breit, anfangs kegelig, bald ausgebreitet mit zugespitztem Buckel; Oberfläche mit radial verlaufenden Fasern, graulich, gelbockerlich,

gelbbräunlich bis umbrabräunlich, Mitte meist dunkler; Rand jung eingebogen, mit rasch schwindender Cortina, später nach unten abgebogen, im Alter auch aufwärts gebogen und +/–tief eingerissen (siehe Foto links). **Lamellen:** Etwas gedrängt, jung graubeige, alt schmutzig bräunlich; Schneiden weißlich bewimpert. **Stiel:** Bis 8 cm lang, bis 1,5 cm breit, zylindrisch, ohne Knöllchen, jung weißlich, später gelblich-hellockerlich, etwas faserig-flockig. **Fleisch:** Gelblich weiß; Geruch spermatisch. **Sporenpulver:** Tabakbraun. **Sporen:** 10–16 × 6– 9 µm, glatt. **Vorkommen:** Juni bis Oktober in Laub- und Nadelwäldern, an Waldwegen, in Parks; verbreitet, sehr variabel. **Verwendung:** Giftig; enthält Muscarin.

4 Wolligfädiger Risspilz

Inocybe sindonia (FR.) KARST.
Inocybe kuehneri STGL. & VES.

September–November
Bei Laub- und Nadelbäumen
Giftig
Foto mit Schönem Widertonmoos

Hut: 2–6 cm breit, jung kegelig, bald gewölbt mit Buckel; Oberfläche blassbeige-blassockerlich, Scheitel feinfaserig bis etwas schuppig, zum Rand hin befasert; Rand jung eingebogen, mit dichtem, wolligem, vergänglichem weißem Velum. **Lamellen:** Ausgerandet, mit Zähnchen angewachsen, weißlich bis hellbräunlich; Schneiden weiß bewimpert. **Stiel:** Bis 8 cm lang, bis 0,7 cm breit, zylindrisch, alt hohl, jung blass, später hell ockerbräunlich mit Grauton, bereift; Basis angeschwollen. **Fleisch:** Fest, weiß; Geruch etwas nach Waschküche. **Sporenpulver:** Ockerbräunlich. **Sporen:** 8–10 × 4,5–5,5 µm, mandelförmig, glatt, gelbbraun, dickwandig. **Vorkommen:** September bis November gesellig bei Laub- und Nadelbäumen; auf Kalk. **Verwendung:** Giftig. **Wissenswertes:** Auffällig am Wolligfädigen Risspilz ist seine Hutfarbe, die auch als kittfarben bezeichnet wird. Ebenfalls hellhütige, aber kleinere Fruchtkörper hat der Seidige Risspilz *(Inocybe geophylla)*. Wie bei allen Risspilzen verschafft nur eine mikroskopische Untersuchung Klarheit.

5 Erd-Risspilz

Inocybe terrigena (FR.) KUYPER

Juli–Oktober
Nadelwald
Giftig
5a mit Zypressen-Thujamoos
5b mit Blättern der Wald-Erdbeere

Hut: 3–7 cm breit, jung fast halbkugelig, bald gewölbt bis ausgebreitet; Oberfläche auf braunocker-gelbbraunem Grund angedrückt faserschuppig; Rand jung eingebogen, mit dem Ring durch ein dickes weißbraunes Velum verbunden. **Lamellen:** Am Stiel angewachsen, mit Zähnchen herablaufend, jung lehmfarben, später braun-olivbraun. **Stiel:** 4–6 cm lang, 0,4–1,2 cm breit, walzenförmig, alt hohl, mit gelbbraunen Schüppchen. **Fleisch:** Faserig, gelblich; Geruch staubartig. **Sporenpulver:** Rostbraun. **Sporen:** 9–12 × 5–6 µm, elliptisch bis bohnenförmig. **Vorkommen:** Juli bis Oktober oft gesellig im Nadelwald, an Waldwegen; auf kalkhaltigen Böden. **Verwendung:** Giftig. **Wissenswertes:** Der beschriebene Pilz wurde mit seinem sparrig-schuppigen Stiel und angedrückt faserschuppigen Hut früher zur Gattung *Pholiota* gestellt.

1a
1b
2
3
5a
4
5b

Familie | **Gattungen**

Cortinariaceae

Hebeloma (Fälblinge), *Gymnopilus* (Flämmlinge), *Rozites* (Reifpilze), *Galerina* (Häublinge)

1 Tongrauer Tränen-Fälbling

Hebeloma crustuliniforme (BULL.) QUÉL.

August–Oktober
Unter Laubbäumen
Giftig
Foto mit Krücken-Kegelmoos

Hut: 4–8 cm breit, zunächst polsterförmig gewölbt, später ausgebreitet, oft mit flachem Buckel; Oberfläche feucht schleimig-schmierig, eingewachsen faserig, hell tonfarben, blass semmelfarben-ockerfarben, Mitte etwas dunkler, zum Rand hin heller, weißlich. **Lamellen:** Ausgebuchtet angewachsen, untermischt, jung weißlich, blass bis tonfarben; Schneiden weißflockig, jung mit wasserhellen Tröpfchen, die beim Trocknen braune Flecken hinterlassen. **Stiel:** 3–8 cm lang, 4–10 mm breit, weißlich, ohne Velumreste. **Fleisch:** Weißlich; Geruch schwach rettichartig bis fehlend, Geschmack bitter, nach Rettich. **Sporenpulver:** Braun. **Sporen:** 10–12 × 6–7 µm. **Vorkommen:** August bis Oktober gesellig, oft aspektbildend unter Laub-, selten Nadelbäumen, gern auf Rasenflächen in Parks. **Verwendung:** Giftig. **Wissenswertes:** Viele Arten der Gattung *Hebeloma* haben einen rettichartigen Geruch, sie schmecken meist bitter und sind ungenießbar. Einige sind giftig.

2 Wurzelnder Marzipan-Fälbling

Hebeloma radicosum (BULL.: FR.) RICK.

August–Oktober
An morschem Laubholz
Kein Speisepilz
2a mit Wald-Schachtelhalm
2b „Wurzel“ freigelegt

Hut: 6–12 cm breit, jung halbkugelig, später flach gewölbt; Oberfläche feucht stark schmierig, graugelblich, lehmbraun, semmelbraun, angedrückt bis eingewachsen faserschuppig, Scheibe dunkler; Rand von fetzigen Velumresten behangen. **Lamellen:** Ausgebuchtet angewachsen, gedrängt stehend, jung blass, dann dunkel tonbraun; Schneiden heller. **Stiel:** 5–8 cm lang, zur Basis hin stark verjüngt, bis 15 cm tief wurzelnd, zäh, Ring dick, häutig, abstehend, darüber weißlich, mehlig. **Fleisch:** Weißlich; Geruch marzipanartig, Geschmack mild bis bitter. **Sporenpulver:** Braun. **Sporen:** 8,5–10,5 × 4,5–5,5 µm, mandelförmig, feinwarzig. **Vorkommen:** August bis Oktober meist einzeln auf oder neben morschen Laubholzstümpfen oder auf vergrabenem Holz. **Verwendung:** Kein Speisepilz. **Wissenswertes:** Typische Merkmale sind der wurzelnde Stiel und der Marzipangeruch.

3 Geflecktblättriger Flämmling

Gymnopilus penetrans (FR.) MURR.

August–November
An morschem Nadelholz
Kein Speisepilz
3a und 3b auf morschem Nadelholz

Hut: 2–5(–8) cm breit, gewölbt bis ausgebreitet, manchmal gebuckelt; Oberfläche fast glatt und kahl, nur schwach eingewachsen radialfaserig, feucht klebrig, goldgelb, fuchsig rötlich bis rotbraun, bisweilen dunkler gefleckt; Rand ungerieft. **Lamellen:** Ausgebuchtet angewachsen bis kurz herablaufend, untermischt, dicht stehend, blassgelb-gelblich, bald braunfleckig, alt rostbraun; Schneiden +/– schartig. **Stiel:** 3–8 cm lang, 2–7 mm breit, blassgelblich, jung +/– weißlich überhaucht, später in der unteren Hälfte zunehmend rotbräunlich, stark längsfaserig. **Fleisch:** Gelblich, im Stiel bräunlich; Geruch schwach, Geschmack sehr bitter. **Sporenpulver:** Braun. **Sporen:** 7–8 × 4–5 µm, elliptisch, feinwarzig. **Vorkommen:** August bis November meist gesellig bis büschelig an morschem Nadelholz, gern an Kiefer *(Pinus)*, selten an Laubholz; verbreitet. **Verwendung:** Kein Speisepilz. **Wissenswertes:** Die größte Art der Gattung *Gymnopilus* ist der Beringte Flämmling *(Gymnopilus spectabilis);* er hat einen 5–15 cm breiten Hut und einen deutlich beringten Stiel. Wegen ihres bitteren Geschmacks kommen Flämmlinge als Speisepilze nicht in Betracht.

4 Reifpilz

Rozites caperatus (PERS.: FR.) KARST.

Juli–Oktober
Nadel- und Laubwald
Essbar
Foto mit Heidelbeeren

Hut: 4–12 cm breit, anfangs halbkugelig-glockig, dann gewölbt, im Alter ausgebreitet, mit stumpfem Buckel, radial gerunzelt; Oberfläche blassgelblich, semmelfarben, silbrig bereift mit lila Schein; Rand jung eingebogen. **Lamellen:** Ausgebuchtet angewachsen, gedrängt, breit, jung blass, später tonfarben; Schneiden weißlich, fein gezähnt. **Stiel:** 5–15 cm lang, bis 2 cm breit, zylindrisch bis keulenförmig, voll, schmutzig weißlich, seidig-faserig gestreift; Ring schmal, blassgelb, oberseits gerieft, mit doppeltem Rand. **Fleisch:** Weich, weißlich, oft wässrig durchzogen; Geruch und Geschmack angenehm. **Sporenpulver:** Braungelb. **Sporen:** 11–14 × 7–9 µm. **Vorkommen:** Juli bis Oktober in Nadel-, seltener in Laubwäldern; auf sauren Böden. **Verwendung:** Essbar.

5 Gift-Häubling

Galerina marginata (BATSCH) KUEHN.

Juli–November
Auf Holz
Tödlich giftig
Foto mit Nadelholzresten und einem Fichtensämling

Hut: 1,5–4 cm breit, anfangs halbkugelig-glockig, später gewölbt bis flach ausgebreitet, bisweilen mit kleinem Buckel; Oberfläche hygrophan, feucht honigbraun-ockerbraun mit fein gerieftem Rand, klebrig-schmierig, bei Trockenheit von der Mitte her hell gelbbraun ausblassend. **Lamellen:** Am Stiel angeheftet bis leicht herablaufend, schmal, gedrängt, hellbraun-zimtbraun, alt rostbraun. **Stiel:** 2–7 cm lang, schlank, zylindrisch, hohl, ockerbraun, abwärts dunkler, unter dem Ring weißlich überfasert, ohne Schüppchen; Ring hängend, dünn, häutig, flüchtig. **Fleisch:** Dünn, im Hut braungelblich, im Stiel dunkler; Geruch und Geschmack mehlartig (nicht probieren!). **Sporenpulver:** Hellbraun. **Sporen:** 7,5–11 × 5–6,5 µm, mandelförmig, warzig. **Vorkommen:** Juli bis November einzeln oder in Büscheln auf morschem Nadel-, seltener Laubholz. **Verwendung:** Tödlich giftig; enthält Amatoxine, die Giftstoffe der Knollenblätterpilze. **Wissenswertes:** Der beschriebene Pilz ist der gefährliche Doppelgänger des Stockschwämmchens *(Kuehneromyces mutabilis)*.

1a

2a

2b

4

3a

5

3b

Familie	Gattung	Untergattungen
Cortinariaceae	*Cortinarius* (Haarschleierlinge)	*Cortinarius* (Schleierlinge), *Dermocybe* (Hautköpfe), *Leprocybe* (Rauköpfe)

1 Dunkelvioletter Dickfuß

Cortinarius violaceus (L.: Fr.) Gray
Cortinarius hercynicus Pers.
(Cortinarius)

August–Oktober
Laub- und Nadelwald
Essbar
Foto mit Früchten der Eberesche

Hut: 4–15 cm breit, gewölbt; Oberfläche trocken, fein filzig-schuppig, dunkel blau-violett, zuletzt schmutzig schwarzbräunlich; Rand lange eingebogen. **Lamellen:** Am Stiel ausgebuchtet angewachsen, entfernt stehend, dunkelviolett, später vom Sporenstaub rostbraun; Schneiden flockig. **Stiel:** 6–12 cm lang, bis 2 cm breit, dunkelviolett, trocken, faserig, vom Velum oft genattert; Basis keulig verdickt (bis 4 cm). **Fleisch:** Im Hut und Stiel violett; Geruch nach Zedernholz, Geschmack unbedeutend. **Sporenpulver:** Rostbraun. **Sporen** 12–15 × 7–8,5 µm, elliptisch bis mandelförmig, warzig. **Vorkommen:** August bis Oktober meist gesellig in Laub- und Nadelwäldern; in Europa weit verbreitet, aber als Seltenheit zu schonen. **Verwendung:** Essbar.

2 Blutroter Hautkopf

Cortinarius sanguineus (Wulf.: Fr.) Gray
(Dermocybe)

August–Oktober
Feuchte Nadelwälder
Giftig

Hut: 1–4 cm breit, jung halbkugelig, später gewölbt mit meist abgeflachtem bis vertieftem Scheitel, der bisweilen einen stumpfen Buckel trägt; Oberfläche matt, fein filzig-schuppig, dunkel blutrot bis braunrot; Rand jung mit braunroten Velumresten. **Lamellen:** Ausgebuchtet angewachsen, dunkel blutrot bis braunrot (2b) mit gleichfarbener flüchtiger Cortina. **Stiel:** 3–6 cm lang, schlank, +/– hin- und hergebogen, voll bis fast hohl, dunkel blutrot bis braunrot; Basis heller und teils leicht verdickt. **Fleisch:** Dunkel blutrot; Geruch schwach rettichartig, Geschmack mild bis bitterlich. **Sporenpulver:** Rostbraun. **Sporen:** 6–9 × 4–5 µm, elliptisch, feinwarzig. **Vorkommen:** August bis Oktober einzeln bis gesellig in Mooren und feuchten Nadelwäldern. **Verwendung:** Giftig.

3 Rotschuppiger Raukopf

Cortinarius bolaris (Pers.:Fr.) Fr.
(Leprocybe)

Juli–Oktober
Laub-, selten Nadelwald
Giftig

Hut: 3–8 cm breit, anfangs halbkugelig, später gewölbt bis ausgebreitet, oft verbogen; Oberfläche trocken, auf blassgelb-tonfarbenem Grund dicht mit angedrückten, zinnober- bis karminroten Schüppchen bedeckt, besonders zum Scheitel hin. **Lamellen:** Angewachsen, ockerbraun. **Stiel:** 3–7 cm lang, 0,5–1,5 cm breit, zylindrisch, oft verbogen, Spitze weiß, darunter auf hellem Grund wie der Hut rötlich schuppig bis faserig. **Fleisch:** Weiß; Geruch schwach staubartig oder fehlend, Geschmack mild. **Sporenpulver:** Blassbraun. **Sporen:** 6–8 × 4,5–5 µm. **Vorkommen:** Juli bis Oktober unter Laubbäumen, selten im Nadelwald. **Verwendung:** Giftig.

4 Orangefuchsiger Raukopf

Cortinarius orellanus (Fr.) Fr.
(Leprocybe)

August–Oktober
Laubwald
Tödlich giftig

Hut: 3–6(–8,5) cm breit, anfangs fast halbkugelig bis kegelig, dann gewölbt bis flach ausgebreitet, meist stumpf gebuckelt; Oberfläche trocken, matt, angedrückt fein faserig-schuppig, alt oft kahl, rostbraun, orangefuchsig-orangebräunlich; Rand erst eingerollt, bisweilen wellig verbogen. **Lamellen:** Ausgebuchtet bis gerade angeheftet, etwas entfernt stehend, dicklich, zimtbraun-rostrot bis rostbraun. **Stiel:** 3–7(–9) cm lang, fast zylindrisch, zur Basis hin verjüngt, längs gefasert, fest, voll, jung gelblich, später rostfarben, ohne Ringzone. **Fleisch:** Fest, gelblich, unter der Huthaut rostbraun; Geruch im Schnitt schwach rettichartig, Geschmack mild (nicht probieren!). **Sporenpulver:** Rostbraun. **Sporen:** 8,5–12 × 5,5–7 µm, elliptisch-mandelförmig, warzig. **Vorkommen:** August bis Oktober einzeln oder gesellig in Laubwäldern. **Verwendung:** Tödlich giftig.

5 Spitzgebuckelter Raukopf

Cortinarius rubellus Cke.
(Leprocybe)

Juli–Oktober
Moorige Fichtenwälder
Tödlich giftig
Foto mit Moosbeere

Hut: 2–7 cm breit, kegelig, spitz gebuckelt, alt glockig bis gewölbt mit Buckel; Oberfläche trocken, feinschuppig, lebhaft orangebraun bis rostbräunlich; Rand lange eingerollt, jung mit gelbbräunlichen Velumresten. **Lamellen:** Abgerundet angewachsen, entfernt stehend, dick, zimt- bis rostbräunlich. **Stiel:** 5–10 cm lang, 0,5–1,5 cm breit, zylindrisch, schlank, oft verbogen, hutfarben, längsfaserig, mit mehreren gelblichen Velumgürteln genattert. **Fleisch:** Fest, gelbbräunlich, in der Stielbasis braunorange; Geruch und Geschmack schwach nach Rettich (nicht probieren!). **Sporenpulver:** Rostbraun. **Sporen:** 9–12 × 6–9 µm, elliptisch, feinwarzig. **Vorkommen:** Juli bis Oktober einzeln bis gesellig in moorigen, sauren Fichtenwäldern. **Verwendung:** Tödlich giftig.

6 Grünfaseriger Raukopf

Cortinarius venetus (Fr.) Fr.
(Leprocybe)

August–Oktober
Laub- und Nadelwald
Kein Speisepilz

Hut: 2–6 cm breit, gewölbt-ausgebreitet, stumpf gebuckelt; Oberfläche jung feinschuppig, olivgrün, gelbgrün, feucht olivbraun, alt kahl; Rand nach unten gebogen. **Lamellen:** Ausgebuchtet angewachsen, olivgrün, alt bräunlich. **Stiel:** 4–8 cm lang, bis 1 cm breit, zylindrisch, unten +/– keulig erweitert, alt hohl, längsfaserig gestreift, gelbgrün-olivgrün; Velum oft olivgelbe gürtelförmige Zonen bildend. **Fleisch:** Blassgrün, alt olivgelblich; Geruch etwas nach Rettich. **Sporenpulver:** Rostbraun. **Sporen:** 5,5–8,5 × 4,5–6,5 µm. **Vorkommen:** August bis Oktober in Laub- und Nadelwäldern. **Verwendung:** Kein Speisepilz.

1

2a

2b

3

4

5

6

Familie	Gattung	Untergattung
Cortinariaceae	*Cortinarius* (Haarschleierlinge)	*Phlegmacium* (Schleimköpfe, Klumpfüße)

1 Buchen-Klumpfuß

Cortinarius anserinus (VEL.) HENRY *(Phlegmacium)*

September–November
Buchenwald
Kein Speisepilz
1b mit Blättern der Wald-Erdbeere

Hut: 5–12 cm breit, anfangs halbkugelig, später gewölbt; Oberfläche klebrig, blass strohgelb, ledergelblich, olivocker, zum Rand hin eingewachsen radialfaserig; Rand lange eingerollt und mit weißlich-violetten Schleierresten bedeckt (1b). **Lamellen:** Am Stiel ausgebuchtet, gedrängt, jung violettlich, zuletzt graubraun. **Stiel:** 4–10 cm lang, 1–2 cm breit, lange bläulich, von unten zur Spitze hin weißlich ausblassend, Stielknolle mit lederbraunen Hüllresten. **Fleisch:** In Hut und Stielknolle weißlich, im Stiel violettlich; Geruch fruchtig, Geschmack der Huthaut meist sehr bitter. **Sporenpulver:** Rostbräunlich. **Sporen:** 9–12 × 5–7 µm, zitronenförmig, grobwarzig. **Vorkommen:** September bis November in Buchenwäldern auf Kalkböden. **Verwendung:** Kein Speisepilz.

2 Gelbgegürtelter Schleimkopf

Cortinarius cliduchus FR. *(Phlegmacium)*

Juli–Oktober
Unter Rotbuchen
Kein Speisepilz

Hut: 5–8(–12) cm breit, anfangs halbkugelig, später gewölbt-ausgebreitet, stumpf gebuckelt; Oberfläche glatt, feucht schleimig, jung mit Schüppchen im Hutschleim, ocker- bis braungelb, Rand meist heller; Haut abziehbar. **Lamellen:** Ausgebuchtet angewachsen, gedrängt, hell tonfarben bis lehmbräunlich, zuletzt zimtbräunlich. **Stiel:** 5–8(–12) cm lang, 1,5–2,5 cm breit, oben weißlich mit ringförmiger, rotbräunlicher Cortina, darunter auf bei jungen Pilzen blassgelbem Grund mehrere undeutliche Gürtelzonen; Basis keulenförmig. **Fleisch:** Weiß; Geruch sehr unangenehm leuchtgasartig wie beim Schwefel-Ritterling (*Tricholoma sulphureum*). **Sporenpulver:** Rostbraun. **Sporen:** 10–12 × 6– 7 µm, mandelförmig, warzig. **Vorkommen:** Juli bis Oktober gesellig im Laubwald unter Rotbuchen *(Fagus sylvatica)*, auf kalkreichen Böden. **Verwendung:** Kein Speisepilz.

3 Bunter Klumpfuß

Cortinarius dibaphus FR. *(Phlegmacium)*

September–Oktober
Unter Weißtannen
Kein Speisepilz
Foto mit Weißtannenzweig

Hut: 4–8(–10) cm breit, anfangs halbkugelig, später gewölbt bis ausgebreitet; Oberfläche schmierig, graulila-braunlila mit weißen, an Milchflecken erinnernden Velumresten. **Lamellen:** Gedrängt, ockerfarben, jung mit lila Hauch, später dunkel tonfarben. **Stiel:** 5–8 cm lang, 1–2 cm breit, lila, später ausblassend, alt von der Basis aufwärts ockerbräunlich; Basis +/– gerandet-knollig. **Fleisch:** Weißlich, in der Knolle blass ockergelb bis safranfarben; Geruch schwach, muffig, Geschmack bitter. **Sporenpulver:** Rostbraun. **Sporen:** 9–11 × 5,5–6,5 µm, mandelförmig, grobwarzig. **Vorkommen:** September bis Oktober in Nadelwäldern unter Weißtannen *(Abies alba)*, auf kalkreichen Böden; selten. **Verwendung:** Kein Speisepilz. **Wissenswertes:** Von diesem prächtig gefärbten Mykorrhizapilz der Weißtanne *(Abies alba)* wird *Cortinarius dibaphus* var. *nemorosus* abgetrennt. Er wächst in Laubwäldern unter Rotbuchen *(Fagus sylvatica)*.

4 Stämmiger Schleimkopf

Cortinarius herculeus MALENCON *(Phlegmacium)*

Oktober–November
Unter Zedern
Kein Speisepilz
Foto mit Zapfen und Zweig der Zeder

Hut: 8–12(–25) cm breit, jung halbkugelig, alt gewölbt bis ausgebreitet; Oberfläche glatt, feucht klebrig, trocken matt glänzend, gelbockerlich, semmelbraun, porphyrbraun, bisweilen weiß-silbrig bereift oder mit Velumresten; Rand lange eingebogen. **Lamellen:** Ausgebuchtet, mäßig gedrängt, cremefarben, später ockerlich; Schneiden gesägt. **Stiel:** 5–10(–15) cm lang, 1–3(–5) cm breit, sehr kräftig, weißlich; Velumreste als unvollständige, vom Sporenstaub ockerbräunliche, vergängliche Ringzonen oder Gürtel; Basis abgerundet bis verdickt, etwas wurzelnd. **Fleisch:** Dick, fest, weiß, in der Stielbasis ockerlich, mit Ammoniak schwefelgelb; Geruch stark erdig und penetrant. **Sporenpulver:** Rostbraun. **Sporen:** 11–13,5 × 5,5–7 µm, mandelförmig. **Vorkommen:** Oktober bis November einzeln bis gesellig unter Zedern in Südfrankreich und im Mittelmeerraum. **Verwendung:** Kein Speisepilz.

5 Bitterer Schleimkopf

Cortinarius infractus (FR.: FR.) FR. *(Phlegmacium)*

August–Oktober
Laub- und Nadelwald
Kein Speisepilz
Foto mit Wald-Erdbeere

Hut: 5–12 cm breit, gewölbt-ausgebreitet, mit abrupt abgeschrägtem Rand, fleischig; Oberfläche dunkel olivgrau bis olivbraun, bisweilen mit schwach violettem Schimmer, fein eingewachsen faserig, feucht schmierig, trocken fast glänzend. **Lamellen:** Ausgebuchtet angewachsen, eher entfernt stehend, mit Zwischenlamellen, sehr breit, dunkelbraun, alt rostbraun bis olivschwarz. **Stiel:** 3–8 cm lang, bis 2 cm breit, zylindrisch bis keulig, blassbraun, Spitze bisweilen mit violettem Schimmer; Basis häufig knollig verdickt. **Fleisch:** Weißlich; Geruch unbedeutend, Geschmack sehr bitter (Name!). **Sporenpulver:** Rotbräunlich. **Sporen:** 8–9 × 6–7 µm, rundlich, warzig. **Vorkommen:** August bis Oktober ziemlich häufig in Laub- und Nadelwäldern, auch in Parkanlagen, auf kalkreichen Böden; in Mitteleuropa ziemlich häufig, einer der häufigsten Schleimköpfe. **Verwendung:** Kein Speisepilz. **Wissenswertes:** Der Bittere Schleimkopf ist ziemlich veränderlich, von ihm sind verschiedene Varianten beschrieben. Er kann mit dem Olivgelben Schleimkopf *(Cortinarius subtortus)* verwechselt werden, der jedoch auf sauren, moorigen Böden gedeiht und einen angenehmen Weihrauchgeruch hat.

1a
1b
2
3
4
5

Familie	Gattung	Untergattung
Cortinariaceae	*Cortinarius* (Haarschleierlinge)	*Phlegmacium* (Schleimköpfe, Klumpfüße)

1 Anis-Klumpfuß

Cortinarius odorifer Britz.
(Phlegmacium)

September–Oktober
Nadelwald
Essbar
Foto mit Bandflechte

Hut: 4–12 cm breit, jung halbkugelig, später gewölbt-ausgebreitet, auch niedergedrückt; Oberfläche glatt, kahl, feucht sehr schleimig, trocken glänzend, kupferfarben-rotbraun, seltener rosarot, zum Rand hin mehr gelblich getönt; Rand anfangs eingerollt und besonders schleimig; Haut abziehbar. **Lamellen:** Ausgebuchtet angewachsen, jung gelb bis gelbgrün, später olivbraun, alt rostbraun. **Stiel:** 5–8 cm lang, 1–2 cm breit, voll, fleischig, jung blassgelblich bis gelbgrünlich, stark faserig, bald bräunlich; Knolle bis 3,5 cm breit, deutlich gerandet. **Fleisch:** Gelblich bis gelbgrün, in der Knolle fast rein gelb; Geruch stark nach Anis, Geschmack mild. **Sporenpulver:** Rotbraun. **Sporen:** 10–13 × 5–7 µm. **Vorkommen:** September bis Oktober im Nadelwald. **Verwendung:** Essbar.

2 Würziger Schleimkopf

Cortinarius percomis Fr.
(Phlegmacium)

September–Oktober
Nadelwald
Kein Speisepilz
Foto mit Wald-Erdbeere

Hut: 4–7(–10) cm breit, jung halbkugelig, dann gewölbt-ausgebreitet; Oberfläche feucht schmierig, bei Trockenheit matt glänzend, gelbbraun-gelbocker; Rand lange eingebogen, mit Velumresten. **Lamellen:** Ausgebuchtet bis kurz herablaufend, erst gelb bis grüngelb, dann gelbbraun bis olivlich, alt rostbräunlich. **Stiel:** 4–7(–10) cm lang, bis 2 cm breit, keulig, grüngelb, Spitze weißlich, mit vergänglichem, blassgelbem, vom Sporenstaub bald bräunlichem Velum. **Fleisch:** Grüngelb; Geruch aufdringlich-würzig, Geschmack mild. **Sporenpulver:** Rostbräunlich. **Sporen:** 11–13 × 5,5–7 µm. **Vorkommen:** September bis Oktober im Nadelwald. **Verwendung:** Kein Speisepilz.

3 Schleiereule

Cortinarius praestans (Cord.) Gill.
(Phlegmacium)

August–Oktober
Laubwald, selten Nadelwald
Essbar
3a und 3b mit Blättern der Rotbuche

Hut: 5–25 cm breit, erst halbkugelig, dann gewölbt, schließlich ausgebreitet; Oberfläche jung schmierig, glatt, braunviolett-rotbraun, besonders zum Rand hin mit weißen, flockigen Velumresten; Rand lange nach unten gebogen und im Alter meist runzelig-furchig. **Lamellen:** Am Stiel angewachsen, dicht stehend, jung von weißlicher Cortina bedeckt (3b), alt ockerbraun; Schneiden gekerbt. **Stiel:** 10–20 cm lang, 2–3 cm breit, voll, weißlich-blassviolett, faserig, oft mit bräunlich gefärbter Zone; Basis bauchig-knollig, bis 5 cm breit. **Fleisch:** Dick, fest, weißlich; Geruch unbedeutend, Geschmack mild, angenehm. **Sporenpulver:** Rostbraun. **Sporen:** 12–18 × 8–9 µm. **Vorkommen:** August bis Oktober einzeln oder gesellig meist in Laubwäldern. **Verwendung:** Essbar.

4 Geschmückter Schleimkopf

Cortinarius saginus (Fr.: Fr.) Fr.
(Phlegmacium)

September–Oktober
Nadelwald
Essbar

Hut: 5–10(–12) cm breit, erst halbkugelig, dann flach gewölbt; Oberfläche schleimig, ockergelb, rostgelb, mit dunkleren Velumschuppen; Rand lange nach unten gebogen, mit Velumresten. **Lamellen:** Dicht stehend, jung blass cremefarben, alt rostbraun. **Stiel:** 5–10 cm lang, 1–2 cm breit, voll, weißlich, nach unten hin von ockerbraunem Velum auffällig gegürtelt; Basis keulig. **Fleisch:** Dick, fest, weißlich; Geruch unbedeutend, Geschmack mild. **Sporenpulver:** Rotbraun. **Sporen:** 8,5–10,5 × 5–6 µm, warzig. **Vorkommen:** September bis Oktober gesellig in Nadelwäldern unter Fichten *(Picea abies)*. **Verwendung:** Essbar. **Wissenswertes:** Die Gruppe *Phlegmacium* umfasst ca. 160 Arten mit klebrigem oder schleimigem Hut und trockenem Stiel.

5 Olivblättriger Klumpfuß

Cortinarius scaurus (Fr.: Fr.) Fr.
(Phlegmacium)

September–Oktober
Fichtenwald
Kein Speisepilz
Foto mit Fichtensämlingen

Hut: 3–6 cm breit, zuerst rundlich, dann flach gewölbt bis ausgebreitet, oft mit stumpfem Buckel; Oberfläche feucht klebrig-schmierig, trocken glänzend, olivbraun bis graubraun-dunkelbraun, zum Rand hin mit dunkelbraunen Flecken. **Lamellen:** Ausgebuchtet angewachsen, gedrängt, jung schmutzig olivgelb, später olivbraun. **Stiel:** 4–8 cm lang, bis 1 cm breit, keulig, schmutzig weißlich, im oberen Teil blass blaugrün, abwärts gelbgrün; Basis knollig. **Fleisch:** Im Hut schmutzig weißlich, im Stiel oben blauviolettlich, abwärts gelbgrünlich; Geruch honigartig, Geschmack mild. **Sporenpulver:** Dunkel rostbraun. **Sporen:** 9–12 × 5,5–7 µm. **Vorkommen:** September bis Oktober gesellig in feuchten Fichtenwäldern. **Verwendung:** Kein Speisepilz.

6 Leuchtendgelber Klumpfuß

Cortinarius splendens Henry
Cortinarius vitellinus Mos.
(Phlegmacium)

August–Oktober
Laub- und Nadelwald
Giftig

Hut: 3–9 cm breit, jung halbkugelig, später gewölbt-ausgebreitet; Oberfläche feucht schmierig, schwefelgelb-chromgelb mit rotbrauner bis dunkelbrauner Mitte; Cortina gelb. **Lamellen:** Ausgebuchtet angeheftet, untermischt, leuchtend zitronengelb, alt rostgelblich; Schneiden grobschartig. **Stiel:** 5–9 cm lang, 1–1,5 cm breit, nicht schmierig, chromgelb, mit vom Sporenstaub rostbraunen Velumfasern bedeckt; Basis mit gerandeter Knolle, Myzel schwefelgelb. **Fleisch:** Dick, zitronengelb; Geruch streng. **Sporenpulver:** Rostbraun. **Sporen:** 9–12 × 5,5–7 µm. **Vorkommen:** August bis Oktober in Laub- und Nadelwäldern. **Verwendung:** Giftig. **Wissenswertes:** Verwechslungsgefahr besteht beim Einsammeln von essbaren Schleierlingen wie dem Geschmückten Schleimkopf *(Cortinarius saginus)* und dem Ziegelgelben Schleimkopf *(Cortinarius varius)*.

1

3a

2

4

3b

5

6

1 Olivgelber Schleimkopf

Cortinarius subtortus (PERS.: FR.) FR.
(Phlegmacium)

Juli–Oktober
Fichtenwald
Kein Speisepilz
1a und 1b mit Torfmoos

Hut: 2–7 cm breit, anfangs halbkugelig, später gewölbt mit flachem Scheitel; Oberfläche schwach eingewachsen faserig, trocken matt, sich fettig anfühlend, feucht schmierig, gelbbräunlich, ockerbräunlich mit olivgrünem Ton; Rand nach unten gebogen, jung mit Velumresten. **Lamellen:** Ausgebuchtet angewachsen bis kurz herablaufend, ziemlich entfernt stehend, untermischt, olivgrau, alt dunkel rostbraun; Schneiden weißlich. **Stiel:** 4–8 cm lang, bis 1,5 cm breit, zylindrisch bis leicht keulenförmig, hell olivgrün bis blassocker, mit flüchtigem Velum. **Fleisch:** Weißlich bis blassocker; Geruch nach Zedernholz oder Weihrauch, Geschmack bitter. **Sporenpulver:** Braungelblich. **Sporen:** 7,5–8 × 6–6,5 µm, rundlich, warzig punktiert. **Vorkommen:** Juli bis Oktober einzeln bis gesellig in feuchten, sauren Fichtenwäldern, auf moorigen Böden. **Verwendung:** Kein Speisepilz. **Wissenswertes:** Ähnlich ist der nahe stehende Ockergelbe Schleimkopf *(Cortinarius amurceus)*. Er hat keine Olivtöne und keinen Weihrauchgeruch.

2 Seidiger Schleimkopf

Cortinarius turmalis FR.
Cortinarius sebaceus FR.
(Phlegmacium)

Spätsommer–Herbst
Nadelwald
Kein Speisepilz
Foto mit Heidelbeere

Hut: 4–10 cm breit, anfangs halbkugelig, dann ausgebreitet; Oberfläche schleimig, fuchsig gelb bis rotbräunlich, zum Rand hin blasser, bisweilen weißlich bereift. **Lamellen:** Ausgebuchtet angewachsen, dicht stehend, jung weißlich, alt lehmfarben. **Stiel:** 4–8 cm lang, 1–2 cm breit, voll, weißlich, mit Velumresten, die im Alter vom Sporenpulver braun gefärbt sind; Basismyzel an der Luft nach einiger Zeit rosalila verfärbend. **Fleisch:** Fest, weißlich; Geruch und Geschmack unbedeutend. **Sporen:** 7–9 × 3,5–4,5 µm. **Vorkommen:** Spätsommer bis Herbst gesellig in Nadelwäldern, seltener in Laubwäldern, auf Kalk (nicht ausschließlich), in Mittel- und Nordeuropa in der gemäßigten Klimazone; selten. **Verwendung:** Kein Speisepilz.

3 Vielgestaltiger Schleimkopf

Cortinarius variegatus BRES.
(Phlegmacium)

Sommer–Spätherbst
Nadel- und Laubwald
Kein Speisepilz

Hut: 4–10 cm breit, anfangs rundlich, dann gewölbt-ausgebreitet; Oberfläche klebrig, gelbfuchsig, kastanien- bis rotbräunlich, jung von Velumresten silbrig bereift. **Lamellen:** Ausgebuchtet angewachsen, dicht stehend, blassgrau; Schneiden feinschartig. **Stiel:** 4–9 cm lang, 1–1,5 cm breit, weißlich; Basis keulig oder knollig, auffallend rosalila getönt, Myzel violettlich. **Fleisch:** Fest, weiß; Geruch und Geschmack unbedeutend. **Sporen:** 7–8,5 × 4–4,5 µm, glatt. **Vorkommen:** Sommer bis Spätherbst in Nadelwäldern, seltener in Laubwäldern; selten. **Verwendung:** Kein Speisepilz.

4 Erdigriechender Schleimkopf

Cortinarius variecolor (PERS.: FR.) FR.
(Phlegmacium)

Juli–Oktober
Nadelwald
Kein Speisepilz
4b mit Herbstzeitlose

Hut: 5–15 cm breit, jung halbkugelig, später gewölbt bis ausgebreitet; Oberfläche anfangs zumindest am Rand schmierig-klebrig, dann trocken, schwach eingewachsen radialfaserig, jung lila, bald vom Scheitel her fuchsig-braun; Rand jung eingerollt. **Lamellen:** Ausgebuchtet angewachsen, dicht stehend, graublau mit Lilaton, alt bräunlich. **Stiel:** 5–9 cm lang, 1,5–2 cm breit, +/– keulig (–3,5 cm), jung blassbläulich, alt rotbräunlich. **Fleisch:** Weißlich mit Lilaton, alt bräunlich; Geruch unangenehm erdig, muffig, Geschmack mild. **Sporenpulver:** Rostbraun. **Sporen:** 10–12 × 5,5–7 µm, mandelförmig, warzig. **Vorkommen:** Juli bis Oktober meist gesellig, oft in Reihen und Ringen in Nadelwäldern, auf Kalkböden. **Verwendung:** Kein Speisepilz. **Wissenswertes:** Es gibt verschiedene ähnliche Arten mit anderen Standortansprüchen. Typisch für den häufig anzutreffenden Erdigriechenden Schleimkopf ist sein unangenehmer erdartiger Geruch, der dem Pilz den Namen gab. Speisepilzsammler auf der Suche nach den ähnlichen Schleiereulen *(Cortinarius praestans)* sollten auf dieses Merkmal achten.

5 Ziegelgelber Schleimkopf

Cortinarius varius (SCHAEFF.: FR.) FR.
(Phlegmacium)

Juli–Oktober
Berg-Nadelwald
Essbar
5b mit Schönem Kranzmoos

Hut: 4–12 cm breit, jung halbkugelig, später gewölbt-abgeflacht, alt ausgebreitet; Oberfläche glatt, feucht schmierig, semmelbraun, fuchsigbraungelb mit hellerem Rand; oft kleben Nadeln, Grasreste und Blätter am Hut; Rand scharf, dünn, jung eingerollt, faserig behangen. **Lamellen:** Ausgebuchtet angewachsen, jung zart lilafarben, alt ocker bis zimtbraun. **Stiel:** 4–10 cm lang, 1–2 cm breit, voll, faserig, weißlich; Velumreste oft als Ringzone, die vom Sporenpulver braun gefärbt ist; zur Basis hin keulig verdickt. **Fleisch:** Fest, weiß, im Stiel gelblich; ohne besonderen Geruch, Geschmack mild. **Sporenpulver:** Rostbraun. **Sporen:** 9–12 × 5,5–7 µm, mandelförmig, warzig. **Vorkommen:** Juli bis Oktober in montanen Nadelwäldern auf Kalk; in der gemäßigten Zone weit verbreitet. **Verwendung:** Essbar. Der Ziegelgelbe Schleimkopf ist relativ leicht erkennbar und gilt als wohlschmeckender Speisepilz. Verwechslungsgefahr besteht mit dem sehr giftigen Leuchtendgelben Klumpfuß *(Cortinarius splendens)*. Grundsätzlich sollten Pilze der umfangreichen Gattung *Cortinarius* nur bei genauer Artenkenntnis für Speisezwecke gesammelt werden.

1a

1b

2

3

4a

4b

5

Familie	Gattung	Untergattungen
Cortinariaceae	*Cortinarius* (Haarschleierlinge)	*Sericeocybe* (Dickfüße), *Myxacium* (Schleimfüße)

1 Weißvioletter Dickfuß

Cortinarius alboviolaceus (PERS.: FR.) FR.
(Sericeocybe)

August–Oktober
Laubwald
Kein Speisepilz

Hut: 3–7 cm breit, jung glockig-rundlich, dann gewölbt, schließlich ausgebreitet, meist breit gebuckelt; Oberfläche schwach eingewachsen faserig, seidig glänzend, jung weißlila-graulila, alt gelbbräunlich bis ockergelb; Rand jung eingerollt, mit dem Stiel durch die seidig-weißfädige Cortina verbunden. **Lamellen:** Ausgebuchtet angewachsen, jung graulila, bald hell graubraun, später ockerbräunlich bis zimtbraun; Schneiden weißlich, gekerbt. **Stiel:** 5–12 cm lang, 0,5–1 cm breit, voll, später ausgestopft, weißviolett, mehrfach gegürtelt, nach unten keulig erweitert, bis 2 cm breit. **Fleisch:** Weißlich; geruchlos, Geschmack mild. **Sporenpulver:** Zimtbraun. **Sporen:** 8–10 × 5–6 µm. **Vorkommen:** August bis Oktober in Laubwäldern. **Verwendung:** Kein Speisepilz.

2 Graubräunlicher Dickfuß

Cortinarius anomalus (FR.: FR.) FR.
(Sericeocybe)

Herbst
Laub- und Nadelwald
Kein Speisepilz

Hut: 3–8 cm breit, gewölbt bis ausgebreitet, alt +/– verbogen; Oberfläche matt, erst graubraun mit Lilaton, später dunkel graubraun. **Lamellen:** Ausgebuchtet angewachsen, untermischt, erst violettlich, dann vom Sporenpulver violettbraun; Schneiden heller. **Stiel:** 5–10 cm lang, bis 1,5 cm breit, zylindrisch oder leicht keulig, oft verbogen, alt hohl, im oberen Teil blassviolettlich, feinfaserig, abwärts blassocker, mehrfach schwach und vergänglich gegürtelt. **Fleisch:** Weißlich mit violettem Ton; Geruch unbedeutend. **Sporenpulver:** Rostbraun. **Sporen:** 7,5–8,5 × 6–7 µm. **Vorkommen:** Im Herbst in Laub- und Nadelwäldern. **Verwendung:** Kein Speisepilz.

3 Bocks-Dickfuß

Cortinarius camphoratus (FR.: FR.) FR.
(Sericeocybe)

September–November
Nadelwald
Giftig
3a mit Gewelltem Plattmoos

Hut: 3–9 cm breit, erst halbkugelig, bald gewölbt bis ausgebreitet; Oberfläche feinfaserig, jung hellviolett, im Alter von der Mitte her gelbbraun verfärbend; Rand jung eingebogen. **Lamellen:** Am Stiel angewachsen bis kurz herablaufend, jung violett, später zimtbraun-rostbraun. **Stiel:** 5–8 (–10) cm lang, 1–2,5 cm breit, zylindrisch oder etwas keulig, hellfaserig, blaulila; Velum dünn, anfangs blauviolett, dann gilbend. **Fleisch:** Dick, violett bis blasslila; Geruch widerlich, nach Bock oder verbranntem Horn. **Sporenpulver:** Gelbbräunlich. **Sporen:** 8,5–10,5 × 5–6 µm. **Vorkommen:** September bis November in Nadelwäldern, auf sauren Böden. **Verwendung:** Giftig.

4 Rostbrauner Dickfuß

Cortinarius caninus (FR.) FR.
(Sericeocybe)

September–November
Nadelwald
Kein Speisepilz

Hut: 3–10 cm breit, jung rundlich, dann gewölbt; Oberfläche jung mit violettem Ton, bald rostfuchsig bis rötlich braun, matt glänzend; Rand mit feinen Velumresten, etwas überstehend und eingebogen. **Lamellen:** Am Stiel ausgebuchtet, anfangs beige-violettlich, alt zimtbraun-rostbraun; Schneiden heller. **Stiel:** 8–12 cm lang, bis 1,2 cm breit, angedrückt feinfaserig, tonblass, Spitze ganz jung schwach violettlich; oft mit dünnem bräunlichem Velumgürtel; Basis keulig. **Fleisch:** Ohne besonderen Geruch und Geschmack. **Sporenpulver:** Bräunlich. **Sporen:** 8–9 × 7–8 µm. **Vorkommen:** September bis November gern unter Fichten auf Kalkböden. **Verwendung:** Kein Speisepilz.

5 Lila Dickfuß

Cortinarius traganus (FR.: FR.) FR.
(Sericeocybe)

Juli–Oktober
Laub- und Nadelwald
Giftig
Foto mit Peitschenmoos

Hut: 5–12 cm breit, jung fast kugelig, später gewölbt bis ausgebreitet; Oberfläche seidig glänzend, trocken, blauviolett, dann schmutzig gelbbraun, silbrig-weißlich ausblassend; Rand jung durch blass lilafarbene, stark entwickelte Cortina mit dem Stiel verbunden. **Lamellen:** Ausgebuchtet angewachsen, ziemlich dicht stehend, untermischt, jung blass ocker-gelbbraun, später zimtbraun-rostbraun, ohne violette Töne. **Stiel:** 5–10 cm lang, 1–2 cm breit, fest, jung blassviolett, ockerlich verblassend, vom zottigen Velum fast gestiefelt, später an der Spitze mit faseriger, rostbrauner Ringzone; an der Basis keulenförmig, bis 4 cm breit. **Fleisch:** Braungelb-safrangelblich; Geruch süßlich widerlich, stechend, karbidähnlich, Geschmack bitter. **Sporenpulver:** Rostbraun. **Sporen:** 7–10 × 4–6 µm. **Vorkommen:** Juli bis Oktober einzeln oder gesellig in Laub- und Nadelwäldern, gern unter Fichten *(Picea abies)*, auf sauren Böden. **Verwendung:** Giftig.

6 Violettblättriger Schleimfuß

Cortinarius delibutus FR.
(Myxacium)

August–Oktober
Laub- und Nadelwald
Kein Speisepilz
Foto mit Sauerklee

Hut: 3–6(–8) cm breit, jung lange halbkugelig, später flach gewölbt, oft gebuckelt; Oberfläche kahl, glatt, feucht schleimig-schmierig, trocken seidig-faserig, gelblich-gelbbräunlich bis ockergelb; Rand dünn. **Lamellen:** Am Stiel +/– gerade angewachsen, gedrängt, untermischt, nur jung schön blauviolettlich, bald gelbbraun bis zimtbräunlich. **Stiel:** 5–10 cm lang, bis 1,5 cm breit, zylindrisch bis keulig, ausgestopft, alt hohl, schleimig, glänzend, weißlich, unterhalb der Velumzone durch gelblichen Schleim +/– genattert. **Fleisch:** Weißlich bis blassgelb; Geruch beim Reiben schwach rettichartig, Geschmack mild bis etwas bitter. **Sporenpulver:** Rostbräunlich. **Sporen:** 7–9 × 6–8 µm. **Vorkommen:** August bis Oktober in Laub- und Nadelwäldern. **Verwendung:** Kein Speisepilz.

1

2

3a

3b

5

4

6

Familie	Gattung	Untergattungen
Cortinariaceae	*Cortinarius* (Haarschleierlinge)	*Myxacium* (Schleimfüße), *Telamonia* (Gürtelfüße, Wasserköpfe)

1 **Blauer Schleimfuß**
Cortinarius salor FR.
(Myxacium)

Spätsommer–Herbst
Laub- und Nadelwald
Kein Speisepilz
Foto mit Welligem Sternmoos

Hut: 4–9 cm breit, jung rundlich oder glockig, später gewölbt, bald flach ausgebreitet, oft stumpf gebuckelt; Oberfläche stark schleimig, jung schön blaulila, später vom Scheitel her ockergelb bis ockerbräunlich ausblassend. **Lamellen:** Am Stiel ausgebuchtet, anfangs violettblau, alt schmutzig braun. **Stiel:** 5–12 cm lang, 0,5–1,5 cm breit, zylindrisch, klebrig-glänzend, weißlich bis blasslila, oft schwach gegürtelt, im oberen Teil mit faseriger, +/– gürtelförmiger, vom Sporenstaub gefärbter Velumzone; Basis keulig. **Fleisch:** Weiß mit schwachem Blauton, in der Stielspitze anfangs bläulich; Geruch und Geschmack unauffällig. **Sporenpulver:** Rostbräunlich. **Sporen:** 7–9 × 6–8 µm. **Vorkommen:** Spätsommer bis Herbst in Laub- und Nadelwäldern. **Verwendung:** Kein Speisepilz.

2 **Natternstieliger Schleimfuß**
Cortinarius trivialis LGE.
(Myxacium)

August–Oktober
Laubwald
Kein Speisepilz

Hut: 4–9(–12) cm breit, jung halbkugelig, dann gewölbt bis ausgebreitet, oft gebuckelt; Oberfläche sehr schleimig, glänzend, gelbbraun-bräunlich, olivgelb-ockergelb, Mitte meist dunkler; bei Regenwetter ist die Schleimauflage dick aufgequollen und tropft vom Hutrand herab; Rand jung nach innen gebogen. **Lamellen:** Ausgebuchtet angewachsen, mit Zwischenlamellen, erst blass mit Lilaton, später zimtbraun bis rostbraun. **Stiel:** 5–12 cm lang, bis 2 cm breit, fest, sehr schleimig, leicht spindelig, an der Spitze blass, weißlich, mit seidigen, hellen, später bräunlichen Schleierresten, gelboliv-bräunlich genattert. **Fleisch:** Fest, blassgelb, im Stiel bräunlich; ohne besonderen Geruch und Geschmack. **Sporenpulver:** Rostbräunlich. **Sporen:** 10–15 × 6–8 µm. **Vorkommen:** August bis Oktober gesellig in Laubwäldern. **Verwendung:** Kein Speisepilz.

3 **Geschmückter Gürtelfuß**
Cortinarius armillatus (FR.: FR.) FR.
(Telamonia)

Juli–Oktober
Unter Birken
Kein Speisepilz

Hut: 5–12 cm breit, anfangs glockig, später breit glockig bis gewölbt, flach gebuckelt; Oberfläche trocken, feinschuppig-radialfaserig, fuchsig-rostbräunlich, ziegelrostbraun, Mitte meist dunkler; Rand lange eingerollt. **Lamellen:** Ausgebuchtet angewachsen, eng stehend, untermischt, anfangs blass zimtbraun, später rostbraun; Schneiden heller. **Stiel:** 6–14 cm lang, 1–1,5(–3) cm breit, zylindrisch oder keulig, blass- bis rostbräunlich, faserig, mit einer oder mehreren ziegelrötlichen Gürtelzonen geschmückt; Basis verdickt, weißfilzig. **Fleisch:** Weißlich bis blassbräunlich; Geruch und Geschmack rettichartig. **Sporenpulver:** Zimtbraun. **Sporen:** 7–12 × 5–7 µm. **Vorkommen:** Juli bis Oktober auf sauren Böden, gern unter Birken *(Betula)*. **Verwendung:** Kein Speisepilz.

4 **Feuerfüßiger Gürtelfuß**
Cortinarius bulliardii (PERS.: FR.) FR.
(Telamonia)

August–Oktober
Laub- und Mischwald
Kein Speisepilz
Foto mit Laub der Rotbuche

Hut: 5–8 cm breit, jung stumpf konisch bis halbkugelig, bald flach gewölbt, kaum gebuckelt; Oberfläche hygrophan, kahl, etwas glänzend, feucht rot- bis kastanienbraun, trocken heller, ockerbraun; Rand mit roten Velumresten. **Lamellen:** Ausgebuchtet angeheftet, fast entfernt stehend, erst violettlich-graubraun, später braunrötlich; Schneiden weißlich. **Stiel:** 3–8 cm lang, 0,5–1,5 cm breit, zylindrisch bis keulig, längsfaserig, Spitze weiß bis violettlich, im unteren Teil vom zinnoberroten Velum überzogen; Basis verdickt, zugespitzt wurzelnd, Myzel ebenfalls zinnoberrot. **Fleisch:** Weißbraun, in der Stielspitze bisweilen blasslila; Geruch unauffällig bis säuerlich, Geschmack unbedeutend. **Sporenpulver:** Rostbraun. **Sporen:** 8,5–10 × 5–6 µm. **Vorkommen:** August bis Oktober in Laub- und Mischwäldern. **Verwendung:** Kein Speisepilz.

5 **Zinnoberroter Buchen-Gürtelfuß**
Cortinarius cinnabarinus FR.
(Telamonia)

Sommer–Herbst
Buchenwald
Giftig

Hut: 2–7 cm breit, gewölbt bis ausgebreitet, bisweilen flach gebuckelt; Oberfläche trocken, hygrophan, zinnoberrot, bei Trockenheit blasser. **Lamellen:** Ausgebuchtet angewachsen, untermischt, entfernt stehend. **Stiel:** 3–6 cm lang, 0,6–1 cm breit, zylindrisch, orangerot bis zinnoberrot; Basis bisweilen schwach keulig. **Fleisch:** Gelbrötlich; Geruch unangenehm, Geschmack schwach rettichartig. **Sporen:** 7–10 × 4,5–5,5 µm, elliptisch. **Vorkommen:** Sommer bis Herbst einzeln bis gesellig im Buchenwald, auf sauren Böden. **Verwendung:** Giftig. **Wissenswertes:** Der beschriebene Pilz ist leicht erkennbar. Er wurde früher in der Untergruppe *Dermocybe* geführt.

6 **Pelargonien-Gürtelfuß**
Cortinarius paleaceus (FR. IN WEINM.) FR. *(Telamonia)*

September–November
Nadelwald
Kein Speisepilz

Hut: 1–4 cm breit, jung kegelig-glockig, dann gewölbt, spitz gebuckelt; Oberfläche hygrophan, feucht rötlich graubraun, dunkelbräunlich, mit weißen Velumschüppchen; Rand mit Velumresten. **Lamellen:** Ausgebuchtet angewachsen, graubraun, alt rostbraun. **Stiel:** 3–7 cm lang, 3–5 mm breit, bräunlich, zur Spitze hin violettlich, mit weißen, flockigen Velumresten und vergänglicher Ringzone. **Fleisch:** Blassocker; Geruch nach Pelargonienblättern. **Sporen:** 6,5–9 × 4–6 µm. **Vorkommen:** September bis November in feuchten, sauren Nadelwäldern. **Verwendung:** Kein Speisepilz. **Wissenswertes:** Die Gruppe *Telamonia* enthält etwa 150 meist braune, kleine Arten.

2

1

3

5

4

6

Familie | Gattung

Russulaceae

Russula (Täublinge)

1 Grasgrüner Birken-Täubling

Russula aeruginea LINDBL. IN FR.

Juni–Oktober
Unter Birken
Essbar
Foto mit Birkenblatt

Hut: 4–10 cm breit, jung gewölbt, später ausgebreitet mit niedergedrückter Mitte; Oberfläche glatt, schmierig, glänzend, grau-, oliv- bis grasgrün, am Rand oft schwarzgrün, in der Mitte oft dunkler; Rand mehr oder weniger gefurcht. **Lamellen:** Dicht stehend, häufig gegabelt, jung weiß, alt cremefarben, oft braun fleckend. **Stiel:** 4–8 cm lang, 1–2,5 cm breit, weiß. **Fleisch:** Jung fest, weiß; Geruch unbedeutend, Geschmack mild, in den Lamellen etwas scharf. **Sporenpulver:** Cremefarben. **Sporen:** 6–10 × 5–7 µm, rundlich bis elliptisch. **Vorkommen:** Juni bis Oktober vorwiegend unter Birken auf sauren, nährstoffarmen Böden. Der beschriebene Pilz ist ein Mykorrhizapilz der Birke *(Betula pendula, Betula pubescens* und andere Birkenarten), sehr selten findet man ihn mit Fichten *(Picea abies)* und anderen Baumarten vergesellschaftet. Er ist an keinen bestimmten Waldtyp gebunden. **Verwendung:** Essbar, roh unbekömmlich.

2 Menthol-Schwärz-Täubling

Russula albonigra (KROMBH.) FR.

Juli–Oktober
Laub- und Nadelwald
Kein Speisepilz

Hut: 5–15 cm breit, ausgebreitet bis trichterförmig; Oberfläche oft etwas klebrig, weiß, bald grauend, alt schwarz. **Lamellen:** Am Stiel angewachsen-herablaufend, stark gabelig, jung weiß, allmählich schwärzend. **Stiel:** 3–6 cm lang, 2–4 cm breit, kompakt, weiß, dann bräunlich-schwärzend. **Fleisch:** Jung weiß, im Schnitt schwärzend; Geruch unbedeutend, Geschmack besonders in den Lamellen mentholartig-bitterlich. **Sporenpulver:** Weiß. **Sporen:** 7–10 × 5–7 µm. **Vorkommen:** Juli bis Oktober in Laub- und Nadelwäldern. **Verwendung:** Kein Speisepilz. **Wissenswertes:** Typisches Merkmal der Schwärz-Täublinge ist das im Schnitt schwärzende oder rußfarben werdende, zuvor teils rötende Fleisch.

3 Erlen-Täubling

Russula alnetorum ROMAGN.
Russula pumila ROUZ. & MASS

Sommer–Herbst
Unter Erlen
Kein Speisepilz
Foto mit Blättern der Schwarz-Erle

Hut: 2–4 cm breit, gewölbt bis ausgebreitet, Mitte niedergedrückt; Oberfläche jung schwach klebrig, dunkel purpurrot, Mitte fast schwarz; Rand höckerig gerieft. **Lamellen:** Weißlich bis cremefarben. **Stiel:** 3–5(–7) cm lang, bis 1 cm breit, jung weißlich, dann gilbend. **Fleisch:** Dünn, schwammig, brüchig, jung weißlich, später gelblich; Geschmack schärflich. **Sporenpulver:** Weiß. **Sporen:** 7–11 × 7–10 µm, warzig-netzig ornamentiert. **Vorkommen:** Sommer bis Herbst unter Erlen *(Alnus)* in Erlenbrüchen und Bachauen auf nassen Böden. **Verwendung:** Kein Speisepilz. **Wissenswertes:** Typisch für den beschriebenen Pilz ist sein Vorkommen unter *Alnus*-Arten wie Schwarz-Erle *(Alnus glutinosa),* Grau-Erle *(Alnus incana)* und Grün-Erle *(Alnus viridis).*

4 Samt-Täubling

Russula amoena QUÉL.

Juni–Oktober
Laub- und Nadelwald
Essbar

Hut: 2–5 cm breit, jung halbkugelig, dann gewölbt, Mitte niedergedrückt; Oberfläche lebhaft karminrot bis violettlich, matt, samtig; Haut abziehbar. **Lamellen:** Mäßig gedrängt, vor dem Stiel teils gegabelt, ocker, bisweilen mit rosa Schneiden. **Stiel:** Bis 6 cm lang, schlank, zur Basis hin verjüngt, weißlich, karminrot bis lila, bereift. **Fleisch:** Weißlich; Geruch alt unangenehm nach Hering, Geschmack mild. **Sporenpulver:** Hell cremefarben. **Sporen:** 6–8 × 5,5–7 µm, ziemlich grobwarzig und netzig. **Vorkommen:** Juni bis Oktober in Laub- und Nadelwäldern auf trockenen, sandigen Böden. **Verwendung:** Essbar; als Seltenheit zu schonen.

5 Lachsblättriger Schwärz-Täubling

Russula anthracina ROMAGN.

Juli–September
Laub- und Nadelwald
Kein Speisepilz

Hut: 5–10 cm breit, Mitte bald vertieft; Oberfläche trocken, matt, jung weißlich, bald mit rauchbraunen Flecken, alt schwarzbraun; Rand lange eingebogen. **Lamellen:** Gedrängt stehend, cremeweißlich mit lachsrosa Reflex, bei Verletzung schwarzbraun verfärbend. **Stiel:** 4–6 cm lang, 1,5–2,5 cm breit, weißlich, bei Berührung und im Alter schwarzbraun. **Fleisch:** Fest, hart, weißlich, im Anschnitt schwärzend; Geruch etwas fruchtig, Geschmack in den Lamellen meist schärflich. **Sporenpulver:** Weiß. **Sporen:** 6,5–9 × 5,5–7 µm, elliptisch. **Vorkommen:** Juli bis September in Laub- und Nadelwäldern. **Verwendung:** Kein Speisepilz.

6 Wässriger Moor-Täubling

Russula aquosa LECL.

Juli–Oktober
Feuchte Nadelwälder
Kein Speisepilz
Foto im Torfmoos

Hut: 3–9 cm breit, jung gewölbt, dann niedergedrückt; Oberfläche feucht klebrig, glänzend, rötlich-lila, purpurrot, in der Mitte oft etwas braunrot-schwarzrot, stark ausblassend; Rand im Alter höckerig gerieft. **Lamellen:** Fast frei, ziemlich entfernt stehend, schmutzig weiß, grauweiß. **Stiel:** 3–9 cm lang, 1–2 cm breit, abwärts etwas keulig, sehr brüchig, weiß. **Fleisch:** Jung fest, bald sehr brüchig; Geruch undeutlich, Geschmack scharf bis etwas kratzend. **Sporenpulver:** Weißlich. **Sporen:** 6,5–8,5 × 5,5–7 µm, feinwarzig, teilweise netzartig überzogen. **Vorkommen:** Juli bis Oktober in feuchten, moorigen Nadelwäldern. Mit Ausnahme der Mittelmeerländer, wo der Pilz fehlt, erscheint er in Europa zerstreut, aber überall ziemlich selten. **Verwendung:** Kein Speisepilz.

1

2

3

4

5

6

Russulaceae

Russula (Täublinge)

1 Purpurschwarzer Täubling

Russula atropurpurea (KROMBH.) BRITZ.

Juli–Oktober
Laubwald
Kein Speisepilz
Foto mit Blättern der Stiel-Eiche

Hut: 5–12(–15) cm breit, anfangs stark gewölbt, später abgeflacht, Mitte oft niedergedrückt; Oberfläche kahl, feucht klebrig, trocken glänzend, blutrot, weinrot, dunkel purpurrot mit fast schwarzer Mitte, oft gelblich fleckig; Rand glatt, jung eingebogen, später wellig-buchtig; Haut etwa zur Hälfte abziehbar. **Lamellen:** Am Stiel abgerundet oder frei, ziemlich breit, weiß, später blass cremefarben, alt rostig fleckig. **Stiel:** 3–6 cm lang, 1–2 cm breit, jung ziemlich fest, voll, weiß, später blass cremefarben, alt von unten her grau. **Fleisch:** Jung fest, weißlich; Geruch fruchtig, obstartig, Geschmack scharf bis mild (die Schärfe vergeht beim Kauen). **Sporenpulver:** Weiß. **Sporen:** 8–10 × 7–9 µm, eiförmig-elliptisch, feinwarzig, teilweise mit feinem Netzmuster. **Vorkommen:** Juli bis Oktober in Laubwäldern, besonders unter Eichen *(Quercus)*, auf sauren und neutralen Böden. **Verwendung:** Kein Speisepilz.

2 Gold-Täubling

Russula aurea PERS.
Russula aurata WITH.: FR.

Juli–September
Laub- und Nadelwald
Essbar
2a Hutunterseite mit Steinbeere

Hut: 5–10 cm breit, anfangs kugelig, später gewölbt-ausgebreitet, Mitte oft niedergedrückt; Oberfläche glatt, bei feuchter Witterung schmierig-glänzend, trocken matt, lebhaft rotorange, ziegelrot, oft gelbfleckig, selten ganz goldgelb; Rand anfangs glatt, alt etwas furchig gerieft; Haut bei feuchter Witterung zur Hälfte abziehbar. **Lamellen:** Am Stiel abgerundet, sehr brüchig, anfangs blassgelb, später buttergelb; Schneiden meist chromgelb (anderer Name: Gelbschneidiger Täubling). **Stiel:** 3–10 cm lang, bis 2 cm breit, zylindrisch, nach unten ausspitzend, jung fest, alt weich und zellig-hohl, weiß, +/– ausgeprägt chromgelb überhaucht. **Fleisch:** Jung fest, weiß, unter der Huthaut chromgelb; Geruch unbedeutend, Geschmack mild. **Sporenpulver:** Dottergelb. **Sporen:** 7,5–10 × 6–8 µm, rundlich bis breitelliptisch, mit gratig-netzig verbundenen Warzen. **Vorkommen:** Juli bis September einzeln oder zu wenigen im Laub- und Nadelwald, auf kalkhaltigen Böden; in Europa weit verbreitet. **Verwendung:** Essbar; als Seltenheit zu schonen.

3 Zedernholz-Täubling

Russula badia QUÉL.

Juni–November
Nadelwald
Giftig
Foto mit Sauerklee

Hut: 8–11 cm breit, jung gewölbt, dann ausgebreitet, Mitte oft niedergedrückt; Oberfläche feucht schmierig, braunrot, kastanienbraun, Mitte dunkler, schwarzpurpurn; Rand nicht oder nur kurz gerieft; Haut feucht bis zur Mitte abziehbar. **Lamellen:** Ausgebuchtet angewachsen, dicht stehend, jung cremefarben, später hellocker. **Stiel:** 4–10 cm lang, 1–3 cm breit, fest, alt schwammig, weiß, oft rosa überhaucht. **Fleisch:** Weiß; Geruch beim Reiben der Lamellen nach Zedernholz, jedoch nicht immer deutlich wahrnehmbar, Geschmack erst mild, nach längerem Kauen unerträglich scharf (anderer Name: Heimtückischer Täubling). **Sporenpulver:** Hellocker. **Sporen:** 8–11 × 6,5–8,5 µm, warzig, mit +/– unvollständigem Netz. **Vorkommen:** Juni bis November im Nadelwald auf sauren Böden. **Verwendung**: Giftig; verursacht Erbrechen und Durchfall.

4 Buckel-Täubling

Russula caerulea FR. SS. CKE.

Juli–Oktober
Unter Kiefern
Kein Speisepilz
Foto mit Kiefernzapfen und Blutwurz

Hut: 4–9(–12) cm breit, bald ausgebreitet-abgeflacht, später mit eingesenkter Mitte und meist mit mammaförmigem Buckel; Oberfläche jung und bei feuchter Witterung etwas klebrig, trocken glänzend, dunkel purpurviolett, braunviolett, in der Mitte schwarzviolett; Rand bisweilen breit gefurcht; Haut etwa zur Hälfte abziehbar. **Lamellen:** Gerade angewachsen bis schwach ausgebuchtet, anfangs dicht gedrängt, cremegelb, später ocker. **Stiel:** 4–8 cm lang, 0,5–2 cm breit, voll, fest, stets weiß, keulenförmig, Basis verjüngt. **Fleisch:** Weiß; Geruch obstartig, Geschmack mild, Huthaut bitter. **Sporenpulver:** Ockergelb. **Sporen:** 7–9 × 6–8 µm, mit netzig-gratig verbundenen Warzen. **Vorkommen:** Juli bis Oktober vor allem unter Kiefern auf sauren Böden; häufig. **Verwendung:** Kein Speisepilz. **Wissenswertes:** Das Fleisch färbt sich mit Sulfovanillin himbeerrot.

5 Hohlstieliger Täubling

Russula cavipes BRITZ.

August–November
Unter Weißtannen
Kein Speisepilz
Foto mit Wald-Erdbeere

Hut: 2–8 cm breit, jung halbkugelig, gewölbt, bald flach, später niedergedrückt, manchmal gebuckelt, zerbrechlich; Oberfläche glatt, schmierig-glänzend, trocken glanzlos, graulila, trüb rosaviolettlich, purpurgrau-schieferviolettlich, Mitte dunkler; Rand meist deutlich höckerig gerieft; Haut abziehbar. **Lamellen:** Abgerundet-angeheftet, weiß-cremefarben, leicht gilbend, rostgelb fleckend. **Stiel:** 2–8 cm lang, 0,5–2,5 cm breit, leicht keulig angeschwollen, bald gekammert, brüchig, weiß, von der Basis aufwärts etwas gilbend, beim Liegen über Nacht honig- bis chromgelblich verfärbend. **Fleisch:** Dünn, weich, zerbrechlich, weiß, später gilbend; Geruch süßlich-safranartig, Geschmack brennend scharf. **Sporenpulver:** Blass cremefarben. **Sporen:** 7,5–11 × 7–9 µm, breitelliptisch, mit stacheligen, gratig-netzig verbundenen Warzen. **Vorkommen:** August bis November unter Weißtannen *(Abies alba)*, wird daher auch Weißtannen-Täubling genannt. **Verwendung:** Kein Speisepilz. **Wissenswertes:** Das Fleisch verfärbt sich mit Ammoniak langsam rosarot.

1

2a

3

2b

4

5

Familie | Gattung

Russulaceae

Russula (Täublinge)

1 Gelber Graustiel-Täubling

Russula claroflava GROVE

Juni–Oktober
Unter Birken in Mooren
Essbar
1a mit Stamm und Blättern der Birke
1b im Torfmoos

Hut: 3–12 cm breit, anfangs halbkugelig gewölbt, bald ausgebreitet, alt etwas vertieft, zitronengelb bis leuchtend chromgelb; Oberfläche jung bei feuchter Witterung schmierig-klebrig, trocken matt, glanzlos; Rand alt bisweilen etwas radial gefurcht; Haut nur am Rand abziehbar. **Lamellen:** Angewachsen bis frei, ziemlich dicht stehend, gegabelt, spröde, jung weiß, dann gelblich, alt grauend und an den Schneiden schwärzend. **Stiel:** 4–9 cm lang, 1–2 cm breit, voll, fest, alt schwammig, jung weiß, auf Druck und im Alter grauend bis schwärzend. **Fleisch:** Weiß, im Schnitt grauend oder schwärzend; Geruch unbedeutend, Geschmack mild. **Sporenpulver:** Ocker. **Sporen:** 7–10 × 6–8 µm. **Vorkommen:** Juni bis Oktober meist gesellig unter Birken auf moorigen Böden; durch Entwässerung der Moore und Schadstoffbelastung stark gefährdet. **Verwendung:** Essbar.

2 Frauen-Täubling

Russula cyanoxantha (SCHAEFF.) FR.

Juni–Oktober
Laub- und Nadelwald
Essbar
Foto mit Rippenfarn

Hut: 6–10(–15) cm breit, jung halbkugelig, später flach und niedergedrückt; Oberfläche bei feuchter Witterung schmierig, glänzend, Farbe variabel von violett bis grün und in allen Mischungen dieser Farben, auch mit grüngelben Tönen; Rand jung eingebogen, scharf und glatt, erst im Alter bisweilen gerippt; Haut vom Rand her teilweise abziehbar. **Lamellen:** Ziemlich gedrängt, dünn, oft gegabelt, weiß, weich, biegsam-speckig anzufühlen, splittern nicht wie bei anderen Täublingen. **Stiel:** 5–10 cm lang, 1,5–2,5 cm breit, zylindrisch, Basis oft verjüngt, voll, fest, alt etwas schwammig, weiß, bisweilen blasslila oder rötlich überhaucht. **Fleisch:** Im Hut fest, weiß, unter der Huthaut rosaviolett durchgefärbt; Geruch unbedeutend, Geschmack mild. **Sporenpulver:** Weiß. **Sporen:** 7–10 × 7–8 µm, fast rund, isoliert warzig. **Vorkommen:** Juni bis Oktober verbreitet im Laub- und Nadelwald. **Verwendung:** Essbar. **Wissenswertes:** Speisepilzsammler müssen sich vor Verwechslungen mit dem tödlich giftigen Grünen Knollenblätterpilz *(Amanita phalloides)* hüten.

3 Orangeroter Graustiel-Täubling

Russula decolorans FR.

Juli–Oktober
Nadelwald
Essbar
Foto mit Preiselbeere

Hut: 5–12 cm breit, erst halbkugelig, später gewölbt-ausgebreitet bis niedergedrückt; Oberfläche etwas schmierig, kahl, glatt, ziegelrot-orangerot, später gelblich ausblassend; Rand glatt, alt etwas kammartig gerieft; Haut bis zur Hälfte abziehbar. **Lamellen:** Angeheftet, fast gedrängt, dünn, brüchig, gelblich weiß, später buttergelb, alt grauend und Schneiden schwärzend. **Stiel:** 5–12 cm lang, 1–2,5 cm breit, walzenförmig, zur Basis hin spindelförmig, etwas längsrunzelig, voll, fest, alt schwammig, jung weiß, alt aschgrau bis schwärzlich grau. **Fleisch:** Weiß, an Bruch- und Schnittstellen grauend, alt grauschwärzlich; Geruch unbedeutend, Geschmack mild. **Sporenpulver:** Hellocker. **Sporen:** 10–14 × 9–12 µm, rundlich bis breitelliptisch, mit bis zu 1,5 µm langen kegeligen Warzen. **Vorkommen:** Juli bis Oktober unter Kiefern *(Pinus)* und Fichten *(Picea abies)* auf Sandböden und Silikatgestein, in moorigen Nadelwäldern; verbreitet. **Verwendung:** Essbar.

4 Gemeiner Weiß-Täubling

Russula delica FR.

Juli–Oktober
Laub- und Nadelwald
Essbar
4b mit Huflattichblättern

Hut: 5–15(–20) cm breit, jung genabelt, alt trichterförmig vertieft, hart; Oberfläche glanzlos, runzelig oder grubig, schmutzig weißlich bis ockerbräunlich, oft mit Erde und Humusresten bedeckt (Volksname „Erdschieber"); Rand glatt, lange eingebogen. **Lamellen:** Angewachsen-herablaufend, entfernt stehend, ungleich lang, bei feuchter Witterung oft tränend, weißlich-elfenbeinfarben, auch mit blaugrünem Schein. **Stiel:** 2–6 cm lang, 1–4 cm breit, hart, voll, weißlich, Spitze bisweilen etwas blaugrün schimmernd. **Fleisch:** Hart, spröde, weiß; Geruch jung fruchtartig („delica-Geruch"), alt unangenehm, nach Hering, Geschmack mild bis etwas schärflich. **Sporenpulver:** Cremeweißlich. **Sporen:** 8–12 × 6,5–9 µm, breitelliptisch, warzig, mit netzig verbundenen Graten. **Vorkommen:** Juli bis Oktober im Laub- und Nadelwald, vorwiegend auf kalkhaltigen Böden; verbreitet. **Verwendung:** Essbar; nicht sehr schmackhaft.

5 Dichtblättriger Schwärz-Täubling

Russula densifolia GILL.

Juli–Oktober
Laub- und Nadelwald
Kein Speisepilz
5b mit Torfmoos

Hut: 3–11 cm breit, anfangs gewölbt, später niedergedrückt, fast trichterförmig; Oberfläche bei feuchter Witterung klebrig-schmierig, weißlichbeige bis schmutzig braun, blass rußgrau, bisweilen blass gelbbraun; Rand anfangs eingerollt, meist heller. **Lamellen:** Angeheftet bis kurz herablaufend, dicht stehend, weiß bis blass cremefarben. **Stiel:** 2–8 cm lang, 0,5–2,5 cm breit, hart, weißlich, blassbräunlich, bei Verletzung langsam rötend, dann bräunend, zuletzt braunschwärzlich. **Fleisch:** Weiß, im Schnitt langsam rötend, zuletzt grauend; Geruch moderig, Geschmack mild oder leicht schärflich. **Sporenpulver:** Weiß. **Sporen:** 6,5–8 × 5–6,5 µm, breitelliptisch, feinwarzig, stellenweise mit angedeutetem Netzmuster. **Vorkommen:** Juli bis Oktober im Laub- und Nadelwald, auf sauren Böden; oft im Torfmoos *(Sphagnum)* der Moorwälder. In Europa vom Tiefland bis ins Gebirge weit verbreitet. **Verwendung:** Kein Speisepilz.

1a

2

1b

3

4a

5a

4b

5b

Familie

Russulaceae

Gattung

Russula (Täublinge)

1 Kirschroter Spei-Täubling

Russula emetica var. *emetica* Fr.

Juli–November
Feuchte Nadelwälder
Giftig
Foto mit Torfmoos und Fieberklee

Hut: 4–10 cm breit, jung halbkugelig, dann gewölbt-ausgebreitet, später etwas niedergedrückt; Oberfläche glänzend, schmierig, leuchtend blut- bis kirschrot, im Alter etwas ausblassend; Rand glatt, im Alter kammartig gerieft; Haut abziehbar. **Lamellen:** Am Stiel ausgebuchtet angewachsen oder frei, weiß. **Stiel:** 5–8 cm lang, 1–2 cm breit, jung voll, fest, bald ausgestopft, zellig-hohl, brüchig, weiß. **Fleisch:** Weich, brüchig, weiß, unter der Huthaut rosarot; Geruch obstartig, Geschmack brennend scharf. **Sporenpulver:** Weiß. **Sporen:** 7,5–12,5 × 6–9,5 µm, rundlich, grobwarzig, fein netzig verbunden. **Vorkommen:** Juli bis November einzeln bis gesellig meist in Moorwäldern und feuchten Nadelwäldern, oft im Torfmoos *(Sphagnum)*. **Verwendung:** Giftig. **Wissenswertes:** Innerhalb des Formenkreises *Russula emetica* gibt es einige Sippen, die sich in ihrer Giftigkeit wohl kaum unterscheiden. Sie enthalten Sesquiterpene, die mit einer Latenzzeit von einer halben bis drei Stunden Bauchschmerzen, Erbrechen und heftige Durchfälle hervorrufen.

2 Gallen-Täubling

Russula fellea (Fr.) Fr.

Juli–September
Buchenwald
Kein Speisepilz
Foto mit Blättern der Rotbuche

Hut: 4–6(–9) cm breit, anfangs halbkugelig, bald gewölbt, dann ausgebreitet, bisweilen mit flachem Buckel; Oberfläche matt, bei feuchter Witterung leicht klebrig, glatt, strohgelb-ockergelb, zum Rand hin blasser; Rand lange glatt, zuletzt bisweilen etwas furchig-gerieft; Haut nur am Rand abziehbar. **Lamellen:** Angewachsen, gedrängt stehend, schmal, jung blass cremefarben, später strohgelb. **Stiel:** 2–6 cm lang, 1–2 cm breit, jung voll, fest, später ausgestopft, erst weißlich, später rahmfarben-blassocker. **Fleisch:** Jung weißlich, später hellgelblich; Geruch süßlich-obstartig, Geschmack brennend scharf. **Sporenpulver:** Blass cremefarben. **Sporen:** 8–11 × 7–8 µm, fast kugelig bis breitelliptisch, warzig, ornamentiert. **Vorkommen:** Juli bis September im Laubwald vorwiegend unter Rotbuchen *(Fagus sylvatica)*, selten im Nadelwald. **Verwendung:** Kein Speisepilz.

3 Scharfer Glanz-Täubling

Russula firmula J. Schff. em. Romagn.

Juli–November
Berg-Nadelwald
Kein Speisepilz
Foto mit Dornfarn

Hut: 3–8 cm breit, anfangs halbkugelig, dann gewölbt-abgeflacht mit vertiefter Mitte; Oberfläche leicht schmierig, trocken oft noch glänzend, Farbe sehr variabel, weinrot-violett bis blauviolett, in der Mitte auch mit olivbraunen Tönen, bisweilen mit weißen, vertieften Flecken; Rand glatt, später auch etwas höckerig gerieft; Haut weit abziehbar. **Lamellen:** Am Stiel angeheftet, ziemlich gedrängt, anfangs weißlich-cremefarben, später ockerfarben bis fast dottergelb. **Stiel:** 3–6 cm lang, 1–2 cm breit, bald ausgestopft-hohl, fast hart, weiß, leicht gilbend, +/– rostfleckig, leicht bis kräftig runzelig. **Fleisch:** Fest, weiß; Geruch schwach obstartig, Geschmack im Stiel oft fast mild, in den Lamellen stark brennend. **Sporenpulver:** Lebhaft gelb. **Sporen:** 7,5–10 × 6,5–9 µm. **Vorkommen:** Juli bis November im Berg-Nadelwald, gern auf Kalk, jedoch auch auf sauren Böden; im Schwarzwald und in den Alpen häufig, fehlt im Norden. **Verwendung:** Kein Speisepilz.

4 Stink-Täubling

Russula foetens Pers.: Fr.

Juli–September
Laub- und Nadelwald
Giftig
4a mit Pfennigkraut
4b mit Maiglöckchenblatt

Hut: 6–15 cm breit, jung fast kugelig, dann ausgebreitet-gewölbt; Oberfläche feucht dick schleimig, gelbbraun-gelbocker; Rand mit radialen Furchen. **Lamellen:** Ausgebuchtet angewachsen, gedrängt, blass cremefarben, jung mit Tröpfchen. **Stiel:** Bis 12 cm lang, gekammert-hohl, weiß-cremefarben, bei Berührung bräunend. **Fleisch:** Hart, weiß-blassgelb; Geruch unangenehm-widerlich, ölig-ranzig, auch fischartig-ranzig, Geschmack ekelhaft, bitter-scharf. **Sporenpulver:** Cremefarben. **Sporen:** 7–9 × 7–10 µm, grobwarzig, ohne netzige Verbindungen. **Vorkommen:** Juli bis September im Laub- und Nadelwald. **Verwendung:** Giftig. **Wissenswertes:** Ähnlich ist der Mandel-Täubling *(Russula grata)* mit typischem Bittermandelgeruch.

5 Brauner Leder-Täubling

Russula integra (L.) Fr.

Juli–Oktober
Berg-Nadelwald
Essbar
Foto am Fichtenwaldrand, mit Quendel

Hut: 6–12(–15) cm breit, jung halbkugelig, dann gewölbt, schließlich ausgebreitet, in der Mitte niedergedrückt; Oberfläche bei feuchter Witterung schmierig, glänzend, trocken matt glänzend, Farbe sehr variabel: rotbraun, gelbbraun, weinrot, schokoladenbraun, Mitte dunkler; Rand anfangs glatt, dann höckerig gerieft. **Lamellen:** Am Stiel fast frei, breit, bauchig, am Grunde queraderig verbunden, anfangs weißlich, später blassgelb, alt gelb-hellocker. **Stiel:** 3–8 cm lang, bis 2 cm breit, zylindrisch, voll, fest, oft aderig-runzelig, weiß, im Alter an der Basis oft gelbfleckig. **Fleisch:** Fest, hart, weiß; geruchlos, Geschmack mild, nussartig. **Sporenpulver:** Ockergelb. **Sporen:** 8–11 × 7– 10 µm, kugelig-elliptisch, isoliert langstachelig. **Vorkommen:** Juli bis Oktober einzeln oder gesellig in Berg-Nadelwäldern, besonders auf kalkhaltigen Böden, im Flachland selten. **Verwendung:** Essbar. **Wissenswertes:** Foto links: typisch für Täublinge – splitternde Lamellen und glatter Bruch im Stiel.

1

2

3

4a

5

4b

Familie | Gattung

Russulaceae

Russula (Täublinge)

1 Buchen-Spei-Täubling

Russula mairei SING.

Juli–Oktober
Unter Rotbuchen
Giftig
1b mit Rotbuchenlaub

Hut: 3–9 cm breit, jung kugelig-halbkugelig, bald gewölbt-ausgebreitet; Oberfläche schwach klebrig, matt, lebhaft rosa, oft weißfleckig; Rand glatt; Haut kaum abziehbar. **Lamellen:** Ausgebuchtet angewachsen, weiß. **Stiel:** 2–6 cm lang, bis 2 cm breit, voll, fest, weiß. **Fleisch:** Fest, weiß, unter der Huthaut hellrosa; Geruch obstartig, Geschmack brennend scharf. **Sporenpulver:** Weiß. **Sporen:** 7–8,5 × 6–6,5 µm, rundlich bis breitelliptisch, kleinwarzig-netzig ornamentiert. **Vorkommen:** Juli bis Oktober unter Rotbuchen *(Fagus sylvatica)* in Wäldern und Parkanlagen, bevorzugt auf kalkhaltigen Böden; verbreitet. **Verwendung**: Giftig; verursacht Bauchschmerzen, Erbrechen und Durchfälle.

2 Wiesel-Täubling

Russula mustelina FR.

Juli–Oktober
Berg-Nadelwald
Essbar
Foto mit Tamarisken-Thujamoos

Hut: 6–15 cm breit, anfangs halbkugelig, dann verflacht oder vertieft bis trichterig; Oberfläche bei feuchter Witterung schmierig, speckig, trocken matt, glatt, oft fein radialfaltig, gelbbraun-dunkelbraun bis rötlich braun; Rand erst eingerollt, meist ungerieft. **Lamellen:** Ausgebuchtet angeheftet, sehr gedrängt, untermischt, spröde, anfangs weiß, bald gelblich-sahnefarben, alt oft braunfleckig. **Stiel:** 5–12 cm lang, 2–3 cm breit, zylindrisch, oft gekrümmt, sehr hart, jung voll, alt schwammig, weiß, alt bräunend; Basis oft faltig. **Fleisch:** Fest, hart, weiß oder etwas gelblich braun; ohne besonderen Geruch, Geschmack mild, angenehm nussartig. **Sporenpulver:** Cremefarben. **Sporen:** 7–10 × 6–8 µm, elliptisch, feinwarzig, +/– gratig. **Vorkommen:** Juli bis Oktober einzeln oder gesellig in Berg-Nadelwäldern auf sauren Böden, tritt oft als Massenpilz auf; fehlt im Flachland und in den Kalkgebieten. **Verwendung:** Essbar.

3 Dickblättriger Schwärz-Täubling

Russula nigricans (BULL.) FR.

Juli–Oktober
Laub- und Nadelwald
Essbar
Foto mit Rippenfarn

Hut: 5–12(–17) cm breit, anfangs halbkugelig-gewölbt, Mitte bald niedergedrückt; Oberfläche trocken, glatt, erst schmutzig weiß, dann bräunlich, bald grauschwarz bis fast schwärzlich; Haut zu Zweidrittel abziehbar. **Lamellen:** Ausgebuchtet angewachsen, dick, breit, ungleich lang, sehr entfernt stehend, spröde, jung weißlich, dann holzfarben, verletzt rötend und langsam graurosa bis schwärzlich verfärbend. **Stiel:** 3–8 cm lang, 1–3 cm breit, jung weiß, bei Berührung rötend, später kräftig braun, alt schwärzlich. **Fleisch:** Jung voll, hart, weiß, im Schnitt und bei Verletzung ziegelrot, langsam grau, zuletzt schwarz verfärbend; fast geruchlos, Geschmack mild bis schärflich. **Sporenpulver:** Weiß. **Sporen:** 6–8 × 6–7 µm. **Vorkommen:** Juli bis Oktober häufig im Laub- und Nadelwald; in ganz Europa anzutreffen. **Verwendung:** Essbar; nicht sehr schmackhaft.

4 Ocker-Täubling, Zitronen-Täubling

Russula ochroleuca PERS.

August–November
Laub- und Nadelwald
Essbar
Foto mit Tamarisken-Thujamoos und Sauerklee

Hut: Bis 9(–12) cm breit, anfangs gewölbt, bald ausgebreitet, in der Mitte niedergedrückt; Oberfläche feucht schmierig, trocken kahl, glatt, gelblich, ockergelb, bisweilen auch olivlich getönt; Rand rippig gerieft oder auch ungerieft; Haut etwa bis zur Mitte abziehbar. **Lamellen:** Abgerundet angewachsen, ziemlich gedrängt, dünn, anfangs weißlich, später gelblich weiß, alt mit rostbraunen Flecken. **Stiel:** Bis 8 cm lang, bis 2,5 cm breit, zylindrisch, zur Basis hin leicht verdickt, jung weißlich, im Alter grauend und runzelig. **Fleisch:** Jung fest, weißlich, im Alter weich, grauend; Geruch schwach obstartig, Geschmack etwas scharf. **Sporenpulver:** Cremeweiß. **Sporen:** 8–9 × 7–8 µm. **Vorkommen:** August bis November oft massenhaft im Laub- und Nadelwald; in ganz Europa weit verbreitet. **Verwendung:** Essbar; nicht sehr schmackhaft.

5 Rotstieliger Leder-Täubling

Russula olivacea (SCHAEFF.) FR.

Juli–Oktober
Laub- und Nadelwald
Essbar
5a mit Waldmeister, Sauerklee und Hasenlattich

Hut: 4–18 cm breit, jung halbkugelig, dann gewölbt-ausgebreitet, später fast niedergedrückt; Oberfläche bei feuchter Witterung schwach klebrig, trocken samtig, matt, glatt, Farbe variabel, meist weinrötlich mit olivgrünen oder gelblichen Tönen; Rand glatt. **Lamellen:** Ausgebuchtet angewachsen, sehr breit, im Stielbereich gabelig, erst

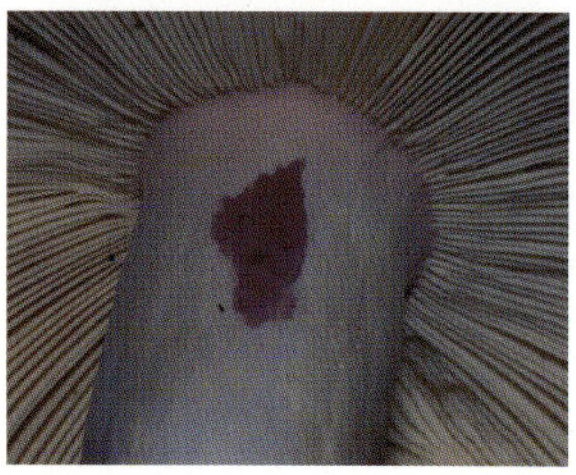

blass, dann strohgelb-dottergelb; Schneiden zum Hutrand hin bisweilen weinrötlich. **Stiel:** 5–12 cm lang, bis 4 cm breit, zylindrisch, hart und fest, alt wattig ausgestopft, weiß, zumindest oben rosa-karminrot überhaucht. **Fleisch:** Sehr hart und fest, weiß, bald gelblich; Geruch schwach obstartig, Geschmack nussartig, mild. **Sporenpulver:** Dottergelb. **Sporen:** 8–12 × 7–9 µm, rundlich bis breitelliptisch, mit kegelig-spitzen, isolierten Warzen. **Vorkommen:** Juli bis Oktober im Laub- und Nadelwald, gern unter Rotbuchen *(Fagus sylvatica)*, auf Kalkböden. **Verwendung:** Essbar; individuelle Unverträglichkeitsreaktionen sind möglich. Personen, die nach dem Verzehr Beschwerden haben, müssen künftig auf den Genuss des Pilzes verzichten. **Wissenswertes:** Das Fleisch verfärbt sich mit Phenol dunkel weinrot (siehe Foto links).

1a

1b

2

3

4

5a

5b

Russulaceae

Russula (Täublinge)

1 Apfel-Täubling
Russula paludosa Britz.

Juni–Oktober
Feuchte Nadelwälder, Moore
Essbar
Foto mit Moosbeere

Hut: 6–15 cm breit, jung halbkugelig, dann gewölbt-ausgebreitet, später niedergedrückt; Oberfläche glänzend, schmierig, kirschrot, scharlachrot oder braunrot, im Alter oft etwas ausblassend; Rand lange glatt, alt schwach gerieft-gekerbt; Haut zu Zweidrittel abziehbar. **Lamellen:** Ausgebuchtet angewachsen, mit vielen Zwischenlamellen, dünn, etwas elastisch, weißlich bis blass cremefarben. **Stiel:** 4–15 cm lang, bis 3 cm breit, zylindrisch-keulig, kräftig, fleischig, voll, fest, etwas aderig, weiß, rötlich überhaucht. **Fleisch:** Dick, fest, weiß; Geschmack mild, Geruch angenehm. **Sporenpulver:** Hellocker. **Sporen:** 8–11,5 × 6,5–8 µm, breitelliptisch. **Vorkommen:** Juni bis Oktober in feuchten Nadelwäldern und Mooren. **Verwendung:** Essbar. **Wissenswertes:** Speisepilzsammler müssen sich vor Verwechslungen mit dem am gleichen Standort wachsenden Spei-Täubling *(Russula emetica s. l.)*. hüten, der brennend scharf schmeckt.

2 Milder Wachs-Täubling
Russula puellaris Fr.

Juli–Oktober
Laub- und Nadelwald
Essbar
2b mit Sauerklee

Hut: 2–6 cm breit, erst gewölbt, dann ausgebreitet, später niedergedrückt, wenig fleischig, zerbrechlich; Oberfläche schmierig, glänzend, jung blass weinrötlich, lachspurpurn, Mitte meist kräftiger gefärbt, bis schwarzrot, alt zunächst zum Rand hin oder gänzlich gelbbraun-rostfleckig ausblassend; Rand deutlich kammartig gerieft; Haut bis zur Hälfte abziehbar. **Lamellen:** Ausgebuchtet angewachsen, mäßig gedrängt, weich, zerbrechlich, anfangs weißlich-cremefarben, bald hell safran- bis blass ockerfarben verfärbend. **Stiel:** 3–7 cm lang, 0,5–1,5 cm breit, zylindrisch bis keulig, sehr brüchig, anfangs weiß, bald zunehmend gelb-ocker. **Fleisch:** Weich, brüchig, weißlich, später zunehmend gelb-ocker verfärbend, auch an Bruchstellen über Nacht gilbend; Geruch unbedeutend, Geschmack mild. **Sporenpulver:** Cremegelblich. **Sporen:** 6,5– 9,5 × 5,5–7 µm, breitelliptisch, isoliert warzig. **Vorkommen:** Juli bis Oktober einzeln oder gesellig im Laub- und Nadelwald, meist auf zumindest oberflächlich versauerten Böden; ziemlich häufig. **Verwendung:** Essbar.

3 Stachelbeer-Täubling
Russula queletii Fr. in Quél.

Juli–Oktober
Unter Fichten
Kein Speisepilz
3a mit Wald-Erdbeere
3b Fruchtkörper-Missbildung

Hut: 5–8 cm breit, erst gewölbt, bald ausgebreitet, alt vertieft, kaum gebuckelt; Oberfläche etwas klebrig, lange feucht glänzend, purpurrosa, trüb weinrot bis braunpurpurn, zum Rand hin bisweilen etwas karminrot, im Alter vom Rand her ausblassend; Rand etwas gefurcht-gerieft; Haut etwa zur Hälfte abziehbar. **Lamellen:** Am Stiel angewachsen, gedrängt, jung weißlich, bald cremefarben. **Stiel:** Bis 7 cm lang, bis 2 cm breit, zylindrisch, meist voll, spröde, purpurrosa-karminrot. **Fleisch:** Jung weißlich; Geruch meist auffallend nach Stachelbeerkompott, Geschmack sehr scharf. **Sporenpulver:** Cremegelb. **Sporen:** 8–10 × 7–9 µm, isoliert spitzwarzig bis kurzstachelig. **Vorkommen:** Juli bis Oktober meist gesellig bei Fichten *(Picea abies)* auf kalkreichen Böden im Bergland, im Flachland selten. **Verwendung:** Kein Speisepilz.

4 Harter Zinnober-Täubling
Russula rosea Pers.

Juli–Oktober
Buchenwald, Nadelwald
Essbar
Foto mit Bucheckern-Fruchthüllen und Seegras

Hut: Bis 12 cm breit, jung halbkugelig, dann gewölbt bis ausgebreitet, oft mit niedergedrückter Mitte; Oberfläche trocken, glatt, feinsamtig, matt, zinnoberrot-rosarot, bisweilen weißlich bereift; Rand lange abgerundet; Haut kaum abziehbar. **Lamellen:** Abgerundet bis angewachsen, mäßig gedrängt, jung weißlich, dann cremefarben bis strohgelblich; Schneiden bisweilen blutrot. **Stiel:** Bis 8 cm lang, zylindrisch oder keulig, hart, matt, weiß, meist rosa überhaucht. **Fleisch:** Hart, fest, brüchig, weiß; Geruch unbedeutend, Geschmack schwach mentholartig oder etwas nach Bleistiftholz (Zedernholz). **Sporenpulver:** Blass cremefarben. **Sporen:** 8–9 × 7–8 µm, fast rund, netzig ornamentiert. **Vorkommen:** Juli bis Oktober vorwiegend im Buchenwald auf +/– sauren Böden, seltener im Nadelwald; weit verbreitet, erscheint auch bei trockener Witterung. **Verwendung:** Essbar; nicht sehr schmackhaft.

5 Zitronenblättriger Täubling
Russula sardonia Fr.

September–November
Unter Kiefern
Giftig
Foto mit Schneeheide

Hut: 4–8 cm breit, jung gewölbt, bald ausgebreitet, zuletzt etwas vertieft, manchmal flach gebuckelt; Oberfläche anfangs klebrig, trocken fettig anzufühlen, meist in violetten, purpurnen bis blaulila Tönen, Mitte schwarz; Rand glatt. **Lamellen:** Gerade angewachsen bis kurz herablaufend, gedrängt stehend, meist gegabelt, hellgelb bis zitronengelb, alt blass goldgelb, bei feuchtem Wetter tränend. **Stiel:** 3–8 cm lang, bis 2 cm breit, zylindrisch, hart, schwammig-voll, trüb purpurviolett-violettrötlich, bereift. **Fleisch:** Hart, fest, weißlich-gelblich, unter der Huthaut rosa getönt; Geruch obstartig, Geschmack sehr scharf. **Sporenpulver:** Cremegelb. **Sporen:** 7–9 × 6–7 µm, fast rund, warzig, mit unvollständigem Netzmuster. **Vorkommen:** September bis Anfang November meist gesellig bis truppweise unter Kiefern *(Pinus)* in Moorwäldern, auf Sand- und Silikatgestein; erscheint oft in Massen. **Verwendung:** Giftig.

1

2a

3a

2b

3b

4

5

Familie | **Gattung**

Russulaceae

Russula (Täublinge)

1 Jodoform-Täubling

Russula turci BRES.

Juni–November
Nadelwald
Essbar
Foto mit Kiefernzapfen

Hut: 4–10 cm breit, anfangs gewölbt, bald ausgebreitet, mit niedergedrückter Mitte; Oberfläche feucht schmierig, bald trocken und glanzlos, dunkelpurpurn, trüb violett-weinrot, Mitte oft dunkler. **Lamellen:** Jung blassgelb, dann ockerfarben. **Stiel:** Bis 7 cm lang, bis 2 cm breit, zylindrisch-keulenförmig, alt hohl, brüchig, weiß, bisweilen rosa überhaucht. **Fleisch:** Brüchig, weiß; Geruch nach Jodoform, besonders ausgeprägt an der Stielbasis, Geschmack mild. **Sporenpulver:** Hellgelb-ocker. **Sporen:** 8–9 × 6–7,5 µm, rundlich, stark netzig ornamentiert. **Vorkommen:** Juni bis November in Nadelwäldern, gern unter Kiefern *(Pinus)*. **Verwendung:** Essbar; nicht sehr schmackhaft.

2 Fleischroter Speise-Täubling

Russula vesca FR.

Juni–September
Laub- und Nadelwald
Essbar
Foto mit Sauerklee

Hut: 6–10 cm breit, jung halbkugelig, dann gewölbt-niedergedrückt; Oberfläche feucht schmierig-glänzend, trocken matt, meist fleischfarben bis rosabräunlich, jedoch auch mit olivbraunen, lila, rotbraunen oder grünlichen Farbtönen; Rand im Alter schwach gerieft; Haut am Rand auffallend um 1–2 mm zurückgezogen, so dass das Hutfleisch sichtbar ist, und zur Häfte abziehbar. **Lamellen:** Angewachsen oder etwas herablaufend, dicht stehend, am Stielansatz meist gabelig verzweigt, kaum splitternd, weißlich; Schneiden bald rostfleckig. **Stiel:** 3–8 cm lang, 1–2,5 cm breit, zylindrisch, meist zur Basis hin verjüngt, weißlich, alt oft rostfleckig. **Fleisch:** Fest, kernig, weiß; fast geruchlos, Geschmack mild, nussartig. **Sporenpulver:** Weiß. **Sporen:** 6–8 × 5–6 µm, rundlich bis eiförmig, feinwarzig. **Vorkommen:** Juni bis September im Laub- und Nadelwald, meidet reine Kalkböden; in Mitteleuropa weit verbreitet. **Verwendung:** Essbar.

3 Pfirsich-Täubling

Russula violeipes QUÉL.

Juli–September
Buchenwald
Essbar
3a und 3b mit Blättern der Rotbuche

Hut: 4–8 cm breit, jung halbkugelig, dann gewölbt bis ausgebreitet, zuletzt mit niedergedrückter Mitte; Oberfläche feinsamtig, trocken, jung hell schwefelgelb, dann gelb, gelbgrün, lila getönt, später oft violettpurpurn überlaufen; Rand nicht gerieft, alt +/– furchig; Haut teilweise abziehbar. **Lamellen:** Angewachsen bis leicht herablaufend, gedrängt, etwas speckig anzufühlen, jung weiß, später cremefarben-schwefelgelb, alt strohgelb. **Stiel:** 3–7 cm lang, 0,5–2 cm breit, zylindrisch, Basis etwas verjüngt, jung weiß, später violett überhaucht. **Fleisch:** Hart, weiß; Geruch etwas an Hering oder Krabben erinnernd, Geschmack mild. **Sporenpulver:** Blass cremefarben. **Sporen:** 6,5–9 × 6,5–8 µm, fast kugelig, warzig, unvollständig netzig. **Vorkommen:** Juli bis September einzeln oder gesellig vor allem im Buchenwald auf sauren Böden, selten im Nadelwald; in reinen Kalkgebieten sehr selten. **Verwendung:** Essbar.

4 Grüngefelderter Täubling

Russula virescens (SCHAEFF.) FR.

Juli–Oktober
Laub- und Nadelwald
Essbar
Foto mit Blättern der Rotbuche

Hut: 6–15 cm breit, jung halbkugelig, dann gewölbt-ausgebreitet, Mitte oft niedergedrückt; Oberfläche trocken, hell- bis dunkelgrünlich, frühzeitig feldrig aufgerissen, in den Rissen gelblich, alt oft schmutzig gelb ausblassend; Rand gerippt; Haut zur Hälfte abziehbar. **Lamellen:** Am Stiel ausgebuchtet, eng stehend, spröde, erst weiß, dann cremefarben, an den Schneiden oft bräunlich gefleckt. **Stiel:** 3–8 cm lang, 1–3 cm breit, zylindrisch oder unregelmäßig verdickt, hart, voll, weißlich, Spitze mehlig, runzelig. **Fleisch:** Hart, trocken, alt mürbe, weißlich, bisweilen bräunlich verfärbend; Geruch schwach, alt und beim Trocknen käseartig, Geschmack mild, nussartig. **Sporenpulver:** Weißlich bis blass cremefarben. **Sporen**: 6–10 × 5– 7 µm, rundlich-elliptisch, feinwarzig punktiert. **Vorkommen:** Juli bis Oktober einzeln bis gesellig in Laub-, seltener Nadelwäldern, auf kalkarmen oder zumindest oberflächlich versauerten Böden; ziemlich selten. **Verwendung:** Essbar. **Wissenswertes:** Das Fleisch verfärbt sich mit Eisensulfat rosa bis rosabräunlich.

5 Roter Herings-Täubling

Russula xerampelina (SCHAEFF.) FR.

Juli–Oktober
Nadelwald
Essbar
Foto mit Fichtenzweig

Hut: 5–9(–12) cm breit, jung halbkugelig, dann gewölbt, später ausgebreitet, etwas niedergedrückt; Oberfläche bei feuchter Witterung schmierig, blutrot bis dunkel purpurrot, Mitte schwarzpurpurn; Rand dünn, alt +/– gerieft. **Lamellen:** Ausgebuchtet angewachsen, jung ziemlich gedrängt, später entfernt stehend, jung cremefarben, dann buttergelb, an Druckstellen bräunend. **Stiel:** 4–8 cm lang, 1–2 cm breit, weißlich, rosapurpurn überhaucht, im Alter und bei Berührung bräunend, Oberfläche gerunzelt (anderer Name: Runzelstiel-Täubling). **Fleisch:** Im Hut derb, im Stiel schwammig, weiß, verfärbt sich an der Luft langsam blassbraun; Geruch jung fast fehlend, bei längerer Lagerzeit deutlich nach Hering, Geschmack mild. **Sporenpulver:** Dunkelgelb. **Sporen:** 8–10 × 7–8,5 µm, breitelliptisch, warzig. **Vorkommen:** Juli bis Oktober im Nadelwald. **Verwendung:** Essbar; der Heringsgeruch verliert sich beim Kochen. **Wissenswertes:** Die Gruppe der Herings-Täublinge umfasst mehrere ähnliche, teils schwer abgrenzbare Arten. Alle riechen nach Hering. Ihr Fleisch verfärbt sich beim Betupfen mit Eisensulfat grün.

1

2

3a

3b

4

5

Familie

Russulaceae

Gattung

Lactarius (Milchlinge)

1 Rosaanlaufender Milchling

Lactarius acris (Bolt.: Fr.) Gray

Juli–November
Kalk-Buchenwald
Kein Speisepilz
1a mit Blättern der Rotbuche

Hut: 5–9 cm breit, flach gewölbt; Oberfläche feucht schmierig-schleimig, trocken matt, milchkaffeefarben, hell- bis dunkelbraun, dattelbraun. **Lamellen:** Blassgelb-ockergelb. **Stiel:** Bis 6 cm lang, weiß-ocker, bei Verletzung rosa.

Fleisch: Weiß. **Milch:** Reichlich, weiß, verfärbt sich auch ohne Kontakt mit dem Fleisch sofort rosarot; Geschmack sehr scharf. **Sporen:** 7,5–9 × 7,5–8,5 µm, rundlich, mit hohen Graten. **Vorkommen:** Juli bis November meist im Kalk-Buchenwald. **Verwendung:** Kein Speisepilz. **Wissenswertes:** Die Milchlinge *(Lactarius)* sind mit etwa 95 Arten in Mitteleuropa vertreten. Alle sind Mykorrhizapilze. Bei Verletzung sondern sie Milchsaft ab (siehe Foto links).

2 Graublasser Milchling

Lactarius albocarneus Britz.

Juli–Oktober
Unter Weißtannen im Berg-Nadelwald
Kein Speisepilz
Foto im Torfmoos

Hut: 3–7 cm breit, anfangs flach gewölbt, Mitte bald vertieft, unregelmäßig verbogen; Oberfläche mit einer dicken Schleimschicht überzogen, blass fleischfarben mit Lilaton, ockerfalb, graublass, grauviolett; Rand anfangs eingebogen. **Lamellen:** Am Stiel angewachsen bis kurz herablaufend, untermischt, cremefarben-hellocker, bei Verletzung milchend, rostgelblich fleckend. **Stiel:** 3–6 cm lang, bis 1,2 cm breit, anfangs ausgestopft, alt hohl, weißlich, oft ockerfuchsig gefleckt, schleimig, trocken glänzend. **Fleisch:** Biegsam, weißlich, bei Verletzung langsam gilbend; Geruch obstartig. **Milch:** Weißlich, dünn; Geschmack brennend scharf. **Sporenpulver:** Gelblich. **Sporen:** 9–10 × 7–8 µm. **Vorkommen:** Juli bis Oktober meist gesellig im Berg-Nadelwald, gern unter Weißtannen *(Abies alba),* auf Kalkböden; fehlt im Norden. **Verwendung:** Kein Speisepilz.

3 Graugrüner Milchling

Lactarius blennius (Fr.) Fr.

Juli–Oktober
Buchenwald
Kein Speisepilz

Hut: 4–7(–10) cm breit, gewölbt-ausgebreitet, Mitte frühzeitig vertieft; Oberfläche bei feuchter Witterung schleimig-schmierig, glänzend, graugrün-olivgrün, graubraun, meist mit +/– konzentrisch angeordneten dunkleren Flecken, vor allem im Randbereich; Rand anfangs eingerollt, lange eingebogen. **Lamellen:** Angewachsen, kaum herablaufend, dicht stehend, anfangs fast weiß, alt blass rahmgelb, an Druckstellen grauend, bisweilen mit verhärteten graugrünen Milchtröpfchen. **Stiel:** 3–6 cm lang, bis 1,6 cm breit, ausgestopft, später hohl, blass graugrünlich-graurosa, heller als der Hut, schmierig. **Fleisch:** Fest, weiß; Geruch unbedeutend. **Milch:** Reichlich, weiß, beim Eintrocknen grauend; Geschmack zuerst mild, dann scharf. **Sporenpulver:** Gelblich. **Sporen:** 6–9 × 5–6 µm. **Vorkommen:** Juli bis Oktober unter Rotbuchen *(Fagus sylvatica)* und Hainbuchen *(Carpinus betulus).* **Verwendung:** Kein Speisepilz. **Wissenswertes:** Der ähnliche Braunfleckende Milchling *(Lactarius fluens)* wird heute von einigen Autoren nicht mehr als eigene Art, sondern lediglich als Varietät des Graugrünen Milchlings betrachtet.

4 Kampfer-Milchling

Lactarius camphoratus Fr.

Juni–Oktober
Laub- und Nadelwald
Essbar
4a mit Rotstängelmoos
4b mit Schönem Widertonmoos

Hut: 2–7 cm breit, anfangs flach gewölbt, bald mit vertiefter Mitte, oft mehr oder weniger spitz gebuckelt; Oberfläche trocken, matt, trüb rotbraun bis dunkel kastanienbraun, fleischrötlich ausblassend; Rand heller, anfangs eingebogen, zuletzt gefurcht. **Lamellen:** Angewachsen, bisweilen etwas herablaufend, gedrängt, dünn, blass rötlich braun, auf Druck +/– weinrötlich-bräunlich, alt vom Sporenpulver weißlich bestäubt. **Stiel:** Bis 6 cm lang, 0,5–1 cm breit, oft gebogen, dunkel rotbraun mit graulila Beiton, an der Basis dunkler, striegelig-filzig. **Fleisch:** Dünn, blass, rotbräunlich; Geruch alt und beim Trocknen nach Maggi. **Milch:** Weißlich; fast mild, mit etwas bitterem Nachgeschmack. **Sporenpulver:** Blass cremefarben. **Sporen:** 7,5–8,5 × 6,5–7,5 µm. **Vorkommen:** Juni bis Oktober gesellig im Laub- und Nadelwald. **Verwendung:** Essbar, als Würzpilz geeignet.

5 Goldflüssiger Milchling

Lactarius chrysorrheus Fr.

Juli–Oktober
Laubwald
Kein Speisepilz

Hut: 4–6(–8) cm breit, flach gewölbt-ausgebreitet, bald niedergedrückt; Oberfläche glatt, bei feuchter Witterung schmierig, hell orangegelb, schmutzig ocker, orange-fleischfarben, oft mit dunkleren Zonen oder mit unregelmäßigen wässrigen Flecken, besonders zum Rand hin; Rand anfangs eingebogen, alt unregelmäßig verbogen. **Lamellen:** Am Stiel angewachsen oder etwas herablaufend, gedrängt, untermischt, jung cremeweißlich. **Stiel:** 3–7 cm lang, 0,5–1,5 cm breit, zylindrisch, voll, später hohl, weißlich bis blass fleischfarben. **Fleisch:** Zerbrechlich, weißlich; Geruch unbedeutend. **Milch:** An verletzten Stellen sehr reichlich, zuerst weiß, nach 2–5 Sekunden schwefelgelb; Geschmack erst mild, bald bitter und brennend scharf. **Sporenpulver:** Blassocker. **Sporen:** 7–8,5 × 6–6,5 µm. **Vorkommen:** Juli bis Oktober im Laubwald unter Eichen *(Quercus)* und Edelkastanien *(Castanea sativa),* vorwiegend auf sauren Böden. **Verwendung:** Kein Speisepilz.

1

2

3

4a

5

4b

Familie | **Gattung**

Russulaceae

Lactarius (Milchlinge)

1 Edel-Reizker

Lactarius deliciosus (L.) GRAY

August–Oktober
Unter Kiefern
Essbar
1a mit Silberdistel
1b mit Sparrigem Kranzmoos

Hut: 5–12 cm breit, anfangs gewölbt, bald mit niedergedrückter Mitte, alt trichterförmig; Oberfläche bei feuchter Witterung schmierig, orangefarben, mit rotgelben Zonen und/oder Flecken, alt +/– grünfleckig; Rand jung eingerollt, alt oft wellig verbogen. **Lamellen:** Am Stiel angewachsen bis leicht herablaufend, dicht stehend, blassorange bis orangeocker, alt grünend. **Stiel:** 3–7 cm lang, 1–3 cm breit, bald hohl, brüchig, blassorange mit dunkel orangefarbenen Gruben, fein bereift. **Fleisch:** Jung fest, später brüchig, mürbe; Geruch angenehm. **Milch:** Karottenrot, langsam verblassend, später leicht grünend; Geschmack mild. **Sporenpulver:** Blassocker. **Sporen:** 8–9 × 6–7 µm. **Vorkommen:** August bis Oktober unter Kiefern *(Pinus)*, auf neutralen bis kalkhaltigen Böden; in Europa weit verbreitet. **Verwendung:** Essbar; sehr guter Speisepilz.

2 Fichten-Reizker

Lactarius deterrimus GRÖGER

August–Oktober
Fichtenwald
Essbar
Foto mit Fichtenzweigen

Hut: 3–10 cm breit, anfangs gewölbt, Mitte bald vertieft, zuletzt flach trichterförmig; Oberfläche kahl, feucht schmierig, orangerot, +/– grünendverwaschen, zum Rand hin mit dunklerer Zonierung; Rand jung eingerollt. **Lamellen:** Angewachsen bis herablaufend, dicht stehend, brüchig, untermischt und gegabelt, blassocker, orangefarben, alt graugrün fleckend. **Stiel:** 3–6 cm lang, nach unten etwas verdickt, bald hohl, glatt, orangefarben mit wenigen etwas intensiver gefärbten Gruben oder Flecken. **Fleisch:** Brüchig, gelblich; Geruch obstartig. **Milch:** Karottenrot, nach 10–30 Minuten weinrot verfärbend; Geschmack mild oder etwas zusammenziehend. **Sporenpulver:** Blassocker. **Sporen:** 7,5–10 × 6–7,6 µm, rundlich bis breitelliptisch, mit teilweise netzartig verbundenen Warzen. **Vorkommen:** August bis Oktober im Fichtenwald, auf kalkreichen und sauren Böden. Der Pilz ist streng an Fichten *(Picea abies)* gebunden. **Verwendung:** Essbar.

3 Blasser Duft-Milchling

Lactarius glyciosmus (FR.: FR.) FR.

August–Oktober
Unter Birken
Kein Speisepilz
3a und 3b mit Birkenblättern

Hut: 2–6 cm breit, erst gewölbt, bald leicht vertieft, oft mit mammaförmigem Buckel; Oberfläche trocken, matt, hellgrau, graurosa, alt cremerosa ausblassend, meist ungezont, reifartig weißflaumig. **Lamellen:** Am Stiel angewachsen bis kurz herablaufend, ziemlich gedrängt stehend, untermischt, weißlich-rosa bis blassocker (3a). **Stiel:** 2–7 cm lang, bis 1 cm breit, schlank, zerbrechlich, ausgestopft-hohl, weißlich-graurosa. **Fleisch:** Dünn, brüchig, weißlich; Geruch auffallend nach Kokosflocken (anderer Name: Blasser Kokosflocken-Milchling). **Milch:** Spärlich, wässrig-weiß, an der Luft nicht verfärbend; Geschmack erst mild, dann scharf. **Sporenpulver:** Blassocker. **Sporen:** 7–8,5 × 5,5–7,5 µm, rundlich-elliptisch, warzig, unvollständig netzig. **Vorkommen:** August bis Oktober innerhalb und außerhalb der Wälder gesellig unter Birken *(Betula)*. **Verwendung:** Kein Speisepilz.

4 Maggipilz

Lactarius helvus (FR.) FR.

August–Oktober
Feuchte Nadelwälder, Moore
Giftig
4a mit Gemeinem Widertonmoos
4b mit Torfmoos

Hut: Bis 15 cm breit, erst flach gewölbt, dann ausgebreitet-niedergedrückt bis trichterförmig; Oberfläche filzig-feinschuppig, trocken, matt, ungezont, jung fleischockerlich, später ledergelb, gelblich braun; Rand nur anfangs eingerollt. **Lamellen:** Angewachsen, auch ausgerandet und mit Zahn etwas herablaufend, ziemlich gedrängt stehend, jung weißgelblich bis cremefarben, später ockergelblich bis orangeocker. **Stiel:** Bis 12 cm lang, 1–2(–4 cm) breit, +/– zylindrisch, voll, später hohl, etwa hutfarben, bereift; Basis weißlich-hellocker, filzig. **Fleisch:** Sehr brüchig, weißlich gelb; Geruch anfangs schwach, später deutlich nach Liebstöckel *(Levisticum officinale)*, verstärkt sich beim Trocknen. **Milch:** Sehr spärlich, fast wasserklar; mild, im Rachen etwas kratzend. **Sporenpulver:** Rahmgelblich. **Sporen:** 6,5–9 × 5,5–6,5 µm, rundlich-elliptisch, feinwarzig, netzig ornamentiert. **Vorkommen:** August bis Oktober in feuchten, moosigen Fichten-, Kiefern- und Birkenwäldern, in Mooren. **Verwendung:** Giftig; verursacht besonders roh genossen Übelkeit, Durchfall und Erbrechen. Getrocknet und fein zerrieben wird er bisweilen als Würzpilz verwendet.

5 Kuhroter Milchling

Lactarius hysginus (FR.: FR.) FR.

Juli–Oktober
Laub- und Nadelwald
Kein Speisepilz
Foto mit Heidekraut

Hut: 4–10 cm breit, anfangs flach gewölbt, Mitte bald niedergedrückt; Oberfläche schmierig, glänzend, rötlich braun, fleischrosa-bräunlich, purpurn überhaucht, +/– undeutlich konzentrisch gezont, etwas radialrunzelig; Rand anfangs eingebogen, dünn; Haut abziehbar. **Lamellen:** Am Stiel angewachsen, kaum herablaufend, dicht stehend, untermischt, blassgelb, später lebhaft ockergelb. **Stiel:** 3–5 cm lang, bis 2 cm breit, anfangs ausgestopft, alt hohl, blass rotbräunlich, bisweilen mit dunkleren flachen Gruben, Spitze weißlich, jung mit wasserklaren Tröpfchen; Basis mit weißlichem Myzel. **Fleisch:** Weißlich, unter der Huthaut bräunlich; Geruch aromatisch, obstartig. **Milch:** Weiß, nicht verfärbend; brennend scharf. **Sporenpulver:** Ockerlich. **Sporen:** 6,5–7,5 × 5,5– 6,5 µm, rundlich, mit stumpfen Warzen, netzig ornamentiert. **Vorkommen:** Juli bis Oktober in Laub- und Nadelwäldern des Berglandes auf sauren Böden. **Verwendung:** Kein Speisepilz.

1a
1b
2
3a
3b
4a
4b
5

1 Mohrenkopf-Milchling
Lactarius lignyotus Fr. in Lindbl.

August–Oktober
Berg-Fichtenwald
Essbar

Hut: 2–8 cm breit, erst halbkugelig, bald flach bis niedergedrückt, mit spitzem Buckel; Oberfläche samtig-matt, zur Mitte hin runzelig gefurcht, schwarzbraun; Rand jung eingebogen. **Lamellen:** Am Stiel angewachsen-herablaufend, am Stielansatz wenige Millimeter in die runzelige Stielspitze übergehend, untermischt, anfangs weißlich, später sahnegelblich, bei Verletzung lachsfarben bis roströtlich anlaufend. **Stiel:** 5–9 cm lang, 0,4–1 cm breit, ausgestopft, alt hohl, schwarzsamtig, Basis weißlich, Spitze typisch runzelig gefurcht, mit klarem Farbkontrast zu den Lamellen. **Fleisch:** Weiß, bei Verletzung lachsfarben; Geruch unbedeutend. **Milch:** Weiß, etwas wässrig, langsam fleischrosa verfärbend; Geschmack mild, bisweilen bitterlich. **Sporenpulver:** Ockerfarben. **Sporen:** 8–10 µm, kugelig, warzig, netzig ornamentiert. **Vorkommen:** August bis Oktober in Berg-Fichtenwäldern, auf sauren Böden. **Verwendung:** Essbar.

2 Lila Milchling
Lactarius lilacinus (Lasch: Fr.) Fr.

Herbst
Unter Erlen
Kein Speisepilz
Foto mit Blättern der Schwarz-Erle

Hut: 5–10 cm breit, jung gewölbt, dann genabelt-niedergedrückt, in der Mitte oft mit kleiner Papille, alt bisweilen trichterförmig; Oberfläche trocken, matt, seidig filzig, auch konzentrisch schuppig, dunkel rosalila mit graulila Ton, alt fleischfarben-ockerlich ausblassend; Rand lange eingebogen, erst flaumig, dann kahl. **Lamellen:** Am Stiel herablaufend, fast entfernt stehend, untermischt, fleischfarben-ockerlich. **Stiel:** Bis 6 cm lang, bis 1 cm breit, anfangs voll, alt hohl, ähnlich wie der Hut gefärbt oder blasser, hell bereift. **Fleisch:** Blass, im Stiel blass ockerfarben; Geruch nach Zichorien, besonders getrocknet. **Milch:** Spärlich, weiß, eingetrocknet graugrün; zuerst fast mild, dann schärflich-kratzend. **Sporenpulver:** Weiß. **Sporen:** 7,5–8 × 5,5–7 µm, breitelliptisch, gratig-netzig. **Vorkommen:** Im Herbst gesellig unter Erlen *(Alnus)*, in Erlenbrüchen und Bachauen; selten. **Verwendung:** Kein Speisepilz.

3 Dunkler Duft-Milchling
Lactarius mammosus Fr.

August–Oktober
Nadelwald
Kein Speisepilz

Hut: 4–9 cm breit, anfangs flach gewölbt, dann ausgebreitet bis etwas niedergedrückt, mit spitzem Buckel, der im Alter oft verschwindet; Oberfläche trocken, matt, fein faserig-schuppig, graurötlich bis dunkelbraun, Mitte oft dunkler, zum Rand hin undeutlich gezont; Rand anfangs eingerollt. **Lamellen:** Am Stiel angewachsen bis leicht herablaufend, untermischt, gedrängt, jung weißlich-blassgelb, dann ockerlich (3a), später dunkelocker. **Stiel:** 3–7 cm lang, jung voll, fest, später hohl, jung weißlich-hellocker, an Druckstellen schmutzig ocker, anfangs flaumig bereift, bald kahl. **Fleisch:** Dünn, mürbe, weißlich bis hautfarben; Geruch jung schwach, alt deutlich nach Kokosflocken. **Milch:** Anfangs reichlich, wässrigweiß; Geschmack erst mild, bald bitterlich. **Sporenpulver:** Ockerfarben. **Sporen:** 7,5–9 × 5,5–6,5 µm, breitelliptisch, mit ziemlich dicht stehenden, flachen Warzen. **Vorkommen:** August bis Oktober meist in Nadelwäldern, auf kalkarmen, oft flechtenreichen Böden, auch bei Birken *(Betula)*. **Verwendung:** Kein Speisepilz.

4 Milder Orange-Milchling
Lactarius mitissimus (Fr.) Fr.

August–November
Nadelwald
Essbar
Foto mit Haar-Spitzblattmoos und Blättern vom Weißen Germer

Hut: 3–6 cm breit, anfangs gewölbt, bald ausgebreitet, Mitte niedergedrückt, bisweilen mit kleiner Papille; Oberfläche bei feuchter Witterung etwas schmierig, glatt, ungezont, matt glänzend, lebhaft orangerot. **Lamellen:** Am Stiel gerade angewachsen bis leicht herablaufend, ziemlich eng stehend, blassweißlich mit rotgelbem Ton. **Stiel:** 3–6 cm lang, bis 0,8 cm breit, zerbrechlich, alt hohl, cremefarben bis orange. **Fleisch:** Brüchig, gelblich weiß bis blassorange; fast geruchlos. **Milch:** Reichlich, weiß, an der Luft nicht verfärbend; Geschmack mild, nachträglich bisweilen etwas bitterlich. **Sporenpulver:** Cremefarben. **Sporen:** 8–9,5 × 6,5–7,5 µm, breitelliptisch, warzig, Grate zu einem unvollständigen Netz verbunden. **Vorkommen:** August bis November meist gesellig in Nadelwäldern, selten in Laubwäldern. **Verwendung:** Essbar.

5 Fleischblasser Milchling
Lactarius pallidus (Pers.) Fr.

Juli–Oktober
Buchenwald
Kein Speisepilz
5b mit Wald-Schachtelhalm

Hut: 4–12(–15) cm breit, lange gewölbt, dann leicht niedergedrückt; Oberfläche bei feuchter Witterung schleimig, trocken glänzend, falb, schmutzig weißlich mit +/– rosa Ton bis blass fleischfarben, alt wasserfleckig, ungezont; Rand anfangs eingerollt, Randsaum oft die Lamellen überragend. **Lamellen:** Am Stiel angewachsen bis kurz herablaufend, dicht stehend, weißlich-blassocker (5a), bei Druck fuchsig-ockerblass verfärbend. **Stiel:** 3–8 cm lang, bis 2 cm breit, zylindrisch, ziemlich brüchig, ausgestopft, bald hohl, etwas runzelig, hutfarben oder etwas heller, oft mit blassbräunlichen Flecken. **Fleisch:** Weiß-blassgelb; Geruch unbedeutend. **Milch:** Weiß, bald versiegend, an der Luft nicht verfärbend; Geschmack mild, dann kratzend. **Sporenpulver:** Blassocker. **Sporen:** 7,5–9 × 6–7 µm, elliptisch, mit feinen, teilweise netzig verbundenen Warzen. **Vorkommen:** Juli bis Oktober meist im Buchenwald, bevorzugt auf Kalkböden. **Verwendung:** Kein Speisepilz.

1a
1b
3a
2
3b
4
5b
5a

1 Pechschwarzer Milchling

Lactarius picinus Fr. ss. Quél.

Juli–Oktober
Nadelwald
Kein Speisepilz
Foto mit Fichtenzapfen

Hut: 5–8(–12) cm breit, flach gewölbt, dann mit schwach vertiefter Mitte, ohne Papille; Oberfläche samtig, später verkahlend, trocken, matt, dunkel schwarzbraun bis schwarzgrau; Rand lange eingebogen. **Lamellen:** Am Stiel gerade angewachsen bis kurz herablaufend, ziemlich dicht stehend, mit zahlreichen Zwischenlamellen, jung hellgelb, später hellocker, auf Druck braunrötlich fleckend. **Stiel:** 3–6 cm lang, voll, alt ausgestopft bis hohl, fest, sepia- bis ockerbraun, ohne Längsrunzeln an der Spitze; Basis zugespitzt. **Fleisch:** Weißlich, im Schnitt langsam lachsfarben-rosa verfärbend; Geruch unbedeutend. **Milch:** Reichlich, weiß; Geschmack scharf. **Sporenpulver:** Hellockerlich. **Sporen:** 8–10 × 7,5–8 µm, fast rund, warzig, netzig ornamentiert. **Vorkommen:** Juli bis Oktober im Nadelwald, besonders in höheren Lagen, fehlt im Flachland. **Verwendung:** Kein Speisepilz.

2 Langstieliger Pfeffer-Milchling

Lactarius piperatus (L.: Fr.) Gray

Juni–September
Laubwald
Kein Speisepilz
Foto mit Wald-Segge

Hut: 6–12 cm breit, jung gewölbt, bald trichterförmig vertieft; Oberfläche kahl, matt, trocken, creme-weißlich, alt gelbbräunlich gefleckt; Rand jung eingerollt, dünn, +/– runzelig. **Lamellen:** Am Stiel herablaufend, schmal, dicht gedrängt, ungleich lang, gegabelt, weißlich bis elfenbeinfarben, jung bisweilen mit Wasserflecken, an verletzten Stellen braunfleckig. **Stiel:** 3–8 cm lang, bis 3 cm breit, zylindrisch, zur Basis hin oft verjüngt, wie der Hut gefärbt. **Fleisch:** Hart, fest, weiß; geruchlos. **Milch:** Anfangs reichlich, weiß, beim Eintrocknen gilbend, auch mit schwach graugrünem Ton; Geschmack brennend scharf. **Sporenpulver:** Weißlich. **Sporen:** 8–9,5 × 5,5–7 µm, breitelliptisch, mit niederen Warzen und dünnen Graten. **Vorkommen:** Juni bis September in Laubwäldern auf Kalk-, Mergel- und Lehmböden. **Verwendung:** Kein Speisepilz. Der Pilz kann wegen seiner ungeheuren Schärfe kaum verzehrt werden; von manchen Pilzsammlern wird er jedoch als Würzpilz gut gegrillt oder scharf gebraten gegessen. **Wissenswertes:** Ähnlich ist der Grünende Pfeffer-Milchling *(Lactarius pargamenus)*; seine Milch verfärbt sich beim Eintrocknen langsam graugrün, frisch färbt sie sich mit Kalilauge sofort gelb bis orange.

3 Lärchen-Milchling

Lactarius porninsis Roll.

Juli–Oktober
Unter Lärchen
Kein Speisepilz
Foto mit Lärchenzapfen und Bartflechte

Hut: 3–7 cm breit, lange gewölbt, später verflacht-niedergedrückt; Oberfläche bei feuchter Witterung schleimig-schmierig, glänzend, orangegelb-orangerot, +/– deutlich gezont; Rand anfangs eingerollt. **Lamellen:** Am Stiel gerade angewachsen bis kurz herablaufend, gedrängt, bisweilen gegabelt, jung blassgelb, später ockergelb. **Stiel:** 3–7 cm lang, bis 1,5 cm breit, zylindrisch, anfangs ausgestopft, dann hohl, alt etwas runzelig, blass gelborange mit schmaler hellerer Zone an der Spitze. **Fleisch:** Im Hut weißlich, im Stiel blassorange; Geruch obstartig. **Milch:** Weiß, bald spärlich werdend, an der Luft nicht verfärbend; Geschmack erst mild, dann bitterlich. **Sporenpulver:** Blassocker. **Sporen:** 8–9,5 × 6–7 µm, elliptisch, feinwarzig, mit unvollständigem Netz. **Vorkommen:** Juli bis Oktober gesellig unter Lärchen *(Larix)* in den Alpen; im Flachland gelegentlich durch Lärchenanpflanzungen eingeführt. **Verwendung:** Kein Speisepilz.

4 Flügelsporiger Milchling

Lactarius pterosporus Romagn.

Juli–Oktober
Laubwald
Kein Speisepilz
4a mit Huflattichblatt

Hut: Bis 8 cm breit, flach gewölbt-niedergedrückt, Mitte +/– höckerig-runzelig; Oberfläche matt, samtig, ockergelb-ockerbräunlich; Rand anfangs eingebogen, bald ausgebreitet. **Lamellen:** Am Stiel angewachsen-herablaufend, gedrängt, creme-orange; Schneiden oft mit weiß-rosa Milchtröpfchen. **Stiel:** 4–8 cm lang, bis 2 cm breit, bisweilen mit undeutlichen Längsrillen, weißlich-gelblich bis blassockerlich. **Fleisch:** Weiß. **Milch:** Weiß (4b), rötet nur in Kontakt zum Fleisch; Geschmack scharf. **Sporenpulver:** Ockerfarben. **Sporen:** 7–8,5 × 7–8 µm, fast rund, mit flügelartigen, 2–3 µm hohen Graten. **Vorkommen:** Juli bis Oktober im Laubwald, vorzugsweise unter Rotbuchen *(Fagus sylvatica)*, auf Kalk- und Tonböden. **Verwendung:** Kein Speisepilz.

5 Flaumiger Milchling

Lactarius pubescens Fr.

August–Oktober
Unter Birken
Giftig
Foto mit Birkenblättern

Hut: 2–10 cm breit, gewölbt-niedergedrückt, alt breit trichterig; Oberfläche angedrückt haarig-filzig, flaumig-zottig, jung weißlich, später blassgelb, oft mit blassrosa Ton, ungezont; Rand lange eingerollt, dicht fransig-zottig behaart. **Lamellen:** Am Stiel gerade angewachsen bis kurz herablaufend, eng stehend, am Stielansatz oft gegabelt, weiß-blassgelb, fleischfarben. **Stiel:** 2–6 cm lang, 0,5–2 cm breit, zur Basis hin oft verjüngt, lange ausgestopft, weiß-fleischrötlich. **Fleisch:** Ziemlich fest, weiß-blassgelb; Geruch schwach geranienartig. **Milch:** Anfangs reichlich, weiß, an der Luft nicht verfärbend; Geschmack brennend scharf. **Sporenpulver:** Cremefarben-lachsfarben. **Sporen:** 6–8 × 5–6 µm, breitelliptisch, warzig-feinnetzig ornamentiert. **Vorkommen:** August bis Oktober unter Birken *(Betula)*, auf trockenen und feuchten Böden. **Verwendung:** Giftig; verursacht wie viele scharf schmeckende Milchlinge Magenschmerzen, Durchfall und Erbrechen.

1

2

3

4a

5

4b

Familie | Gattung

Russulaceae

Lactarius (Milchlinge)

1 Gebänderter Hainbuchen-Milchling

Lactarius pyrogalus (Bull.: Fr.) Fr.

Juli–Oktober
Unter Hainbuchen
Kein Speisepilz
Foto mit Blättern und Früchten der Hainbuche

Hut: 5–9 cm breit, anfangs flach gewölbt, später ausgebreitet, vertieft; Oberfläche jung bei feuchter Witterung etwas klebrig, bald trocken, glanzlos, ockergrau, violettgrau bis schmutzig graubräunlich, mehrfach deutlich gezont; Rand lange eingebogen, alt oft wellig verbogen. **Lamellen:** Dicht gedrängt, jung weißlich-cremefarben, bald ockerlich, bei Druck dunkler fleckend. **Stiel:** Bis 5 cm lang, bis 1 cm breit, bisweilen exzentrisch stehend, erst voll, dann ausgestopft bis hohl, blass violettgrau. **Fleisch:** Fest, weißlich bis blass hutfarben; Geruch etwas obstartig. **Milch:** Sehr reichlich, weiß bis schwach gelblich; erst mild, dann scharf. **Sporenpulver:** Ockerfarben. **Sporen:** 7–8 × 5–6,5 µm, elliptisch, stumpfe Warzen schwach netzig verbunden. **Vorkommen:** Juli bis Oktober gesellig vor allem unter Hainbuchen *(Carpinus betulus)*. **Verwendung:** Kein Speisepilz.

2 Eichen-Milchling

Lactarius quietus (Fr.) Fr.

Juni–Oktober
Unter Eichen
Kein Speisepilz
2a und 2b mit Blättern der Stiel-Eiche

Hut: 3–10 cm breit, fleischig, lange gewölbt, später ausgebreitet mit niedergedrückter Mitte, zuletzt flach trichterförmig, meist ohne Buckel; Oberfläche jung etwas schmierig-klebrig, trocken matt, stumpf glänzend, bisweilen schwach bereift, trüb rotbraun, mit konzentrisch angeordneten dunkleren Flecken; Rand anfangs eingebogen, auch später noch herabgebogen. **Lamellen:** Am Stiel gerade angewachsen bis herablaufend, untermischt, anfangs graurötlich, alt blass rötlich braun; Schneiden stellenweise rostbraun fleckend. **Stiel:** 3–6 cm lang, bis 1 cm breit, jung fest, voll, später hohl, oft längsfurchig oder etwas grubig, hutfarben. **Fleisch:** Im Hut dick und fest, braunweißlich; Geruch unangenehm nach Blattwanzen. **Milch:** Bei Verletzung anfangs reichlich fließend, an der Luft sofort cremegelblich verfärbend; mild, im Nachgeschmack etwas bitter. **Sporenpulver:** Blassgelblich. **Sporen:** 7–9 × 6–8 µm, breitelliptisch, warzig-netzig ornamentiert. **Vorkommen:** Juni bis Oktober meist gesellig unter Eichen. **Verwendung:** Kein Speisepilz.

3 Zottiger Violett-Milchling

Lactarius repraesentaneus Britz.

August–Oktober
Nadelwald
Kein Speisepilz
3a mit Rippenfarn

Hut: 6–15 cm breit, gewölbt-niedergedrückt bis flach trichterförmig, meist mit flachem, stumpfem Buckel; Oberfläche schmierig-klebrig, trocken matt, hellgelb bis goldgelb; Rand lange eingerollt, zottig-filzig; ganzer Pilz an Druckstellen etwas violettlich. **Lamellen:** Angewachsen-herablaufend, eng stehend, blassgelb. **Stiel:** 5–10 cm lang, bis 3 cm breit, anfangs ausgestopft, bald hohl, hellgelb mit dunkleren Gruben oder Flecken, bei feuchter Witterung schmierig-klebrig und bisweilen Wassertropfen absondernd. **Fleisch:** Fest, blassgelb; Geruch würzig. **Milch:** Reichlich fließend, weiß bis wässrig, an der Luft rasch schön violett verfärbend; Geschmack erst mild, dann unangenehm harzig-herb. **Sporenpulver:** Hellgelblich. **Sporen:** 9–11 × 7,5–9 µm, breitelliptisch, grobwarzig, mit teilweise netzig verbundenen Graten. **Vorkommen:** August bis Oktober in feuchten Nadelwäldern und in Moorwäldern der Mittelgebirge und der Alpen, selten auch unter Laubbäumen; vielerorts stark gefährdet. **Verwendung:** Kein Speisepilz.

4 Rotbrauner Milchling

Lactarius rufus (Scop.: Fr.) Fr.

Juli–Oktober
Nadel- und Laubwald
Kein Speisepilz
4b mit Schönem Widertonmoos

Hut: 3–10 cm breit, anfangs flach gewölbt, dann vertieft bis flach trichterförmig, meist mit kleinem, spitzem Buckel; Oberfläche matt, trocken, auch bei feuchtem Wetter nicht schmierig, ungezont, rotbraun-dunkelbraun mit graulila Ton, oft weißlich bereift; Rand lange eingerollt. **Lamellen:** Am Stiel angewachsen bis kurz herablaufend, mäßig gedrängt stehend, blass hutfarben, im Alter vom Sporenstaub weiß bestäubt. **Stiel:** 4–8 cm lang, zylindrisch, brüchig, jung voll, alt hohl, hutfarben oder heller, jung bereift. **Fleisch:** Fest, weißlich bis blass rotbräunlich; Geruch harzig. **Milch:** Reichlich, weiß, an der Luft nicht verfärbend; anfangs mild, dann brennend scharf. **Sporenpulver:** Weiß. **Sporen:** 8–9 × 6–7 µm, breitelliptisch, warzig-netzig ornamentiert. **Vorkommen:** Juli bis Oktober meist gesellig im Nadelwald, seltener im Laubwald, gern auf sauren Böden; häufig. **Verwendung:** Kein Speisepilz. In osteuropäischen Ländern wird er durch besondere Vorbehandlung essbar gemacht.

5 Lachs-Reizker

Lactarius salmonicolor Heim & Lécl.

August–November
Unter Weißtannen
Essbar
5a und 5b mit Weißtannenzweig

Hut: 4–12(–15) cm breit, anfangs gewölbt, bald vertieft, im Alter flach trichterig; Oberfläche bei feuchter Witterung schmierig-glänzend, orange-orangegelb, schwach und eng gezont; Rand lange eingerollt. **Lamellen:** Am Stiel gerade angewachsen bis herablaufend, mäßig gedrängt stehend, untermischt, blassorange-blassocker. **Stiel:** 3–7 cm lang, zylindrisch, zur Basis hin verjüngt, markig ausgestopft, später hohl, orangegelb mit intensiver gefärbten länglich-runden Gruben. **Fleisch:** Hart, im Alter brüchig; Geruch süßlich-obstartig. **Milch:** Karottenrot, nach 1–2 Stunden weinrot verfärbend; Geschmack ein wenig bitter. **Sporenpulver:** Blassocker. **Sporen:** 9–12 × 6,5–7,5 µm, warzig, teilweise netzig ornamentiert. **Vorkommen:** August bis November im Nadelwald unter Weißtannen *(Abies alba)*, auf Kalkböden. **Verwendung:** Essbar.

1
2a
2b
3a
4a
3b
5a
5b
4b

Russulaceae

Lactarius (Milchlinge)

1 Weinroter Kiefern-Reizker

Lactarius sanguifluus FR.

Juli–November
Unter Kiefern
Essbar
1a mit Nadeln der Wald-Kiefer

Hut: 6–15 cm breit, jung gewölbt, Mitte vertieft, später schwach trichterförmig, dickfleischig; Oberfläche schmutzig orange, mit grünlichen und purpurroten Tönen und undeutlichen dunkleren Zonen, alt blaugrün verfärbend und ausblassend; Rand lange eingebogen. **Lamellen:** Am Stiel breit angewachsen bis herablaufend, dünn, dicht stehend, viele kürzere untermischt, jung gelblichgrau mit weinrotem Ton, später fleischrötlich bis weinrötlich mit Violettschimmer, weißlich bestäubt, auf Druck dunkel weinrötlich. **Stiel:** 3–6 cm lang, zylindrisch, zur Basis hin oft verjüngt, fest, ausgestopft, alt hohl, hutfarben, weiß-lila überhaucht, mit dunkleren Gruben. **Fleisch:** Hart, jung gelblich-weiß; Geruch schwach obstartig. **Milch:** Spärlich fließend, von Anfang an trüb weinrot-dunkelrot; Geschmack schärflich. **Sporenpulver:** Hellocker. **Sporen:** 7,5–9,5 × 6–7,5 µm, breitelliptisch-kugelig, Warzen unregelmäßig netzmaschig verbunden. **Vorkommen:** Juli bis November unter Kiefern *(Pinus),* gern auf Kalkböden; in Mitteleuropa selten und schützenswert, in Südeuropa (Italien, Balearen) gebietsweise häufig. **Verwendung:** Essbar.

2 Grubiger Milchling

Lactarius scrobiculatus (SCOP.: FR.) FR.

Juli–Oktober
Unter Fichten
Giftig
2a mit Tamarisken-Thujamoos
2c mit Schönem Widertonmoos und Torfmoos

Hut: 10–20(–25) cm breit, jung halbkugelig, bald gewölbt mit genabelter Mitte, später trichterförmig; Oberfläche bei feuchter Witterung schmierig-klebrig, trocken glänzend, schwefelgelb-goldgelb, mit eingewachsenen, undeutlich konzentrisch angeordneten Faserschuppen; Rand jung lange eingerollt, zottig-filzig. **Lamellen:** Am Stiel gerade angewachsen oder etwas herablaufend, ziemlich dicht stehend, mit vielen Zwischenlamellen, cremefarben bis rahmgelblich, bei Verletzung braunrötlich. **Stiel:** 3–6 cm lang, 1,5–3,5 cm breit, zylindrisch, frühzeitig hohl, blassgelb, mit zahlreichen flachen, dunkelgelben bis gelbbraunen Gruben gefeldert, an Druckstellen schmutzig rötlich braun fleckend. **Fleisch:** Fest, blassgelb; Geruch etwas obstartig. **Milch:** Reichlich, weiß, an der Luft nach wenigen Sekunden schwefelgelb verfärbend; Geschmack brennend scharf. **Sporenfarbe:** Hellocker. **Sporen:** 8–9 × 6,5–7,5 µm, breitelliptisch, warzig, netzig ornamentiert. **Vorkommen:** Juli bis Oktober meist truppweise und verbreitet unter Fichten *(Picea abies)* auf Kalkböden in den Alpen und Mittelgebirgen, im Norden sehr selten. **Verwendung:** Giftig; verursacht Bauchschmerzen, Erbrechen und heftige Durchfälle, Latenzzeit eine halbe bis drei Stunden.

3 Flatter-Milchling

Lactarius theiogalus (BULL.: FR.) GRAY

Juni–Oktober
Laub- und Nadelwald
Kein Speisepilz
3a und 3b mit Torfmoos

Hut: 2–5 cm breit, erst gewölbt-ausgebreitet, dann leicht niedergedrückt, oft flach trichterförmig, meist mit Papille; Oberfläche glatt oder zum Rand hin leicht gerunzelt, ocker-fleischrötlich, blass roströtlich, Mitte mehr rotbräunlich, alt stark ausblassend; Rand feucht schwach gerieft, trocken oft höckerig-runzelig. **Lamellen:** Angewachsen oder kurz herablaufend, ocker- bis fleischfarben, alt etwas rostig fleckend. **Stiel:** 3–7 cm lang, erst voll, dann hohl, blass zimtbraun, zur Basis hin mehr zimtrostrot. **Fleisch:** Brüchig, blass. **Milch:** Erst wässrig-weiß, an der Luft langsam gilbend (besonders gut sichtbar auf weißem Papier); Geschmack mild mit bitterem und scharfem Nachgeschmack. **Sporenpulver:** Weiß. **Sporen:** 8–10 × 5–7,5 µm, breitelliptisch, warzig, mit wenigen dünnen Graten, selten netzmaschig verbunden. **Vorkommen:** Juni bis Oktober in feuchten Laub- und Nadelwäldern, in Moorwäldern oft Massenpilz. **Verwendung:** Kein Speisepilz; der Flatter-Milchling wird gelegentlich als essbar bezeichnet, ist jedoch nicht zu empfehlen. Er gehört wie der Rotbraune Milchling *(Lactarius rufus)* zu den scharf schmeckenden Milchlingen, die in Osteuropa nach besonderer Zubereitung verzehrt werden (lange wässern, abkochen, Kochwasser weggießen, anschließend einsalzen, einlegen in Essig oder in saure Milch).

4 Birken-Milchling

Lactarius torminosus (SCHAEFF.: FR.) PERS.

August–Oktober
Unter Birken
Giftig
4a und 4b mit Birkenblättern

Hut: 5–12(–15) cm breit, anfangs gewölbt, dann ausgebreitet und etwas vertieft, alt flach trichterig; Oberfläche mit dichtem Filz, feucht klebrig-schmierig, blass lachsfarben, blassrosa, fleischrot bis fleischbräunlich, dunkler konzentrisch gezont, später ausblassend; Rand lange eingerollt, mit dichten, langen Zottenhaaren, alt oft verkahlend. **Lamellen:** Am Stiel gerade angewachsen oder etwas herablaufend, dünn, gedrängt, in Stielnähe oft gegabelt, blass fleischfarben. **Stiel:** 2–8 cm lang, 1–2 cm breit, zylindrisch, fest, ziemlich früh hohl, blassrosa, zart weiß bereift. **Fleisch:** Hart, fest, spröde, weißlich-blassrosa; Geruch obstartig, Geschmack wie der Milchsaft sehr scharf. **Milch:** Reichlich, weiß, verfärbt sich an der Luft nicht. **Sporenpulver:** Hellgelblich. **Sporen:** 8–10 × 6–7 µm, breitelliptisch, warzig, mit teilweise netzmaschig verbundenen Graten. **Vorkommen:** August bis Oktober unter Birken, sowohl auf trockenen als auch auf sehr feuchten Böden; in Europa weit verbreitet. **Verwendung:** Giftig; verursacht Bauchschmerzen, Erbrechen und heftige Durchfälle, Latenzzeit eine halbe bis drei Stunden. Die Vergiftungen werden durch scharfharzige terpenoide Substanzen hervorgerufen, die in vielen Milchlingen enthalten sind.

1
2a
2b
3a
2c
3b
4b
4a

1 Nordischer Milchling

Lactarius trivialis (FR.: FR.) FR.

Juli–Oktober
Feuchte Wälder
Kein Speisepilz
1a im Rotstängelmoos, mit Heidelbeere
1b Hutunterseite mit Tamarisken-Thujamoos

Hut: 6–15(–25) cm breit, erst flach gewölbt mit vertiefter Mitte, dann niedergedrückt bis flach trichterig; Oberfläche bei feuchter Witterung schleimig-schmierig, trocken glänzend mit silbergrauem Reif, violettgrau-violettbraun, gezont oder mit konzentrisch angeordneten Wasserflecken, alt fleischbräunlich bis blass lederfarben ausblassend und ungezont; Rand lange eingerollt; Haut gut abziehbar. **Lamellen:** Angewachsen bis leicht herablaufend, fast gedrängt, anfangs weißlich, bald ockerblass-lederfarben, an verletzten Stellen blaugrünlich fleckend. **Stiel:** 4–10 cm lang, 1–3 cm breit, +/– aufgeblasen, alt hohl, schmierig, schmutzig lederfalb. **Fleisch:** Weißlich; Geruch schwach obstartig. **Milch:** Weiß, eingetrocknet gelblich-graugrünlich; Geschmack zuerst mild, dann brennend scharf, auch kratzend. **Sporenpulver:** Blassgelb. **Sporen:** 8,5–10,5 × 7–8,5 µm, breitelliptisch, grobwarzig, mit feinen netzig verbundenen Graten. **Vorkommen:** Juli bis Oktober meist gesellig in feuchten Wäldern, auf sauren Böden. **Verwendung:** Kein Speisepilz.

2 Olivbrauner Milchling

Lactarius turpis (WEINM.) FR.
Lactarius necator (GMEL.: FR.) PERS.

Juli–Oktober
Nadel- und Laubwald
Kein Speisepilz
Foto mit Weißmoos

Hut: 5–12 cm breit, jung gewölbt, dann ausgebreitet, niedergedrückt, später flach trichterförmig, festfleischig; Oberfläche feucht klebrig-schmierig, trocken schwach filzig, alt kahl, dunkel olivgrün, braunoliv, Mitte olivschwärzlich; Rand lange eingerollt, jung gelbgrün und flaumig-fransig. **Lamellen:** Am Stiel angewachsen oder wenig herablaufend, gedrängt, untermischt, bisweilen gegabelt, dünn, jung weißlich, später schmutzig cremefarben, bald deutlich braunfleckig. **Stiel:** 3–6(–8) cm lang, zylindrisch, etwas heller als der Hut, mit dunkleren Flecken, an der Spitze blasser. **Fleisch:** Fest, alt etwas brüchig, weißlich bis blassgelb; geruchlos, Geschmack wie die Milch brennend scharf. **Milch:** Reichlich, weiß, beim Eintrocknen graugrünlich verfärbend. **Sporenpulver:** Cremefarben. **Sporen:** 7,5–8,5 × 5,5–6,5 µm, breitelliptisch, feinwarzig-netzig ornamentiert. **Vorkommen:** Juli bis Oktober verbreitet in Nadel- und Laubwäldern auf kalk- und nährstoffarmen Böden. **Verwendung:** Kein Speisepilz.

3 Wolliger Milchling, Erdschieber

Lactarius vellereus (FR.) FR.

August–November
Laub- und Nadelwald
Kein Speisepilz
3a mit Sauerklee
3b Hutunterseite mit Heidelbeere

Hut: 10–20(–30) cm breit, anfangs gewölbt-genabelt, dann niedergedrückt, später trichterförmig, dickfleischig, hart, fest; Oberfläche trocken, flaumig bereift, wollig, kalkweiß, alt oft ockergelb-braunfleckig, meist mit Laub-, Nadel- und Humusresten bedeckt (Name „Erdschieber“!); Rand ungerieft und lange eingerollt, auch im Alter nach unten gebogen. **Lamellen:** Am Stiel gerade angewachsen bis kurz herablaufend, oft gegabelt, dicklich, weiß-blassgelb, alt ockergelblich, jung manchmal wasserklare Tropfen ausscheidend. **Stiel:** Bis 6 cm lang, 2–5 cm breit, meist zylindrisch, hart, fest, feinfilzig, weißlich bis schwach gelblich, an Druckstellen hellockerlich verfärbend. **Fleisch:** Derb, hart, weiß; Geruch angenehm, Geschmack scharf. **Milch:** Weiß; Geschmack mild. **Sporenpulver:** Weißlich. **Sporen:** 7,5–9,5 × 6,5–8,5 µm. **Vorkommen:** August bis November oft truppweise im Laub- und Nadelwald. **Verwendung:** Kein Speisepilz. **Wissenswertes:** Ähnlich ist der Gemeine Weiß-Täubling *(Russula delica)*; er hat keinen Milchsaft.

4 Graufleckender Milchling

Lactarius vietus (FR.) FR.

Juli–Oktober
Unter Birken in Mooren
Kein Speisepilz
Foto mit Torfmoos

Hut: 3–6(–10) cm breit, erst gewölbt, meist mit angedeuteter Papille, im Alter trichterig vertieft; Oberfläche feucht etwas klebrig, bald austrocknend, matt, blass violettgrau, violettbraun, später ausblassend, nicht oder nur undeutlich gezont; Rand oft wellig verbogen. **Lamellen:** Am Stiel kurz herablaufend, ziemlich gedrängt stehend, blass creme-fleischfarben, an Druckstellen graubraun fleckend. **Stiel:** 3–8 cm lang, 0,5–1 cm breit, bald hohl, creme-fleischfarben, Spitze mit hellerer Zone. **Fleisch:** Dünn, brüchig; Geruch unbedeutend. **Milch:** Weiß, graugrün-graubraun eintrocknend; Geschmack erst mild, nach wenigen Sekunden sehr scharf. **Sporenpulver:** Weißlich-cremefarben. **Sporen:** 7,5–9 × 6,5–7,5 µm. **Vorkommen:** Juli bis Oktober in feuchten Wäldern und Mooren unter Birken *(Betula)*. **Verwendung:** Kein Speisepilz.

5 Brätling

Lactarius volemus (FR.) FR.

Juli–November
Laub- und Nadelwald
Essbar
Foto mit Rippenfarn

Hut: 6–15 cm breit, anfangs gewölbt, dann ausgebreitet mit niedergedrückter Mitte; Oberfläche trocken, matt-feinsamtig, gelbbraun, braunorange, rotbraun; Rand anfangs eingerollt. **Lamellen:** Am Stiel angewachsen oder etwas herablaufend, gedrängt, zum Rand hin oft gegabelt, dicklich, starr, jung gelblich weiß, an Druckstellen bräunend. **Stiel:** 4–12 cm lang, bis 3,5 cm breit, fest, voll, hutfarben oder etwas blasser, zart bereift. **Fleisch:** Sehr fest, jung weißlich, gelblich weiß; Geruch nach Hering, Geschmack mild. **Milch:** Sehr reichlich fließend, weiß; mild bis bitterlich. **Sporenpulver:** Weiß. **Sporen:** 7,5–10 µm. **Vorkommen:** Juli bis November im Laub- und Nadelwald. **Verwendung:** Essbar; als Seltenheit zu schonen.

1a

2

1b

3a

3b

4

5

Familie | Gattung

Cantharellaceae

Cantharellus (Pfifferlinge)

1 Pfifferling

Cantharellus cibarius FR.

Juni–November
Laub- und Nadelwald
Essbar
1a mit Federmoos
1b mit Fichtensämlingen und Fichtenzapfen

Hut: 3–5(–10) cm breit, anfangs halbkugelig bis gewölbt, später trichterförmig vertieft; Oberfläche glatt, matt, dottergelb bis blassgelb; Rand lange eingerollt, später wellig-flatterig ausgebreitet. **Leisten:** Weit herablaufend, oft gegabelt, am Grunde aderig verbunden, dottergelb bis blassgelb. **Stiel:** 3–6 cm lang, 1–2 cm breit, voll, fest, zylindrisch oder nach unten etwas verjüngt, hutfarben oder heller. **Fleisch:** Fest, im Stiel ziemlich faserig, weiß bis blassgelb; Geruch aromatisch, Geschmack schärflich, schwach pfefferartig. **Sporenpulver:** Blassgelb. **Sporen:** 8–10 × 4,5– 5,5 µm. **Vorkommen:** Juni bis November einzeln oder gesellig in Laub- und Nadelwäldern; in Europa weit verbreitet, vielerorts stark zurückgegangen. **Verwendung:** Essbar. **Wissenswertes:** Vom Pfifferling sind verschiedene Varietäten oder Kleinarten beschrieben. Er ist kaum zu verwechseln; nur in klimatisch sehr milden Gegenden wächst auf Holz ein giftiger Doppelgänger, der seltene Leuchtende Ölbaumpilz *(Omphalotus illudens)*. Die Gattung *Cantharellus* hat trichterförmige Fruchtkörper mit Leisten oder leistenähnlichen Adern an der Hutunterseite. Alle Arten sind essbar.

2 Grauer Pfifferling

Cantharellus cinereus PERS.: FR.

August–November
Buchenwald
Essbar

Hut: 2–4 cm breit, anfangs gewölbt, bald genabelt, zuletzt tief trichterförmig und in der Mitte bis zum hohlen Stiel durchbohrt; Oberseite in der Mitte etwas feinschuppig, graubraun, feucht und im Alter schwärzlich; Rand wellig, anfangs herabgebogen, später aufgebogen. **Leisten:** Etwas herablaufend, entfernt stehend, gegabelt, weißlich grau. **Stiel:** 2–5(–8) cm lang, hohl, zylindrisch, trocken hell graubraun, alt schwärzlich. **Fleisch:** Dünn, elastisch, graulich, weiß bereift; Geruch angenehm fruchtartig, Geschmack mild. **Sporenpulver:** Weiß. **Sporen:** 7,5–9,5 × 5–5,5 µm, oval. **Vorkommen:** August bis November gern büschelig in Buchenwäldern. **Verwendung:** Essbar; als Seltenheit zu schonen. **Wissenswertes:** Die Fruchtkörper wachsen gern in Gesellschaft der ähnlichen, aber größeren Toten-Trompete *(Craterellus cornucopioides)*.

3 Samtiger Pfifferling

Cantharellus friesii QUÉL.

Juli–Oktober
Laub- und Nadelwald
Essbar
3a Hutunterseite mit Zypressen-Schlafmoos
3b mit Efeu

Hut: 1–3 cm breit, erst gewölbt, dann abgeflacht, etwas vertieft-genabelt; Oberfläche samtig-glatt, jung hellorange, orange-rosa, später orangebräunlich; Rand dünn, bisweilen kraus, auch eingeschnitten, bald flatterig, gekerbt und heruntergebogen. **Leisten:** Am Stiel herablaufend und deutlich abgesetzt, dicklich, teilweise gegabelt, queraderig verbunden, gelblich, bisweilen lachsrosa, alt blass. **Stiel:** Bis 3 cm lang, zylindrisch und langsam in den Hut übergehend, fest, jung voll, alt hohl, glatt bis feinfilzig, hutfarben oder gelblich. **Fleisch:** Dünn, faserig, weißlich bis blassgelb; Geruch schwach fruchtig, Geschmack scharf. **Sporenpulver:** Weiß. **Sporen:** 8,5–10,5 × 4–5 µm, oval, glatt, hyalin. **Vorkommen:** Juli bis Oktober einzeln bis gesellig in Laub- und Nadelwäldern, gern an Böschungen mit offenem Boden oder auf moosbedeckter Erde, meidet reine Kalksowie nährstoffreiche Böden. **Verwendung:** Essbar; als Seltenheit zu schonen.

4 Trompeten-Pfifferling

Cantharellus tubaeformis FR.

Juli–November
Laub- und Nadelwald
Essbar
Foto mit Federmoos

Hut: 2–6 cm breit, trompetenförmig, Mitte tief durchbohrt; Oberseite fein geschuppt bis glatt, radial wellig-runzelig, braungelb bis graubraun; Rand nach außen gebogen, wellig gelappt. **Leisten:** Am Stiel herablaufend, gegabelt, am Grund oft queraderig verbunden, blass graugelb bis graubräunlich. **Stiel:** 2–6 cm lang, schlank, oft breit gedrückt, hohl, etwas grubig, gelblich bis graugelblich oder olivgelblich; Basis oft zugespitzt. **Fleisch:** Dünn, weich, im Stiel faserig; Geruch schwach, Geschmack mild. **Sporenpulver:** Weiß. **Sporen:** 9–12 × 5–8 µm, elliptisch, glatt, hyalin. **Vorkommen:** Juli bis November gesellig bis rasig wachsend in Laub- und Nadelwäldern. Von Italien bis Nordeuropa weit verbreitet. **Verwendung:** Essbar.

5 Wohlduftender Pfifferling

Cantharellus xanthopus (PERS.) DUBY

August–November
Feuchte Nadel- und Laubwälder
Essbar
5a und 5b im Torfmoos

Hut: 2–6 cm breit, anfangs mit genabelter Mitte, später ausgebreitet bis tief trichterförmig, bisweilen schwach durchbohrt, dünnfleischig; Oberfläche zartschuppig und radial gerunzelt, gelbbraun bis orangebraun; Rand nach außen gebogen, wellig-flatterig. **Unterseite:** Aderig-runzelig, faltig, orangegelb bis dunkel orange-rosagelb; Leisten sind nicht zu erkennen. **Stiel:** 2–7 cm lang, 0,5–1 cm breit, oft zusammengedrückt und längsfurchig bis längsgrubig, flach-bänderig, röhrig-hohl, hell bis dunkel orangegelb. **Fleisch:** Dünn, faserig, gelblich; Geruch angenehm fruchtartig, Geschmack mild. **Sporenpulver:** Cremegelblich. **Sporen:** 9–12 × 6–8 µm, breitelliptisch-oval. **Vorkommen:** August bis November gesellig oder büschelig-rasig wachsend in feuchten Berg-Nadelwäldern, Moorwäldern und Laubwäldern. **Verwendung:** Essbar; eignet sich gut zum Trocknen, guter Würzpilz. **Wissenswertes:** Der Wohlduftende Pfifferling ähnelt dem Trompeten-Pfifferling *(Cantharellus tubaeformis)*, dieser hat jedoch an der Hutunterseite deutlich ausgeprägte Leisten.

1a

2

1b

3a

3b

5a

4

5b

Familien	Gattungen
Cantharellaceae	*Craterellus* (Trompeten), *Pseudocraterellus* (Leistlinge)
Clavariaceae	*Clavariadelphus* (Riesenkeulen)

1 **Toten-Trompete**
Craterellus cornucopioides (L.) PERS.

August–Oktober
Laubwald
Essbar
Foto im Laub der Rotbuche

Hut: Mit Stiel 5–12(–15) cm hoch, 2–5(–8) cm breit, von Anfang an trompetenförmig, bis zur Basis hohl; Innenseite filzig bis angedrückt feinschuppig, trocken rußig grau, graubraun, feucht fast schwarz; Außenseite aschgrau, alt vom Sporenpulver weißlich bestäubt, runzelig-aderig; Rand umgeschlagen, wellig-lappig. **Stiel:** Hohl, nach unten zugespitzt; Hut und Stiel gehen ineinander über. **Fleisch:** Dünn (1–2 mm), zäh-elastisch, grauschwärzlich; Geruch angenehm, aromatisch, Geschmack mild. **Sporenpulver:** Weiß. **Sporen:** 12–17 × 9–11 µm, ellipsoid, glatt, hyalin. **Vorkommen:** August bis Oktober meist gesellig unter Rotbuchen *(Fagus sylvatica)* und Eichen *(Quercus)*, bevorzugt auf kalkreichen Böden; die Toten-Trompete kann in manchen Jahren massenhaft auftreten. In Europa weit verbreitet. **Verwendung:** Essbar; die Toten-Trompete ist als Speisepilz sehr geschätzt und wird bisweilen als Ersatz für Morcheln und Trüffeln verwendet. Sie eignet sich gut zum Trocknen; zerkleinert oder gemahlen entfaltet sie ihr ausgezeichnetes Aroma und kann als Würzpilz vielseitig verwendet werden. **Wissenswertes:** Die Gattung *Craterellus* umfasst weltweit nur zwei Arten; ihre Fruchtkörper sind trichterförmig mit hohlem Stiel.

2 **Krauser Leistling**
Pseudocraterellus undulatus (PERS.: FR.) RAUSCH.

August–Oktober
Laubwald
Essbar
Foto mit Widertonmoos

Hut: 1–5 cm breit, trichterförmig, kaum oder nur schwach durchbohrt; Oberfläche in der Mitte oft filzig, lehmbraun, sepiabraun, graubraun; Rand gelblich, dünn, kraus, wellig, eingerissen; Unterseite glatt, später unregelmäßig aderig-runzelig, ohne Leisten, graubeige. **Stiel:** 2–6 cm lang, längsgrubig, hohl, grau, braunbeige, graugelblich. **Fleisch:** Dünn (1–2 mm), weich, blass; Geruch angenehm, Geschmack mild. **Sporenpulver:** Weiß. **Sporen:** 10–13 × 7,5–9 µm. **Vorkommen:** August bis Oktober gedrängt bis büschelig im Laubwald, besonders unter Rotbuchen *(Fagus sylvatica)*; selten. **Verwendung:** Essbar; als Seltenheit zu schonen. **Wissenswertes:** Die Gattung *Pseudocraterellus* umfasst zwei Arten. Ihre Fruchtkörper sind gestielt, der Hut ist vertieft bis trichterförmig.

3 **Herkules-Riesenkeule**
Clavariadelphus pistillaris (L.: FR.) DONK.

August–November
Buchenwald
Kein Speisepilz
3a und 3b im Laub der Rotbuche

Fruchtkörper: 6–20(–30) cm hoch, 2–4(–6) cm breit, schlank, meist keulenförmig, Spitze abgerundet; Oberfläche kahl, anfangs glatt, später längsrunzelig, erst hellgelb, später ockerlich, bisweilen mit violettem Beiton, alt gelbbräunlich, Basis dunkler, auf Druck bräunend. Der obere Teil der Keule trägt die Fruchtschicht, der untere, mehr zylindrische Teil ist steril; Hymenium mit Kalilauge safrangelb verfärbend. **Fleisch:** Jung fest, später schwammig, weiß, im Schnitt bräunend; Geruch unbedeutend, Geschmack oft bitter. **Sporenpulver:** Weißgelblich. **Sporen:** 11–13 × 6–7 µm, elliptisch, glatt, hyalin. **Vorkommen:** August bis November einzeln oder in kleinen Gruppen im Laubwald, bevorzugt unter Rotbuchen *(Fagus sylvatica)*, auf kalkhaltigen Böden. Die Herkules-Riesenkeule ist eine Charakterart der Orchideen-Kalk-Buchenwälder. **Verwendung:** Kein Speisepilz.

4 **Zungen-Riesenkeule**
Clavariadelphus ligula (SCHAEFF.: FR.) DONK

Sommer–Herbst
Berg-Nadelwald
Kein Speisepilz
Foto mit Heidelbeere

Fruchtkörper: 3–8(–10) cm hoch, 0,5–1,5 cm breit, keulen- bis spatelförmig, oft auch unregelmäßig breit gedrückt oder kolbenartig verdickt, Scheitel stumpf; Oberfläche anfangs glatt bis etwas höckerig-grubig, runzelig-gefurcht, ockergelb, braungelb. **Fleisch:** Weich, zart, weiß, im Schnitt nicht verfärbend; Geruch und Geschmack unbedeutend. **Sporen:** 8–15 × 3–6 µm, schmalelliptisch, glatt, hyalin. **Vorkommen:** Sommer bis Herbst teils einzeln, oft auch zu Hunderten in Berg-Nadelwäldern, selten in Laubwäldern. **Verwendung:** Kein Speisepilz. **Wissenswertes:** Der Pilz sieht aus wie eine kleine Herkules-Riesenkeule *(Clavariadelphus pistillaris)*, diese kommt aber in Laubwäldern vor. Die sehr ähnliche Sibirische Herkules-Riesenkeule *(Clavariadelphus sachalinensis)* ist in Mitteleuropa sehr selten; sie hat viel größere Sporen. Die Gattung *Clavariadelphus* umfasst etwa sieben Arten, meist in der typischen Keulenform.

5 **Abgestutzte Riesenkeule**
Clavariadelphus truncatus (QUÉL.) DONK

August–Oktober
Berg-Nadelwald
Essbar
Foto mit Tamarisken-Thujamoos

Fruchtkörper: 6–12(–15) cm hoch, 2–5(–9) cm breit, voll, zylindrisch-keulenförmig, mit typisch abgeplattetem oder eingedelltem Kopfteil, mit wulstigem, gerunzeltem Rand, nach unten verschmälert, runzelig; Oberfläche gelblich-ockergelblich, zur Basis hin auch mit violettlichem Ton; Hymenium mit Kalilauge rot verfärbend. **Fleisch:** Weich, locker, weiß, im Schnitt braunrötlich; Geruch unauffällig, Geschmack mild, süßlich. **Sporenpulver:** Weißgelblich. **Sporen:** 9–13 × 5–7 µm, elliptisch, glatt, hyalin. **Vorkommen:** August bis Oktober einzeln bis gesellig in Berg-Nadelwäldern auf Kalk, bisweilen auch im Mischwald. **Verwendung:** Essbar; als Seltenheit zu schonen. **Wissenswertes:** Mit seinem typisch geformten Kopfteil ist der Pilz kaum zu verwechseln. Außerdem unterscheidet er sich durch seinen süßlichen Geschmack deutlich von der oft bitter schmeckenden Herkules-Riesenkeule *(Clavariadelphus pistillaris)*.

1

2

3b

3a

4

5

Familien	Gattungen
Clavariaceae	*Clavulinopsis* (Wiesenkorallen), *Macrotyphula* (Röhrenkeulen)
Clavulinaceae	*Clavulina* (Korallenpilze)

1 Geweihförmige Wiesenkoralle

Clavulinopsis corniculata (Schaeff.: Fr.) Corner

Herbst
Magerwiesen
Kein Speisepilz
Foto mit Kleinem Wiesenknopf

Fruchtkörper: 2–6 cm hoch, einfach oder mehrfach verzweigt, Enden meist geweihförmig gegabelt, mit gekrümmten, stumpfen Spitzen; Oberfläche glatt, jung blassgelb, später dottergelb bis orangegelb. **Fleisch:** Gelblich; Geruch nach Mehl, Geschmack bitter. **Sporen:** 4,5–7 µm, kugelig. **Vorkommen:** Im Herbst meist gruppenweise und büschelig in Magerwiesen, auch in Wäldern; selten. Das hübsche Pilzchen ist wie viele andere seltene Arten der Magerwiesen durch Umstellung auf Intensivnutzung bedroht und vielerorts bereits verschwunden. **Verwendung:** Kein Speisepilz. **Wissenswertes:** Die Gattung *Clavulinopsis* umfasst in Mitteleuropa etwa 18 Arten. Es sind unverzweigte oder verzweigte, terrestrisch wachsende Korallenpilze. Alle sind sehr selten.

2 Spindelförmige Wiesenkoralle

Clavulinopsis fusiformis (Sow.: Fr.) Corner

September–November
Magerwiesen
Kein Speisepilz
Foto mit Schwalbenwurz-Enzian

Fruchtkörper: Bis 8(–14) cm hoch, bis 6 mm breit, spindelförmig, in der Mitte am breitesten, längs gefurcht und etwas zusammengedrückt, hohl, oft verbogen und verdreht, zu 10–20 und mehr Exemplaren büschelig gedrängt wachsend, lebhaft gelb bis dottergelb, Spitzen unverzweigt, alt bräunlich. **Fleisch:** Faserig, gelblich; Geruch schwach, Geschmack bitter. **Sporen**: 5–6,5 × 4,5–6 µm, breitelliptisch bis rundlich, glatt, mit großem Apikulus. **Vorkommen:** September bis November in Magerwiesen und auf Heiden; selten. Durch Intensivlandwirtschaft und Bodenverbesserung gefährdet. **Verwendung:** Kein Speisepilz. **Wissenswertes:** Die nahe verwandte Geweihförmige Wiesenkoralle *(Clavulinopsis corniculata)* hat verzweigte Fruchtkörper. Ähnlichkeit mit der Spindelförmigen Wiesenkoralle hat auch der weit verbreitete Klebrige Hörnling *(Calocera viscosa).*

3 Binsen-Röhrenkeule

Macrotyphula filiformis (Bull.: Fr.) Paechn.

September–November
Auf faulenden Pflanzenresten
Kein Speisepilz
Foto im Laub der Rotbuche

Fruchtkörper: 3–6 cm hoch, 1–2 mm breit, fadenförmig, meist unverzweigt, bisweilen mit verkümmerten Seitenzweigen, hohl, jung blassgelb, später ockergelb, orangebräunlich, glatt, Spitze abgerundet, Basis filzig-faserig, ohne Sklerotium, Stiel +/– bogig aufsteigend. **Fleisch:** Elastisch, zäh; Geruch und Geschmack unbedeutend. **Sporen:** 7–10 × 3,5–4 µm, elliptisch, glatt, hyalin. **Vorkommen:** September bis November gesellig, oft bestandsbildend in Laub- und Auenwäldern auf Laubblättern, faulenden Pflanzenresten und morschem Holz. **Verwendung:** Kein Speisepilz. **Wissenswertes:** Der Mykologe Peterson hat die Gattung *Macrotyphula* von *Clavariadelphus* abgetrennt. Alle Arten der Gattung sind schmal keulenförmig bis fadenförmig.

4 Röhrige Keule

Macrotyphula fistulosa (Holmsk.: Fr.) Peters.

September–Dezember
An Laubholzzweigen
Kein Speisepilz
4a an Laubholzzweigen im Buchenlaub

Fruchtkörper: 10–30 cm hoch, 2–8 mm breit, unverzweigt, sehr schmal keulenförmig, hohl, steif, Spitze abgerundet, selten gegabelt; ohne Wurzel, oberer fertiler Teil von etwa zwei Dritteln der Fruchtkörperlänge langsam in den unfertilen Teil übergehend; Oberfläche matt, glatt, anfangs gelbbraun, später zunehmend bräunlich. **Fleisch:** Zäh, gelblich; ohne Geruch und Geschmack. **Sporen:** 12–17 × 4,5–7,5 µm, elliptisch, glatt, hyalin. **Vorkommen:** September bis Dezember, oft erst nach den ersten Nachtfrösten, meist einzeln oder in kleinen Gruppen auf im Falllaub liegenden modernden Laubholzzweigen; ziemlich selten, leicht zu übersehen. **Verwendung:** Kein Speisepilz. **Wissenswertes:** Als Hungerform der Röhrigen Keule ist *Macrotyphula fistulosa* var. *contorta* zu betrachten. Die Pilzchen haben nur wenige Zentimeter große, gedrungene, oft geweihförmig verkümmert erscheinende Fruchtkörper. Beide Formen können am gleichen Ast erscheinen.

5 Kammförmige Koralle

Clavulina coralloides (L.: Fr.) Schroet.

August–November
Laub- und Nadelwald
Kein Speisepilz
Foto mit Tamarisken-Thujamoos

Fruchtkörper: 2–6(–8) cm hoch, korallenartig verzweigt, Enden mehrfach in kleine Spitzen und Zähnchen aufgelöst, jung weiß-cremefarben, später graulich. **Fleisch:** Weich, zerbrechlich, weißlich, auf Druck nicht verfärbend; Geruch unbedeutend, Geschmack mild oder etwas bitter. **Sporenpulver:** Weiß. **Sporen:** 7–9 × 6–8 µm. **Vorkommen:** August bis November einzeln, in Gruppen oder Reihen im Laub- und Nadelwald, gern im Moos und in der Nadelstreu von Fichtenwäldern, ohne besondere Ansprüche an den Boden; verbreitet. **Verwendung:** Kein Speisepilz.

6 Runzeliger Korallenpilz

Clavulina rugosa (Bull.: Fr.) Schroet.

August–November
Laub- und Nadelwald
Kein Speisepilz
Foto mit Schönem Widertonmoos

Fruchtkörper: 4–10 cm hoch, +/– keulenförmig, einzeln stehend oder büschelig, nur im oberen Teil angedeutet geweihartig verzweigt, oft flach gedrückt, Enden stumpf, bisweilen mit angedeuteten Auswüchsen; Oberfläche uneben-längsrunzelig, weißlich, schmutzig weiß oder ockerlich. **Fleisch:** Zerbrechlich, weiß oder weiß-cremefarben; ohne besonderen Geruch und Geschmack. **Sporen:** 9–14 × 8–12 µm, breitelliptisch, glatt, mit großem Tropfen. **Vorkommen:** August bis November in Laub- und Nadelwäldern. **Verwendung:** Kein Speisepilz. **Wissenswertes:** Die ähnliche Kammförmige Koralle *(Clavulina coralloides)* ist mehr verzweigt und wächst meist im Fichtenwald.

1

3

2

4a

4b

5

6

Familien	Gattungen
Sparassidaceae	*Sparassis* (Glucken)
Pterulaceae	*Pterula* (Borstenkorallen)
Gomphaceae	*Gomphus* (Schweinsohren)
Ramariaceae	*Ramaria* (Korallen)

1

Breitblättrige Glucke

Sparassis brevipes KROMBH.

August–Oktober
An Laub- und Nadelbäumen
Essbar
1b mit Zypressen-Schlafmoos

Fruchtkörper: 10–40 cm breit, bis 20 cm hoch, halbkugelig, kissenförmig, mit einem meist tief im Boden auf Holz sitzenden, kompakten, fleischigen Strunk; mit zahlreichen welligen, aufrecht stehenden, blattartigen Ästen, die sich fächerförmig verzweigen; Oberfläche glatt, meist etwas gebändertgezont, erst weißlich, dann cremefarben bis strohfarben. **Fleisch:** Elastisch, zäh; Geruch angenehm pilzartig, Geschmack mild. **Sporen:** 4,5–6 × 3,5–4,5 µm. **Vorkommen:** August bis Oktober einzeln am Fuß von Laub- und Nadelbäumen. **Verwendung:** Essbar; als Seltenheit zu schonen. **Wissenswertes:** Die Gattung *Sparassis* ist in Mitteleuropa mit zwei Arten vertreten.

2

Krause Glucke

Sparassis crispa (WULF. IN JACQ.) FR.

August–Oktober
Bei Kiefern
Essbar
2a mit Kiefernzapfen
2b Fruchtkörper im Schnitt, mit Heidelbeere

Fruchtkörper: 10–20(–40) cm breit, bis 20 cm hoch, halbkugelig, in der Form eines Naturschwammes mit einem meist tief im Boden auf Holz sitzenden, fleischigen, innen weißen Strunk; mit zahlreichen gewundenen und verbogenen, abgeflachten Ästen, die nach außen in lappige, blattartige Enden auslaufen; Oberfläche glatt, anfangs weißlich-blassgelb, später schmutzig hellbräunlich. **Fleisch:** Elastisch, zäh; Geruch angenehm aromatisch, Geschmack mild. **Sporenpulver:** Blassocker. **Sporen:** 5–7 × 4–5 µm, oval, glatt, hyalin. **Vorkommen:** August bis Oktober meist einzeln am Fuß von Nadelbäumen, besonders von Kiefern *(Pinus);* erscheint mehrere Jahre am gleichen Baum, in dem er eine Stammfäule erzeugt. **Verwendung:** Essbar.

3

Weißliche Borstenkoralle

Pterula multifida (CHÉV.) FR.

Juli–November
Auf morschen Nadelholzzweigen
Kein Speisepilz
Foto mit Grünstängelmoos

Fruchtkörper: 2–4(–6) cm hoch, strauchförmig, einem +/– gemeinsamen Strunk entspringend, schon von Grund an stark verzweigt, ohne eigentlichen Stiel; Ästchen dünn, fadenförmig, biegsam, steif, mit langen, oft gegabelten, spitzen Endästchen; Oberfläche weißlich, blassgrau bis hellbraun, alt ocker bis lilabräunlich; Geruch unangenehm, nach Desinfektionsmittel (Jodoform). **Sporen:** 5–7 × 3–4 µm. **Vorkommen:** Juli bis November in Rasen und Reihen meist auf morschen Nadelholzzweigen und Koniferennadeln; weit verbreitet. **Verwendung:** Kein Speisepilz.

4

Schweinsohr

Gomphus clavatus (PERS.: FR.) GRAY

August–Oktober
Bergwälder
Essbar
Foto mit Rippenfarn

Fruchtkörper: 4–10 cm hoch, 2–6 cm breit, jung abgeplattet-keulenförmig, dann kreiselförmig bis trichterig vertieft; Oberfläche glatt und kahl, jung violett, später ockerbräunlich-fleischfarben, mit graulila Ton, alt schmutzig bräunlich; Rand hochgeschlagen, unregelmäßig, kantig; Außenseite (Hymenium) violettlich, mit dicken Leisten, die bis zur kurzen, stielähnlichen, filzigen Basis hinablaufen. **Stiel:** Kurz, kompakt, zur Basis hin verjüngt. **Fleisch:** Weich, voll, weiß, marmoriert gezont; Geruch unauffällig, Geschmack mild bis etwas bitterlich. **Sporenpulver:** Ockerbräunlich. **Sporen:** 10–14 × 4–6 µm. **Vorkommen:** August bis Oktober einzeln bis gesellig in Bergwäldern; im Norden sehr selten. **Verwendung:** Essbar; als Seltenheit zu schonen.

5

Grünfleckende Fichten-Koralle

Ramaria abietina (PERS.: FR.) QUÉL.
Ramaria ochraceovirens (JUNGH.: FR.) DONK

August–Oktober
Fichtenwald
Kein Speisepilz
Foto mit Fichtenzapfen

Fruchtkörper: 2–6 cm hoch, bis 5 cm breit, von der Basis ab stark ästig verzweigt; Äste dicht stehend, biegsam, zu den Enden hin mehrfach verzweigt und dünner werdend, Enden mit 2–4 Spitzen; Oberfläche ocker-oliv, bei Berührung und im Alter ganzer Fruchtkörper olivgrün verfärbend, Äste mit KOH intensiv olivgrün; Strunk kurz, dünn, ästig; Basis mit weißen Myzelsträngen. **Fleisch:** Zäh, elastisch, längsfaserig, weiß; ohne besonderen Geruch, Geschmack bitterlich. **Sporen:** 6–10 × 3–5 µm. **Vorkommen:** August bis Oktober meist gesellig oder in Reihen in moosigen Fichtenwäldern. In Europa findet man den Pilz vor allem in der Mitte des Kontinents, er fehlt im Mittelmeerraum. **Verwendung:** Kein Speisepilz. **Wissenswertes:** Ähnlich ist die seltenere Flatterige Fichten-Koralle *(Ramaria flaccida)*. Sie verfärbt sich bei Berührung nicht.

6

Hahnenkamm

Ramaria botrytis (PERS.: FR.) RICK.

August–November
Laubwald
Essbar
Foto mit Blättern der Rotbuche

Fruchtkörper: 7–15(–20) cm hoch, 6–20 cm breit, rund, jung blumenkohlartig, dann korallenförmig; Strunk dick, runzelig, weiß, wiederholt verzweigt; untere Äste jung weißlich, später blass ockerlich-lederbräunlich, Verzweigungen an den Spitzen bei jungen Pilzen weinrot, zuletzt ockerbräunlich. **Fleisch:** Fest, schmutzig weiß, schwach marmoriert; Geruch angenehm, Geschmack mild. **Sporen:** 14–16 × 4,5–5,5 µm, schmalelliptisch, fein längsstreifig. **Vorkommen:** August bis November im Laubwald. Die „Bärentatze“, wie der Pilz auch genannt wird, ist vielerorts rückläufig. **Verwendung:** Essbar; als Seltenheit zu schonen.

1a

1b

2a

2b

3

4

5

6

Familien | **Gattungen**

Hydnaceae
Auriscalpiaceae
Hericiaceae

Hydnum (Stoppelpilze)

Auriscalpium (Ohrlöffelstachelinge), *Lentinellus* (Zählinge)

Hericium (Stachelbärte), *Creolophus* (Stachelseitlinge)

1 Semmel-Stoppelpilz

Hydnum repandum L.: Fr.

Juli–November
Laub- und Nadelwald
Essbar
1a mit Blättern der Rotbuche
1b mit Blättern der Wald-Erdbeere

Hut: 4–10(–15) cm breit, anfangs gewölbt, später flach ausgebreitet und unregelmäßig verformt, bisweilen mit niedergedrückter Mitte; Oberfläche matt, cremefarben bis schwach rötlich gelb, selten fast weiß; Rand lange eingerollt, alt unregelmäßig verbogen. **Stacheln:** 2–6 mm lang, meist am Stiel herablaufend, sehr gedrängt, brüchig, vom Hut ablösbar, gelbweiß bis cremefarben. **Stiel:** 3–7 cm lang, +/– zylindrisch, zentral oder etwas seitlich ansitzend, fest, heller als der Hut. **Fleisch:** Hart, brüchig, gelblich weiß, läuft im Schnitt langsam blass gelbrosa an; Geruch angenehm, Geschmack mild, alt etwas schärflich-bitterlich. **Sporenpulver:** Weiß. **Sporen:** 6,5–9 × 5,5–7 µm, oval bis rundlich, glatt, hyalin. **Vorkommen:** Juli bis November meist in Gruppen und Ringen, oft büschelig, in Laub- und Nadelwäldern, gern auf Kalkböden; in Europa weit verbreitet. **Verwendung:** Essbar. **Wissenswertes:** Der Rotgelbe Stoppelpilz *(Hydnum repandum* var. *rufescens)* hat mehr rostrote Farben. Die Gattung *Hydnum* besteht aus drei Arten; sie haben in Hut und Stiel gegliederte Fruchtkörper, die Unterseite der Hüte trägt ein stacheliges Hymenophor.

2 Ohrlöffelstacheling

Auriscalpium vulgare Gray

Ganzjährig
Auf Kiefernzapfen
Kein Speisepilz
2a mit Besen-Gabelzahnmoos
2b auf Fichtenzapfen

Hut: 0,5–2 cm breit, meist nierenförmig, auch rundlich, lederig; Oberfläche etwas gewölbt, jung bräunlich, dann dunkelbraun, kastanienbraun, striegelig-filzig, trocken; Unterseite mit blassen bis schmutzig braunen, 2–3 mm langen, pfriemlichen, dicht stehenden Stacheln, die kaum am Stiel herablaufen; Rand am Stielansatz eingebuchtet. **Stiel:** 2–6 cm lang, 1–2 mm breit, seitlich dem Hut ansitzend, voll, striegelig-filzig, dunkelbraun-kastanienbraun; bisweilen sind zwei Stiele basal verwachsen. **Fleisch:** Zäh, holzfarben-bräunlich; im Schnitt ist unter der filzigen Hutoberfläche eine dunkle Linie sichtbar (Cutis); Geruch unbedeutend, Geschmack sehr scharf. **Sporenpulver:** Weiß. **Sporen:** 4–5,5 × 3,5–4,5 µm. **Vorkommen:** Ganzjährig (frische Fruchtkörper erscheinen von Frühjahr bis Herbst) einzeln oder zu wenigen auf +/– im Boden liegenden Kiefernzapfen, sehr selten auf Fichtenzapfen (Abb. 2b); verbreitet, aber leicht zu übersehen. **Verwendung:** Kein Speisepilz. **Wissenswertes:** Der Ohrlöffelstacheling ist die einzige europäische Art der Gattung.

3 Anis-Zähling

Lentinellus cochleatus (Pers.: Fr.) Karst.

Juli–Oktober
An Laub- und Nadelholzstümpfen
Essbar
Foto an Fichtenstumpf

Hut: 3–7 cm breit, tief trompeten- oder trichterförmig, oft auf einer Seite eingeschnitten; Oberfläche kahl, ledergelb bis braunrot, glatt oder radial gefurcht; Rand umgebogen, dünn, oft eingerollt, wellig. **Lamellen:** Weit am Stiel herablaufend, eng stehend, jung weißlich, alt blass rotbräunlich; Schneiden unregelmäßig gekerbt. **Stiel:** 2–6 cm lang, bis 1 cm breit, zentral oder seitlich stehend, verdreht, abwärts verjüngt, zäh, elastisch, gefurcht, lederfarben, Basis dunkler. **Fleisch:** Dünn, weich bis zäh, weißlich-blassbräunlich; Geruch nach Anis, bisweilen fehlend, Geschmack mild. **Sporenpulver:** Weißlich-cremefarben. **Sporen:** 4–5 µm. **Vorkommen:** Juli bis Oktober meist büschelig, bisweilen verwachsen, an Laub-, seltener an Nadelholzstümpfen. **Verwendung:** Essbar.

4 Tannen-Stachelbart

Hericium flagellum (Scop.) Pers.

August–Oktober
An Weißtanne
Essbar
Foto auf Weißtannenstamm

Fruchtkörper: 10–20(–30) cm breit; aus einem Basisstrunk entspringen mehrfach verzweigte Äste mit hängenden, 1–1,5 cm langen, feinen, weißlich-gelblichen Stacheln auf der Unterseite. **Fleisch:** Weich, alt zäh. **Sporenpulver:** Weiß. **Sporen:** 6–7 × 4,5–5,5 µm, breitelliptisch bis fast kugelig, hyalin. **Vorkommen:** August bis Oktober an absterbenden oder bereits abgestorbenen, stehenden oder liegenden Weißtannenstämmen oder -stümpfen bevorzugt in Bannwäldern und Naturschutzgebieten, wo die sterbenden Baumriesen erhalten bleiben. **Verwendung:** Essbar. **Wissenswertes:** Gattung mit etwa drei auf Holz wachsenden Arten; alle haben ein stachelförmiges Hymenophor. Der ähnliche Ästige Stachelbart *(Hericium coralloides)* wächst auf Laubholz.

5 Dorniger Stachelseitling

Creolophus cirrhatus (Pers.: Fr.) Karst.

August–November
An Laubholz
Kein Speisepilz

Fruchtkörper: 5–15 cm breit, bestehend aus halbkreis- oder muschelförmigen, auch wulstigen, oft dachziegelig und nebeneinander verwachsenen Einzelhüten; Oberfläche höckerig bis kegelförmig warzig, besonders zum Rand hin mit liegenden bis angedrückten sterilen Stacheln besetzt, cremefarben, später gelbbräunlich; Rand bisweilen nach unten gebogen; Unterseite mit dem Hymenium dicht mit 0,5–1 cm langen cremefarbenen Stacheln bedeckt (5b). **Fleisch:** Brüchig, weich, alt zäh, weißlich bis cremefarben; Geruch angenehm, Geschmack mild. **Sporen:** 3–3,5 × 3,5–4 µm, fast kugelig. **Vorkommen:** August bis November auf Stümpfen und abgestorbenen, noch festen Ästen von Laubhölzern. **Verwendung:** Kein Speisepilz. **Wissenswertes:** Die Gattung *Creolophus* steht den Stachelbärten sehr nahe. Es gibt in Mitteleuropa nur eine Art.

2a
1a
1b
2b
3
4
5a
5b

Familie	Gattungen
Corticiaceae s. lat.	*Aleurodiscus* (Mehlscheiben), *Cytidia* (Becherrindenschwämme), *Vuilleminia* (Rindensprenger), *Chondrostereum* (Knorpelschichtpilze)

1 Orangefarbene Mehlscheibe

Aleurodiscus amorphus (PERS.: FR.) SCHROET.

Ganzjährig
An Nadelholz
Unbedeutend
1a auf Weißtannenast
1b mit Weißtannenzweig (Nadelunterseite)

Fruchtkörper: 1–7(–10) mm breit, rundlich, oval, scheiben- oder becherförmig, trocken zäh; gelegentlich einzeln, meist in kleinen Gruppen oder rasig wachsend und bisweilen zusammenfließend; Oberseite mit dem Hymenium glatt, mehlig, matt, orange bis orangeocker; Unterseite weißlich, feinfilzig; Rand vorstehend oder etwas aufgebogen, fein fransig-faserig, etwas heller bis weißlich. **Sporen:** 20–30 × 16–23 µm, elliptisch-kugelig, dickwandig, dicht mit feinen Stacheln besetzt, amyloid. **Vorkommen:** Das ganze Jahr über in niederschlagsreichen Zeiten mit hoher Luftfeuchtigkeit auf toten, noch berindeten, stehenden oder liegenden Ästen und Stämmen der Weißtanne *(Abies alba)*, seltener der Fichte (*Picea abies*), oft rasig die Rinde überziehend. **Verwendung:** Unbedeutend. **Wissenswertes:** Die Gattung *Aleurodiscus* besteht in Europa aus etwa zehn, weltweit aus über 70 Arten; ihre Fruchtkörper sind meist resupinat bis flach.

2 Schüsselförmige Mehlscheibe

Aleurodiscus disciformis (D. C.: FR.) PAT.

Ganzjährig
An Eichenstämmen
Unbedeutend

Fruchtkörper: Flach schüsselförmig oder flach krustenförmig dem Substrat anliegend, mit schmaler, von der Unterlage deutlich abgehobener Randzone, 0,5–2 cm breit; Konsistenz frisch lederig-zäh, trocken korkartig hart; Hymenium weißlich, blassgrau bis cremefarben, unter der Lupe wie mehlig, bei Trockenheit rissig; Oberfläche der abgebogenen Kanten glatt, bräunlich, schwach gezont; Rand scharf. **Sporen:** 15–20 × 10–16 µm, breitelliptisch, feinwarzig. **Vorkommen:** Das ganze Jahr über (Hauptfruktifikation Frühjahr bis Herbst) truppweise auf der Rinde lebender Eichen *(Quercus)*, an den oft bemoosten Stämmen in 1–5 m Höhe wachsend. **Verwendung:** Unbedeutend. **Wissenswertes:** Der Pilz kann mit seinem abgebogenen Fruchtkörperrand bei oberflächlicher Betrachtung leicht für eine kleine *Stereum*-Art gehalten werden.

3 Blutroter Becherrindenschwamm

Cytidia salicina (FR.) BURT

Ganzjährig
An Weidenästen
Unbedeutend
Foto auf Weidenästchen, mit Gewelltem Sternmoos

Fruchtkörper: Erst resupinat-flach, dann scheibenförmig-tellerförmig, bis 1 cm breit, oft in Reihen zusammengewachsen, mit freiem Rand, 1–2 mm dick; Oberfläche bei feuchter Witterung glatt, schwach höckerig, gallertig, wachsartig, jung lebhaft orangerot, dann dunkelrot-violett, steriler Rand weißlich; trocken lederig bis hornartig hart, bei Anfeuchtung wieder biegsam. **Sporen:** 12–18 × 4–5 µm, zylindrisch bis allantoid, hyalin, mit Tröpfchen. **Vorkommen:** Das ganze Jahr über an berindeten, stehenden, toten oder absterbenden Zweigen und Ästen von verschiedenen Weidenarten *(Salix)*. **Verwendung:** Unbedeutend. **Wissenswertes:** Die auffallend rote Farbe befindet sich hauptsächlich in den bäumchenartig verzweigten Dendrohyphidien, die eine dichte Schicht über dem Hymenium bilden. Die Gattung *Cytidia* besteht aus einer Art.

4 Gemeiner Rindensprenger

Vuilleminia comedens (NEES: FR.) MRE.

Ganzjährig
An Laubholzästen
Unbedeutend
4a und 4b auf Eichenast

Fruchtkörper: Der Pilz entwickelt sich unter der Rinde von Ästen; bei feuchtem Wetter quillt er auf und löst dadurch die Rinde ab, er liegt dann voll resupinat frei, die Rinde ist dabei seitlich aufgerollt; Fruchtkörper 20–50(–100) cm lang, bei feuchter Witterung gelatinös-wachsartig, glatt, etwas fettig glänzend, schmierig-glatt anzufühlen, graulich, grauocker, frisch oft mit violettem Schein; trocken eingeschrumpft und unscheinbar. **Sporen:** 14–21 × 5–7,5 µm, gebogen-zylindrisch bis allantoid, glatt, hyalin. **Vorkommen:** Ganzjährig an unterdrückten, toten, noch ansitzenden oder abgefallenen Ästen; fällt vor allem im Herbst-Winter bei hoher Luftfeuchtigkeit als einer der häufigsten Rindenpilze an Eiche *(Quercus)*, aber auch an Erle *(Alnus)* und Hasel *(Corylus)* auf. In den angegriffenen Ästen erzeugt er Weißfäule. **Verwendung:** Unbedeutend. **Wissenswertes:** Von der Gattung *Vuilleminia* gibt es in Mitteleuropa zwei Arten.

5 Violetter Knorpel-Schichtpilz

Chondrostereum purpureum (PERS.: FR.) POUZ.

Ganzjährig
An Laubholz
Unbedeutend
Foto auf Rotbuchenstamm

Fruchtkörper: Weich, zäh, resupinat dem Substrat anliegend und Beläge bis zu mehreren Dezimetern Ausdehnung bildend; an senkrechten Flächen semipileat, Hütchen 2–4 cm vom Substrat abstehend, oft in gedrängten Gruppen; Hutoberfläche stark gewellt, zottig-filzig behaart, trocken brüchig-spröde, weißlich, hell graubraun bis ockerbräunlich mit lila Tönen, oft etwas gezont, alt bräunlich, trocken ausblassend; Unterseite mit dem Hymenium glatt bis wellig höckerig, frisch wachsartig, purpurn bis violettbraun. **Fleisch:** Bis 2,5 mm dick, zäh; ohne besonderen Geruch, Geschmack mild. Im Querschnitt durch die Hütchen ist eine schwarze Linie erkennbar, die das Tomentum (Haarfilz) von der Trama und dem Hymenium (Fruchtschicht) trennt. **Sporen:** 5–8 × 3–4 µm, zylindrisch, glatt, hyalin. **Vorkommen:** Das ganze Jahr hindurch, besonders vom Herbst bis Frühjahr, parasitisch oder saprophytisch oft massenhaft an Laubholz, selten an Nadelholz. **Verwendung**: Unbedeutend. **Wissenswertes**: Der Violette Knorpel-Schichtpilz ist weltweit der einzige Vertreter der Gattung *Chondrostereum*.

1a

1b

2

3

4a

5

4b

Familie	Gattungen
Corticiaceae s. lat.	*Cylindrobasidium* (Rindenpilze), *Merulius* (Fältlinge), *Phlebia* (Kammpilze), *Plicatura* (Aderzählinge), *Rogersella* (Holunderrindenpilze)

1 Ablösender Rindenpilz

Cylindrobasidium laeve (Pers.: Fr.) Chamuris
Corticium evolvens (Fr.) Fr.

Ganzjährig
An Laubholz
Unbedeutend

Fruchtkörper: Im Anfangsstadium in Form kleiner, weißer, rundlicher Flecken mit feinfaserigen Rändern, die später zu größeren Belägen zusammenfließen, meist resupinat dem Substrat aufliegend, an senkrechten Flächen mit schmalen, 5–10 mm abstehenden, feinfaserigen, lappig-weichen Hutkanten; Oberfläche der Hutkanten feinfilzig, weißlich, durch Algen oft grünlich; Rand weiß, faserig; Hymenium erst cremeweißlich, dann hellocker oder rötlich-ocker, alt fleischbräunlich, mit unregelmäßigen Höckerchen, trocken feldrig rissig. **Sporen:** 8–10 × 4–5 µm, oval-tropfenförmig. **Vorkommen:** Das ganze Jahr über, besonders vom Herbst bis Frühjahr auf Rinde und Holz von Laubhölzern, selten an Nadelholz; häufig findet man diesen weit verbreiteten Rindenpilz zusammen mit dem Violetten Knorpel-Schichtpilz *(Chondrostereum purpureum)* an den Schnittflächen von gelagerten Laubhölzern. **Verwendung:** Unbedeutend.

2 Gallertfleischiger Fältling

Merulius tremellosus Schrad.: Fr.

Herbst–Winter
An Holz
Unbedeutend
Foto mit Grünstängelmoos

Fruchtkörper: Biegsam, weich-knorpelig, an senkrechtem Substrat dünne Hüte bildend, die oft dachziegelig bis reihenweise verwachsen, seltener resupinat auf der Unterseite des Substrats; Oberseite grobfilzig-behaart, weiß bis grauweiß, mit Rosaton; Unterseite mit dem Hymenium radialfaltig, netzartig gerunzelt oder netzig-porig, schmutzig gelb bis orangefarben. **Fleisch:** Dünn (1,5–3 [–5] mm), blass, weich, biegsam, trocken hart, hornartig; Geruch und Geschmack unbedeutend. **Sporenpulver:** Weiß-cremefarben. **Sporen:** 4–4,5 × 1–1,5 µm, zylindrisch bis gebogen, glatt, hyalin, teilweise mit Tropfen. **Vorkommen:** Oktober bis zum Winter häufig an Stümpfen oder abgestorbenen vermorschenden Stämmen von Laub- und Nadelbäumen. **Verwendung:** Unbedeutend.

3 Orangeroter Kammpilz

Phlebia merismoides (Fr.) Fr.
Phlebia radiata Fr.

Spätsommer–Frühjahr
An Laubholz
Unbedeutend
3a und 3b Krücken-Kegelmoos überwachsend

Fruchtkörper: Zunächst bilden sich kleinere, rundliche oder längliche, 2–3 mm dicke Initialfruchtkörper, die oft zu mehrere Dezimeter großen Flächen zusammenfließen und fest mit dem Substrat verwachsen sind; dabei werden bisweilen kleinere Moose überzogen; Oberfläche grob runzelig, zum Rand hin strahlig bis kammartig-faltig gefurcht, mit knotenförmigen Höckern, fleischfarben bis leuchtend orange mit violettlichen Tönen, im Alter fleischgrau bis grau verblassend. **Fleisch:** Gelatinös, wachsartig, trocken hornartig; Geruch und Geschmack unbedeutend. **Sporen:** 4,5–5 × 1,5–2 µm. **Vorkommen:** Spätsommer bis Frühjahr mit Haupterscheinungszeit bei feuchter Witterung vom Herbst bis Winter auf abgestorbenen, am Boden liegenden oder absterbenden Stämmen und Ästen verschiedener Laubhölzer, selten auch an Nadelholz; der weit verbreitete Pilz erzeugt im Holz eine intensive Weißfäule. **Verwendung:** Unbedeutend. **Wissenswertes:** Die Gattung *Phlebia* umfasst etwa 35 meist resupinate, gelatinöse, Holz bewohnende Arten.

4 Krauser Aderzähling

Plicatura crispa (Pers.: Fr.) Rea

Ganzjährig
An Laubholz
Kein Speisepilz
4a auf Laubholzast
4b Hutunterseiten mit Blättern der Rotbuche und Zypressen-Schlafmoos

Hut: 1–2,5 cm breit, bis etwa 2 cm vom Substrat abstehend, halbkreis- bis fächerförmig, oft muschelförmig, stielartig angewachsen, weich und zäh-biegsam, meist in Reihen und dachziegelförmig, oft zu Dutzenden oder Hunderten an einem Ast; Oberfläche auf gelblichem Grund gelbbraun bis rötlich braun, konzentrisch-wellig gezont, feinsamtig; Rand weißlich, gewellt, +/– tief gekerbt, oft nach unten gebogen bis leicht eingerollt; Hutunterseite mit radialen, eng stehenden, lamellenartigen Falten, diese sind oft gegabelt, stark wellig, am Grund mit Anastomosen, weich, elastisch, trocken spröde und hart, weißlich bis grauweißlich. **Fleisch:** Geruchlos, Geschmack mild. **Sporen:** 3–4,5 × 0,8–1,3 µm, zylindrisch, gekrümmt, glatt, hyalin, mit zwei Tropfen. **Vorkommen:** Das ganze Jahr über, mit Haupterscheinungszeit bei feuchter Witterung im Spätherbst-Winter, an toten, stehenden oder liegenden Ästen und Stämmen verschiedener Laubhölzer, bevorzugt auf Rotbuche *(Fagus sylvatica)* und Hasel *(Corylus avellana)*; erzeugt im befallenen Holz eine Weißfäule. Der Krause Aderzähling ist in Süddeutschland verbreitet, in Nord- und Ostdeutschland sehr selten. **Verwendung:** Kein Speisepilz.

5 Weißer Holunderrindenpilz

Rogersella sambuci (Pers.) Liberta & Navas

Ganzjährig
An Laubholz
Unbedeutend
Foto an Ast des Schwarzen Holunders

Fruchtkörper: Resupinate, einige Zentimeter bis mehrere Dezimeter lange, dem Substrat fest anliegende Beläge, breit, dünn, kalkweiß, membranös, glatt, bisweilen etwas warzig, trocken rissig, alte Exemplare bisweilen gelblich verfärbt. **Sporen:** 4,5–7 × 3–4 µm, ellipsoid, hyalin, mit 1–3 Tropfen. **Vorkommen:** Das ganze Jahr über, besonders vom Winter bis zum Frühjahr, an berindeten und unberindeten Laubholzästen und -stämmen, häufig an der Basis alter Stämme vom Schwarzem Holunder *(Sambucus nigra)*. Sehr selten findet man den Pilz an Fichte *(Picea abies)* und anderen Nadelhölzern. **Verwendung:** Unbedeutend. **Wissenswertes:** Der Pilz wirkt auf den alten, oft bemoosten Ästen und Stämmen wie ein Kalkanstrich und ist kaum zu verwechseln.

1

2

3a

3b

4b

4a

5

Familie	Gattungen
Corticiaceae s. lat.	*Hyphoderma* (Rindenpilze), *Steccherinum* (Resupinatstachelinge), *Lopharia* (Schichtpilze), *Peniophora* (Zystidenrindenpilze)

1 Reibeisen-Rindenpilz

Hyphoderma radula (FR.: FR.) DONK

Ganzjährig
An Laub- und Nadelholz
Unbedeutend
Foto auf Ast der Süßkirsche, mit Giersch

Fruchtkörper: Anfangs wenige Zentimeter breite, rundliche Flecken bildend, die später allmählich zusammenfließen, voll resupinat, fest, alt knorpelig-hornartig; Oberfläche jung +/– höckerig, später mit stumpfen, bis 5 mm langen und 1 mm breiten, +/– gedrängt stehenden Zähnchen besetzt, erst weißlich bis cremefarben, alt gelb bis ockergelb; Rand deutlich abgegrenzt, weißlich, faserig; Geruch und Geschmack unbedeutend. **Sporen:** 7–11 × 3–3,5 µm.**Vorkommen:** Ganzjährig in Wäldern, Gebüschen, Gärten und Parkanlagen auf der Rinde abgestorbener Äste von Laub- und Nadelbäumen, bevorzugt an Süßkirsche *(Prunus avium);* weit verbreitet. **Verwendung:** Unbedeutend. **Wissenswertes:** Die Gattung *Hyphoderma* umfasst weltweit etwa 30 Arten.

2 Gefranster Resupinatstacheling

Steccherinum fimbriatum (PERS.: FR.) ERIKSS.

Ganzjährig
An Laub- und Nadelholz
Unbedeutend
Foto auf Laubholzast

Fruchtkörper: Die Fruchtkörper bilden zunächst kleine Flecken und wachsen dann zu größeren Belägen von einigen Dezimetern Länge zusammen; diese sind vollkommen resupinat, häutig, zäh, ganz angewachsen, leicht vom Substrat abnehmbar, durch eingewachsene Myzelstränge oft aderig; Oberfläche warzig-kegelig, höckerig-runzelig, Wärzchen bis 0,5 mm lang, Spitzen durch Zystidenbüschel bewimpert, graulila, graurosa, fleischbräunlich; Rand weißlich, meist schön strahlig-fransig, von ihm gehen oft weißliche oder graurötliche Myzelstränge aus. **Sporen:** 4–5 × 2,5–3 µm, ellipsoid, glatt, hyalin, teilweise mit Tropfen. **Vorkommen:** Das ganze Jahr über meist auf der Unterseite von am Boden liegenden Laubholzästen, seltener an Nadelholz. **Verwendung:** Unbedeutend. **Wissenswertes:** Die Gattung *Steccherinum* umfasst etwa sechs Arten.

3 Ockerrötlicher Resupinatstacheling

Steccherinum ochraceum (PERS.: FR.) GRAY

Ganzjährig
An Laubholz
Unbedeutend
Foto auf Laubholzast

Fruchtkörper: An liegenden Ästen und Stämmen resupinat; an stehendem, abgestorbenem Substrat semipileat mit 1–3 cm abstehenden, lederig-zähen Hütchen, oft dachziegelig oder mit zusammengewachsenen Hutkanten; Oberseite der Hütchen feinfilzig, oft fein gezont, blass ockerfarben oder graulich; Fruchtschicht dicht mit feinen, 0,5–2,5 mm langen Stacheln besetzt, creme-ocker, ockerlich-fleischfarben bis lachsorange, trocken ausblassend; Wachstumszonen weißlich und etwas fransig. **Sporen:** 3–4 × 1,5–2,5 µm, schmal ellipsoid. **Vorkommen:** Ganzjährig auf berindeten und unberindeten, meist liegenden Ästen und Stämmen von toten Laubbäumen. **Verwendung:** Unbedeutend.

4 Rußbrauner Schichtpilz

Lopharia spadicea (PERS.: FR.) BOID.

Ganzjährig
An Laubholz
Unbedeutend
Foto auf Laubholzast, mit Stinkender Nieswurz

Fruchtkörper: Anfangs kleine, dünne Flecken mit weißlichem, feinfaserigem Rand, dann zu Belägen von einigen Dezimetern Ausdehnung zusammenfließend; Randhutkanten 0,5–2 cm breit, leicht zoniert, filzig, graubraun, können an liegenden Ästen erhebliche Länge erreichen; Hymenium wellig-runzelig, grau, mausgrau bis hell graubraun oder dunkel tabakbraun, trocken stark rissig; Randzone weißlich-ockerlich. **Fleisch:** Bis 2 mm dick, zäh, lederig, bei Verletzung nicht rötend. **Sporen:** 5,5–7 × 3,5–4,5 µm, oval, glatt, hyalin. **Vorkommen:** Das ganze Jahr über auf am Boden liegenden Ästen und Stämmen. Man findet ihn vor allem an Rotbuche *(Fagus sylvatica),* er ist jedoch in seiner Wirtswahl nicht anspruchsvoll. Neben zahlreichen Laubbäumen und Sträuchern wurde er auch schon auf Nadelhölzern gefunden. Weißfäuleerreger. **Verwendung:** Unbedeutend.

5 Fleischroter Zystidenrindenpilz

Peniophora incarnata (PERS.: FR.) KARST.

Ganzjährig
An Laub- und Nadelholz
Unbedeutend

Fruchtkörper: Vollkommen resupinate, unregelmäßige, dünne, flächige Überzüge, die eng mit dem Substrat verwachsen sind; feucht wachsartig aufgequollen, bis 1 mm dick, blass gelborange bis kräftig orangerot, Oberfläche glatt bis schwach höckerig; trocken dünn, rissig; Rand jung etwas fransig. **Sporen:** 8–10 × 3,5–4,5 µm, schmal ellipsoid, glatt, hyalin. **Vorkommen:** Das ganze Jahr über an abgestorbenem Laub-, selten an Nadelholz; weit verbreitet. **Verwendung:** Unbedeutend. **Wissenswertes:** Im Verbreitungsgebiet der Grün-Erle *(Alnus viridis)* kommt auf abgestorbenen Ästen der ähnlich gefärbte Grünerlen-Zystidenrindenpilz *(Peniophora aurantiaca)* vor.

6 Eichen-Zystidenrindenpilz

Peniophora quercina (PERS.: FR.) CKE.

Ganzjährig
An Eichenästen
Unbedeutend
6a und 6b auf Eichenästchen

Fruchtkörper: Anfangs angewachsen-resupinate Überzüge, die unter den Ästen entlangwachsen, bald vom Rand her abhebend und etwas aufgerollt; Hymenium blassrötlich, rosa-lila bis graurötlich, feucht violettgrau, bis etwa 2 mm aufquellend, leicht glasig-wachsig, glatt bis etwas höckerig (6a); bei Trockenheit rissig (6b), krustig, spröde und nur 0,2–0,5 mm dick. **Sporen:** 9–12 × 3–4 µm, zylindrisch-gebogen, glatt, hyalin. **Vorkommen:** Ganzjährig oft an toten Ästen von Eichen *(Quercus),* auch auf anderen Laubhölzern; weit verbreitet. **Verwendung:** Unbedeutend. **Wissenswertes:** Von der Gattung *Peniophora* findet man in Europa etwa 30 Arten.

1

3

2

4

5

6a

6b

Corticiaceae s. lat.

Stereum (Schichtpilze)

1 Zottiger Eichen-Schichtpilz

Stereum gausapatum (Fr.) Fr.

Ganzjährig
An Eiche
Unbedeutend
Foto auf Eichenast

Fruchtkörper: Dünn, lederig-zäh, trocken hart, häufig resupinat oder in dachziegeligen Reihen mit 1–2 cm breiten, abstehenden Hutkanten; Oberfläche der Hütchen behaart-filzig bis glatt, grau-ockerbraun; Hütchenrand wellig, oft bewimpert; Hymenophor glatt bis uneben, rotbraun-graubraun, frisch mit weißlicher Randzone, beim Reiben und Anschneiden deutlich rötend. **Sporen:** 7–8 × 3–3,5 µm, hyalin. **Vorkommen:** Ganzjährig auf Ästen und Stümpfen von Eichen *(Quercus)*, selten an anderen Laubhölzern wie Hainbuche *(Carpinus betulus)* und Rotbuche *(Fagus sylvatica)*. **Verwendung:** Unbedeutend. **Wissenswertes:** Die Gattung *Stereum* umfasst etwa sieben Arten. Alle leben saprophytisch oder als Schwächeparasiten auf Holz.

2 Striegeliger Schichtpilz

Stereum hirsutum (Willd.) Pers.

Ganzjährig
An Laubholz
Unbedeutend
2a mit Immergrün
2b auf Eichenast

Fruchtkörper: Lederig, elastisch-zäh, bis 3 cm vom Substrat abgebogen, am Substrat herablaufend oder völlig dem Substrat anliegend; oft dachziegelig in Reihen übereinander und seitlich miteinander verwachsen, dabei ganze Äste und Stämme überziehend. Oberseite zottig-striegelig, konzentrisch gezont, gelborange, gelbbraun, alt kahl, grau; Hutrand zur Wachstumszeit schön gelblich-orange; Unterseite mit dem Hymenium frisch lebhaft ockerfarben bis gelb-orange, glatt, bei Verletzung nicht rötend, alt ockergrau. Im Querschnitt durch den Fruchtkörper zeigt sich zwischen Haarfilz und Trama unter der Lupe eine dünne rötlich braune Linie. **Sporen:** 5–8 × 2–3,5 µm, elliptisch-zylindrisch, glatt, hyalin. **Vorkommen:** Das ganze Jahr über an totem, berindetem oder unberindetem Holz, auf liegenden und noch stehenden Ästen und Stämmen von Eiche *(Quercus)*, Rotbuche *(Fagus sylvatica)*, Birke *(Betula)* und anderen Laubhölzern. Der Striegelige Schichtpilz ist weit verbreitet, er fehlt wohl in keinem Laubwald. **Verwendung:** Unbedeutend.

3 Runzeliger Schichtpilz

Stereum rugosum Pers.: Fr.

Ganzjährig
An Laubholz
Unbedeutend
Foto an Weidenstamm

Fruchtkörper: Meist krustenförmig, breit angewachsen, frisch lederig-zäh, alt trocken, hart,

spröde; anfangs rundliche, dann zusammenfließende große Flächen einnehmend; Hutkanten fehlend oder meist undeutlich, schmal, umgebogen, höckerig-verbogen, holzig-hart, alt dunkelbraun-schwärzlich; Hymenophor glatt oder runzelig-uneben, gelblich, blassocker bis orangebraun, alt grauend. Frische, feuchte Fruchtkörper röten beim Reiben. Mehrjährige Exemplare zeigen im Querschnitt eine deutliche Schichtung (10–20 Schichten). **Sporen:** 6,5–9 × 3,5–4,5 µm. **Vorkommen:** Das ganze Jahr über (Foto links: im Winter) an stehenden oder liegenden, berindeten oder unberindeten Laubhölzern; weit verbreitet. **Verwendung:** Unbedeutend.

4 Blutender Nadelholz-Schichtpilz

Stereum sanguinolentum (Alb. & Schw.: Fr.) Fr.

Ganzjährig
An Nadelholz
Unbedeutend
4a an Fichtenstamm
4b mit Zweig der Weißtanne

Fruchtkörper: An der Unterseite des Substrats krustig-lederige Überzüge bildend; am vertikalen Substrat entwickeln sich bis 1,5 cm abstehende wellige Hüte. Hutoberseite feinfilzig, +/– gezont, elastisch, lederig, zäh, trocken hart, blassbräunlich, graubräunlich, bisweilen durch Algen grünlich; Rand jung weißlich, wellig, gekerbt; Hymenophor glatt oder etwas höckerig-runzelig, blass graulich-violettlich, grau-ockerlich mit violetten Tönen. In feuchtem Zustand beim Reiben lebhaft rötend (so dass sich der Finger rot färbt). Im Querschnitt ist unter dem Tomentum eine gelbrötliche Cortex sichtbar (Lupe!). **Sporen:** 8–11 × 2,5–3,5 µm, elliptisch-zylindrisch, glatt, hyalin. **Vorkommen:** Das ganze Jahr über sehr häufig und oft massenhaft auf totem, berindetem und unberindetem Nadelholz, gern an der Schnittfläche der Stämme; meist einjährig, häufig überwinternd und bereits im Januar-Februar fruktifizierend; erzeugt im Holz gelagerter Stämme eine streifenförmige, rötliche Verfärbung (Rotstreifigkeit). **Verwendung:** Unbedeutend.

5 Samtiger Schichtpilz

Stereum subtomentosum Pouz.

Ganzjährig
An Laubholz
Unbedeutend
5a und 5b auf Laubholz

Fruchtkörper: 3–7 cm breit, bis 5 cm vom Substrat abstehend, Hüte meist fächer- bis halbkreisförmig, schmal stielartig oder mit kleinem Stielchen am Substrat ansitzend, biegsam; Hutoberfläche feinsamtig, ockergelblich, ockerbräunlich bis rostbräunlich, eng konzentrisch gezont, alt fast kahl, graulich und zur Anwachsstelle hin von Grünalgen besiedelt; Unterseite glatt bis schwach wellig-höckerig, frisch gelblich, hellocker, graugelblich, an geriebenen Stellen +/– gelb fleckend, trocken grau-ocker. **Fleisch:** Dünn, lederig, elastisch; Geruch und Geschmack unbedeutend. **Sporen:** 5,5–7 × 2,2–3 µm, elliptisch-zylindrisch, glatt, hyalin. **Vorkommen:** Das ganze Jahr über gesellig und reihenweise wachsend auf Laubhölzern, gern in Auenwäldern, Erlenbrüchen, seltener in Buchenwäldern. **Verwendung:** Unbedeutend.

1

2a

4a

3

2b

4b

5b

5a

Familien	Gattungen
Corticiaceae s. lat.	*Xylobolus* (Mosaikschichtpilze), *Meruliopsis* (Lederfältlinge), *Amylostereum* (Schichtpilze)
Coniophoraceae	*Coniophora* (Braunsporrindenpilze)

1 Mosaikschichtpilz

Xylobolus frustulatus (PERS.: FR.) KARST.

Mehrjährig
An Eiche
Unbedeutend
1a und 1b an Eichenstamm
1c Eichenast mit Lochfäule

Fruchtkörper: Resupinat, flach ausgebreitet, bei Trockenheit tief rissig in kleine, 0,5–2 cm breite, vieleckige, mosaikartige Einzelfruchtkörper geteilt, die bei Regenwetter aufquellen und dabei die Risse schließen, aber nicht zusammenwachsen; Hymenium glatt, grauweiß-grauocker, Unterseite braunschwarz. Die Mosaikfelder stellen Einzelfruchtkörper dar, die alljährlich eine neue Fruchtschicht bilden; es wurden schon Fruchtkörper mit 20 und mehr Schichten gefunden. **Sporen:** 3,5–5 × 2,5–3,5 µm, elliptisch, glatt, hyalin. **Vorkommen:** Mehrjährig auf Eichen-Kernholz *(Quercus)*, an Schnittstellen, entrindeten Stämmen und Ästen und in hohlen Stämmen. Man findet diesen seltenen Pilz in Bannwaldgebieten und Reservaten, bisweilen auch in alten, ungepflegten Parkanlagen, wo das Holz viele Jahre liegen bleibt; er erzeugt eine typische Lochfäule (Weißfäule), wodurch das befallene Holz ein wabenartiges Aussehen erhält. **Verwendung:** Unbedeutend. **Wissenswertes:** Zur Gattung *Xylobolus* gehört neben der beschriebenen Art der Hutbildende Schichtpilz *(Xylobolus subpileatus)*; er wächst an Eichen *(Quercus)* und anderen Laubbäumen in Südeuropa.

2 Lederartiger Fältling

Meruliopsis corium (PERS.: FR.) GINNS
Byssomerulius corium (PERS.: FR.) PARM.

Ganzjährig
An Laubholzästen
Unbedeutend
2a mit Haselwurz
2b Fruchtkörperunterseite mit Haselwurz

Fruchtkörper: Resupinat bis semipileat, häutig, weich, dünn; am horizontal liegenden Substrat wachsen die Beläge beiderseits am Holz herauf und entwickeln bandartige Hutkanten, am stehenden Substrat entstehen oft dachziegelig übereinander wachsende Hütchen. Oberfläche der Hutkanten feinfilzig, schwach gezont, weißlich, alt gelblich-ockerlich; Unterseite (Fruchtschicht) jung fast glatt, dann faltig, netzartig gerunzelt, jung weißlich, später schmutzig gelblich, alt ockergelb bis orange, bei trockenem Wetter wird die Fruchtschicht rissig; der Rand läuft in den Wachstumszonen fransig aus. **Sporen:** 5–6 × 2,5–3,5 µm, zylindrisch bis schmalelliptisch, glatt, hyalin. **Vorkommen:** Das ganze Jahr hindurch, bevorzugt vom Herbst bis zum Frühjahr, an der Unterseite toter Äste und Zweige verschiedener Laubholzarten; gern an Ästen, die auf Reisighaufen liegen; selten an Nadelholz. Im befallenen Holz erzeugt er eine Weißfäule. **Verwendung:** Unbedeutend. **Wissenswertes:** Die Gattung *Meruliopsis* umfasst weltweit etwa fünf Arten.

3 Weinroter Lederfältling

Meruliopsis taxicola (PERS.: FR.) BOND.

Ganzjährig
An Nadelholz
Unbedeutend

Fruchtkörper: Einige Zentimeter bis über einen Dezimeter breite, orangeockerliche Beläge mit auffallend hellem Randsaum, membranartig, 1–3 mm dick, feucht wachsartig, alt rissig, trocken hornartig. **Poren:** 2–4 pro mm, unregelmäßig rundlich, erst fleischrosa-orange, orangeocker, im Alter dunkel rotbraun, oft in +/– konzentrischen Zonen angeordnet. **Sporen:** 3–6 × 1–1,5 µm, allantoid bis zylindrisch, glatt, hyalin. **Vorkommen:** Das ganze Jahr über an toten Ästen und Stämmen verschiedener Nadelhölzer, vor allem an Wald-Kiefer *(Pinus sylvestris)*. **Verwendung:** Unbedeutend. **Wissenswertes:** Dieser leicht erkennbare Pilz nimmt eine Mittelstellung zwischen den Porlingen und den merulioiden Rindenpilzen ein; sein Hymenium überzieht im Unterschied zu den Porlingen auch die Porenmündungen, sie sind rundum fertil. Er wird auch Fältlingsähnlicher Porling genannt und zur Gattung *Gloeoporus* gestellt.

4 Braunfilziger Fichten-Schichtpilz

Amylostereum areolatum (CHAILL. IN FR.) BOID.

Ganzjährig
An Fichte
Unbedeutend
Foto an Fichtenstumpf

Fruchtkörper: 2–10 cm breit, 1–2 mm dick, 0,5–3 cm vom Substrat abstehend, Hüte bisweilen verwachsen, lederig, trocken hart; Oberfläche deutlich filzig, gelbbraun-dunkelbraun; Unterseite glatt bis wellig, ockerbraun, jung mit violetten Tönen. Zweischichtig, Hutfilzschicht und Trama durch eine dunkle Linie getrennt. **Sporen:** 5–6 × 2,5–3 µm, elliptisch, glatt, hyalin. **Vorkommen:** Mehrjährig an Fichtenstümpfen und -stämmen. **Wissenswertes:** Die Gattung *Amylostereum* umfasst drei Arten. Ähnlich ist der meist an Weißtannenholz wachsende Tannen-Schichtpilz *(Amylostereum chailletii)*. Seine Fruchtkörper sind bis 10 cm lang und bis 0,7 mm dick. Am Rand stehen Hutkanten bis 1 cm ab. Der Pilz kann auch an Fichte *(Picea abies)* und anderen Nadelhölzern erscheinen, bei der Bestimmung ist also die Kenntnis des Substrats allein wenig hilfreich.

5 Dickhäutiger Braunsporrindenpilz

Coniophora puteana (SCHUM.: FR.) KARST

Ganzjährig
An Laub- und Nadelholz
Unbedeutend

Fruchtkörper: Resupinate Flächen, wenige Zentimeter bis mehrere Dezimeter lang, 0,5–1 mm dick, wachsartig, leicht vom Substrat abtrennbar; Oberfläche runzelig-warzig, höckerig, jung gelblich weiß, gelbbraun, alt olivbraun, mit weißem, wollig-faserigem Rand. **Sporen:** 10–15 × 5–7 µm, breitelliptisch, glatt, dickwandig. **Vorkommen:** Ganzjährig, vor allem im Spätherbst in Wäldern auf dicken Ästen und Stämmen von totem Laub- und Nadelholz; als Schadpilz auch in Gebäuden. **Verwendung:** Unbedeutend. **Wissenswertes:** Der Dickhäutige Braunsporrindenpilz ist ein gefährlicher Holzzerstörer. Er greift wie der Echte Hausschwamm *(Serpula lacrimans)* auch frisch verbautes Holz an. Die Gattung *Coniophora* umfasst in Europa etwa sieben Arten.

1a

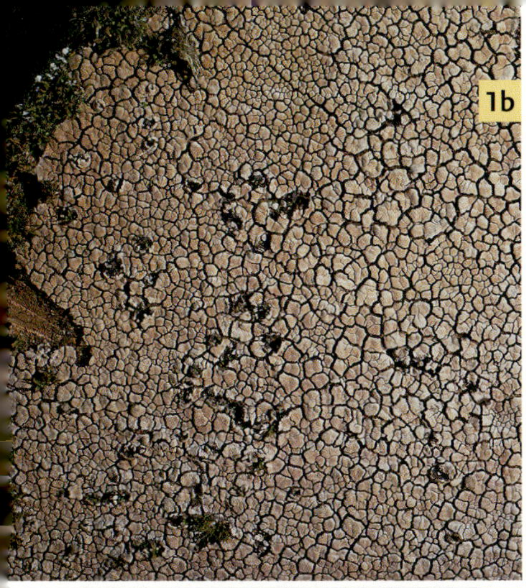
1b

1c

2a

2b

3

4

5

Familien	Gattungen
Cyphellaceae	*Cyphella* (Fingerhüte), *Merismodes* (Hängebecherchen)
Thelephoraceae	*Thelephora* (Warzenpilze), *Boletopsis* (Rußporlinge)

1 Weißtannen-Fingerhut

Cyphella digitalis (ALB. & SCHW.) FR.

Winter
An Weißtanne
Unbedeutend
Foto auf Weißtannenast

Fruchtkörper: Bis 1 cm breit, fingerhutförmig-glockenförmig, auch teller- bis schüsselförmig, +/– deutlich gestielt, hängend; Oberfläche bräunlich, trocken sehr fein haarig-zottig; Rand weißlich, bisweilen eingerissen; Innenseite (Hymenium) glatt, weißlich-gelblich-graulich. **Sporen:** 14–20 × 14–17 µm, rundlich, hyalin. **Vorkommen:** Im Winter meist gesellig auf der Rinde liegender oder stehender Weißtannenäste und -stämme *(Abies alba)*, gern in feuchten Schluchtwäldern; selten. **Verwendung:** Unbedeutend.

2 Rasiges Hängebecherchen

Merismodes anomalus (PERS.: FR.) SING.

Ganzjährig
An Laubholzästen
Unbedeutend
Foto an Buchenast

Fruchtkörper: Bis 0,5 mm breit, becherförmig, stiellos; Außenseite filzig; Rand fransig behaart; Innenseite (Hymenium) glatt, cremefarben-ockerlich. **Sporen:** 8–10 × 4–4,5 µm. **Vorkommen:** Ganzjährig in dichten Gruppen oder rasig an abgestorbenen, berindeten oder unberindeten Laubholzästen, selten auch an Fichte *(Picea abies)*. Die kleinen Pilzchen sind in ihren Standortansprüchen nicht wählerisch. Man findet sie bei systematischer Suche in ganz Europa das ganze Jahr über verbreitet in Wäldern und an Waldrändern, in Hecken, Gärten und Parkanlagen; auf abgefallenen, am Boden liegenden Ästen verschwinden sie schnell. **Verwendung:** Unbedeutend.

3 Stinkender Warzenpilz

Thelephora palmata SCOP.: FR.

August–November
Nadelwald
Kein Speisepilz
Foto mit Fichtensämlingen

Fruchtkörper: 3–8 cm hoch und breit, korallenartig verzweigt; Stiel 1–2 cm lang, strunkartig; Äste senkrecht stehend, ein- bis zweimal geteilt, meist abgeflacht, einige Millimeter breit, violettbraun-dunkelbraun, Enden weißlich. **Fleisch:** Lederartig, zäh, schwarzbräunlich; Geruch ekelhaft, nach faulendem Kohl, Geschmack unangenehm. **Sporenpulver:** Braun. **Sporen:** 8–12 × 7–9 µm, rundlich-eckig, mit stumpfen Stacheln. **Vorkommen:** August bis November meist einzeln im Nadelwald; verbreitet. **Verwendung:** Kein Speisepilz. **Wissenswertes:** Pilze der Gattung *Thelephora* haben zähe, lederige Fruchtkörper, die resupinat, trichter-, muschel- oder korallenförmig gestaltet sind; ihr Sporenpulver ist braun. Etwa zehn Arten.

4 Stacheliger Warzenpilz

Thelephora penicillata (PERS.) FR.

September–November
Laub- und Nadelwald
Kein Speisepilz

Fruchtkörper: Bis 15 cm breit, alt polsterartig ausgebreitet, aus zahlreichen faserigen, spitzen, lederig-zähen Ästen bestehend, am Grund purpurbraun, an den Spitzen hell-weißlich. **Fleisch:** Dünn; Geruch unbedeutend. **Sporen:** 7–10 × 5–8 µm, eckig, mit Stacheln. **Vorkommen:** September bis November krustenförmig auf Erde, Moosen und kleinen Zweigen, auch auf morschem Holz in Laub- und Nadelwäldern; selten. **Verwendung:** Kein Speisepilz.

5 Fächerförmiger Erd-Warzenpilz

Thelephora terrestris (EHRH. EX WILLD.) FR.

Juli–Dezember
Nadelwald
Kein Speisepilz
5a Riemenstängel-Kranzmoos überwachsend
5b Fichtensämlinge umwachsend

Fruchtkörper: Bis 6 cm breit, rosettenartig, fächerförmig, rundlich, muschelförmig oder flach trichterförmig, in einzelne, abstehende, sich dachziegelartig deckende Lappen geteilt; Oberseite striegelig, konzentrisch gezont, dunkelbraun oder rostbraun, später schwärzlich; Rand bewimpert, jung weißlich; Unterseite mit der Fruchtschicht braun, mit kleinen Warzen. **Fleisch:** 2–3 mm dick, lederartig, graubraun; Geruch schwach erdartig. **Sporenpulver:** Braunviolett. **Sporen:** 8–10 × 7–8 µm, elliptisch-eckig, warzig. **Vorkommen:** Juli bis Dezember in Gruppen im Nadelwald, selten im Laubwald, auf nährstoffarmen Böden, oft auf sandigen Waldwegen, dabei häufig Moose, Ästchen und Stängel umwachsend; verbreitet. In Forstkulturen kann er bei großflächiger Entwicklung schwere Schäden anrichten. **Verwendung:** Kein Speisepilz. **Wissenswertes:** Ähnlich ist der Nelkenförmige Warzenpilz *(Thelephora caryophyllea)* mit rosettenförmigen Fruchtkörpern.

6 Schwarzweißer Rußporling

Boletopsis leucomelaena (PERS.) FAYOD

September–Oktober
Fichtenwald
Kein Speisepilz
6a mit Rippenfarn im Vordergrund
6b Hutunterseite mit Rippenfarn

Hut: 5–15 cm breit, jung gewölbt, später ausgebreitet, unregelmäßig geformt; Oberfläche glatt, eingewachsen faserig, grau, graubräunlich-schwärzlich, auch mit oliv-violettlichem Ton; Rand anfangs nach unten gebogen, alt wellig verbogen-gelappt bis ausgebuchtet. **Röhren:** 2–6 mm lang, etwas am Stiel herablaufend. **Poren:** 1–3 pro mm, eckig, anfangs weißlich, später grau. **Stiel:** 3–8 cm lang, 1–3 cm breit, walzenförmig, zentral oder oft exzentrisch, zur Basis hin verjüngt, glatt bis feinschuppig, grau bis olivbräunlich. **Fleisch:** Zart, weiß, im Schnitt schwach rosa, dann grau; Geruch unbedeutend, Geschmack mild bis leicht bitter. **Sporenpulver:** Blassgrau. **Sporen:** 4,5–7 × 4–5 µm, fast kugelig, mit Höckern. **Vorkommen:** September bis Oktober in Fichtenwäldern, bisweilen auch im Laubwald; selten. **Verwendung:** Kein Speisepilz. **Wissenswertes:** Der Schwarzweiße Rußporling erinnert makroskopisch an ähnlich dunkel gefärbte Röhrlinge. Wegen seiner unregelmäßig eckigen und weißlichen Sporen und des Vorhandenseins von Thelephorsäure in den Fruchtkörpern wird er derzeit in die Familie *Thelephoraceae* gestellt.

1

2

3

4

5a

6a

5b

6b

Familie | Gattungen

Thelephoraceae

Hydnellum (Korkstachelinge), *Sarcodon* (Braunsporstachelinge), *Phellodon* (Duftstachelinge)

1 Orangegelber Korkstacheling

Hydnellum aurantiacum (BATSCH: FR.) KARST.

August–Oktober
Berg-Nadelwald
Kein Speisepilz
Foto mit Zypressen-Schlafmoos

Hut: Bis 7 cm breit, oft verwachsen; Oberfläche filzig, mit Höckern, orangegelb, Mitte orange-

bräunlich, zum Rand hin weißlich. **Stacheln:** Bis 5 mm lang, am Stiel herablaufend, jung weißlich (siehe Foto links). **Stiel:** 2–5 cm lang, dunkel orangebräunlich. **Fleisch:** Korkartig-zäh, schwach zoniert, im Hut weißlich-orange, im Stiel orangebraun. **Sporenpulver:** Bräunlich. **Sporen:** 4,5–6,5 × 4–5,5 µm. **Vorkommen:** August bis Oktober in Berg-Nadelwäldern, auf Kalk. **Verwendung:** Kein Speisepilz. **Wissenswertes:** Die Gattung *Hydnellum* umfasst etwa 15 Arten.

2 Scharfer Korkstacheling

Hydnellum peckii BANKER IN PECK

August–Oktober
Berg-Nadelwald
Kein Speisepilz
2a mit Tamarisken-Thujamoos
2b mit Fichtenzapfen

Hut: 3–7 cm breit, unregelmäßig rund, flach gewölbt, niedergedrückt, auch verwachsen; Oberfläche höckerig, furchig, filzig, jung weiß, oft blutrote Tropfen ausscheidend, alt braunrot, Mitte dunkler; Rand weißlich, eingekerbt. **Stacheln:** Bis 5 mm lang, herablaufend, jung weißlich, dann purpurbraun. **Stiel:** Bis 5 cm lang, zur Basis hin verschmälert. **Fleisch:** Korkartig, blassbraun; Geruch angenehm, Geschmack brennend scharf, weshalb der Pilz früher *Hydnellum diabolicus* genannt wurde. **Sporen:** 4,5–6 × 3,5–4,5 µm, mit Höckern. **Vorkommen:** August bis Oktober im Berg-Nadelwald unter Fichten *(Picea abies)* und Kiefern *(Pinus)*. **Verwendung:** Kein Speisepilz.

3 Wohlriechender Korkstacheling

Hydnellum suaveolens (SCOP.: FR.) KARST.

Sommer–Herbst
Berg-Nadelwald
Kein Speisepilz

Hut: 5–10 cm breit, jung gewölbt, unregelmäßig rundlich, fleischig-korkig, alt flach vertieft, oft klumpig verwachsen; Oberfläche höckerig-runzelig, jung samtig, weißbläulich, dann ocker bis dunkelbraun, alt schwarzbräunlich; Rand lange weiß. **Stacheln:** Bis 4 mm lang, herablaufend, jung hellbläulich, alt purpurbraun. **Stiel:** Bis 6 cm lang, zylindrisch-konisch, filzig, grau-bläulich, alt schwärzlich. **Fleisch:** Korkig, weißlich, im Schnitt deutlich bläulich konzentrisch gezont; Geruch intensiv anisartig, Geschmack mild bis bitterlich. **Sporen:** 4–5 × 3–3,5 µm. **Vorkommen:** Sommer bis Herbst in Ringen und Reihen in Berg-Nadelwäldern. **Verwendung:** Kein Speisepilz. **Wissenswertes:** Der schöne Pilz ist am gezonten Fleisch und dem auffälligen Anisgeruch leicht zu erkennen.

4 Habichtspilz

Sarcodon imbricatus (L.: FR.) KARST.

August–Oktober
Nadelwald
Jung essbar
4a mit Haselwurz

Hut: 6–30 breit, anfangs gewölbt, später flach ausgebreitet mit vertiefter Mitte, alt auch trichterförmig; Oberfläche graubraun, mit groben, +/– kreisförmig angeordneten, an der Spitze dunkelbraun gefärbten, aufgerichteten Schuppen, die zum Rand hin kleiner werden; Rand lange eingerollt, abwärts gebogen. **Stacheln:** Bis 1 cm lang, herablaufend, am Stiel kürzer (4b), brüchig, anfangs weißgrau, später graubraun bis purpurbraun. **Stiel:** Bis 8 cm lang, bis 4 cm breit, zylindrisch bis bauchig, voll, fest, oft seitlich wachsend, graubräunlich; Basis oft verdickt. **Fleisch:** Fest, zäh, weiß; Geruch würzig, Geschmack mild bis bitter. **Sporenpulver:** Braun. **Sporen:** 7–8 × 5–5,5 µm, rundlich-höckerig. **Vorkommen:** August bis Oktober in Nadelwäldern, oft in Reihen oder büschelig; rückläufig. **Verwendung:** Jung essbar; als Seltenheit zu schonen. **Wissenswertes:** Pilze der Gattung *Sarcodon* haben auf der Hutunterseite Stacheln.

5 Schwarzer Duftstacheling

Phellodon niger (FR.: FR.) KARST.

September–November
Nadelwald, Laubwald
Kein Speisepilz
Foto mit Grünstängelmoos

Hut: 3–7 cm breit, flach, Mitte niedergedrückt, oft verwachsen; Oberfläche filzig, in der Mitte schuppig, blauschwarz-purpurschwarz, meist konzentrisch gebändert, grubig; Rand weißlich. **Stacheln:** Bis 3 mm lang, wenig herablaufend, jung weißgrau. **Stiel:** Bis 5 cm lang, meist verzweigt-verwachsen, filzig, schwarz; Basis +/– angeschwollen. **Fleisch:** Korkig, mit festem Kern und weicher Umhüllung, schwarz; Geruch getrocknet nach Liebstöckel *(Levisticum officinale)*, Geschmack würzig. **Sporen:** 3,5–4,5 × 2,5–3,5 µm. **Vorkommen:** September bis November in Nadelwäldern, auch im Laubwald. **Verwendung:** Kein Speisepilz.

6 Becherförmiger Duftstacheling

Phellodon tomentosus (L.: FR.) BANKER

August–Oktober
Nadelwald
Kein Speisepilz

Hut: 2–5 cm breit, niedergedrückt-trichterig, oft zu mehreren verwachsen; Oberfläche jung samtig-filzig, dann runzelig-furchig, jung weißlich, dann haselbraun-graubraun mit dunkleren Bändern; Rand weißlich. **Stacheln:** Bis 2 mm lang, am Stiel etwas herablaufend, jung weiß, später grauweiß. **Stiel:** Bis 3 cm lang, oft verwachsen, hell- bis dunkelbraun. **Fleisch:** Hellbraun, im Stiel dunkler; Geruch beim Trocknen nach Liebstöckel *(Levisticum officinale)*. **Sporen:** 3,5–4,5 × 3–4 µm. **Vorkommen:** August bis Oktober oft in Reihen und Ringen im Nadelwald und Mischwald; selten. Der Becherförmige Duftstacheling ist in Europa an vielen Plätzen durch schädliche Umwelteinflüsse und forstwirtschaftliche Maßnahmen verschollen und stark gefährdet. **Verwendung:** Kein Speisepilz.

1
2a
2b
3
4a
4b
5
6

Familie	Gattungen
Hymenochaetaceae	*Hymenochaete* (Borstenscheiblinge), *Coltricia* (Dauerporlinge), *Onnia* (Filzporlinge)

1 Blutroter Borstenscheibling

Hymenochaete cruenta (PERS.: FR.) DONK

Ganzjährig
An Weißtanne
Unbedeutend
Foto auf Weißtannenast

Fruchtkörper: Zunächst kleinere resupinate Krusten, die oft zu großen zusammenhängenden Flächen verwachsen; an senkrechtem Substrat auch mit 1–4 mm breiten, abstehenden, auf der Oberseite dunkel- bis rostbraunen Hutkanten; Hymenium in jungem Zustand blutrot, später dunkelpurpurn, uneben-höckerig, mit dicht stehenden dunkelbraunen Borsten besetzt (Lupe!). **Fleisch:** Dünn, lederig. **Sporen:** 6–8 × 2–3 µm, zylindrisch, glatt, hyalin. **Vorkommen:** Das ganze Jahr über in luftiger Höhe auf der Rinde von sterbenden oder abgestorbenen Ästen und Stämmen von Weißtannen *(Abies alba)*. Das Verbreitungsgebiet dieses „Aeromykophyten" ist auf das natürliche Areal der Weißtanne beschränkt. **Verwendung:** Unbedeutend. **Wissenswertes:** Die Gattung *Hymenochaete* enthält etwa acht krustenförmig resupinat bis effuso-reflex wachsende Arten mit braunen Setae im Hymenium.

2 Rotbrauner Borstenscheibling

Hymenochaete rubiginosa (DICKS.: FR.) LÉV.

Ganzjährig
An Eiche und Edelkastanie
Unbedeutend
Foto an Eichenstumpf

Fruchtkörper: Semipileat, Einzelhüte 1–4 cm breit, 1–2 cm vom Substrat abstehend, Anwachsstelle am Scheitel punktförmig, manchmal fast stielartig verlängert, Hüte meist reihig und dachziegelartig verwachsen; Oberseite jung feinfilzig, später kahl, konzentrisch gezont, dunkel rotbraun, schwarzbraun, alt schwarz; Rand etwas heller, gelb- bis rotbraun, wellig, scharf; Unterseite rotbraun, alt dunkelbraun, uneben bis glatt, matt, dicht besetzt mit steifen, braunen Setae (Lupe!). **Fleisch:** Dünn, zäh, braun, mit KOH schwarz; Geruch und Geschmack unbedeutend. **Sporen:** 4–6,5 × 2,5–3,5 µm, länglich elliptisch, glatt, hyalin. **Vorkommen:** Das ganze Jahr über an totem Kernholz von Eiche *(Quercus)* und Edelkastanie *(Castanea sativa)*. Der Pilz ist wohl in jedem alten Eichenforst im Flachland und in den Mittelgebirgen anzutreffen; er ist mehrjährig, im befallenen Holz erzeugt er eine Weißfäule. **Verwendung:** Unbedeutend.

3 Tabakbrauner Borstenscheibling

Hymenochaete tabacina (SOW.: FR.) LÉV.

Ganzjährig
An Laubholz
Unbedeutend
Foto auf Weidenästchen

Fruchtkörper: Zunächst entwickeln sich isolierte Initialfruchtkörper, die später zusammenwachsen; auf der Unterseite der Äste wachsen so oft meterlange Überzüge heran, die beiderseits von abstehenden Hutkanten gesäumt sind; Oberseite der Hütchen und Kanten filzig, alt kahl, tabakbraun, rostbraun, oft konzentrisch gezont, jung mit goldgelbem welligem Rand; Unterseite matt, rostbraun-graubraun, jung auch heller, dicht borstig behaart (Lupe!), trocken feinrissig, gefeldert. **Fleisch:** Dünn, lederig, braun. **Sporen:** 4,5–7 × 1,5–2,5 µm. **Vorkommen:** Ganzjährig an absterbenden und toten Ästen von Weiden *(Salix)*, Hasel *(Corylus avellana)* und anderen Laubhölzern, bisweilen auch an Nadelhölzern; entwickelt in Feuchtgebieten, Moorwäldern und an Seeufern oft Massenvorkommen. In Europa weit verbreitet. Der Pilz kann im zweiten Jahr am Hutrand weiterwachsen oder auf den alten überwinterten Fruchtkörpern neue bilden. **Verwendung:** Unbedeutend.

4 Gebänderter Dauerporling

Coltricia perennis (L.: FR.) MURR.

Juli–November
Laub- und Nadelwald
Kein Speisepilz
4b Fichtensämlinge umwachsend

Hut: 3–5(–8) cm breit, trichterförmig oder niedergedrückt, sehr dünn, zäh, ungebuckelt, bisweilen mit anderen Hüten verwachsen; Oberfläche feinsamtig, alt kahl, gelbbraun, graubraun, rostbraun, konzentrisch gezont; Rand wellig. **Röhren:** 0,5–3 mm lang. **Poren:** 2–4 pro mm, rundlich bis eckig, am Stiel herablaufend, gelbbraun-rostbraun. **Stiel:** 1–4 cm lang, dünn, zur Basis hin verdickt, zäh, samtartig-filzig, dunkelbraun-rostbraun. **Fleisch:** Bis 1 mm dick, lederig, zäh, rostbräunlich; Geruch unbedeutend, Geschmack mild. **Sporenpulver:** Goldbraun. **Sporen:** 6–9 × 3,5–4,5 µm, elliptisch, glatt, teilweise mit Tropfen. **Vorkommen:** Juli bis November meist gesellig auf dem Erdboden im Nadel-, seltener im Laubwald, gern auf sandigen Waldwegen, auch an Brandstellen; fehlt in Kalkgebieten oder ist dort sehr selten. Alte, von Algen besiedelte Fruchtkörper findet man bisweilen noch im nächsten Frühjahr. **Verwendung:** Kein Speisepilz. **Wissenswertes:** Die Gattung *Coltricia* umfasst drei einjährige, bodenbewohnende Arten.

5 Gestielter Filzporling

Onnia tomentosa (FR.) KARST.

Ganzjährig
Nadelwald
Kein Speisepilz
5a Hutunterseite mit umwachsenen Stängeln und Zweigen
5b mit Welligem Katharinenmoos

Hut: 5–12 cm breit, kreisförmig bis oval-nierenförmig, flach, vertieft bis trichterförmig, häufig mit Nachbarhüten verwachsen und Holzreste einschließend; Oberfläche wellig, undeutlich gezont, zimtbraun bis hellocker, Rand heller. **Röhren:** Bis 5 mm lang. **Poren:** 2–4 pro mm, rundlich-eckig, jung weißlich, alt rostbraun. **Stiel:** 1–5 cm lang, 1–2 cm breit, zentral oder exzentrisch, bräunlich, filzig. **Fleisch:** Zweischichtig, Trama oben weichschwammig, unten härter, lederig, dunkel goldgelb; Geruch angenehm, Geschmack mild. **Sporen:** 4,5–6,5 × 2,5–4 µm, breitelliptisch. **Vorkommen:** Ganzjährig im Nadelwald an Wurzeln und Stümpfen, einjährig; selten. **Verwendung:** Kein Speisepilz. **Wissenswertes:** Die Gattung *Onnia* besteht aus drei Arten; neuerdings wird sie zu *Inonotus* (Schillerporlinge) gestellt.

1

2

3

4a

5a

4b

5b

Hymenochaetaceae *Inonotus* (Schillerporlinge)

1 Tropfender Schillerporling
Inonotus dryadeus (PERS.: FR.) MURR.

Juli–Oktober
An Eiche
Kein Speisepilz
Foto an Eichenstamm

Fruchtkörper: Anfangs knollig-rundlich, später dick konsolenförmig, 10–30 cm breit, 5–15 cm vom Substrat abstehend; Oberfläche höckerig, anfangs filzig, cremefarben, während der Wachstumsphase mit goldgelben bis rötlich gelben Guttationstropfen, die später braunfleckig eintrocknen; Rand stumpf-wulstig. **Röhren:** 0,5–2 cm lang. **Poren:** 3–5 pro mm, rundlich, weißgelb bis blass rostgelb, jung silbrig schimmernd. **Trama:** Jung saftig, weich, dick, faserig, braunrot, undeutlich gezont, später fest; Geruch unangenehm, Geschmack etwas säuerlich. **Sporenpulver:** Weißlich. **Sporen:** 6–9 × 6–8 µm, kugelig, glatt, hyalin. **Vorkommen:** Juli bis Oktober an alten Eichen *(Quercus)*, einjährig; selten. **Verwendung:** Kein Speisepilz. **Wissenswertes:** Alle etwa 15 Arten der Gattung *Inonotus* sind einjährig und leben vorwiegend parasitisch auf Holz.

2 Zottiger Schillerporling
Inonotus hispidus (BULL.: FR.) KARST.

Juni–Oktober
An Laubbäumen
Kein Speisepilz
2a und 2b an Apfelbaum

Fruchtkörper: Halbkreis- bis konsolenförmig, 10–30 cm breit, an der Anwachsstelle bis 10 cm dick, bis 20 cm vom Substrat abstehend; Oberfläche filzig-zottig, schön rotgelb bis rotbraun; Rand jung wulstig, schwefelgelb-gelbbraun. **Röhren:** 1–4 cm lang, goldgelb-orangegelb, mit Guttationskanälen. **Poren:** 2–3 pro mm, rundlich-eckig, jung schwefelgelb, silbrig schimmernd, an Druckstellen schwärzend, im Alter rostbraun. **Trama:** Bis 8 cm dick, strahlig-faserig, jung saftreich, schwammig-weich, alt zähfaserig, jung gelblich, im Schnitt bräunend, später rotbraun; Geruch säuerlich, Geschmack mild. **Sporenpulver:** Gelbbräunlich. **Sporen:** 8–10 × 6– 9 µm, oval, glatt, mit Tropfen. **Vorkommen:** Juni bis Oktober meist einzeln an Apfelbäumen *(Malus)* oder Walnuss *(Juglans regia)*, selten an anderen Laubbäumen, einjährig. **Verwendung:** Kein Speisepilz.

3 Knotiger Schillerporling
Inonotus nodulosus (FR.) KARST.

Sommer–Herbst
An Buche
Kein Speisepilz
Foto mit Efeu an Rotbuchenstamm

Fruchtkörper: Treppenartig oft größere Beläge bildend, an den oberen Rändern und an senkrechten Flächen mit kleinen, 0,5–3 cm breiten, knotenförmigen Hütchen. Hutoberfläche wellig-runzelig, feinfilzig, bald verkahlend, anfangs orangebraun, später fuchsig rotbraun, alt schwarzbraun; Rand scharf und etwas heller. **Röhren:** 5–6 mm lang, am Substrat herabwachsend und zum Teil seitlich aufgeschlitzt, zimtbraun, bei Seitenlicht silbrig schimmernd. **Poren:** 3–4 pro mm, eckig. **Trama:** Bis 0,5 cm dick, frisch weich, bald korkartig zäh, gelbbraun-rotbraun. **Sporen:** 4,5–5,5 × 3,5–4 µm. **Vorkommen:** Sommer bis Herbst an Buchenstämmen und -ästen *(Fagus sylvatica)*, selten an anderen Laubbäumen. **Verwendung:** Kein Speisepilz.

4 Schiefer Schillerporling
Inonotus obliquus (FR.) PIL.

Ganzjährig
An Birke
Kein Speisepilz
Foto imperfekter Fruchtkörper auf Birke

Fruchtkörper: Imperfekte, sterile, klumpenförmige Fruchtkörper, 10–20(–30) cm hoch und breit, bis 10 cm vom Substrat abstehend; Oberfläche schwarz, tief rissig, bröckelig; im Schnitt fest, kompakt, dunkel rostbraun bis schwarzbraun mit weißen Flecken. Unter der Rinde entwickelt der Pilz resupinate, 0,5–1 cm dicke, Sporen bildende Fruchtkörper mit anfangs silbrig schimmernden, eckig-länglichen Poren; sie bilden Stemmleisten, welche die Rinde vom Kernholz abdrücken. **Sporen:** 7,5–10 × 5–7,5 µm, elliptisch. **Vorkommen:** Imperfekte Fruchtkörper mehrjährig meist an Birken *(Betula)*; erzeugt Weißfäule. **Verwendung:** Kein Speisepilz.

5 Erlen-Schillerporling
Inonotus radiatus (SOW.: FR.) KARST.

August–November
An Erle
Kein Speisepilz
Foto junge Fruchtkörper mit Guttationstropfen an Erle

Fruchtkörper: 2–8 cm breit, bis 2 cm dick, bis 5 cm vom Substrat abstehend, halbkreisförmig, im Querschnitt keilförmig, oft dachziegelig; Oberfläche anfangs leuchtend löwengelb, bei feuchter Witterung bernsteinfarbene Guttationströpfchen ausbildend, filzig, später strahlig-runzelig, braungelb, alt dunkel rostbraun und verkahlend. **Röhren:** Bis 1 cm lang, oft am Substrat herablaufend, rostbräunlich. **Poren:** 2–4 pro mm, rundlich-eckig, in Aufsicht grausilbrig schimmernd. **Trama:** Dünn, längsfaserig, jung weich, saftig, alt zäh, hart, rostbraun. **Sporen:** 5–6,5 × 4–4,5 µm. **Vorkommen:** August bis November auf sterbenden und toten Erlenästen und -stämmen *(Alnus)*. **Verwendung:** Kein Speisepilz.

6 Fuchsroter Schillerporling
Inonotus rheades (PERS.) KARST.

Juli–September
An Pappel
Kein Speisepilz
Foto an absterbendem Pappelstamm

Fruchtkörper: Jung knollenförmig aus dem Substrat hervorbrechend, später konsolenförmig, 4–12 cm breit, 3–8 cm vom Substrat abstehend, einzeln oder dachziegelig; Oberfläche zottig-filzig behaart, kaum gezont, gelbrötlich, gelborange bis braunrot, zuletzt kahl. **Röhren:** 0,5–1,5 cm lang. **Poren:** 2–3 pro mm, anfangs rundlich, später unregelmäßig eckig bis labyrinthisch, jung hellgelb, silbrig schimmernd, später dunkelbraun. **Trama:** 0,3–2 cm dick, frisch fleischig, trocken hart, rostrot bis dunkelrot. **Sporen:** 5–7 × 3,5–5 µm, elliptisch, glatt. **Vorkommen:** Juli bis September an Pappel *(Populus)*; selten. **Verwendung:** Kein Speisepilz.

1

2a

3

2b

4

5

6

1 Muschelförmiger Feuerschwamm

Phellinus conchatus (Pers.: Fr.) Quél.

Ganzjährig
An Weide
Kein Speisepilz
1a auf Weide
1b auf Weide mit Eichen-Rundflügel-Spanner

Fruchtkörper: An senkrechtem Substrat mit muschelförmigen Hüten 1–5 cm vom Holz abstehend, oft dachziegelig oder seitlich verwachsen und von Moosen bedeckt; an schrägen Unterlagen meist krustenförmig herablaufend, an liegenden Stämmen breitflächig resupinat mit nur schmalen Hutkanten; Oberfläche dicht konzentrisch gezont, oft uneben, verkrustet, rostbraun, graubraun, alt dunkelbraun; Hutkanten schmal, scharf, bisweilen abgerundet. **Röhren:** Undeutlich geschichtet. **Poren:** 3–6 pro mm, rund, frisch graulich bereift, zimtbraun, graubraun, schmale Randzone glatt und steril. **Trama:** Korkartig, rostbraun; im Schnitt erkennt man zwischen der Trama und dem Hutfilz eine dünne, schwarze, glänzende Linie (Lupe!). **Sporen:** 4–6,5 × 4–6 µm, fast rund, glatt. **Vorkommen:** Das ganze Jahr über an lebenden oder toten, stehenden, seltener liegenden Weidenstämmen und -ästen *(Salix),* selten an anderen Laubhölzern, mehrjährig. **Verwendung:** Kein Speisepilz. **Wissenswertes:** Die Gattung *Phellinus* umfasst etwa 30 Arten. Die Fruchtkörper wachsen oft wirtsspezifisch saprophytisch oder parasitisch auf Holz, in dem sie Weißfäule erzeugen.

2 Großporiger Feuerschwamm

Phellinus contiguus (Pers.: Fr.) Pat.

Ganzjährig
An Laubholz
Kein Speisepilz
Foto mit Wald-Schlüsselblume

Fruchtkörper: Resupinat, bis 30 cm breit, bis 1,5 cm dick, an horizontal liegendem Substrat bis 1 m lange Beläge bildend, bei senkrechtem Wachstum mit treppenförmigen Vorsprüngen, trocken hart, hellbraun bis rötlich braun; Rand in der Wachstumsphase mit schmalem, filzigem Saum; Poren zum Rand hin meist zähnchenartig aufgelöst. **Röhren:** 5–10 mm lang, nicht deutlich geschichtet. **Poren:** Relativ groß, 2–3 pro mm (der Volksname Großporiger Feuerschwamm ist treffend), unregelmäßig eckig, rötlich braun bis graubraun. **Trama:** Bis 1 mm dick, bräunlich-rostbraun. **Sporen:** 5–7 × 3–3,5 µm, elliptisch, hyalin. **Vorkommen:** Ganzjährig an verschiedenen Laubholzarten, sehr selten an Nadelholz, mehrjährig; selten. **Verwendung:** Kein Speisepilz.

3 Schmalsporiger Feuerschwamm

Phellinus ferreus (Pers.) Bourd. & Galz.

Ganzjährig
An Laubholz
Kein Speisepilz
Foto mit Wechselblättrigem Milzkraut

Fruchtkörper: Resupinat, kissenförmig, anfangs 1–2 cm große Initialfruchtkörper, die später zu bis 50 cm langen und bis 1,5 cm dicken Belägen zusammenfließen, an senkrechtem Substrat nodulos, zimtbraun; Randsaum filzig, 2–5 mm breit, gelbbraun. **Röhren:** 2–5 mm lang, mit meist 3–5 Schichten, rostbraun. **Poren:** 3–5 pro mm, rundlich bis eckig, frisch rostgelb, dann rostbraun. **Trama:** Dünn (0,5–1 mm), zimtfarben-gelbbraun. **Sporen:** Auffallend lang und schmal, 6–7,5 × 2–2,5 µm, zylindrisch. **Vorkommen:** Ganzjährig in Auenwäldern und wärmebegünstigten Flusstälern an abgestorbenen, meist noch berindeten Zweigen, Ästen und Stämmen verschiedener Laubhölzer, mehrjährig, erzeugt Weißfäule. **Verwendung:** Kein Speisepilz.

4 Tannen-Feuerschwamm

Phellinus hartigii (All. & Schn.) Bond.

Ganzjährig
An Weißtanne
Kein Speisepilz
Foto auf Weißtannenstumpf

Fruchtkörper: Anfangs wulstig-knollenförmig, dann hufförmig, bis 30 cm breit angewachsen, 8–20 cm hoch, bis 15 cm vom Substrat abstehend, selten resupinat; Oberfläche krustig, breit gezont, alt bisweilen schmal rissig, dunkelbraun-graubraun, bisweilen von Algen grün gefärbt; Rand steil und kantig oder abgerundet, ocker-graubraun. **Röhren:** Undeutlich geschichtet, pro Schicht 2–5 mm lang. **Poren:** 4–6 pro mm, rundlich, graubräunlich-bräunlich. **Trama:** 5–8 cm dick, holzig, zäh, hart, gezont. **Sporen:** 6–8 × 6,5–7,5 µm, rundlich, glatt, hyalin, mit Tropfen. **Vorkommen:** Parasit der Weißtanne *(Abies alba),* erscheint oft hoch an den Stämmen geschädigter Bäume oder als so genannter „Astkriecher" unter deren Ästen, bisweilen auch an Stümpfen; in Europa im natürlichen Verbreitungsgebiet der Weißtanne, selten findet man ihn an anderen Nadelhölzern wie Fichte *(Picea abies);* mehrjährig. **Verwendung:** Kein Speisepilz.

5 Sanddorn-Feuerschwamm

Phellinus hippophaecola Jahn

Ganzjährig
An Sanddorn
Kein Speisepilz
5a und 5b an Sanddorn

Fruchtkörper: Konsolenförmig, 3–6 cm breit, an der Ansatzstelle bis 4 cm dick, 2–5 cm vom Substrat abstehend, breit angewachsen, bisweilen auch die Äste umfassend oder unter Seitenästen hängend; Oberfläche anfangs fein braunfilzig, später kahl, dunkelbraun bis graubraun, oft von Algen grün gefärbt; Rand stumpf abgerundet, rostbraun. **Röhren:** Deutlich geschichtet, pro Schicht 2–3 mm lang. **Poren:** 5–7 pro mm, rundlich, zimt-, rost- bis dunkelbraun. **Trama:** Korkig, zimtfarben-rostbraun. **Sporen:** 6–7,5 × 5,5–6,5 µm, fast kugelig, glatt, hyalin, mit Tropfen. **Vorkommen:** Das ganze Jahr über parasitisch an abgestorbenen, stehenden Stämmen und Ästen von alten Sanddorn-Sträuchern oder -Bäumen *(Hippophae rhamnoides).* **Verwendung:** Kein Speisepilz. **Wissenswertes:** Das Verbreitungsgebiet des Pilzes deckt sich mit den natürlichen Sanddorn-Beständen an den Küsten der Nord- und Ostsee sowie entlang der großen Flüsse (Rhein, Donau, Lech); sonst ist er überall selten. Die Regulierung der Flussläufe hat vielerorts zum Rückgang oder Verlust der Sanddorn-Wildbestände und damit auch der Pilze geführt.

1a

1b

2

3

5a

4

5b

Hymenochaetaceae

Phellinus (Feuerschwämme)

1 Grauer Feuerschwamm

Phellinus igniarius (L.: Fr.) Quél.

Ganzjährig
An Laubbäumen
Kein Speisepilz
1a an Apfelbaum
1b an Apfelbaum mit Spechtloch

Fruchtkörper: Jung knollig-wulstig, dann halbkreis- bis hufförmig, 3–30 cm breit, an der Anwachsstelle bis 15 cm dick, bis 20 cm vom Substrat abstehend; Oberfläche kahl, breit gezont, alt rissig, grau, später in den älteren Partien schwarzgrau, mit deutlicher, bis 1 mm dicker Kruste; Rand frisch zimtbraun, bald hellgrau, abgerundet, dickwulstig. Die Pilze sind sehr fest am Substrat angewachsen und lassen sich kaum abbrechen. **Röhren:** 1–5 mm lang, undeutlich geschichtet, nicht herablaufend, rotbraun. **Poren:** Klein, 4–6 pro mm, rund, braun oder grau. **Trama:** Bis 2 cm dick, holzartig, hart, zimtbraun-rostbraun, seidig schimmernd. **Sporen:** 5,5–7 × 4,5–6 µm, hyalin.

Vorkommen: Das ganze Jahr über parasitisch an Stämmen und Ästen von Laub-bäumen (Apfel, Birke, Pappel, Erle, Hasel, Walnussbaum und andere), mehrjährig, kann jahrelang an den befallenen Bäumen beobachtet werden. **Verwendung:** Kein Speisepilz. **Wissenswertes:** *Phellinus igniarius* ist eine sehr variable Art, deren Bestimmung nicht nur dem Anfänger Schwierigkeiten bereitet. Durch Spezialisierung auf verschiedene Wirte haben sich Sippen herausgebildet, die eine große Variationsbreite zeigen. Der Pilz erzeugt im befallenen Holz Weißfäule; unterhalb des Fruchtkörpers findet man bisweilen im vom Pilz angegriffenen weichen Holz eine Spechthöhle.

2 Lundells Feuerschwamm

Phellinus lundellii Niem.

Ganzjährig
An Birke
Kein Speisepilz
Foto an Birke

Fruchtkörper: 10–30 cm breit, bis 50 cm lang, 2–5 cm vom Substrat abstehend, resupinat bis hufförmig, einzeln oder dachziegelig angeordnet; Oberfläche der Hutkanten krustig, alt rissig, hart, dunkelbraun-schwarzbraun. **Röhren:** Bis 2 cm lang, geschichtet, herablaufend, zimtbraun. **Poren:** 4–5 pro mm, rund, zimtbraun-rostbraun, alt graubraun. **Trama:** Dünn, hart, rostbraun. **Sporen:** 4,5–6 × 4–5 µm, breitelliptisch, glatt. **Vorkommen:** Ganzjährig an absterbenden und toten Birken *(Betula)* und anderen Laubbäumen, mehrjährig; in Deutschland sehr selten, in Skandinavien weit verbreitet. **Verwendung:** Kein Speisepilz.

3 Kiefern-Feuerschwamm

Phellinus pini (Brot.: Fr.) Ames

Ganzjährig
An Kiefern
Kein Speisepilz
Foto an Kiefer, mit Rosmarin

Fruchtkörper: 5–20 cm lang und breit, bis 10 cm vom Substrat abstehend, im Schnitt fast dreieckig; Oberfläche jung kurzhaarig-filzig, dunkel rostbraun, alt kahl, grauschwarz und durch Algenbewuchs grün gefärbt, konzentrisch gefurcht, rissig; Rand +/– scharf, zimtbraun. **Röhren:** Bis 1 cm lang, undeutlich geschichtet, rostbraun-zimtbraun. **Poren:** Weit, 1–2 pro mm, eckig bis länglich, jung gelbbraun, alt rostbraun-graubraun. **Trama:** Bis 1,5 cm dick, hart, rostbraun. **Sporen:** 4,5–6 × 4–5 µm, rundlich, hyalin. **Vorkommen:** Ganzjährig meist an Kiefern *(Pinus)*, an lebenden Stämmen bis 20 m über dem Boden, auch an Stümpfen, mehrjährig; verbreitet im Norden und im Mittelmeergebiet, wo man ihn häufig an der Aleppo-Kiefer *(Pinus halepensis)* findet. Gefährlicher Holzzerstörer, der eine intensive Stammfäule hervorruft. **Verwendung:** Kein Speisepilz.

4 Punktförmiger Feuerschwamm

Phellinus punctatus (Fr.) Pil.

Ganzjährig
An Laubholz
Kein Speisepilz
4a Fruchtkörper im Schnitt
4b an Weidenstamm, mit Schilf

Fruchtkörper: Breit, kissenförmig oder langwulstig, eng dem Substrat anliegend, ohne jede Neigung zur Hut- und Kantenbildung, etwa 10–40 cm lang, 4–8 cm breit, 0,5–2,5 cm dick, wachsen meist in der Längsrichtung der befallenen Äste und Stämme; Oberfläche graubraun, hasel- bis rostbraun; Rand dünn auslaufend, ohne Poren, grau und oft durch Algen grün gefärbt. **Röhren:** 1–3 mm lang, bis zu zehn Röhrenschichten können sich überlagern, wobei die Fläche der vorhergehenden Schicht nicht ganz bedeckt wird. **Poren:** Winzig, etwa 6 pro mm, rundlich bis längs gestreckt. **Sporen:** 7–8 × 6–7,5 µm, breitelliptisch-rundlich, glatt, hyalin. **Vorkommen:** Ganzjährig an absterbenden oder toten, noch stehenden Ästen und Stämmen von Weide *(Salix)*, Hasel *(Corylus)* und anderen Laubhölzern, mehrjährig; erzeugt Weißfäule. Der Punktförmige Feuerschwamm bevorzugt Standorte mit hoher Luftfeuchtigkeit; man findet ihn in Flussauen, an Seeufern, in Moor- und Bruchwäldern. An zusammengebrochenen, am Boden liegenden Ästen und Stämmen sterben die Fruchtkörper rasch ab. **Verwendung:** Kein Speisepilz.

5 Faulbaum-Feuerschwamm

Phellinus rhamni (Bond.) Jahn

Ganzjährig
An Faulbaum
Kein Speisepilz

Fruchtkörper: 5–15 cm lang, 2–8 cm breit, bis 1 cm dick, flach, kissenförmig, trocken stark rissig. **Röhren:** Bis 1 cm lang, geschichtet, pro Schicht 1–2 mm lang. **Poren:** 6–8 pro mm, rund bis länglich, graubraun bis dunkelbraun. **Trama:** Sehr dünn. **Sporen:** 4,5–6 × 4–5 µm, breitelliptisch, hyalin. **Vorkommen:** Das ganze Jahr hindurch vor allem an stehenden toten Ästen von Faulbaum *(Frangula alnus)* und Kreuzdorn *(Rhamnus catharticus)*, selten an anderen Laubgehölzen, mehrjährig, wärmeliebende Art. **Verwendung:** Kein Speisepilz. **Wissenswertes:** Makroskopisch erinnert der sehr seltene Pilz stark an den Punktförmigen Feuerschwamm *(Phellinus punctatus)*, der jedoch nicht so charakteristisch aufreißt.

1a

2

1b

4a

3

5

4b

1 **Stachelbeer-Feuerschwamm**
Phellinus ribis (SCHUM.: FR.) KARST.

Ganzjährig
An Johannisbeersträuchern und Pfaffenhütchen
Kein Speisepilz
Foto an Pfaffenhütchen

Fruchtkörper: Konsolen- bis halbkreisförmig, auch effuso-reflex, das Substrat +/– umwachsend, meist zu mehreren übereinander verwachsen; Einzelfruchtkörper 3–15 cm breit, am Substrat 0,5–2 cm dick, frisch weich, trocken lederig-hart; Oberfläche fein behaart, höckerig, meist konzentrisch gezont, jung rostbraun, alt kahl, dunkelbraun-schwarzbraun, oft durch Algenbewuchs grün verfärbt; Rand jung mit gelber Zuwachskante, wellig, scharf, dünn. **Röhren:** 1–3 mm lang, bei alten Pilzen geschichtet. **Poren:** Sehr klein, 6–7 pro mm, rundlich, frisch gelbbraun-zimtbraun, alt grau- bis dunkelbraun. **Trama:** Bräunlich, zweischichtig, die weichere obere Schicht ist von der darunter liegenden härteren Schicht durch eine deutliche schwarze Linie getrennt. **Sporen:** 3–4 × 2,5–3 µm, breitelliptisch, glatt, teilweise mit Tropfen. **Vorkommen:** Das ganze Jahr über am Grunde älterer, lebender Sträucher von Johannisbeere, Stachelbeere *(Ribes)* und Pfaffenhütchen *(Euonymus europaeus)*, selten auch auf anderen Gehölzen. Weißfäuleerzeuger; die Schadwirkung der mehrjährig wachsenden Fruchtkörper scheint aber gering zu sein. **Verwendung:** Kein Speisepilz.

2 **Eichen-Feuerschwamm**
Phellinus robustus (KARST.) BOURD. & GALZ.

Ganzjährig
An Eichen
Kein Speisepilz
2a und 2b an Stiel-Eiche

Fruchtkörper: Jung kissenförmig bis rundlich-knollig, dann bauchig, halbkreis- bis hufförmig, 10–30(–50) cm breit, an der Anwachsstelle bis 20 cm dick, 5–10 cm vom Substrat abstehend, sehr hart, schwer; Oberfläche mit breiten konzentrischen Zonen, anfangs zimtfarben bis hell rostbraun, bald graubraun, oft mit Algenbewuchs; Rand abgerundet. **Röhren:** 2–5(–7) mm lang, Schichten scharf getrennt, durch dünne braune Bänder begrenzt. **Poren:** Klein, 4–6 pro mm, rundlich, anfangs gelbbraun, später rostbraun. **Trama:** Holzig, zäh, hell zimtbraun, gelbbraun, an Bruchstellen schimmernd. **Sporen:** 6–9 × 5,5–8 µm, rund, glatt, hyalin, mit Tropfen. **Vorkommen:** Das ganze Jahr hindurch einzeln bis gesellig parasitisch an Stämmen und großen Ästen von lebenden alten Eichen *(Quercus)*, meist hoch am Stamm oder in der Baumkrone. Die Fruchtkörper wachsen ziemlich langsam. Weißfäuleerreger. **Verwendung:** Kein Speisepilz.

3 **Espen-Feuerschwamm**
Phellinus tremulae (BOND.) BOND. & BORIS. IN BOND.

Ganzjährig
An Zitterpappeln
Kein Speisepilz
Foto an Zitterpappel

Fruchtkörper: Konsolenförmig, hufförmig, im Querschnitt dreieckig, 4–10 cm breit, an der Anwachsstelle 3–7 cm dick, 5–10 cm vom Substrat abstehend, selten resupinat; Oberfläche kahl, gezont, grau-grauschwarz, mit harter Kruste, alt tief rissig bis zur hellgrauen Hutkante. **Röhren:** Meist deutlich geschichtet, insgesamt bis 2,5 cm lang. **Poren:** 5–6 pro mm, rundlich-eckig, grau- bis dunkelbraun. **Trama:** Dünn (1–5 mm), korkig, dunkelbraun; Myzelialkern auf 1–3 cm angeschwollen. **Sporen:** 4,5–6 × 3,5–4,5 µm, rundlich, glatt, hyalin. **Vorkommen:** Das ganze Jahr über einzeln bis gesellig an lebenden oder absterbenden Zitterpappeln *(Populus tremula)*, bevorzugt unter toten Ästen und an Astlöchern, sehr selten an anderen Laubbäumen, mehrjährig; selten. **Verwendung:** Kein Speisepilz.

4 **Gemeiner Feuerschwamm**
Phellinus trivialis (BRES.) KREIS.

Ganzjährig
An Weiden und Erlen
Kein Speisepilz
4a an Weide, mit Schilf
4b Fruchtkörper im Schnitt

Fruchtkörper: 10–20(–40) cm breit, bis 15 cm vom Substrat abstehend, im Schnitt dreieckig; Oberfläche mit konzentrischen Furchen, meist grauschwarz-schwarz, mit harter Kruste. **Röhren:** Einzelschicht 3–4 mm dick; Röhrenschicht oft schief bis herablaufend. **Poren:** Sehr klein, 5–6 pro mm, alt fuchsig-zimtbraun. **Trama:** Bis 1 cm dick, korkig, zäh, dunkelbraun-rostbraun. **Sporen:** 5,5–7 × 4,5–6 µm, rundlich, hyalin. **Vorkommen:** Ganzjährig an stehenden Weiden *(Salix)* und Erlen *(Alnus)*, bevorzugt in Moorwäldern und Auenwäldern, mehrjährig. **Verwendung:** Kein Speisepilz. **Wissenswertes:** Der hier beschriebene Gemeine Feuerschwamm wird von verschiedenen Autoren nur als Variante des Grauen Feuerschwamms *(Phellinus igniarius)* betrachtet. Ähnlich ist der an Birken wachsende Moorbirken-Feuerschwamm *(Phellinus igniarius* var. *cinereus)*.

5 **Pflaumen-Feuerschwamm**
Phellinus tuberculosus (BAUMG.) NIEM.

Ganzjährig
An Steinobstbäumen
Kein Speisepilz
Foto mit Hagebutten

Fruchtkörper: 3–8 cm breit, 1–4 cm vom Substrat abstehend, an senkrechten Stämmen halbkreisförmig sitzend, an schrägen Stämmen oder Ästen herablaufend und knollige Hutwulste bildend, auf der Unterseite der Äste oft fast resupinat; Oberfläche etwas gewölbt, wulstig-uneben, zimtbraun bis graulich, oft durch Algenbewuchs grünlich verfärbt; Rand wulstig abgerundet. **Röhren:** 2–3 mm lang, bei alten Pilzen mehrfach geschichtet. **Poren:** Eng stehend, 4–6 pro mm, rundlich, dunkelbraun, alt graulich getönt. **Trama:** Korkig-faserig, zäh, lebhaft rostbraun. **Sporen:** 5,5–6,5 × 4,5–5 µm, rundlich, glatt, hyalin. **Vorkommen:** Das ganze Jahr über häufig in alten Obstgärten an ungepflegten Zwetschgenbäumen und anderen Steinobstarten *(Prunus)*, in Wildhecken oft an Schlehdorn *(Prunus spinosa)*, mehrjährig; erzeugt im befallenen Baum Weißfäule, die Schadwirkung ist allerdings gering, sofern befallene Äste entfernt werden. **Verwendung:** Kein Speisepilz.

1

2a

2b

3

4a

5

4b

Familien	Gattungen
Bondarzewiaceae	*Bondarzewia* (Bergporlinge)
Fistulinaceae	*Fistulina* (Leberreischlinge)
Ganodermataceae	*Ganoderma* (Lackporlinge)

1 Gemeiner Bergporling

Bondarzewia mesenterica (SCHAEFF.) KREIS.

August–Oktober
An Nadelholz
Kein Speisepilz

Fruchtkörper: Einzelhüte bis 15 cm breit, mehrere aus einem gemeinsamen derben Strunk hervorwachsend, fächerförmig miteinander verwachsen und bis 50 cm breite Fruchtkörper bildend; Oberfläche feinflaumig, oft wellig und schwach konzentrisch gezont, ockerbräunlich-gelbbraun; Rand scharf. **Röhren:** Bis 1 cm lang, weiß. **Poren:** 1–2 pro mm, unregelmäßig eckig-geschlitzt, oft am Stiel herablaufend. **Stiel:** Bis 10 cm lang, runzelig, verbogen, zentral bis seitlich stehend. **Fleisch:** Weich, saftig, weiß-ocker; Geruch unbedeutend, Geschmack in frischem Zustand scharf. **Sporenpulver:** Weiß. **Sporen:** 5–7 µm (ohne Warzen), rundlich, warzig-gratig, hyalin, amyloid. **Vorkommen:** August bis Oktober meist einzeln als Schwächeparasit oder Saprophyt auf Wurzeln oder Stümpfen der Weißtanne *(Abies alba)*, seltener an anderen Nadelbäumen, einjährig; erzeugt im befallenen Holz Weißfäule; selten. **Verwendung:** Kein Speisepilz. **Wissenswertes:** Die Gattung *Bondarzewia* umfasst weltweit zwei Arten, davon nur eine in Europa.

2 Eichen-Leberreischling

Fistulina hepatica (SCHAEFF.) WITH.

Sommer–Herbst
An Eichen und Edelkastanien
Jung essbar
2a an Eiche
2b Fruchtkörper im Schnitt

Fruchtkörper: Bis 20 cm lang und breit, zungen-, nieren- oder halbkreisförmig, 2–6 cm dick; Oberfläche mit einer elastischen, abziehbaren, radial gestreiften, mit feinen Papillen bedeckten Huthaut, purpur-fleischrot, später braunrot, anfangs klebrige rötliche Tropfen ausscheidend; Unterseite porig, jung blassgelb, später rötlich bis rotbraun. **Röhren:** Etwa 1 cm lang, nicht miteinander verwachsen, sondern einzeln voneinander ablösbar. **Fleisch:** Faserig, weich, saftig, jung weiß-gelblich, später rot geädert (erinnert zerschnitten sehr auffällig an rohes Fleisch); Geruch angenehm, Geschmack mild, etwas säuerlich. **Sporen:** 5–6 × 3,5–4,5 µm, eiförmig, glatt, hyalin. **Vorkommen:** Sommer bis Herbst an Eichen *(Quercus)* und Edelkastanien *(Castanea sativa)*. **Verwendung:** Jung essbar, aber wenig schmackhaft; als Seltenheit zu schonen.

3 Dunkler Tannen-Lackporling

Ganoderma carnosum PAT.

Sommer–Herbst
An Weißtanne
Kein Speisepilz
3b mit Zweig der Weißtanne

Fruchtkörper: 5–20 cm breit, rundlich oder nierenförmig; Oberfläche konzentrisch gefurcht, wellig, jung rotbraun, alt schwarzrot, lackartig glänzend; Rand zur Wachstumszeit weißlich-gelblich. **Röhren:** 5–20 mm lang, nicht herablaufend. **Poren:** 3–4 pro mm, jung weißlich. **Stiel:** Bis 10(–25) cm lang, bis 4 cm breit, glänzend, höckerig-wellig, braunrot-schwarzbraun. **Trama:** Korkig, hellbraun. **Sporen:** 11–13,5 × 7,5–8,5 µm. **Vorkommen:** Sommer bis Herbst, meist an Weißtanne *(Abies alba)*, einjährig; selten. **Verwendung:** Kein Speisepilz. **Wissenswertes:** Die Gattung *Ganoderma* umfasst etwa sieben auf Holz wachsende Arten; Hüte mit dünner Lackkruste, Sporen warzig, mit Doppelwand; Weißfäuleerreger.

4 Flacher Lackporling

Ganoderma lipsiense (BATSCH) ATK.
Ganoderma applanatum (PERS.: WALLR.) PAT.

Ganzjährig
An Laubholz
Kein Speisepilz
4a mit Zypressen-Schlafmoos
4b der „Malerpilz"

Fruchtkörper: Bis 30 cm breit, 4–15 cm vom Holz abstehend, an der Anwachsstelle 2–5 cm dick (bisweilen auch größer), einzeln oder oft dachziegelig über- und nebeneinander; Oberfläche meist konzentrisch gefurcht oder unregelmäßig höckerig, matt, jung hellbraun, zur Sporenreife oft mit rostbraunem Sporenstaub bedeckt, alt graubraun, im Finalstadium fast schwarz; Kruste hart, mit dem Fingernagel eindrückbar; Rand im Wachstumsstadium weiß. **Röhren:** 0,5–2 cm lang, bei älteren Exemplaren geschichtet, mit weißen Streifen. **Poren:** 4–6 pro mm, rund, weiß-cremefarben, jung bei Berührung bräunlich verfärbend, so dass man darauf malen kann; oft mit zapfenförmigen Insektengallen bedeckt. **Trama:** Faserig, dunkelbraun-rotbraun, wie die Röhrentrama mit weißen Streifen. **Sporenpulver:** Rostbraun. **Sporen:** 6,5–9 × 5–7 µm.**Vorkommen:** Ganzjährig an Stümpfen und Stämmen verschiedener Laubbäume, seltener an Nadelholz, mehrjährig; verbreitet. **Verwendung:** Kein Speisepilz.

5 Glänzender Lackporling

Ganoderma lucidum (CURT.: FR.) KARST.

Juli–Oktober
An Eiche
Kein Speisepilz
Foto an Eichenstumpf

Fruchtkörper: 5–20 cm breit, 1–3 cm dick, nieren- bis halbkreisförmig; Oberfläche konzentrisch gefurcht, mit glänzender, dünner Lackkruste, gelborange bis rotbraun, alt schwarzbraun; Rand zur Wachstumszeit weiß, matt. **Röhren:** 1–2 cm lang. **Poren:** 4–5 pro mm, weißlich-cremefarben, alt ockerfarben. **Stiel:** Bis 25 cm lang, meist seitlich stehend, glänzend, dunkler als der Hut. **Trama:** Zäh, jung weißlich, dann bräunlich. **Sporen:** 7–12 × 6,5–7,5 µm. **Vorkommen:** Juli bis Oktober an Eiche *(Quercus)*, selten an anderen Laubhölzern, einjährig; selten. **Verwendung:** Kein Speisepilz. **Wissenswertes:** In der asiatischen Volksheilkunde wird der Pilz als Tonikum, Diuretikum sowie bei Bronchitis und Asthma verwendet; von Selbstversuchen ist allerdings abzuraten. Wer Interesse an der Zucht dieses Lackporlings hat, erhält Pilzbrut bei Pilzzuchtbetrieben.

1

2a

2b

3a

4b

3b

5

4a

Familie	Gattungen
Polyporaceae s. lat.	*Scutiger* (Porlinge), *Dendropolyporus* (Eichhasen)

1 Semmel-Porling

Scutiger confluens (ALB. & SCHW.: FR.) BOND. & SING.

Sommer–Herbst
Berg-Nadelwald
Essbar
Foto mit Bärlapp, Rippenfarn und Dornfarn

Hut: 4–15 cm breit, rundlich, unregelmäßig gelappt, meist zu mehreren verwachsen; Oberfläche glatt, matt, semmelfarben bis rötlich gelb, alt feldrig-rissig; Rand scharf, eingebogen. **Röhren:** Sehr kurz, weit herablaufend. **Poren:** Klein, 2–4 pro mm, jung weiß, später cremefarben. **Stiel:** Strunkartig, weißlich, mehrere Stiele oft büschelig verwachsen. **Fleisch:** 1–2 cm dick, hart, derb, brüchig, weiß; Geruch schwach, Geschmack etwas bitterlich. **Sporenpulver:** Weiß. **Sporen:** 4–5 × 3–4 µm, breitelliptisch, glatt, hyalin, dünnwandig, mit Tropfen. **Vorkommen:** Sommer bis Herbst gern in moosreichen Berg-Nadelwäldern unter Fichten *(Picea abies)* und auf Alpweiden, im Flachland selten bis fehlend. **Verwendung:** Essbar. **Wissenswertes:** Die Gattung *Scutiger* umfasst etwa sechs einjährige, bodenbewohnende Arten. Der Semmel-Porling war früher in Mitteleuropa verbreitet und wurde als Speisepilz gesammelt, er ist heute jedoch stark zurückgegangen.

2 Gelbgrüner Kamm-Porling

Scutiger cristatus (SCHAEFF.: FR.) BOND. & SING.

August–Oktober
Laub- und Nadelwald
Kein Speisepilz
2b mit Heidelbeere

Hut: 5–15 cm breit, bis 1 cm dick, jung gewölbt, später ausgebreitet, oft unregelmäßig geformt, gelappt und zu mehreren verwachsen; Oberfläche jung feinsamtig, später schuppig aufgerissen, schmutzig gelbgrün bis olivgrün; Rand wellig, oft tief eingerissen. **Röhren:** 1–3 mm lang, weit am Stiel herablaufend. **Poren:** 1–3 pro mm, unregelmäßig eckig, jung weiß, später gelblich. **Stiel:** 1–3 cm lang, zentral oder exzentrisch, strunkartig, breit in den Hut übergehend, weißlich bis gelbgrün, bisweilen zu mehreren verwachsen. **Fleisch:** Zäh, trocken, jung weiß, später gelblich; Geruch und Geschmack unangenehm. **Sporen:** 5–7 × 4,5–5 µm, breitelliptisch bis rundlich, hyalin. **Vorkommen:** August bis Oktober im Laub-, selten im Nadelwald, gern bei Rotbuchen *(Fagus sylvatica)* und Eichen *(Quercus)*, einjährig. **Verwendung:** Kein Speisepilz. **Wissenswertes:** Mit Schwefelsäure zeigt das Fleisch eine schöne rotviolette Verfärbung.

3 Gemeiner Schafeuter-Porling

Scutiger ovinus (SCHAEFF.: FR.) MURR.

Juli–Oktober
Nadelwald
Essbar
3b mit Heidelbeere

Hut: 5–12 cm breit, jung gewölbt, später ausgebreitet, unregelmäßig rundlich, buchtig-lappig, oft zu mehreren verwachsen; Oberfläche weißlich, im Alter oft rissig-schuppig und mit gelben bis gelbgrünen Flecken. **Röhren:** 1–2 mm lang, am Stiel herablaufend. **Poren:** 2–4 pro mm, fast rund, weiß, im Alter gelblich, nach Berührung gilbend. **Stiel:** 2–5 cm lang, glatt, voll, oft seitlich stehend, weißlich, auf Druck gelb fleckend, oft zu mehreren verwachsen. **Fleisch:** Derb, brüchig, weiß, Bruchstellen laufen gelb an; Geruch und Geschmack angenehm. **Sporenpulver:** Weiß. **Sporen:** 3,5–4,5 × 3–3,5 µm, fast kugelig, inamyloid. **Vorkommen:** Juli bis Oktober oft büschelig, in Gruppen und Reihen in Nadelwäldern, gern unter Fichten *(Picea abies)*, außerhalb des natürlichen Areals der Fichte sehr selten; in Deutschland geschützt. **Verwendung:** Essbar. **Wissenswertes:** Der Gemeine Schafeuter-Porling ist von seinem Doppelgänger, dem ebenfalls essbaren Rötenden Schafeuter-Porling *(Scutiger subrubescens)*, makroskopisch kaum zu unterscheiden.

4 Ziegenfuß-Porling

Scutiger pescaprae (PERS.: FR.) BOND. & SING.

August–Oktober
Berg-Nadelwald
Jung essbar

Hut: 4–12 cm breit, fleischig, etwas elastisch, anfangs konvex mit eingerolltem Rand, später unregelmäßig gewölbt; Oberfläche trocken, graubraun mit anliegenden, rot- bis schwarzbraunen, filzigen Schuppen; Rand scharf, durch Einschnitte oft lappig geschweift. **Röhren:** Bis 4 mm lang, weißlich, alt gelblich. **Poren:** Weit, 6–10 pro cm, eckig, unregelmäßig, etwas herablaufend, weiß bis gelblich. **Stiel:** 2–5 cm lang, 1,5–2,5 cm breit, meist exzentrisch, voll, bisweilen +/– aufgeblasen-knollig, oft eingedrückt-grubig, gelblich, orangegelb bis orangebräunlich. **Fleisch:** Fest, weißlich bis schwach zitronengelb; Geruch angenehm, Geschmack mild, nussartig. **Sporenpulver:** Weißlich. **Sporen:** 7–10 × 5–5,6 µm, breitelliptisch, glatt. **Vorkommen:** August bis Oktober einzeln oder gesellig auf dem Erdboden in montanen bis subalpinen Nadel- oder Mischwäldern, im Flachland sehr selten. **Verwendung:** Jung essbar; als Seltenheit zu schonen.

5 Eichhase, Ästiger Porling

Dendropolyporus umbellatus (PERS.: FR.) JUEL.

Juli–September
Bei Eichen und Buchen
Jung essbar

Fruchtkörper: 10–50 cm breit, 10–30 cm hoch, halbkugelig, aus einem unterirdischen, schwarzen, knollenartigen Sklerotium, das an den Wurzeln befallener Bäume sitzt, reich verzweigt hervorwachsend und viele Einzelhüte bildend; Stiele zentral oder exzentrisch, weißlich; Einzelhüte 1–4 cm breit, dünn, Mitte genabelt bis leicht niedergedrückt, hell gelbbräunlich bis graubräunlich, mit radialfaseriger Strichelung, Rand wellig. **Röhren:** 1–2 mm lang, an den Stielen herablaufend. **Poren:** 1–3 pro mm, weißlich-cremefarben. **Fleisch:** Dünn, weich, weißlich; Geruch angenehm, Geschmack nussartig, alt bitter. **Sporenpulver:** Weiß. **Sporen:** 7–10 × 3–4 µm. **Vorkommen:** Juli bis September am Fuß alter Eichen *(Quercus)* und Rotbuchen *(Fagus sylvatica)*; selten. **Verwendung**: Jung essbar.

1

2a

3a

2b

3b

4

5

Familie	Gattungen
Polyporaceae s. lat.	*Piptoporus* (Hautporlinge), *Laetiporus* (Schwefelporlinge), *Grifola* (Klapperschwämme), *Meripilus* (Riesenporlinge), *Phaeolus* (Braunporlinge)

1 Birken-Porling

Piptoporus betulinus (BULL.: FR.) KARST.

Ganzjährig
An Birke
Kein Speisepilz
Foto an Birke, mit Bittersüßem Nachtschatten

Fruchtkörper: 8–20(–30) cm breit, 2–5 cm dick, bis 15 cm vom Substrat abstehend, halbkreis- oder nierenförmig, kissenförmig gewölbt, an der Anwachsstelle oft buckelig und stielartig verschmälert; Oberfläche lederig-zäh, Haut abziehbar, kahl, glatt, ungezont, alt rissig, ganz jung weißlich, später braun-graubraun; Rand abgerundet-wulstig, bei großen Exemplaren bisweilen +/– wellig. **Röhren:** Kurz (4–8 mm), bei frischen Exemplaren ablösbar. **Poren:** 3–4 pro mm, rundlich-eckig, anfangs weißlich bis cremefarben, später gelblich-grau. **Fleisch:** Dick, frisch saftig-fleischig, weich, weiß, alt trocken, fest; Geruch säuerlich, Geschmack säuerlich, leicht bitter. **Sporen:** 5–6 × 1,5–2 µm, leicht zylindrisch-gekrümmt, glatt, hyalin. **Vorkommen:** Das ganze Jahr über einzeln bis gesellig auf geschwächten, abgestorbenen und noch stehenden oder liegenden Birkenstämmen *(Betula)*. Die einjährigen Fruchtkörper bleiben bis zum nächsten Jahr am Stamm, sie erzeugen eine aktive Braunfäule. **Verwendung:** Kein Speisepilz.

2 Schwefelporling

Laetiporus sulphureus (BULL.: FR.) MURR.

Mai–September
An Laub- und Nadelbäumen
Jung essbar
2a mit Einbeere
2b an alter Lärche, mit Wolfsflechte

Fruchtkörper: 10–30(–50) cm breit, 1–4 cm dick, fächer- bis halbkreisförmig, meist dachziegelartig wachsend; Oberfläche samtig, unregelmäßig wellig, leuchtend schwefelgelb bis orangegelb, alt blassgelb bis grauweiß. **Röhren:** 2–4 mm lang, nicht ablösbar. **Poren:** Winzig, 3–5 pro mm, jung schwefelgelb, bisweilen mit gelblichen Guttationstropfen. **Fleisch:** Anfangs weich, saftig, elastisch, gelb, alt hart, trocken und brüchig, weißlich; Geruch aromatisch, Geschmack sauer. **Sporenpulver:** Gelblich. **Sporen:** 5–7,5 × 3,5–5 µm, breitelliptisch, glatt, hyalin. **Vorkommen:** Mai bis September parasitisch an Laub-, seltener an Nadelbäumen, einjährig; verbreitet. Im befallenen Holz erzeugt der Pilz eine intensive Braunfäule. **Verwendung:** Jung gut gekocht essbar, aber nicht schmackhaft; roh genossen ist der Schwefelporling giftig.

3 Gemeiner Klapperschwamm

Grifola frondosa (DICKS.: FR.) GRAY

Sommer–Herbst
Bei Eichen
Kein Speisepilz
Foto an Eichenstumpf, mit Blättern der Stiel-Eiche

Fruchtkörper: 15–50 cm breit und hoch, bestehend aus zahlreichen aus einem verzweigten Strunk hervorwachsenden Einzelhüten; Einzelhüte fächer- oder muschelförmig, 3–6(–12) cm lang und breit, seitlich gestielt; Oberfläche runzelig, gefasert, ungezont, gelb- bis graubraun; Stiele kurz, 1–4 cm breit. **Röhren:** 2–4 mm lang, weiß. **Poren:** Vieleckig, am Stiel herablaufend, weißlich-cremefarben, nicht schwärzend. **Fleisch:** Weich, weiß; Geruch pilzartig, Geschmack mild. **Sporenpulver:** Weiß. **Sporen:** 5–7 × 3,5–5 µm. **Vorkommen:** Sommer bis Herbst meist an der Basis alter Eichen *(Quercus);* Weißfäuleerzeuger; selten. Seine Verbreitung in Europa entspricht etwa dem natürlichen Areal der Eichen *(Quercus)*. **Verwendung:** Kein Speisepilz. **Wissenswertes:** Die Gattung *Grifola* besteht weltweit nur aus dieser einen Art.

4 Riesenporling

Meripilus giganteus (PERS.: FR.) KARST.

Juli–Oktober
An Buchen
Kein Speisepilz
4a Hutunterseite mit Sauerklee
4b an Buchenstumpf, mit Brombeerranken

Fruchtkörper: Einzelhüte 10–30 cm breit, 1–3 cm dick, flach, breit fächerig oder halbkreisförmig, dachziegelig überlappend, mit stielartiger Anwachsstelle; Oberfläche runzelig, gezont, gelbbraun bis rotbraun; Rand wellig, oft eingeschnitten, jung weißlich; Sammelfruchtkörper können bis zu 1 m groß werden und 50 kg Gewicht erreichen. **Röhren:** Bis 10 mm lang. **Poren:** 3–4 pro mm, rundlich, zuerst blassgelb, dann bräunlich, an Druckstellen schwärzend. **Fleisch:** Faserig, weißlich, an der Luft schwach rötend und langsam schwärzlich anlaufend; Geruch pilzartig, Geschmack mild. **Sporenpulver:** Weiß. **Sporen:** 5,5– 6,5 × 4,5–5,5 µm, rundlich, glatt, hyalin. **Vorkommen:** Juli bis Oktober an Stümpfen oder an älteren Stämmen lebender Rotbuchen *(Fagus sylvatica)*, selten an anderen Laubhölzern; erzeugt im Holz eine intensive Weißfäule. **Verwendung:** Kein Speisepilz. **Wissenswertes:** Ähnlich ist der Gemeine Bergporling *(Bondarzewia mesenterica);* er schwärzt auf Druck nicht.

5 Kiefern-Braunporling

Phaeolus spadiceus (PERS.: FR.) RAUSCHERT

Juni–Oktober
An Nadelhölzern
Kein Speisepilz
5a junge Fruchtkörper mit Schattenblümchen
5b mit Brombeere

Fruchtkörper: Bis 30 cm breit, flach, unregelmäßig kreisel- bis tellerförmig, auch zu mehreren verwachsen und sich dachziegelig überdeckend; Oberfläche wellig-höckerig, filzig, jung oft +/– konzentrisch gezont, Randzone in der Wachstumsphase schön schwefelgelb, orangegelb-grüngelb, Mitte dunkelbraun, alt gänzlich rotbraun bis schwarzbraun. **Röhren:** 3–10 mm lang. **Poren:** Labyrinthisch, frisch gelblich bis grüngelblich, später rostbraun, jung wie die Oberfläche der Hüte bei Berührung sofort dunkelbraun fleckend. **Stiel:** Kurz, dick, oft knollig, dunkelbraun. **Fleisch:** 1–3 cm dick, jung weich, saftig, braun; Geruch unbedeutend, Geschmack säuerlich. **Sporen:** 5–8 × 3,5–4,5 µm, elliptisch, glatt, hyalin. **Vorkommen:** Juni bis Oktober parasitisch oder saprophytisch an Wurzeln, Stümpfen oder am Grund der Stämme von Nadelhölzern, meist Kiefer *(Pinus)* oder Lärche *(Larix)*, einjährig; erzeugt Braunfäule; verbreitet. **Verwendung:** Kein Speisepilz. **Wissenswertes:** Die Gattung *Phaeolus* besteht nur aus dieser einen Art.

1

2a

2b

3

4a

4b

5a

5b

Familie	Gattungen
Polyporaceae s. lat.	*Hapalopilus* (Weichporlinge), *Spongiporus* (Saftporlinge), *Ptychogaster* (Polsterpilze), *Bjerkandera* (Rauchporlinge)

1 **Zimtfarbener Weichporling**
Hapalopilus rutilans (PERS.: FR.) KARST.
Hapalopilus nidulans FR.

Sommer–Herbst
An Laub- und Nadelholz
Giftig
1b mit Farbfleck (Laugenreaktion)

Fruchtkörper: 3–8(–12) cm breit, bis 4 cm dick, 2–8 cm vom Substrat abstehend, halbkreis- bis nierenförmig, selten auch resupinat, einzeln oder reihig, selten auch dachziegelig wachsend; Oberfläche leicht gewölbt, ungezont, matt, grubig, einheitlich zimtbraun, trocken ledergelb; Rand ziemlich scharf, leicht abwärts gebogen. **Röhren:** 4–10 mm lang. **Poren:** 2–4 pro mm, rundlich-eckig, zimtbraun. **Trama:** Relativ dickfleischig, weich, faserig, zimtbraun, verfärbt sich mit Laugen violett (Foto); Geruch pilzartig, Geschmack mild. **Sporen:** 4–5 × 2–3 µm, elliptisch. **Vorkommen:** Sommer bis Herbst und in milden Wintern an Laub- und Nadelhölzern. **Verwendung:** Giftig, verursacht Störungen im Zentralnervensystem und Nierenschädigungen. Für die Vergiftungen wird die im Pilz reichlich vorhandene Polyporsäure verantwortlich gemacht.

2 **Blauer Saftporling**
Spongiporus caesius (SCHRAD.: FR.) DAVID

Ganzjährig
An Nadelholz
Kein Speisepilz

Fruchtkörper: 2–6 cm breit, halbrund, oft dachziegelig, weich; Oberfläche zottig, jung weiß, später blau, auch ockerlich; Rand scharf. **Röhren:** Bis 5 mm lang, weiß, alt grau. **Poren:** 3–4 pro mm, eckig. **Fleisch:** Weiß-bläulich; Geschmack nicht bitter. **Sporen:** 4–5 × 1,5–2 µm. **Vorkommen:** Ganzjährig an Nadel-, selten an Laubholz; verbreitet. **Verwendung:** Kein Speisepilz. **Wissenswertes:** Die etwa zehn Arten der Gattung *Spongiporus* wachsen konsolenförmig oder resupinat an Laub- und Nadelholz. Sie sind einjährig.

3 **Bitterer Saftporling**
Spongiporus stipticus (PERS.: FR.) DAVID

Juni–Dezember
An Nadelholz
Kein Speisepilz
Foto Wundparasit an Fichte

Fruchtkörper: 2–10 cm breit, bis 4 cm dick, bis 6 cm vom Substrat abstehend, konsolenförmig, Fruchtkörper oft übereinander wachsend; Oberfläche uneben-runzelig, matt, anfangs rein weiß, später gilbend, auf Druck nicht verfärbend; Rand +/– scharfkantig. **Röhren:** 4–10 mm lang, weiß. **Poren:** 3–4 pro mm, rundlich bis labyrinthisch, frisch weiß, bisweilen mit milchigen Tröpfchen, später und bei Trockenheit cremefarben-gelblich. **Fleisch:** Weich, weiß, jung saftig, alt zäh, hart; Geruch frisch intensiv pilzig-würzig, Geschmack bitter und zusammenziehend. **Sporenpulver:** Weiß. **Sporen:** 3,5–5 × 2–2,3 µm. **Vorkommen:** Juni bis Dezember an Nadelholzstümpfen und -stämmen, seltener an Laubholz. **Verwendung:** Kein Speisepilz.

4 **Weißer Polsterpilz**
Ptychogaster fuliginoides (PERS.) DONK

Herbst
An Nadelholz
Kein Speisepilz

Fruchtkörper: Im imperfekten Stadium (Nebenfruchtform) 3–10 cm breit, 2–5 cm hoch, kissenförmig, halbkugelig; Oberfläche filzig-zottig, jung weich, feucht, weiß, später und auf Druck hellbräunlich; im Schnitt zeigen sich hellbräunliche konzentrische Zonen. **Chlamydosporen:** 5–10 × 3,5–7 µm. **Vorkommen:** Im Herbst auf morschem Nadelholz. **Verwendung:** Kein Speisepilz. **Wissenswertes:** Die perfekte Form ist ein kleiner, weißer, halbkreisförmiger oder länglicher Porling. Er entwickelt sich selten unter oder neben der imperfekten Form.

5 **Angebrannter Rauchporling**
Bjerkandera adusta (WILLD.: FR.) KARST.

Ganzjährig
An Laubholz
Kein Speisepilz
Foto an Buchenstumpf

Fruchtkörper: 3–7 cm breit, dünn (2–6 mm), bis etwa 4 cm vom Substrat abstehend, halbkreisförmig bis rosettig, frisch lederig, weich, trocken sehr hart; oft in seitlich verwachsenen Reihen oder dachziegelig geschichtet größere Flächen überwachsend, an der Unterseite der Stämme auch krustenförmig und meterlange Rasen bildend; Oberfläche hellgrau, gelbbraun, +/– gezont und behaart, im Alter kahl; Rand wellig, während der Wachstumszeit weißlich, alt und bei Trockenheit schwärzlich. **Röhren:** 0,5–2 mm lang, dunkel, grau-schwärzlich. **Poren:** 4–6 pro mm, rundlich bis eckig, frisch grau, auf Druck schwärzend. **Trama:** Huttrama weiß oder cremefarben, von der grauschwarzen Röhrentrama durch eine dunkle Linie getrennt; Geruch pilzartig, Geschmack säuerlich. **Sporen:** 4–5,5 × 2,5–3 µm, schmalelliptisch, glatt, hyalin. **Vorkommen:** Das ganze Jahr über auf Laubholz, selten auf Nadelholz; Weißfäuleerreger. **Verwendung:** Kein Speisepilz.

6 **Graugelber Rauchporling**
Bjerkandera fumosa (PERS.: FR.) KARST.

Ganzjährig
An Laubholz
Kein Speisepilz
6a mit Brombeerblättern
6b Fruchtkörper im Schnitt

Fruchtkörper: 5–15 cm breit, am Substrat 0,5–3 cm dick, bis 8 cm abstehend; Oberfläche kaum gezont, matt, eben bis wellig, lederfarben bis graugelb; Rand wellig, scharf. **Röhren:** Bis 4 mm lang, anfangs hellbeige, später hell holzfarben, graugelb. **Poren:** 2–4 pro mm, rundlich bis eckig, anfangs cremefarben bis hellgelb, später graugelb, frisch auf Druck bräunend. **Trama:** Elastisch-zäh, blass holzfarben; im Querschnitt erkennt man zwischen der etwa gleichfarbenen Hut- und Röhrentrama eine dünne dunkelbraune Trennlinie (Abb. 6b); Geruch und Geschmack unbedeutend. **Sporen:** 4–6,5 × 2,5–3,5 µm. **Vorkommen:** Ganzjährig an Laubholz. In Mitteleuropa findet man den Graugelben Rauchporling vor allem in wärmebegünstigten Auenwäldern mit mildem atlantischem Klima, in montanen Lagen ist er selten. **Verwendung:** Kein Speisepilz.

1a

2

1b

5

3

4

6a

6b

Familie	Gattungen
Polyporaceae s. lat.	*Climacocystis* (Schwammporlinge), *Schizopora* (Spaltporlinge), *Coriolopsis* (Borstentrameten), *Datronia* (Datronien), *Lenzites* (Blättlinge), *Daedalea* (Wirrlinge)

1 Nördlicher Schwammporling

Climacocystis borealis KOTL. & POUZ.
Spongipellis borealis (FR.) PAT.

Sommer–Herbst
An Nadelholz
Kein Speisepilz
Foto an Fichte

Fruchtkörper: 3–15(–20) cm breit, 1–3 cm dick, bis 10 cm abstehend, flach, Basis meist stielartig, jung weich, wässrig, trocken knorpelig; Oberfläche grob filzig-zottig, uneben, weiß bis ocker; Rand im Alter scharf, wellig. **Röhren:** 2–5 mm lang. **Poren:** 1–2 pro mm, eckig-unregelmäßig, weiß, alt gelblich. **Fleisch:** Weißlich, radialfaserig, zäh, zweischichtig, oben schwammig, untere Schicht fest; Geruch angenehm, Geschmack zusammenziehend. **Sporen:** 4–6,5 × 3–5 µm, breitelliptisch. **Vorkommen:** Sommer bis Herbst oft zu Hunderten an Nadelholz, selten an Laubholz, einjährig; Weißfäuleerreger. Fehlt in Westeuropa und im Mittelmeergebiet. **Verwendung:** Kein Speisepilz. **Wissenswertes:** Die Gattung *Climacocystis* besteht weltweit aus einer Art.

2 Veränderlicher Spaltporling

Schizopora paradoxa (SCHRAD.: FR.) DONK

Ganzjährig
An Laub- und Nadelholz
Unbedeutend
Foto an Laubholz

Fruchtkörper: Anfangs kleine, fleckige Krusten, die bald zusammenfließen und später oft mehrere Dezimeter breite Überzüge bilden; am senkrechten Substrat mit knotigen Vorsprüngen, aber nie mit richtigen Hutkanten; in der Regel mit schräg angeordneten, plattigen Zähnen; am liegenden Substrat bilden sich meist eckige oder labyrinthisch-zerschlitzte Poren oder Zähnchen. **Röhren:** Bis 4 mm lang, zum Rand hin kürzer. **Poren:** 1–3 pro mm, porig oder mehr zerschlitzt, plattig aufgelöst, frisch weißlich-cremegelblich, alt ockergelb, auch durch Algen grün, Rand fein weißfaserig. **Sporen:** 4,5–6 × 3–4 µm, breitelliptisch, glatt, hyalin. **Vorkommen:** Ganzjährig auf stehenden oder gefallenen, berindeten oder unberindeten Laubholzästen, seltener an Nadelholz. **Verwendung:** Unbedeutend. **Wissenswertes:** Ähnlich ist der Milchweiße Eggenpilz *(Irpex lacteus)*.

3 Braune Borstentramete

Coriolopsis gallica (FR.) RYV.

Ganzjährig
An Laubholz
Kein Speisepilz

Fruchtkörper: Hutförmig, einzeln oder dachziegelig, oder in Form von halbresupinaten, 10–40 cm langen Belägen mit 1–3 cm breiten Hutkanten; Einzelhüte 5–10(–15) cm breit, an der Anwachsstelle 0,5–2 cm dick, 2–6 cm vom Holz abstehend; Oberfläche +/– gezont, struppig-borstig, graubraun, rostbraun, Zuwachskante heller; Rand scharf. **Röhren:** 5–10 mm lang, braun. **Poren:** Circa 2 pro mm, Rundlich-eckig, auch länglich, bräunlich bis graubraun. **Trama:** Bis 1 cm dick, holzig-korkig, braun, mit KOH sofort schwarz und bald wieder ausblassend; Geruch und Geschmack unbedeutend. **Sporen:** 10–15 × 4,5–5,5 µm, zylindrisch, glatt, hyalin. **Vorkommen:** Ganzjährig an Laubhölzern; wärmeliebende Art; Weißfäuleerreger. **Verwendung:** Kein Speisepilz.

4 Großsporige Datronie

Datronia mollis (SOMMERF.: FR.) DONK

Ganzjährig
An Laubholz
Kein Speisepilz
Foto mit Moschuskraut

Fruchtkörper: Resupinat bis effuso-reflex, bis 1 m lang und bis 15 cm breit; Hüte schmal, lederig, bis 15 cm lang, bis 1,5 cm abstehend; Oberfläche der Hutkanten zoniert, erst ocker, alt dunkelbraun bis fast schwarz, feinfilzig, alt verkahlend; leicht ablösbar. **Röhren:** 0,5–5 mm lang. **Poren:** 1–2 pro mm, unregelmäßig, eckig, lang gezogen, labyrinthisch-zähnchenartig, jung hellocker, auf Druck bräunend. **Trama:** Dünn, holzig, korkig-zäh, bräunlich; im Querschnitt mit schwarzer Linie unterhalb des Hutfilzes. **Sporen:** 7,5–10 × 2,5–4 µm, zylindrisch. **Vorkommen:** Ganzjährig an liegenden Ästen und Stümpfen verschiedener Laubhölzer, sehr selten an Nadelholz, einjährig; Weißfäuleerreger. **Verwendung:** Kein Speisepilz.

5 Birken-Blättling

Lenzites betulinus (L.: FR.) FR.

Ganzjährig
An Laubholz
Kein Speisepilz
5b Fruchtkörperunterseite mit Bucheckern-Fruchthüllen

Fruchtkörper: 2–8 cm breit, 1–2 cm dick, 2–5 cm vom Substrat abstehend, halbkreis- bis nierenförmig, zum Teil etwas resupinat, oft dachziegelig überlappt, lederig; Oberseite konzentrisch gezont, zottig-filzig behaart, weißlich-graubraun, gelbbraun, oft durch Algen grün; Unterseite mit dem Hymenophor lamellig, Lamellen bis 1 cm breit, radial angeordnet, untermischt und oft gabelig verzweigt, korkig-elastisch, strohgelb, ocker bis graubraun. **Trama:** Dick, zäh, weiß. **Sporen:** 4,5–6 × 2–3 µm. **Vorkommen:** Das ganze Jahr hindurch auf totem Laubholz, einjährig. **Verwendung:** Kein Speisepilz. **Wissenswertes:** Gattung *Lenzites* mit zwei Arten auf Holz; Weißfäuleerreger.

6 Eichen-Wirrling

Daedalea quercina (L.) PERS.

Ganzjährig
An Eichen
Kein Speisepilz
6a Fruchtkörperunterseite
6b an Eichenstumpf mit Dornfarn

Fruchtkörper: 5–30 cm breit, konsolenförmig, halbrund bis kreiselförmig, an der Anwachsstelle meist etwas gebuckelt, 2–7 cm dick; Oberseite uneben-rau, +/– konzentrisch gezont, bräunlich oder rußgrau, trocken hell ausblassend; Unterseite auffallend labyrinthisch-lamellig, beigefarben-korkfarben. **Fleisch:** Korkig-zäh, kaum durchreißbar; Geruch angenehm pilzartig. **Sporen:** 5–7 × 2,5–3,5 µm. **Vorkommen:** Ganzjährig einzeln oder zu mehreren an Eichen *(Quercus)* und Edelkastanien *(Castanea sativa)*, oft an den Schnittstellen der Stümpfe, mehrjährig; erzeugt im befallenen Holz Braunfäule; verbreitet. Der leicht erkennbare Pilz fehlt in keinem Eichenwald. **Verwendung:** Kein Speisepilz. **Wissenswertes:** Einzige Art der Gattung in Europa.

1
2
3
5a
4
5b
6b
6a

1 Buckel-Tramete
Trametes gibbosa (PERS.: FR.) FR.

Ganzjährig
An Laubholz
Kein Speisepilz
1a auf Buchenstumpf
1b Fruchtkörperunterseite mit Schönem Widertonmoos

Hut: 5–30 cm breit, halbkreis- bis tellerförmig, flach, an der Ansatzstelle breit angewachsen und oft mit Buckel, bis 4 cm dick; Oberfläche samtig bis zottig behaart, alt verkahlend, konzentrisch gezont, wellig, jung weiß-blassocker, alt oft von Grünalgen besiedelt; Rand wellig, oft eingekerbt, weißlich. **Röhren:** 0,5–1,5 cm lang. **Poren:** Lang gestreckt, radial verlängert, selten lamellig, weißlich-cremefarben, alt grauocker. **Trama:** Zäh, elastisch, weiß-cremefarben; Geruch säuerlich, Geschmack bitterlich. **Sporen:** 4–5,5 × 2–2,5 µm. **Vorkommen:** Ganzjährig an totem Holz von Laubbäumen, am häufigsten an Buchenstümpfen. **Verwendung:** Kein Speisepilz. **Wissenswertes:** Die Gattung *Trametes* umfasst etwa zehn Holz bewohnende Arten; Weißfäuleerreger.

2 Striegelige Tramete
Trametes hirsuta (WULF.: FR.) PIL.

Ganzjährig
An Laubholz
Kein Speisepilz
2a an Laubholzast mit Stinkender Nieswurz

Hut: 3–10 cm breit, kaum über 1 cm dick, 2–6 cm vom Substrat abstehend, meist halbkreis- bis nierenförmig angewachsen, oben sitzende Fruchtkörper bisweilen rosettenförmig; Hüte einzeln oder meist gesellig-dachziegelig, bisweilen verwachsen; Oberfläche konzentrisch wellig gezont, zonenweise grob steifhaarig, grauweiß, gelblich, alt schmutzig graubraun, oft durch Algen grün; Rand wellig, alt kahl, oft braun gefärbt. **Röhren:** Bis 3 mm lang. **Poren:** 2–4 pro mm, rundlich-eckig (2b), weißlich, gelblich, alt grauend. **Trama:** Lederig-zäh, weiß. **Sporen:** 5–8 × 1,5–2,5 µm. **Vorkommen:** Das ganze Jahr hindurch an Stümpfen und toten Ästen und Stämmen verschiedener Laubbäume, selten an Nadelholz. **Verwendung:** Kein Speisepilz.

3 Zonen-Tramete
Trametes multicolor (SCHAEFF.) JÜL.

Ganzjährig
An Laubholz
Kein Speisepilz
Foto an Laubholz, mit Sprossendem Bärlapp

Hut: 2–6 cm breit, an der Ansatzstelle bis 1,5 cm dick, bis 4 cm vom Substrat abstehend, konsolen-, halbkreis- bis muschelförmig, selten rosettenförmig, oft dachziegelig zu großen Gruppen verwachsen; Oberfläche höckerig-uneben, kurz behaart mit kahlen Zonen, gelb-ocker bis dunkel rotbraun gebändert, ohne schwarze Zonen, an den Kahlzonen ist die Cortex sichtbar; Rand dünn, scharf, filzig, alt kahl. **Röhren:** Bis 4 mm lang. **Poren:** 3–4 pro mm, eckig, weiß bis hellocker, alt oft grau werdend. **Trama:** Zäh, korkig, weißlich; Geruch säuerlich. **Sporen:** 5,5–7 × 2,5–4 µm. **Vorkommen:** Das ganze Jahr über auf Stümpfen und an toten Stämmen von Laubbäumen, selten an Nadelholz. **Verwendung:** Kein Speisepilz.

4 Samtige Tramete
Trametes pubescens (SCHUHM.: FR.) PIL.

Sommer–Herbst
An Laubholz
Kein Speisepilz

Hut: 3–10 cm breit, bis 1,5 cm dick, 2–7 cm vom Substrat abstehend, fächer- bis halbkreisförmig, meist dachziegelig, am Substrat breit angeheftet, bisweilen stielartig verschmälert, frisch weich, alt brüchig; Oberfläche jung samtig, wellig-runzelig, mit undeutlicher Zonierung, weiß, alt verkahlend, ocker-gelb, oft von Grünalgen überzogen; Rand scharf, wellig. **Röhren:** 1–5 mm lang. **Poren:** 3–4 pro mm, rundlich-eckig, jung weißlich, dann cremefarben bis hellocker. **Trama:** Bis 5 mm dick, jung weißlich, saftig. **Sporen:** 5–7 × 1,5–2,5 µm, zylindrisch bis allantoid, glatt, hyalin. **Vorkommen:** Sommer bis Herbst an toten, liegenden oder noch stehenden Stämmen verschiedener Laubhölzer, mit einer Vorliebe für feuchte Standorte; relativ kurzlebig, bald von Maden zerfressen; Weißfäuleerreger; selten. **Verwendung:** Kein Speisepilz.

5 Anis-Tramete
Trametes suaveolens FR.

Ganzjährig
An Laubholz
Kein Speisepilz
Foto an altem Weidenast

Hut: 5–15 cm breit, 2–5 cm dick, bis 10 cm vom Substrat abstehend, halbkreis- bis konsolenförmig, einzeln, dachziegelig, auch resupinat wachsend; Oberfläche ungezont, feinfilzig, weiß-cremefarben; Rand scharf. **Röhren:** 0,5–1,5 cm lang, weiß. **Poren:** 1–3 pro mm, rundlich-eckig, zum Teil länglich, weiß, alt gelblich braun. **Trama:** Frisch fleischig-zäh, alt korkig-lederig, trocken hart; Geruch nach Anis, Geschmack unbedeutend. **Sporen:** 7–9 × 3–4 µm. **Vorkommen:** Ganzjährig an alten Weiden *(Salix)*, selten an anderen Laubbäumen, einjährig. **Verwendung**: Kein Speisepilz.

6 Schmetterlings-Tramete
Trametes versicolor (L.: FR.) PIL.

Ganzjährig
An Laub- und Nadelholz
Kein Speisepilz
Foto an Laubholzast mit Tamarisken-Thujamoos

Hut: 3–8 cm breit, 1–5 mm dick, 2–5 cm vom Substrat abstehend, halbkreis-, nieren-, fächerförmig oder rosettenartig, zur Anwachsstelle hin oft verschmälert, lederig, zäh, biegsam; Oberfläche wellig, radialrunzelig, feinsamtig, mit verschiedenfarbigen, seidig glänzenden konzentrischen Zonen, ockergelb, rötlich, bräunlich, blauschwarz; Rand dünn, oft wellig, +/– scharfkantig, weißlich-cremefarben. **Röhren:** Bis 4 mm lang. **Poren:** 2–4 pro mm, rundlich-eckig, bisweilen zerrissen-zerschlitzt, weißlich, später gelblich. **Trama:** Dünn, zäh, weiß; mit Pilzgeruch und -geschmack. **Sporen:** 5–7 × 1,5–2,5 µm. **Vorkommen:** Das ganze Jahr über auf Laubholz, gern reihig und dachziegelig an Stümpfen, selten auf Nadelholz; kann auch als Wundparasit auftreten; einjährig, im Herbst wachsende Fruchtkörper können im Frühjahr weiterwachsen. **Verwendung:** Kein Speisepilz.

1a

2a

3

1b

2b

4

6

5

Familie	Gattungen
Polyporaceae s. lat.	*Pycnoporus* (Zinnoberschwämme), *Skeletocutis* (Knorpelporlinge), *Trichaptum* (Lederporlinge), *Daedaleopsis* (Blätterwirrlinge)

1 Zinnober-Tramete

Pycnoporus cinnabarinus (JACQ.: FR.) KARST.

Ganzjährig
An Laubholz
Kein Speisepilz
1a auf Birke
1b Fruchtkörperunterseite mit Zypressen-Schlafmoos

Fruchtkörper: 2–10 cm breit am Holz angewachsen, 0,5–2 cm dick, 2–6 cm vom Substrat abstehend, konsolenförmig, halbrund bis fächerförmig; Oberfläche runzelig-uneben, höckerig, bisweilen undeutlich konzentrisch gezont, frisch lebhaft orange-zinnoberrot, alt ausblassend, kahl. **Röhren:** Bis 8 mm lang. **Poren:** Klein, 2–3 pro mm, eckig-rundlich, auch längs gestreckt bis labyrinthisch, tief orange. **Trama:** Korkig-zäh, orangerot; ohne besonderen Geruch und Geschmack. **Sporen:** 5–6 × 2–2,5 µm, elliptisch, glatt. **Vorkommen:** Ganzjährig an Stümpfen und auf toten Ästen und Stämmen vieler Laubholzarten, selten an Nadelholz, einjährig; bisweilen mit anderen Trameten am gleichen Substrat verwachsen. **Verwendung:** Kein Speisepilz. **Wissenswertes:** Die Gattung *Pycnoporus* besteht nur aus dieser einen Art. Die rote Farbe des Pilzes ist auf den Farbstoff Cinnabarin zurückzuführen, auch das Myzel im Holz ist rot gefärbt.

2 Orangeporiger Knorpelporling

Skeletocutis amorpha (FR.) KOTL. & POUZ.

Ganzjährig
An Nadelholz
Unbedeutend
Foto an Wald-Kiefer

Fruchtkörper: Resupinate Überzüge, leicht ablösbar, an senkrechtem Substrat mit bis 1,5 cm abstehenden, oft wellig-verbundenen, dünnen Hütchen; Oberfläche seidig-filzig, weißlich bis grau-weißlich gezont, von Algen bisweilen grünlich; Hutkante scharf; trocken hornartig hart. **Röhren:** Bis 1 mm lang. **Poren:** 3–4 pro mm, rundlich-eckig, weißlich, lachsrosa bis orange. **Fleisch:** Im Schnitt durch den Fruchtkörper erkennt man mit der Lupe deutlich eine Duplex-Trama; Geruch unbedeutend, Geschmack bitterlich. **Sporen:** 4–5 × 1–1,5 µm. **Vorkommen:** Ganzjährig an Holz von Kiefern *(Pinus)*, selten an anderen Nadelhölzern. **Verwendung:** Unbedeutend. **Wissenswertes:** Die Poren verfärben sich mit Salmiakgeist schön orangerot. Die Gattung *Skeletocutis* umfasst in Europa etwa 15 Arten; alle wachsen auf Holz, in dem sie Weißfäule hervorrufen.

3 Violetter Lederporling

Trichaptum abietinum (PERS.: FR.) RYV.

Ganzjährig
An totem Nadelholz
Unbedeutend
3a und 3b an Weißtanne

Fruchtkörper: Auf der Unterseite der Stämme flach dem Substrat anliegend und oft lange Beläge bildend, an senkrechten Flächen und an Ästchen mit schmalen, bis 3 cm abstehenden Konsolen; Hütchen dünn, lederig-zäh, meist dachziegelig oder seitlich verwachsen, konzentrisch gefurcht-gezont, filzig behaart, weißlich-grau, alt kahl und durch Algen grün; Rand scharfkantig, oft mit violettem Ton; Unterseite netzig-porig. **Röhren:** Bis 2 mm lang, dunkelbraun. **Poren:** 3–5 pro mm, rund bis eckig, alt zum Teil etwas gezähnt oder aufgespalten, jung violett, alt violettbraun bis gelbbraun. **Sporen:** 7–8 × 2,5–3,5 µm. **Vorkommen:** Ganzjährig an totem Nadelholz, sehr selten an Laubholz, einjährig; weit verbreitet. **Verwendung:** Unbedeutend.

4 Zahnförmiger Lederporling

Trichaptum hollii (SCHMIDT: FR.) KREIS.

Ganzjährig
An totem Kiefernholz
Unbedeutend
4a an Wald-Kiefer
4b Unterseite mit Kiefernzapfen

Fruchtkörper: Dünn, lederig, resupinat oder mit 1–3 cm abgebogenen Hütchen, seitlich reihig verwachsen; Hutoberseite striegelig behaart, konzentrisch gezont, grauweiß bis bräunlich; Rand scharf; Unterseite schon von Anfang an dicht mit abgeplatteten, 1–5 mm langen Zähnchen besetzt, die am Rand der Fruchtkörper kürzer und +/– reihig angeordnet sind; Zähnchen jung violett, alt hellbraun-graubraun. **Sporen:** 7–8,5 × 2,5–3 µm, zylindrisch-allantoid, glatt, hyalin. **Vorkommen:** Ganzjährig an totem Kiefernholz *(Pinus)*, selten auch an Fichte *(Picea abies)* und Laubholz, einjährig. **Verwendung:** Unbedeutend. **Wissenswertes:** Die Gattung *Trichaptum* umfasst in Europa vier dünnfleischige, zähe Arten. Ihre Fruchtkörper haben Poren oder Lamellen; die Sporen sind zylindrisch bis schwach allantoid. Alle wachsen auf Nadelholz, in dem sie Weißfäule erzeugen.

5 Rötende Tramete

Daedaleopsis confragosa (BOLT.: FR.) SCHROET.

Ganzjährig
An Laubholz
Kein Speisepilz
Foto an Laubholz

Hut: 5–15 cm breit, an der Ansatzstelle 1–3 cm dick, bis 10 cm vom Substrat abstehend, oft etwas gebuckelt, halbkreis- bis fächerförmig; Oberfläche kahl, meist konzentrisch gezont und gefurcht, +/– uneben, hellbraun bis rotbräunlich; Rand bei ausgewachsenen Pilzen flach, scharfkantig, bei frisch wachsenden Pilzen weißlich. **Röhren:** Bis 10 mm lang, an der Ansatzstelle etwas herablaufend. **Poren:** 1–2 pro mm, eckig, labyrinthisch oder auch radial verlängert, hellgrau, alt dunkel graubraun, bei frischen Pilzen auf Druck rosabräunlich verfärbend. **Trama:** Zäh, korkig, dünner als die Röhrenschicht, frisch ockerfarben, später graubräunlich; Geruch jung säuerlich, Geschmack mild bis bitterlich. **Sporen:** 6,5–8 × 2–2,5 µm, zylindrisch, leicht gekrümmt, glatt, hyalin. **Vorkommen:** Das ganze Jahr hindurch an toten, stehenden oder liegenden Ästen und Stämmen verschiedener Laubhölzer; Weißfäuleerreger; verbreitet. **Verwendung**: Kein Speisepilz. **Wissenswertes:** Ähnlich ist die Dreifarbige Tramete *(Daedaleopsis confragosa* var. *tricolor)*. Dieser Pilz wird oft nur als Varietät der Rötenden Tramete betrachtet, von der er sich durch sein lamelliges Hymenophor unterscheidet. Man findet ihn das ganze Jahr über meist gesellig an toten Ästen und Stämmen von Wildkirsche *(Prunus avium)*, Hasel *(Corylus avellana)* und anderen Laubhölzern.

1a

1b

2

3a

3b

4a

4b

5

Polyporaceae s. lat.

Fomes (Zunderschwämme), *Fomitopsis* (Baumschwämme), *Ischnoderma* (Harzporlinge)

1 Echter Zunderschwamm

Fomes fomentarius (L.: Fr.) Fr.

Ganzjährig
An Laubbäumen
Kein Speisepilz
1a an Birke
1b mit Sporenpulver bestäubte Fruchtkörper

Fruchtkörper: Hufförmig, 10–25(–50) cm breit, 7–15 cm hoch, 5–20 cm vom Substrat abstehend; Oberfläche hart, mit 1–2 mm dicker Kruste, tief konzentrisch gefurcht, jung lehmbraun-rotbraun, bräunlich, alt graulich, zuletzt fast schwarz; Rand stumpf, mit bräunlicher Zuwachszone. Die Ringfurchen wie auch die Röhrenschichten entsprechen nicht etwa Jahresringen, sondern Wachstumsperioden, die mehrmals pro Jahr auftreten können. **Röhren:** 2–8 mm lang, geschichtet, rostbraun. **Poren:** 2–4 pro mm, jung weißgrau bis beige, später bräunlich. **Trama:** Korkig, lederartig, hellbraun, an der Anwachsstelle mit weichem, weißlich marmoriertem Myzelialkern. **Sporen:** 15–20 × 4,5–7 µm, elliptisch-zylindrisch, glatt, hyalin. **Vorkommen:** Das ganze Jahr über als Saprophyt oder Schwächeparasit an Rotbuchen *(Fagus sylvatica)*, Birken *(Betula)* und anderen Laubbäumen, mehrjährig. **Verwendung:** Kein Speisepilz. **Wissenswertes:** Aus der Trama hat man früher Zunder, Trinkgefäße sowie Bekleidung hergestellt. Die Gattung *Fomes* besteht aus einer Art.

2 Lärchen-Baumschwamm

Fomitopsis officinalis (Vill.: Fr.) Bond. & Sing.
Laricifomes officinalis (Vill.: Fr.) Kotl. & Pouz.

Ganzjährig
An Lärchen
Kein Speisepilz
Foto an Lärchenstamm

Fruchtkörper: Konsolen- bis hufförmig, im Alter zylindrisch, 10–15 cm breit, bis 30 cm hoch, bis 10 cm vom Substrat abstehend; Oberfläche jung ohne Kruste, cremeweiß bis gelborange, alt mit sehr dünner Kruste, rissig, gezont, grau, graubräunlich bis schwarzgrau; Rand stumpf, wulstig, cremeweißlich bis bräunlich. **Röhren:** 5–10 mm lang, undeutlich geschichtet; an alten Exemplaren wurden bis zu 70 Schichten gezählt. **Poren:** 2–4 pro mm, rundlich-eckig, gelblich bis orangebraun. **Trama:** Brüchig, weich, weiß; Geruch mehlartig, Geschmack sehr bitter. **Sporen:** 4,5–5,5 × 3–3,5 µm. **Vorkommen:** In den Alpen an Lärchen *(Larix)*, mehrjährig; der Pilz erzeugt eine wenig aktive Braunfäule; als Seltenheit zu schonen. **Verwendung:** Kein Speisepilz. **Wissenswertes:** Früher war der Lärchen-Baumschwamm als Heilmittel gesucht und hoch geschätzt (Volksname „Apothekerschwamm"). Sein wirksamer Bestandteil ist Agaricinsäure; sie wirkt stark abführend und ist auch für den außerordentlich bitteren Geschmack des Pilzes verantwortlich.

3 Rotrandiger Baumschwamm

Fomitopsis pinicola (Swartz: Fr.) Karst.

Ganzjährig
An Laub- und Nadelbäumen
Kein Speisepilz
3a geotrop wachsende Fruchtkörper
3c junger Fruchtkörper mit Guttationstropfen

Fruchtkörper: Anfangs knollenförmig hervorbrechend, dann halbkreis- bis hufförmig, breit am Substrat angewachsen, 8–40 cm breit, 4–10 cm dick, 8–20 cm vom Substrat abstehend; Oberfläche buckelig-höckerig, mit konzentrisch angeordneten Zonen, Kruste glänzend, harzig, schmilzt in einer kleinen Flamme, Rand zur Wachstumszeit weißlich, zur Mitte hin hellgelb-orangegelb, orangerot, fuchsrot, die älteren Teile sind grauschwärzlich. **Röhren:** Deutlich nach Zuwachsperioden geschichtet, blassgelblich. **Poren:** 3–4 pro mm, rundlich, gelbweißlich, später blassbräunlich; Poren und Hutrand während der Hauptwachstumszeit oft mit wässrigen Tropfen. **Trama:** Zäh-holzig, jung weißlich gelb, alt gelb bis hellbräunlich; Geruch frisch stark säuerlich, Geschmack bitter. **Sporen:** 6–8 × 3,5–4 µm. **Vorkommen:** Ganzjährig an stehenden und liegenden Stämmen und Stümpfen von Laub- und Nadelbäumen; verbreitet. **Verwendung:** Kein Speisepilz. **Wissenswertes:** Fruchtkörper, die während ihres Wachstums zur Seite gedreht werden, bilden eine neue, senkrecht ausgerichtete Röhren-/Porenschicht aus (Geotropismus).

4 Rosenroter Baumschwamm

Fomitopsis rosea (Alb. & Schw.: Fr.) Karst.

Ganzjährig
An Nadelholz
Kein Speisepilz

Fruchtkörper: 2–4(–10) cm breit, bis 3 cm dick, 1–4 cm vom Substrat abstehend; Oberfläche hartkrustig, wellig-höckerig, schwach konzentrisch gezont, graurosa, später dunkelbraun bis schwärzlich; Unterseite porig, rosafarben; Zuwachsrand rosafarben. **Röhren:** Am Substrat +/– herablaufend, bei älteren Exemplaren undeutlich geschichtet. **Poren:** 3–5 pro mm, rundlich bis längs gestreckt, graurosa bis rosa. **Trama:** Holzig-zäh, rosafarben-graurosa; Geruch schwach pilzartig, Geschmack harzig-bitter. **Sporen:** 6–7 × 2,5–3 µm. **Vorkommen:** Meist an Fichte *(Picea abies)*; Braunfäuleerzeuger; sehr selten. **Verwendung:** Kein Speisepilz.

5 Schwarzgebänderter Harzporling

Ischnoderma benzoinum (Wahlenb.: Fr.) Karst.

Sommer–Herbst
An Nadelholz
Kein Speisepilz
Foto an Fichtenstamm, mit Einbeere

Fruchtkörper: Bis 14 cm breit, bis 2 cm dick, flach sitzend bis nahezu haubenförmig gebogen, einzeln oder dachziegelig übereinander wachsend; Oberfläche jung fein behaart, kastanienbraun, rotbraun bis dunkelbraun, mit konzentrischen Zonen, radialrunzelig, später mit schwarzer, harziger Kruste; Rand jung hell. **Röhren:** Bis 1 cm lang, dunkelbraun. **Poren:** 4–6 pro mm, eckig bis rund, jung weißlich, bei Berührung braun fleckend, später zimtbraun. **Trama:** Frisch weich, faserig, trocken hart, ocker bis braun. **Sporenpulver:** Weiß. **Sporen:** 5–6 × 2–2,5 µm, zylindrisch, hyalin. **Vorkommen:** Sommer bis Herbst an morschen Stämmen und Stümpfen, meist auf Fichte *(Picea abies)*, einjährig; selten. **Verwendung:** Kein Speisepilz. **Wissenswertes:** Alle drei Arten der Gattung *Ischnoderma* leben auf Holz, sie haben eine hellbraune Trama und erzeugen Weißfäule.

1a
1b
2
3a
3b
3c
4
5

Familien	Gattungen
Polyporaceae s. lat.	*Gloeophyllum* (Blättlinge), *Heterobasidion* (Wurzelschwämme)
Schizophyllaceae	*Schizophyllum* (Spaltblättlinge)

1 Tannen-Blättling

Gloeophyllum abietinum (BULL.: FR.) KARST.

Ganzjährig
An totem Nadelholz
Kein Speisepilz

Fruchtkörper: Bis 8 cm breit, bis 1 cm dick, 3–5 cm vom Substrat abstehend, oft konsolenförmig verwachsen, auch kreisel- oder muschelförmig, an der Unterseite des Substrats voll resupinat; Oberfläche feinfilzig, alt kahl, konzentrisch gezont, graubraun-dunkelbraun, alt schwarzbraun; jung mit heller Randzone. **Lamellen:** Entfernt stehend, braun, am Hutrand mit 8–12 Lamellen pro cm, ocker- bis graubraun; Schneiden gekerbt. **Trama:** Dünn (1–5 mm), zäh, braun, mit KOH schwarz; Geruch unbedeutend. **Sporen:** 8–13 × 3–4,5 µm. **Vorkommen:** Ganzjährig an totem Nadelholz, mehrjährig. **Verwendung:** Kein Speisepilz. **Wissenswertes:** Die Gattung *Gloeophyllum* umfasst fünf Arten. Alle erzeugen im Holz eine Braunfäule.

2 Fenchel-Porling

Gloeophyllum odoratum (WULF.: FR.) IMAZ.
Osmoporus odoratus (WULF.: FR.) SING.

Ganzjährig
An alten Fichtenstümpfen
Kein Speisepilz
Foto an altem Fichtenstumpf, mit Zypressen-Schlafmoos

Fruchtkörper: 5–15 cm breit, auf waagerechter Unterlage knollig-wulstig, kissenförmig verwach-

sen, an senkrechtem Substrat konsolenförmig-halbrund, einzeln oder zu mehreren; Oberfläche runzelig, wellig, uneben, matt-filzig, orangebraun-rotbraun; Rand wulstig, stumpf, Zuwachszone gelborange. **Röhren:** 0,5–1,5 cm lang, +/– geschichtet, rostbräunlich. **Poren:** 1–2 pro mm, rundlich-länglich bis schwach eckig, frisch gelblich-zimtfarben. **Trama:** Bis 3 cm dick, korkig, fest, rostbraun; Geruch deutlich nach Fenchel, Geschmack bitter-säuerlich, etwas nach Fenchel. **Sporen:** 6–8 × 3– 4,5 µm. **Vorkommen:** Ganzjährig auf älteren Fichtenstümpfen, bisweilen auch an liegenden Stämmen, selten an anderen Nadelhölzern; erzeugt im Holz Braunfäule (Foto links: vom Fenchel-Porling zerstörtes Holz mit Braunfäule). **Verwendung:** Kein Speisepilz.

3 Zaun-Blättling

Gloeophyllum sepiarium (WULF.: FR.) KARST.

Ganzjährig
An Nadelholz
Kein Speisepilz
3b Hutunterseite mit Nadeln der Weißtanne

Fruchtkörper: Konsolen- bis rosettenförmig, oft dachziegelig oder leistenförmig-schmalhütig entwickelt, bisweilen auch auf der Unterseite des Substrats voll resupinat wachsend; Einzelhüte 2–7 cm breit, zäh, lederig; Oberfläche höckerig, striegelig-filzig, meist konzentrisch gezont und wellig gefurcht, rostbraun bis dunkelbraun; Randzone jung gelblich-orangegelb. **Lamellen:** Dicht stehend, am Hutrand ca. 1–2 pro mm, jung gelb, bald braunorange bis rostbraun, heller als die Oberseite. **Trama:** Dünn, korkig, rostbraun bis dunkel rotbraun; ohne besonderen Geruch. **Sporen:** 9–13 × 3–5 µm. **Vorkommen:** Das ganze Jahr über besonders auf Fichte *(Picea abies)*, selten auf Laubholz. Der Zaun-Blättling bevorzugt sonnenexponierte Standorte und greift auch Pfähle, Zäune und Holzbauten an. **Verwendung:** Kein Speisepilz. **Wissenswertes:** Sehr ähnlich ist der Tannen-Blättling *(Gloeophyllum abietinum)*. Er unterscheidet sich durch entfernter stehende Lamellen (etwa 1 pro mm).

4 Gemeiner Wurzelschwamm

Heterobasidion annosum (FR.) BREF.

Ganzjährig
An Nadelbäumen
Kein Speisepilz
Foto an Fichte, mit Sauerklee

Fruchtkörper: Einzelhüte bis 20 cm breit, 1–2 cm dick, 5–10 cm vom Substrat abstehend, oft unregelmäßig geformt oder resupinat, leicht ablösbar; Oberfläche unregelmäßig konzentrisch gezont, runzelig-höckerig, hell- bis rotbraun, alt dunkelbraun bis schwärzlich; Rand in der Wachstumsphase weiß. **Röhren:** Bei mehrjährigen Fruchtkörpern mehrfach geschichtet, pro Schicht 2–5 mm lang. **Poren:** 2–4 pro mm, rundlich-eckig, weiß bis cremefarben. **Trama:** Frisch elastisch, zäh, trocken hart, holzig, weißlich bis cremefarben; Geruch charakteristisch, Geschmack unbedeutend. **Sporenpulver:** Weiß. **Sporen:** 4,5–6 × 4–4,5 µm, rundlich. **Vorkommen:** Das ganze Jahr über an der Basis von Nadelbäumen, selten an Laubholz, mehrjährig; gefürchteter Parasit in Fichtenforsten. Der Pilz infiziert die Stämme meist über die Wurzeln. **Verwendung:** Kein Speisepilz.

5 Spaltblättling

Schizophyllum commune FR.: FR.

Ganzjährig
An Laub- und Nadelholz
Kein Speisepilz
5a an Laubholz, mit Heidekraut
5b Fruchtkörperunterseite mit Pseudolamellen

Fruchtkörper: 1–4 cm breit, muschel- bis fächerförmig, oft gelappt, lederartig, zäh, mit verschmälerter Basis am Substrat angewachsen; Oberfläche filzig-striegelig, trocken weißlich, feucht schmutzig graubräunlich, undeutlich gezont; Rand etwas eingebogen, gekerbt, alt oft eingeschnitten. **Pseudolamellen:** Von der Anwachsstelle fächerförmig ausstrahlend, verschieden lang, mit längs gespaltener Schneide; diese öffnet sich bei Trockenheit und rollt sich über das Hymenium, bei Feuchtigkeit schließt sie sich. **Stiel:** Fehlend oder schwach entwickelt. **Fleisch:** Dünn, zäh, ockerfarben. **Sporen:** 3–7 × 1–3 µm. **Vorkommen:** Ganzjährig an totem Laub- und Nadelholz. **Verwendung:** Kein Speisepilz. **Wissenswertes:** Die *Schizophyllaceae* sind eine isolierte Familie mit nur einer Art in Europa. Der Spaltblättling ist kein Lamellenpilz, sondern steht den Rindenpilzen nahe.

1

2

3a

3b

4

5a

5b

Familien	Gattungen
Auriculariaceae	*Auricularia* (Ohrlappenpilze)
Tremellaceae	*Pseudohydnum* (Zitterzähne), *Tremella* (Zitterlinge), *Tremiscus* (Gallerttrichter)

1 Judasohr

Auricularia auricula-judae (BULL.) WETTST.

Ganzjährig
An Schwarzem Holunder
Essbar
1a und 1b an Schwarzem Holunder

Fruchtkörper: Muschelförmig, ohrförmig bis unregelmäßig schüsselförmig, 3–8 cm breit, bis 4 cm vom Substrat abstehend, stiellos oder mit sehr kurzem Stiel angewachsen, zäh; Oberseite eben bis schwach runzelig, olivbraun, rotbräunlich, purpurbraun, flaumig-filzig; Innenseite (Hymenium) glatt, glänzend, wie die Oberfläche gefärbt, von erhabenen Leisten und Falten durchzogen; Rand glatt und scharf. **Fleisch:** Dünn, gallertig-knorpelig, trocken hornartig hart, feucht aufquellend; ohne besonderen Geruch, Geschmack wässrig. **Sporenpulver:** Weiß. **Sporen:** 17–19 × 6–8 µm. **Vorkommen:** Ganzjährig, oft gesellig bis büschelig an Schwarzem Holunder *(Sambucus nigra)*, selten an anderen Laubhölzern. **Verwendung:** Essbar; kann als Salatpilz zu asiatischen Gerichten verwendet werden. **Wissenswertes:** Das Judasohr hat seinen Volksnamen nach der Form seiner Fruchtkörper erhalten. In alten Arzneibüchern wird der Pilz unter der Bezeichnung Holunderschwamm (Fungus Sambuci) wegen seines stark wasserhaltigen Gewebes äußerlich als Heilmittel bei Augenentzündungen empfohlen. Vor derartigen Anwendungen in der Volksheilkunde ist aber schon wegen der damit verbundenen Infektionsgefahr dringend abzuraten.

2 Gezonter Ohrlappenpilz

Auricularia mesenterica (DICKS.: FR.) PERS.

Ganzjährig
An Laubholz
Kein Speisepilz

Fruchtkörper: Resupinat oder mit +/– ausgeprägten, bis 3 cm breiten Hütchen, die vom Substrat abstehen und oft dachziegelig angeordnet sind; Hutoberseite striegelig-filzig, hellgrau-graubräunlich gezont, oft von Algen grün gefärbt; Unterseite (mit der Fruchtschicht) dunkel purpurbraun, unregelmäßig aderig-faltig; Rand wellig gelappt. Feucht sind die Pilze gallertig-aufgequollen, bei Trockenheit hornartig, mit blauschwarzem Hymenium. **Sporen:** 15–18 × 5–6 µm, zylindrisch, glatt, hyalin, mit Tropfen. **Vorkommen:** Das ganze Jahr über als Schwächeparasit oder Saprophyt an verschiedenen Laubbäumen, bevorzugt in Flussniederungen und Auenwäldern. **Verwendung:** Kein Speisepilz.

3 Eiszitterpilz

Pseudohydnum gelatinosum (SCOP.: FR.) KARST.

Juli–November
An Nadelholzstümpfen
Essbar
3a mit Plattmoos
3c Fruchtkörperunterseite mit Zypressen-Schlafmoos

Fruchtkörper: Erst zungenförmig, dann halbkreis- bis muschelförmig, 2–6(–8) cm breit, 0,5–1 cm dick, gallertartig; Oberfläche feinkörnig-rau, weiß, seltener graubraun (3b); Unterseite dicht mit zapfenförmigen, bis 3 mm langen weißlichen Stacheln besetzt, welche die sporenbildende Schicht tragen; Basis stielartig verschmälert. **Fleisch:** Wässrig, gallertig, gelatinös, weißlich, trocken stark schrumpfend und knorpelig; Geruch unbedeutend, Geschmack fade. **Sporenpulver:** Weiß. **Sporen:** 6–8 × 5,5–6,5 µm. **Vorkommen:** Juli bis November einzeln oder dachziegelartig an morschen Nadelholzstümpfen. In ganz Europa weit verbreitet. **Verwendung:** Essbar; kann abgebrüht als Salatpilz verwendet werden. **Wissenswertes:** Weiße und graubraune Fruchtkörper können zur gleichen Zeit am gleichen Holz erscheinen. Die Gattung *Pseudohydnum* besteht nur aus dieser einen Art, die an den Stacheln auf der Unterseite leicht erkennbar ist.

4 Goldgelber Zitterling

Tremella mesenterica RETZ. IN HOOK.: FR.

Ganzjährig
An Laubholz
Kein Speisepilz
4a an Laubholzast
4b Fruchtkörper bei Trockenheit mit Bärlauchblättern

Fruchtkörper: Jung hirnartig gewunden, dann unregelmäßig faltig-lappig, 2–5(–10) cm breit, 2–4 cm hoch, mit schmaler Ansatzstelle, gallertig, leuchtend goldgelb, alt ausblassend, blassgelblich, schlaff herunterhängend; Oberfläche glatt, etwas glänzend; bei Trockenheit knorpelig zusammenschrumpfend (siehe Foto) und orangefarben, bei feuchter Witterung wieder aufquellend. **Fleisch:** Gelatinös, gallertig-zäh; Geruch und Geschmack unbedeutend. **Sporen:** 10–16 × 7–8 µm, eiförmig, glatt, hyalin; vor der Reife der Basidiensporen entwickelt der junge Pilz oft wesentlich kleinere Konidiensporen. **Vorkommen**: Das ganze Jahr über bei hoher Luftfeuchtigkeit auf abgestorbenen Ästen und Stämmen verschiedener Laubhölzer. **Verwendung:** Kein Speisepilz. **Wissenswertes:** Die Gattung *Tremella* umfasst in Europa etwa 30 Arten. Die +/– gelatinösen Fruchtkörper tragen ihre Fruchtschicht auf der ganzen Oberfläche.

5 Fleischroter Gallerttrichter

Tremiscus helvelloides (D. C.: FR.) DONK

Juli–Oktober
An im Boden liegendem Holz
Essbar
Foto mit Giersch

Fruchtkörper: Jung zungenförmig, dann trichterförmig, einseitig eingeschnitten, umgeschlagen, 3–10 cm hoch, bis 5 cm breit; Innenseite glatt, matt, jung wie die Außenseite leuchtend orange-rosa-lachsfarben; Außenseite mit dem Hymenium später durch Sporenstaub weißlich, alt runzelig-aderig; Basis stielartig, weißlich. **Fleisch:** Gallertig, weich, biegsam, rötlich; Geruch und Geschmack unbedeutend. **Sporenpulver:** Weiß. **Sporen:** 9,5–11 × 5,5–6 µm, glatt, hyalin. **Vorkommen:** Juli bis Oktober einzeln oder in Gruppen und Büscheln an im Boden liegendem Holz, gern entlang von feuchten Waldwegen, auf kalkhaltigen Böden; verbreitet. **Verwendung:** Essbar; kann abgebrüht als Salatpilz und zum Garnieren von Speisen verwendet werden. **Wissenswertes:** Die Gattung *Tremiscus* ist bei uns nur mit einer Art vertreten.

1a

1b

2

3a

3b

3c

4a

4b

5

Familie: **Tremellaceae**

Gattung: *Exidia* (Drüslinge)

1 Knorpeliger Drüsling

Exidia cartilaginea Lundell & Neuhoff in Neuhoff

Ganzjährig
An Laubholzästen
Kein Speisepilz
Foto an Lindenzweig, mit Immergrün

Fruchtkörper: Zunächst knopfförmig, später bis 20 cm lange, miteinander verschmolzene Beläge, 0,5–2 cm hoch, knorpelig-gallertig, dem Substrat anliegend; Oberfläche jung weißlich, alt in der Mitte ocker- bis rotbraun; Rand weißlich. **Sporen:** 10–14 × 3–4,5 µm. **Vorkommen:** Das ganze Jahr hindurch an meist berindeten, am Boden liegenden oder noch hängenden Ästen und Stämmen verschiedener Laubhölzer, gern an Linde *(Tilia);* Weißfäuleerzeuger. **Verwendung:** Kein Speisepilz. **Wissenswertes:** Ähnlich ist der Weißliche Drüsling *(Exidia thuretiana);* er hat einfarbig weiße Fruchtkörper und wächst bevorzugt auf morschen Ästen der Rotbuche *(Fagus sylvatica)*.

2 Becherförmiger Drüsling

Exidia glandulosa (Bull.) Fr.
Exidia truncata Fr.

Ganzjährig
An Laubholzästen
Kein Speisepilz
2a eingetrocknete Fruchtkörper
2b an Eichenast

Fruchtkörper: Flach kreiselförmig, knopf- oder muschelförmig, oft gestielt, 1–5 cm breit und hoch, meist einzeln, seltener in Gruppen, dabei nicht zusammenfließend, frisch gallertig-fest, alt schlaff, bisweilen in Klumpen hängend; bildet trocken knorpelige, hornartige Krusten; Oberseite kahl, anfangs glatt, dunkel braunschwarz bis schwarz, glänzend, später fein runzelig, mit Drüsenwärzchen punktiert; Unterseite filzig-zottig, matt, rau, schwarz. **Fleisch:** Elastisch, zäh, gallertig; ohne besonderen Geruch und Geschmack. **Sporen:** 14–19 × 4,5–5,5 µm, walzenförmig. **Vorkommen:** Ganzjährig auf Ästen von Eichen *(Quercus)* und anderen Laubhölzern. **Verwendung:** Kein Speisepilz. **Wissenswertes:** Die Gattung *Exidia* ist bei uns mit etwa 15 Arten vertreten.

3 Warziger Drüsling

Exidia plana (Wigg.) Donk
Exidia glandulosa (Bull.): Fr.

Ganzjährig
An Laubholz
Kein Speisepilz
Foto an Laubholzast, mit Immergrün

Fruchtkörper: Bis 30 cm lang miteinander verschmolzen und 0,5–2 cm hoch, dem Substrat anliegend, meist unregelmäßig ausgebreitet, gallertig, wulstig gelappt, schwarz, bisweilen graubräunlich-dunkelbraun, seltener olivbraun, frisch (feucht) glänzend; die hirnartig gefaltete Oberfläche trägt sehr kleine Drüsenwärzchen (Lupe!); getrocknet schrumpfen die Pilze zu 0,5–2 mm dicken, hornartigen, schwarzen, glanzlosen Krusten. **Fleisch:** Gallertig, weich, im Schnitt glänzend, graulich; ohne besonderen Geruch und Geschmack. **Sporen:** 10–16 × 3,5–5,5 µm. **Vorkommen:** Das ganze Jahr hindurch an am Boden liegenden oder noch stehenden toten Laubholzstämmen und -ästen, oft auf den Schnittflächen von Stümpfen, selten an Nadelholz. **Verwendung:** Kein Speisepilz. **Wissenswertes:** Der Warzige Drüsling erhielt den Volksnamen „Hexenbutter" wegen des Aussehens der wulstig-lappigen Fruchtkörper.

4 Kreisel-Drüsling

Exidia recisa (Ditm.) Fr.

Ganzjährig
An Weidenästen
Unbedeutend
Foto an Weidenästchen

Fruchtkörper: Flach kreiselförmig, knopf- oder muschelförmig-lappig, sitzend oder mit kurzem Stiel am Substrat angewachsen, 1–3 cm hoch und breit, einzeln wachsend, nicht verschmelzend, gelatinös, anfangs prall, später +/– schlaff; Oberfläche mit der Fruchtschicht fast glatt oder grob wellig bis wabig-runzelig, schwach glänzend; sterile Unterseite körnig-warzig und matt; ganzer Fruchtkörper bernsteinfarben, gelbbraun bis rostbraun; trocken unscheinbar, bräunlich, krustig. **Fleisch:** Gallertig-zäh, elastisch; Geschmack wässrig. **Sporen:** 12–16 × 3–4,5 µm. **Vorkommen:** Das ganze Jahr über, besonders von Oktober bis März auf abgestorbenen, meist noch hängenden Weidenästen *(Salix)*, selten auch an anderen Laubbäumen. **Verwendung:** Unbedeutend.

5 Kandisbrauner Drüsling

Exidia saccharina Alb. & Schw.: Fr.

Ganzjährig
An Fichten
Kein Speisepilz
Foto auf Fichtenstamm

Fruchtkörper: Jung knopfartig, später in Gruppen verschmolzen und bis 20 cm lange Beläge bildend, flach anliegend, 0,5–2 cm dick, hirnartig gewunden oder faltig-gelappt, wellig, in frischem Zustand glänzend, kandisfarben, karamellfarben bis dunkelbraun; Unterseite steril, körnig-rau; eingetrocknet kaum 1 mm dick, hornartig, hart, dunkel rotbraun bis fast schwarz. **Fleisch:** Gelatinös-gallertig, wässrig; ohne besonderen Geruch und Geschmack. **Sporen:** 9–15 × 3,5–5 µm. **Vorkommen:** Ganzjährig, besonders von November bis März auf liegenden, teilweise noch berindeten Stämmen der Fichte *(Picea abies)* und anderer Nadelhölzer. **Verwendung:** Kein Speisepilz.

6 Weißlicher Drüsling

Exidia thuretiana (Lév.) Fr.

Ganzjährig
An Laubholz
Kein Speisepilz
Foto an Laubholz, mit Krücken-Kegelmoos

Fruchtkörper: Anfangs linsen- bis scheibenförmig, flach, dem Substrat fest anliegend, bald zusammenfließend und bis 15 cm lange Beläge bildend, gelatinös; Fruchtschicht wellig bis höckerig, mit Furchen, weißlich, grau- bis bläulich weiß, auch rosa-ockerlich, ohne Drüsenwärzchen; Rand deutlich abgesetzt; bei Trockenheit zu einer dünnen, durchsichtigen Schicht eintrocknend. **Fleisch:** Gelatinös, zäh; Geschmack unbedeutend, Geruch nach Zedernholz. **Sporen:** 13–18 × 5,5–7 µm. **Vorkommen:** Ganzjährig an Laubholzästen. **Verwendung:** Kein Speisepilz. **Wissenswertes:** Sehr ähnlich ist der seltenere, auf abgefallenen Lindenästchen wachsende Knorpelige Drüsling *(Exidia cartilaginea);* er hat weißliche, im Alter zur Mitte hin braun verfärbende Fruchtkörper.

1

2a

2b

3

4

5

6

Familien	Gattungen
Dacryomycetaceae	*Calocera* (Hörnlinge), *Dacryomyces* (Gallerttränen), *Ditiola* (Gallertbecher)
Exobasidiaceae	*Exobasidium* (Nacktbasidien)

1 Laubholz-Hörnling

Calocera cornea (BATSCH) FR.

Juli–November
Auf Laubholz
Unbedeutend
Foto an Laubholz, mit Wald-Veilchen

Fruchtkörper: 0,5–1,5 cm hoch, bis 1 mm breit, spindelförmig-pfriemenförmig, aufrecht oder gebogen, in eine Spitze auslaufend, gelegentlich gegabelt, glatt oder in Längsrichtung gerunzelt, gelb bis orangegelb. **Fleisch:** Zäh, gelatinös. **Sporen:** 8–10 × 3,5–4,5 µm, zylindrisch, glatt, hyalin, mit einer Septe. **Vorkommen:** Juli bis November einzeln, gesellig bis büschelig auf ganz oder teilweise entrindetem, am Boden liegendem Laubholz. **Verwendung:** Unbedeutend. **Wissenswertes:** Der beschriebene Pilz kann mit dem Gegabelten Hörnling *(Calocera furcata)* verwechselt werden. Dieser wächst in kleinen Büscheln auf Nadelholz. Die Gattung *Calocera* umfasst bei uns etwa sechs Holz bewohnende Arten. Fruchtkörper zylindrisch, spatelförmig oder gabelig verzweigt, durch Carotinoide gelborange gefärbt; Sporen glatt, hyalin, meist mit 1–3 Septen.

2 Klebriger Hörnling

Calocera viscosa (PERS.: FR.) FR.

Juni–November
An morschem Nadelholz
Kein Speisepilz
2a Fruchtkörper aus im Boden liegendem Holz hervorwachsend
2b mit Fichtensämlingen

Fruchtkörper: 3–7 cm hoch, mit gabelig verzweigten Ästen, die in einzelne oder zwei- bis dreifach verzweigte Spitzen auslaufen, dottergelb bis lebhaft orangegelb, feucht klebrig-schmierig; mit einem bis 15 cm langen, blassen, zähen Strang im Holz wurzelnd; bei Trockenheit hornartig hart und dunkelorange, bei feuchter Witterung wieder aufquellend. **Fleisch:** Zäh, gummiartig biegsam; Geruch und Geschmack unbedeutend. **Sporenpulver:** Hell ockergelb. **Sporen:** 9–10 × 3,5–4 µm, glatt, hyalin, mit Tropfen, bei der Reife durch eine Querwand geteilt. **Vorkommen:** Juni bis November sehr häufig auf alten, teilweise vermoderten Stümpfen und Wurzeln und auf im Boden liegendem Holz von Nadelbäumen. In Europa von den Küsten bis ins Gebirge verbreitet. **Verwendung:** Kein Speisepilz. Der Klebrige Hörnling kann zum Garnieren von Speisen verwendet werden; durch Kauen sind die zähen, praktisch unverdaulichen Pilze kaum zu zerkleinern.

3 Zerfließende Gallertträne

Dacryomyces stillatus NEES: FR.

Ganzjährig
An abgestorbenem Holz
Unbedeutend
Foto an Fichte

Fruchtkörper: 2–3 mm breit, pustelförmig, scheiben- bis linsenförmig, in der Mitte stielartig mit dem Substrat verwachsen. Es kommen zwei Arten von Fruchtkörpern oft gleichzeitig nebeneinander vor: Die imperfekten Fruchtkörper (Nebenfruchtform) sind rot-orange gefärbt, unter dem Mikroskop erkennt man massenhaft kettenförmig aneinander gereihte hyaline Arthrosporen; die Basidiosporen bildende Hauptfruchtform ist mehr gelblich gefärbt. **Fleisch:** Gelatinös, weich, alt zerfließend; Geruch und Geschmack unbedeutend. **Sporen:** Die mehr gelben Fruchtkörper der Hauptfruchtform enthalten 14–17 × 5–6 µm große Basidiosporen, diese sind elliptisch, glatt, hyalin und weisen bei der Reife drei Querwände (Septen) auf. **Vorkommen:** Ganzjährig, meist in größeren Gruppen beisammen wachsend und miteinander verschmelzend, an abgestorbenem, berindetem oder unberindetem Nadel- und Laubholz; verbreitet. **Verwendung:** Unbedeutend. **Wissenswertes:** Die Gattung *Dacryomyces* umfasst in Europa etwa 12 schwer zu unterscheidende Arten; alle sind Holzbewohner.

4 Gelbweißer Gallertbecher

Ditiola peziziformis (LÉV.) REID

Sommer–Herbst
An Weißtannen und Laubhölzern
Unbedeutend
4a und 4b auf Weißtannenast

Fruchtkörper: Knopfförmig-scheibenförmig aus dem Substrat hervorbrechend, 0,3–1,5 cm breit und hoch; Hymenium glatt bis schwach runzelig, gelb-gelborange, trocken schmutzig rotbraun; stielartige Basis und sterile Außenseite weißlich, feinflaumig. **Fleisch:** Gallertig, weich. **Sporen:** 18–30 × 7,5–11 µm, elliptisch gebogen, hyalin, dünnwandig, reif mehrfach septiert, Sekundärsporen bildend. **Vorkommen:** Sommer bis Herbst gesellig bis büschelig auf abgestorbenen Ästen von Weißtanne *(Abies alba)* und Laubhölzern. Der Gelbweiße Gallertbecher besiedelt in Deutschland im Schwarzwald und im Allgäu vorwiegend Weißtannenäste, während er in anderen europäischen Ländern vorzugsweise an Laubhölzern, beispielsweise an der Eiche *(Quercus)*, vorkommen soll. **Verwendung:** Unbedeutend.

5 Alpenrosen-Nacktbasidie

Exobasidium rhododendri (FUCKEL) CRAM.

Sommer
An Alpenrosen
Unbedeutend
Foto auf Alpenrose

Erscheinungsbild: Der Pilz wächst parasitisch auf Alpenrosen, deren Blätter nach der Infektion 1–3 cm breite, kugelige bis unregelmäßig höckerige, hellgrün-gelbliche oder rote Knollen bilden; das Hymenium überzieht als weißer Reif die ganze Oberfläche der gallartigen Gebilde. **Fleisch:** Schwammig-wucherndes Blattgewebe. **Sporen:** Basidiosporen 12–14 × 3–4 µm; Konidiosporen 5–9 × 1,5–2 µm. **Vorkommen:** Im Sommer in den Alpen parasitisch auf der Rostblättrigen Alpenrose *(Rhododendron ferrugineum)* und der Behaarten Alpenrose *(Rhododendron hirsutum)*. **Verwendung:** Unbedeutend. **Wissenswertes:** Verschiedene Arten der Gattung *Exobasidium* wachsen parasitisch auf anderen Heidekrautgewächsen. Besiedelt werden u. a. Moosbeere *(Vaccinium oxycoccus)*, Preiselbeere *(Vaccinium vitis-idaea)*, Rosmarinheide *(Andromeda polyfolia)*. Die befallenen Pflanzen sind durch ihr auffällig wucherndes und verfärbtes Blattgewebe in der Natur zu erkennen.

1

2a

3

2b

4a

4b

5

Familien	Gattungen
Clathraceae	*Clathrus* (Gitterlinge)
Phallaceae	*Mutinus* (Hundsruten), *Phallus* (Stinkmorcheln)

1 Tintenfischpilz

Clathrus archeri (BERK.) DRING
Anthurus archeri (BERK.) FISCHER

Juli–November
Wiesen und Wälder
Kein Speisepilz
1b Hexenei im Schnitt neben reifem Fruchtkörper

Fruchtkörper: Jung als 2–4 cm großes, kugeliges bis ovales, weißliches Hexenei unterirdisch heranwachsend; Basis mit Myzelsträngen. Bei der Reife öffnet sich das Ei am Scheitel und ein kurzer Stiel mit 3–6 zerbrechlichen Armen streckt sich tintenfischartig aus der Hülle; Arme 5–8 cm lang, leuchtend rot mit unregelmäßig fleckig verteilter olivgrüner Fruchtschicht, Oberfläche netzig-grubig. Die Gleba mit den eingebetteten Sporen verbreitet einen intensiv aasartigen Geruch, der Fliegen anlockt. **Stiel:** 2–5 cm lang, röhrenförmig, porös, schwammig, weißlich. **Sporen:** 5–6,5 × 2–2,5 µm, zylindrisch-elliptisch, glatt, mit Tropfen. **Vorkommen:** Juli bis November auf Wiesen, Weiden, Alpweiden, in Laub-, seltener in Nadelwäldern, am Standort oft zu Hunderten. **Verwendung:** Kein Speisepilz. **Wissenswertes:** Der sonderbare Pilz wurde vermutlich aus Australien oder Neuseeland eingeschleppt und erstmals um 1920 in den Vogesen beobachtet. Seitdem hat sich der hübsche Neubürger in Europa in vielen Ländern ausgebreitet.

2 Roter Gitterling

Clathrus ruber BATTARA: PERS.

Sommer
Wälder und Gärten
Kein Speisepilz

Fruchtkörper: Als kugel- bis eiförmiges, 2–3 cm großes Hexenei mit ziemlich dicker, ledriger Hülle im Erdboden heranwachsend; Basis mit strangartigen Myzelfäden. Der zur Reifezeit am Boden offen liegende Scheitel reißt auf und innerhalb weniger Stunden entwickelt sich eine 5–10 cm hohe, hohle, zerbrechliche, rosarote bis scharlachrote Gitterkugel (Rezeptakulum), die mit der Basis in der lappig aufgerissenen Eihülle sitzt. Ihre Gitterleisten tragen an der Innenseite die olivbraune, breiartige, stinkende Sporenmasse (Gleba), die allmählich zerfließt. Der entwickelte Fruchtkörper hat einen aasartigen Geruch. **Sporen:** 4–5 × 1,5–2 µm, zylindrisch. **Vorkommen:** Im Sommer bei hoher Luftfeuchtigkeit in Wäldern, Gärten, Parkanlagen und auf Friedhöfen; in Mitteleuropa viel seltener als der Tintenfischpilz und als Seltenheit zu schonen. Der Rote Gitterling erscheint fast weltweit in den Tropen und Subtropen. In Europa findet man ihn vor allem im Mittelmeerraum. Die Aufnahme stammt aus Mallorca. **Verwendung:** Kein Speisepilz. **Wissenswertes:** Die sonderbaren *Phallales*-Arten, die gern auch als „Pilzblumen" bezeichnet werden, bewohnen in der Mehrzahl tropische Regenwälder. Nur wenige sind in Mitteleuropa anzutreffen.

3 Gemeine Hundsrute

Mutinus caninus (HUDS.: PERS.) FR.

Juli–Oktober
Laub- und Nadelwald
Kein Speisepilz
Foto Hexenei neben reifen Fruchtkörpern

Fruchtkörper: Wächst als kleines, 2–3,5 cm großes, weißes Hexenei unterirdisch heran; Basis mit weißen, wurzelartigen Myzelsträngen. Zur Reifezeit erscheint der Scheitel an der Oberfläche; in kurzer Zeit streckt sich das Rezeptakulum bis 10 cm in die Höhe; Stiel hohl, porös, weiß bis blass ockergelb, oft schon zum Zeitpunkt der Vollreife umliegend; Spitze mit schleimiger, olivgrüner Gleba, ohne Absatz in den Stiel übergehend; Scheitel mit kleinem, orangerotem Ring. Geruch unangenehm; die angelockten Insekten tragen die Gleba ab und zurück bleiben orangerot-braunrot gefärbte Kammern. **Sporen:** 4–5 × 1,5–2 µm, glatt. **Vorkommen:** Juli bis Oktober im Laubwald, seltener im Nadelwald, auf oder neben morschen Stümpfen. Die Gemeine Hundsrute ist in Europa weit verbreitet. Oft findet man zahlreiche Hexeneier dicht gedrängt. Der hübsche, aber unangenehm stinkende Pilz ist auch in Parkanlagen anzutreffen. Eine Bedrohung oder gar ein Rückgang ist nicht erkennbar. **Verwendung:** Kein Speisepilz. **Wissenswertes**: Von der Gattung *Mutinus* gibt es bei uns zwei weitere, sehr seltene Arten: die Himbeerrote Hundsrute *(Mutinus ravenelii)* und die Vornehme Hundsrute *(Mutinus elegans).*

4 Stinkmorchel, Gichtmorchel

Phallus impudicus L.: PERS.

Juni–Oktober
Laub- und Nadelwald
Als Hexenei essbar
4a Hexeneier mit Welligem Sternmoos
4b in Nadelstreu mit Dornfarn

Fruchtkörper: Jung als kugelig-eiförmiges, 3–6 cm breites, weißliches bis schmutzig cremefarbenes Hexenei unterirdisch heranwachsend; Basis mit zähen, weißen, wurzelähnlichen Myzelsträngen. Zur Reifezeit erkennt man den Scheitel des Eis am Waldboden, die Peridie reißt bald auf und der Stiel mit dem Kopfteil schiebt sich heraus. **Kopfteil:** Glockig, jung mit schleimiger, dunkelgrüner bis olivbrauner Gleba bedeckt. Diese Schicht verflüssigt sich bald und tropft vom Hut ab; sie lockt mit ihrem Aasgeruch Fliegen an, die oft in großer Zahl die Hüte bedecken, Schleim und Sporen aufnehmen und so für deren Verbreitung sorgen. Die netzige Grundstruktur des Hutes wird dabei frei gelegt. **Stiel:** Bis 20 cm lang, hohl, brüchig, Oberfläche grubig-netzig, weißlich; die Basis steckt locker in den Resten der volvaartigen Eihülle. **Sporen:** 4–5 × 1,5–2 µm, elliptisch, glatt. **Vorkommen:** Juni bis Oktober verbreitet, oft gesellig, in Laub- und Nadelwäldern. **Verwendung:** Die jungen Hexeneier können verzehrt werden. **Wissenswertes:** Stinkmorchelextrakte fanden früher in der Volksheilkunde Anwendung gegen Gicht und Rheumatismus (Volksname „Gichtmorchel"). Die Stinkmorchel galt auch als Aphrodisiakum. Die nah verwandte Dünen-Stinkmorchel *(Phallus hadriani)* ist an der rosa-violett gefärbten Außenschicht des Hexeneis gut zu erkennen. Sie wächst auf Dünen der Küste und des Binnenlandes.

1a

1b

2

3

4a

4b

Familien	Gattungen
Nidulariaceae	*Cyathus* (Teuerlinge)
Geastraceae	*Geastrum* (Erdsterne)

1 Gestreifter Teuerling

Cyathus striatus (Huds.) Batsch: Pers.

Sommer–Herbst
An morschem Holz
Unbedeutend

Fruchtkörper: Jung von der Exoperidie umschlossen; später kreiselförmig bis verkehrt kegelförmig, 0,5–1,5 cm hoch, etwa 1 cm breit und zunächst mit einem dünnen weißen Deckel (Epiphragma) verschlossen; Außenseite rost- bis dunkelbraun, striegelig-zottig; bei der Reife zerreißt die Deckelhaut und gibt bis zu 16 linsenförmige Sporenbehälter (Peridiolen) frei, die zunächst durch eine Nabelschnur (Funikulus) am Becher befestigt sind; Innenseite senkrecht gefurcht, graubraun. **Sporen:** 16–20 × 7–10 µm. **Vorkommen:** Sommer bis Herbst auf morschem Holz in Gärten, Parkanlagen, Wäldern, oft in großen Scharen. **Verwendung:** Unbedeutend. **Wissenswertes:** Teuerlinge haben ihren Namen von den münzenförmigen Sporenbehältern. Wenn die Pilze in früheren Jahrhunderten in großen Mengen auftraten, machten die Menschen sich auf Notzeiten und Teuerungen gefasst. Erklärt werden kann dieser Volksglaube mit der Häufung des Wachstums der Pilze bei Regenwetter in kühlen Sommern, was immer schlechte Ernten zur Folge hat. „Brotkorbpilze" heißen sie in Schweden – ein treffender Name, der wohl mit ihrem Aussehen zusammenhängt.

2 Gewimperter Erdstern

Geastrum fimbriatum Fr.

September–Oktober
Laub- und Nadelwald
Kein Speisepilz
2a mit Wald-Erdbeere
2b Fruchtkörperunterseite

Fruchtkörper: 2–6 cm breit; Außenhülle (Exoperidie) bei der Reife in 5–8 sternförmig angeordnete, blass graubraune bis cremefarbene Lappen aufreißend; Innenhülle (Endoperidie) stiellos aufsitzend, kugelig, blassbraun; Spitze reif mit kleiner, fransig bewimperter Öffnung, durch welche die Sporen entweichen können. **Sporenpulver:** Hellbraun. **Sporen:** 3–4 µm, rund, feinwarzig. **Vorkommen:** September bis Oktober einzeln oder gesellig in Laub- und Nadelwäldern, gern bei Fichten *(Picea abies);* in den Kalkgebieten verbreitet. **Wissenswertes:** Die Gattung *Geastrum* ist in Mitteleuropa mit etwa 25 Arten vertreten. Viele Erdsterne sind selten und schützenswert.

3 Kamm-Erdstern

Geastrum pectinatum Pers.

August–November
Nadelwald
Kein Speisepilz

Fruchtkörper: Voll entwickelt 3–6 cm breit; Außenhülle zur Vollreife in 6–8 spitzen, bräunlichen, später rissigen Lappen nach unten gebogen; Innenhülle kugelförmig, grau-bräunlich bereift, auf einem bis 10 mm langen Stielchen stehend, jung mit kammartiger Riefung an der Stielbasis; Mündung kegelig, spitz, schwach gefurcht. **Sporenpulver:** Dunkelbraun. **Sporen:** 4–6 µm, rund, warzig. **Vorkommen:** August bis November gesellig in der tiefen Nadelstreu von Fichten- und Kiefernwäldern, bisweilen auch in Laubwäldern; ziemlich selten. Alte Fruchtkörper findet man oft noch im folgenden Jahr. **Verwendung:** Kein Speisepilz.

4 Kleiner Nest-Erdstern

Geastrum quadrifidum Pers.: Pers.

August–Oktober
Nadelwald
Kein Speisepilz

Fruchtkörper: 1–3 cm breit, bis 3,5 cm hoch; Außenhülle in vier, bisweilen fünf weißlich-cremefarbenen, zur Vollreife stelzenartig stehenden Lappen nach unten gebogen; Innenhülle rundlich, grau, kurz gestielt, mit wulstigem Kragen an der Stielbasis; zur Reifezeit mit kleiner, fein gefranster Öffnung, durch die die Sporen entweichen können, um die Öffnung mit scheibenförmigem, hellbräunlichem Hof. **Sporenpulver:** Violettbraun. **Sporen:** 4,5–6 µm, rund, warzig. **Vorkommen:** August bis Oktober gesellig in der Nadelstreu von Fichtenwäldern; weit verbreitet. Die Fruchtkörper findet man oft noch im folgenden Jahr. **Verwendung:** Kein Speisepilz.

5 Rötender Erdstern

Geastrum rufescens Pers.: Pers.

September–November
Laub- und Nadelwald
Kein Speisepilz
5b mit Tamarisken-Thujamoos

Fruchtkörper: 6–10 cm breit; die Außenhülle (Exoperidie) spaltet sich in 5–8 jung fleischrosarotbraune, dickfleischige Lappen, die später schollenartig aufbrechen und meist mit der ganzen Unterseite am Boden aufliegen; Sporenkugel glatt, bis 3 cm breit, undeutlich bis sehr kurz gestielt; Mündung fransig gewimpert, kegelförmig, ohne Hof. **Sporenpulver:** Hellbraun. **Sporen:** 4,5–6 µm, rund, warzig. **Vorkommen:** September bis November einzeln oder gesellig im Laub- und Nadelwald; selten. **Verwendung**: Kein Speisepilz. **Wissenswertes:** Dieser auffällige, deutlich fleischrosa gefärbte Erdstern ist leicht erkennbar und gehört zu den schönsten Gebilden unserer Pilzflora.

6 Halskrausen-Erdstern

Geastrum triplex Jungh.

August–Oktober
Laub- und Nadelwald
Kein Speisepilz
6a geschlossener Fruchtkörper
6b mit Gewelltem Sternmoos

Fruchtkörper: 5–13 cm breit, im Humus zwiebelförmig heranwachsend; beim Aufreißen der Außenhülle (Exoperidie) entstehen 5–7 dickfleischige, jung cremefarbene Lappen; wenn sie sich umbiegen, reißt die Außenschicht rundum, so dass sich ein schüsselförmiger Kragen bildet (Name!), der die Endoperidie umgibt; diese ist 2–4 cm breit, rundlich, blassbraun; Mündung gefranst, meist mit Hof. **Sporenpulver:** Dunkelbraun. **Sporen:** 4–5 µm, rund, grobwarzig. **Vorkommen:** August bis Oktober auf nährstoffreichen Böden im Nadelwald und in Mischwäldern; selten. In Europa findet man diesen hübschen Erdstern vom Mittelmeergebiet bis Skandinavien. **Verwendung:** Kein Speisepilz.

1
2a
2b
3
4
5a
6a
6b
5b

Familie	Gattungen
Lycoperdaceae	*Bovista* (Boviste), *Calvatia* (Großstäublinge), *Langermannia* (Riesenboviste), *Vascellum* (Staubbecher)

1 Bleigrauer Bovist

Bovista plumbea Pers.: Pers.

Juni–Oktober
Wiesen und Weiden
Jung essbar
Foto mit Kleiner Brunelle und Weiß-Klee

Fruchtkörper: 1–4 cm groß, kugelig; Außenseite mit weißlicher, glatter Exoperidie, die reif eierschalenartig in großen Stücken abblättert und die Endoperidie freigibt; Endoperidie glatt, bald bleiweiß-grauweiß, pergamentartig; Fruchtkörper bei der Reife am Scheitel mit 5–10 mm breiter Öffnung. **Gleba (Fruchtmasse):** Jung weiß, dann olivlich bis rötlich braun; Subgleba fehlend. **Sporenpulver:** Oliv- bis graubraun. **Sporen:** 4–6 µm, rundlich-oval, lang gestielt, Pedizellen 7–12 µm lang. **Vorkommen:** Juni bis Oktober auf Wiesen, Weiden und an grasigen Plätzen, auch in Halbtrockenrasen. **Verwendung:** Essbar, solange die Fruchtmasse weiß ist. **Wissenswertes:** Am gleichen Standort finder man oft den Wiesen-Staubbecher *(Vascellum pratense)*. Ein wichtiges Merkmal des Bleigrauen Bovists ist seine bei der Reife in Stücken abblätternde Exoperidie.

2 Beutel-Großstäubling

Calvatia excipuliformis (Scop.: Pers.) Perdeck

Juli–Oktober
Laub- und Nadelwald, Wiesen
Jung essbar
Foto mit Krücken-Kegelmoos

Fruchtkörper: 7–12(–15) cm hoch, meist pistillförmig, deutlich in einen rundlichen Kopfteil und einen kräftigen Stiel gegliedert; Oberfläche feinkörnig oder feinstachelig, anfangs grauweißlich, bald cremefarben, später hellbräunlich; Stielbasis faltig-runzelig. Bei der Reife zerfällt der Kopfteil vom Scheitel her in unregelmäßige Stücke und die Sporen werden entlassen, während der sterile Basisteil bis zum nächsten Frühjahr als braune Mumie am Standort erhalten bleibt. **Gleba (Fruchtmasse):** Erst weiß, fest, später oliv-grünlich, alt purpurbraun, pulverig, im Stielteil braun, zellig. **Sporenpulver:** Olivbräunlich. **Sporen:** 4–6 µm, kugelig, warzig, braun. **Vorkommen:** Juli bis Oktober einzeln oder truppweise im Laub- und Nadelwald, auch außerhalb des Waldes auf Weiden und Wiesen. Der Pilz ist in Europa vom Mittelmeerraum bis Skandinavien weit verbreitet. Alte Fruchtkörper findet man den ganzen Winter über bis zum Frühjahr. **Verwendung:** Jung, solange das Fleisch weiß ist, essbar. **Wissenswertes:** Die Gattung *Calvatia* besteht aus etwa fünf Arten.

3 Getäfelter Großstäubling

Calvatia utriformis (Bull.: Fr.) Jaap

Mai–November
Wiesen, Waldränder
Jung essbar
Foto mit Herbstzeitlose

Fruchtkörper: 5–15 cm breit, rundlich, mit flach gewölbtem Scheitel, jung weißlich, dann graubräunlich; Oberfläche jung grob höckerig, mit pyramidenförmigen Stacheln, später feldrig getäfelt-schuppig; Basis faltig zusammengezogen, mit dicken Myzelsträngen. Im reifen Zustand verschwindet die Exoperidie, die Endoperidie zerfällt vom Scheitel her und die Sporen können entweichen. **Gleba (Fruchtmasse):** Jung weiß, später gelbgrün, alt dunkel braunoliv; Geruch schwach karbolartig; die Subgleba ist stark entwickelt und bleibt bis zum nächsten Frühjahr als brauner Becher erhalten. **Sporenpulver:** Dunkelbraun. **Sporen:** 4–6 µm, rund, glatt, mit Tropfen. **Vorkommen:** Mai bis November auf trockenen Wiesen, Magerwiesen, Trockenrasen, Almweiden, an Waldrändern, auf Graudünen und Deichen. Obwohl dieser Bauchpilz riesige Sporenmengen produziert, ist er durch Intensivnutzung der Wiesen vielerorts verschwunden. **Verwendung:** Jung essbar.

4 Riesenbovist

Langermannia gigantea (Batsch: Pers.) Rostkov.

Juni–September
Wiesen und Weiden
Jung essbar
4a Fruchtkörpermumie vom Vorjahr mit Busch-Windröschen
4b auf Fettwiese, mit Löwenzahn

Fruchtkörper: 10–50 cm breit, rundlich bis abgeflacht, am Grunde furchig, ohne Stiel; Haut glatt, fein lederartig, weißlich, später gelbbraun, im Alter braun, papierartig aufbrechend und sich ablösend; Basis mit dicken Myzelsträngen. **Gleba (Fruchtmasse):** Erst weiß, fest, langsam grüngelb, alt olivbraun, locker, watteartig-pulverig; Geruch unangenehm, bei der Reife harnartig, Geschmack mild; Subgleba nur schwach entwickelt. **Sporenpulver:** Olivbraun. **Sporen:** 4–5 µm, kugelig, feinwarzig bis fast glatt. **Vorkommen:** Juni bis September einzeln oder in Gruppen auf Wiesen, Weiden, Feldern, in Gärten und auf Waldlichtungen, auf nährstoffreichen Böden. **Verwendung:** Jung essbar. Am besten schmecken Riesenboviste in Scheiben geschnitten, paniert und wie ein Wiener Schnitzel gebraten. **Wissenswertes**: Die Fruchtkörper können in Ausnahmefällen bis zu 25 kg schwer werden. Ihre Entwicklung geht sehr rasch vor sich. Alte Exemplare lösen sich von den Myzelsträngen, sie sind als vom Winde verwehte Mumien gelegentlich noch im nächsten Frühjahr anzutreffen.

5 Wiesen-Staubbecher

Vascellum pratense (Pers.: Pers.) Kreisel

Juli–Oktober
Wiesen und Weiden
Jung essbar

Fruchtkörper: 2–4 cm breit, rundlich-birnenförmig, Scheitel besonders zur Reife abgeflacht, am Grund mit kurzem, gedrungenem, +/– runzeligem Stielabschnitt; Oberfläche (Exoperidie) körnig, mit kleinen Warzen oder feinen Stacheln besetzt, auch abgewaschen, cremefarben-gelblich; Öffnung am Scheitel bald aufgerissen, ausgeweitet, zum Schluss bleibt die becherförmige Basis übrig. **Gleba (Fruchtmasse):** Jung markig, weißlich, zuletzt olivbraun, staubig; steriler Abschnitt (Subgleba) durch eine dünne Zwischenschicht (Diaphragma) abgeteilt, die im Schnitt deutlich erkennbar ist. **Sporenpulver:** Olivbräunlich. **Sporen:** 3–4,5 µm, kugelig, fast glatt bis feinwarzig. **Vorkommen:** Juli bis Oktober einzeln oder gesellig auf Rasenflächen, Wiesen und Weiden; verbreitet. **Verwendung:** Jung essbar. **Wissenswertes:** Die Gattung *Vascellum* besteht aus einer Art.

1

2

3

4a

4b

5

Familien	Gattungen
Lycoperdaceae	*Lycoperdon* (Stäublinge)
Astraeaceae	*Astraeus* (Wettersterne)

1 Igel-Stäubling

Lycoperdon echinatum Pers.: Pers.

Juli–Oktober
Laub- und Nadelwald
Jung essbar
1a mit Immergrün
1b alte Fruchtkörper

Fruchtkörper: 4–6 cm hoch, 2–4 cm breit, kugelig bis birnenförmig, bisweilen niedergedrückt, hell- bis dunkelbraun; Exoperidie dicht besetzt mit nicht abwischbaren, zähen, 3–5 mm langen, sich zusammenneigenden, braunen, an der Spitze blassen Stacheln, die beim überreifen Pilz abfallen und eine netzartige Zeichnung auf der Endoperidie zurücklassen. **Gleba (Fruchtmasse):** Jung weiß und fest, später olivgelb bis braun, schwammig, bei der Reife purpurbraun, stäubend; Subgleba nicht deutlich abgesetzt. **Sporenpulver:** Dunkelbraun. **Sporen:** 4–5 µm, rund, warzig-stachelig, braun. **Vorkommen:** Juli bis Oktober einzeln bis gesellig besonders im Buchenwald, selten auch im Nadelwald, auf kalkhaltigen Böden; weit verbreitet, jedoch nicht überall häufig. **Verwendung:** Jung essbar; schonenswert. **Wissenswertes:** Die Gattung *Lycoperdon* umfasst bei uns etwa 15 Arten; ihr Inneres besteht aus fertiler Gleba und steriler Subgleba, Sporenmündung scheitelständig.

2 Flocken-Stäubling

Lycoperdon mammiforme Pers.

Sommer–Herbst
Laubwald
Jung essbar
Foto mit Wald-Veilchen und Blättern der Rotbuche

Fruchtkörper: 3–5 cm breit und hoch, breit birnenförmig, bisweilen etwas gestielt; Exoperidie jung wollig-flockig, bald schollig aufbrechend; die velumartigen, vergänglichen Flocken sind anfangs auf dem rosa-milchkaffeefarbenen Oberteil des Fruchtkörpers verteilt, zwischen den bald ohne Netzzeichnung verschwindenden Flocken ist die Haut kleiig-feinstachelig. **Gleba (Fruchtmasse):** Jung weiß, reif gelbbraun; Subgleba zellig. **Sporenpulver:** Tabakbraun. **Sporen:** 4–5 µm, kugelig, warzig-stachelig. **Vorkommen:** Sommer bis Herbst einzeln bis gesellig in warmen Laubwäldern, auf kalkhaltigen Böden. **Verwendung:** Jung essbar; als Seltenheit zu schonen. **Wissenswertes:** An seiner velumartigen Hülle, die bei der Reife in Flocken zerreißt, ist der Pilz leicht zu erkennen.

3 Flaschen-Stäubling

Lycoperdon perlatum Pers.: Pers.

Juni–Oktober
Laub- und Nadelwald
Jung essbar
3b mit Lippen-Schüsselflechte
3c alte Fruchtkörper mit Blättern der Schwarz-Erle

Fruchtkörper: 2–8 cm hoch, 2–5 cm breit, birnenförmig, keulig, mit +/– zugespitztem Kopfteil; Oberfläche jung weiß, später bräunend, mit 2–3 mm langen, weißen bis blassgrauen Stacheln besetzt, die von kleinen Wärzchen umgeben sind; zum Stielteil hin werden die Stacheln kleiner und spärlicher; sie sind leicht abwischbar, im Alter fallen sie ab und lassen eine vieleckige Netzzeichnung zurück. **Gleba (Fruchtmasse):** Erst weiß, dann gilbend, alt olivbraun und stäubend; Geruch jung angenehm, Geschmack mild; Subgleba gut entwickelt. **Sporenpulver:** Olivbraun. **Sporen:** 3,5–4,5 µm, rund, feinwarzig. **Vorkommen:** Juni bis Oktober häufig in Laub- und Nadelwäldern, auch außerhalb des Waldes; in Europa vom Mittelmeerraum bis Nordskandinavien weit verbreitet und überall häufig. Er passt sich Veränderungen des Lebensraumes gut an und ist somit nicht gefährdet. **Verwendung:** Jung essbar. **Wissenswertes:** Stäublinge haben ihren Namen vom in den Fruchtkörpern reichlich gebildeten Sporenpulver. Tritt man auf einen vollreifen Fruchtkörper, dann entweichen unzählige Sporen in Form einer kleinen Staubwolke. Kindern bereitet der Vorgang beim Waldspaziergang viel Vergnügen, und man kann sie beruhigt gewähren lassen. Sie zerstören die Pilze dabei ja nicht, sondern leisten so einen kleinen Beitrag zu deren Verbreitung.

4 Birnen-Stäubling

Lycoperdon pyriforme Schaeff.: Pers.

August–November
An morschem Laub- und Nadelholz
Jung essbar
4b alte Fruchtkörper im Winter

Fruchtkörper: Bis 5 cm hoch, bis 3,5 cm breit, birnenförmig, Kopfteil kugelig, abrupt in einen konischen Stiel übergehend; die Oberfläche wird durch die feinwarzig-kleiige Außenhülle (Exoperidie) gebildet, diese ist jung weißlich, alt bräunlich; die Innenhaut (Endoperidie) ist papierartig, fest, bei alten Exemplaren bloßliegend, jung weißlich, alt bräunlich; Basis mit weißen Myzelsträngen. **Gleba (Fruchtmasse):** Erst weiß und fest, dann gelbgrün-olivbraun, reif wattig-staubig, olivbraun; Subgleba jung weiß, bis ins Alter weiß bleibend; Geruch unangenehm, gasähnlich, Geschmack mild. **Sporenpulver:** Olivbraun. **Sporen:** 3–4,5 µm. **Vorkommen:** August bis November meist büschelig, oft zu Dutzenden auf morschem, am Boden liegendem Holz und Holzabfällen. Der Birnen-Stäubling ist in Europa weit verbreitet und dank des überall vorhandenen reichlichen Substratangebotes in seinem Bestand nicht gefährdet. **Verwendung:** Jung essbar.

5 Wetterstern

Astraeus hygrometricus (Pers.) Morgan

Sommer–Herbst
Laub- und Nadelwald
Kein Speisepilz

Fruchtkörper: 3–10 cm breit, jung unterirdisch kugelig heranwachsend; bei der Reife reißt die Exoperidie auf, 4–15 dunkelbraune, lederige Lappen breiten sich bei feuchtem Wetter sternförmig aus; sie sind hygroskopisch und biegen sich bei trockenem Wetter wieder zurück. Die Endoperidie ist 1–3 cm breit, dünn, papierartig, dunkelbraun. **Gleba (Fruchtmasse):** Reif braun, staubig. **Sporenpulver:** Dunkelbraun. **Sporen:** 8–11 µm, rundlich, warzig. **Vorkommen:** Sommer bis Herbst in lichten, warmen, trockenen Laub- und Nadelwäldern, auf Sandböden. **Verwendung:** Kein Speisepilz. **Wissenswertes:** Einzige Art der Gattung *Astraeus* in Mitteleuropa. Weltweit sind zwei bis drei Arten bekannt. Seinen Namen hat der Wetterstern von den hygroskopischen Lappen der Fruchtkörper.

1a
1b
2
3a
4a
3b
3c
4b
5

Familien	Gattungen
Pisolithaceae	*Pisolithus* (Erbsenstreulinge)
Sclerodermataceae	*Scleroderma* (Hartboviste)
Tulostomataceae	*Tulostoma* (Stielboviste)
Rhizopogonaceae	*Rhizopogon* (Wurzeltrüffeln)
Stephanosporaceae	*Stephanospora* (Möhrentrüffeln)

1 Gemeiner Erbsenstreuling

Pisolithus arhizos (SCOP.: PERS.) RAUSCHERT

Juli–September
Auf Sandböden, Schlackenhalden
Essbar

Fruchtkörper: 5–15(–25) cm hoch, 5–7 cm breit, rundlich, birnenförmig-knollig; Oberfläche ocker- bis olivbraun, schwarzbraun, Haut dünn, reif am Scheitel unregelmäßig aufreißend; Basis stielartig. **Gleba (Fruchtschicht):** Aus erbsenförmigen Pseudoperidiolen zusammengesetzt, die bei der Reife pulverig zerfallen. **Sporenpulver:** Dunkel rostbraun. **Sporen:** 6–8 µm, rundlich, feinstachelig. **Vorkommen:** Juli bis September auf Sandböden in sauren Kiefernwäldern, auf Schlackenhalden, in Steinbrüchen und Kiesgruben; selten. **Verwendung:** Essbar, jung ein guter Würzpilz.

2 Dünnschaliger Kartoffelbovist

Scleroderma verrucosum (BULL.) PERS.

Juli–Oktober
Wälder, Parkanlagen
Giftig
Foto mit Blättern der Nelkenwurz

Fruchtkörper: 3–7 cm breit, rundlich, kugelig, knollenförmig, Scheitel bisweilen abgeflacht; Peridie (Außenhaut) 1–1,5 mm dick, im Schnitt leicht rötend, ziemlich hart, lederig, lederbraun, gelbbraun bis rotbraun, feldrig-warzig, kaum oder nur schwach schuppig, bei der Reife mit unregelmäßiger Öffnung am Scheitel. **Scheinstiel (Pseudorhiza):** Breit, wurzelartig, 3–6 cm lang, etwas aus dem Boden herausragend, längsfurchig geteilt, weißlich, gelblich. **Fruchtmasse (Gleba):** Ganz jung weißlich, bald braunschwarz, von weißem Hyphengeflecht aderig durchzogen, im Alter bei der Reife schwarz, pulverig zerfallend; Geruch etwas widerlich, reif stechend metallisch. **Sporenpulver:** Schwarzbraun. **Sporen:** 9–11,5 µm, rundlich, mit bis 2 µm langen isolierten Stacheln. **Vorkommen:** Juli bis Oktober einzeln oder gesellig in Laub- und Mischwäldern, Parkanlagen, an Waldwegen, auf nährstoffreichen Böden; in Europa weit verbreitet. **Verwendung:** Giftig.

3 Dickschaliger Kartoffel-Hartbovist

Scleroderma citrinum PERS.

Juli–Oktober
Auf nährstoffarmen Böden
Giftig
3a mit Heidelbeere

Fruchtkörper: 3–8(–15) cm breit, rundlich-abgeflacht, mit zusammengezogener Basis, ohne Stiel; Peridie einfach, bis 4 mm dick, ziemlich hart, lederig, gelblich, gelbbraun bis ockerfarben, grobschuppig gefeldert, Schuppen bräunlich. **Fruchtmasse:** Jung gelblich weiß, bald lilagrau (3b), später violettschwarz, weißlich geädert, fest, im Alter olivbraun, pulverig zerfallend; Geruch widerlich, leuchtgasartig. **Sporenpulver:** Schwärzlich. **Sporen:** 8–13 µm, rundlich, gratig-stachelig. **Vorkommen:** Juli bis Oktober einzeln oder gesellig auf sauren, nährstoffarmen sandigen oder torfigen Böden. **Verwendung:** Giftig; verursacht gastrointestinale Störungen.

4 Zitzen-Stielbovist

Tulostoma brumale PERS.: PERS.

Herbst
Trockenrasen, Mauern
Unbedeutend
4a mit Frühlings-Fingerkraut
4b mit Tripmadam

Fruchtkörper: Unterirdisch heranwachsend; Kopfteil etwa 1 cm breit, kugelig oder leicht abgeflacht, blass lederockerlich, grau, alt schmutzig weiß, Scheitel mit leicht vorstehender Mündung; Exoperidie bei reifen Fruchtkörpern kaum mehr sichtbar; Endoperidie pergamentartig, glatt. **Stiel:** 2–4 cm lang, zäh, fest, in den Kopfteil eingesenkt, glatt oder feinschuppig, weißlich-ockerlich. **Sporenpulver:** Rostbraun. **Sporen:** 3,5–5 µm, rund, feinwarzig. **Vorkommen:** Im Herbst meist gesellig in Trockenrasen, lückigen Halbtrockenrasen, Sandrasen, auf Dünen, Felsen, Mauern; selten. Die alten Fruchtkörper findet man noch im Frühjahr. **Verwendung:** Unbedeutend.

5 Rötliche Wurzeltrüffel

Rhizopogon roseolus (CORDA) TH. FR.

Juni–November
Nadelwald
Kein Speisepilz

Fruchtkörper: 1–4 cm breit, entwickelt sich unterirdisch, knollig, wächst bei der Reife zur Hälfte aus dem Erdboden; Oberfläche jung weißlich, später braunrötlich, verfärbt sich bei Berührung rosarot; Peridie dünn, matt, oft rissig; Basis mit weißen Myzelsträngen, als feine Fasern der Peridie anliegend. **Gleba (Fruchtschicht):** Fein gekammert, jung weißgelblich, reif olivfarben, alt bräunlich und breiig zerfließend; Geruch im Alter nach Knoblauch. **Sporen:** 8–12 × 3–5 µm, glatt. **Vorkommen:** Juni bis November im Nadelwald, bei Kiefern *(Pinus)*. **Verwendung:** Kein Speisepilz.

6 Gemeine Möhrentrüffel

Stephanospora caroticolor (BERK.) PAT.

Sommer–Herbst
Laub- und Nadelwald, Auenwald
Kein Speisepilz
Foto mit Spaltzahnmoos

Fruchtkörper: Bis 5 cm breit, unterirdisch heranwachsend, kugelig-knollig, bei der Reife nur mit dem Scheitel aus der Erde hervorbrechend; Oberfläche höckerig, jung hellorange, dann schön karottenfarben bis rotbraun, Peridie dünn; Basis ohne Myzelstränge. **Gleba (Fruchtschicht):** Marmoriert, mit kleinen, unregelmäßigen Kammern, orangegelb; Geruch obstartig. **Sporen:** 9–16 × 7–12 µm. **Vorkommen:** Sommer bis Herbst einzeln bis gesellig in feuchten Laub- und Nadelwäldern, gern in Auenwäldern, meist auf kalkhaltigen Böden; selten. **Verwendung:** Kein Speisepilz. **Wissenswertes:** Die Gattung *Stephanospora* ist in Europa nur mit dieser einen Art vertreten.

1
3a
2
4a
3b
4b
5
6

Familien	Gattungen
Taphrinaceae	*Taphrina* (Narrentaschen)
Clavicipitaceae	*Claviceps* (Mutterkorne), *Cordyceps* (Kernkeulen)
Hypocreaceae	*Hypocreopsis* (Scheinflechtenpilze)

1 Narrentasche

Taphrina pruni TULASNE

Frühjahr–Sommer
An *Prunus*-Früchten
Kein Speisepilz
1a vom Pilz deformierte Schlehenfrüchte
1b vom Pilz deformierte Zwetschge

Erscheinungsbild: Der Pilz parasitiert auf den Früchten der Zwetschge *(Prunus domestica)*. Er überzieht die Früchte mit einer weißlichen Fruchtschicht (Hymenium) und ruft unnatürliche Wucherungen hervor. Die grünen Früchte werden außergewöhnlich runzelig, abgeflacht, hohl, sie vergrößern sich bis 6 cm; ihr Fleisch bleibt grünlich, hart und ungenießbar, die Früchte reifen nicht, sie werden gelb, dann braun und fallen frühzeitig ab. Die missgebildeten Früchte werden auch „Hungerzwetschgen" genannt. Bisweilen findet man den Pilz auch an Früchten der Schlehe *(Prunus spinosa)*. **Sporen:** 6–8 × 4–6 µm. **Vorkommen:** Frühjahr bis Sommer; befallen sind einzelne Früchte oder ganze Bäume. **Verwendung:** Kein Speisepilz.

2 Mutterkornpilz

Claviceps purpurea (FR.) TULASNE

Frühjahr–Sommer
Auf Getreidearten
Giftig
2a Sklerotien auf Roggen
2b auf diversen Getreidearten
2c aus dem Sklerotium hervorwachsende Fruchtkörper

Fruchtkörper: In Kopf und Stiel gegliedert; Kopfteil fertil, rundlich, ocker- bis orangegelb, fein dunkel punktiert (Perithezienmündungen); Stiel bis 1,5 cm lang, dem Sklerotium aufsitzend. **Sporen:** 100 × 1 µm, fädig, reif septiert. **Vorkommen:** Im Frühjahr zur Zeit der Gräserblüte entwickeln sich aus den abgefallenen Sklerotien winzige Fruchtkörper (Stromata). Deren Sporen infizieren das Fruchtknotengewebe von Gräser- und Getreideblüten; die befallenen Fruchtknoten wachsen zu 1–2 cm langen, spindelförmigen, schwarzvioletten, giftigen Sklerotien, dem Mutterkorn, heran. **Wissenswertes:** In Mutterkorn-Sklerotien enthalten ist Ergotamin, ein viel gebrauchter Wirkstoff in der Heilkunde. Roggenfelder werden zur Gewinnung dieser Pilzdroge beimpft. Die Wirkstoffe verursachten früher durch den Verzehr von verunreinigtem Getreide schwerste Vergiftungen.

3 Kanadische Kernkeule

Cordyceps canadensis ELLIS & EVERHART

Spätsommer–Herbst
Parasitisch auf Hirschtrüffel-Arten
Kein Speisepilz
3a und 3b auf Hirschtrüffel

Fruchtkörper: 5–10 cm hoch; fertiles Köpfchen 0,5–1 cm lang, oval bis kugelig, gelbbraun, durch hervortretende Perithezienmündungen dunkel punktiert. **Stiel:** Deutlich abgesetzt, bis 1 cm breit, zäh, blassgelb, einzeln oder büschelig wachsend. **Sporen:** 16–25 × 2–3 µm, bei der Reife in stäbchenförmige Teilsporen zerfallend. **Vorkommen:** Spätsommer bis Herbst in moosigen Nadelwäldern parasitisch auf unterirdisch wachsenden Hirschtrüffeln *(Elaphomyces)*; die Stromata sitzen unmittelbar der Wirtspflanze auf. **Verwendung:** Kein Speisepilz. **Wissenswertes:** *Cordyceps*-Arten wachsen auf Hirschtrüffeln oder auf toten Insekten. In Mitteleuropa gibt es etwa zehn Arten.

4 Zungen-Kernkeule

Cordyceps ophioglossoides (EHRH.: FR.) LINK

Juli–November
Parasitisch auf Hirschtrüffel-Arten
Kein Speisepilz
4a mit herbstlich gefärbten Blättern der Bärwurz

Fruchtkörper: 3–10 cm hoch; Köpfchen (= fertiler Teil) keulenförmig, 1–2,5 cm lang, jung orangebraun-rotbraun, glatt, später durch Perithezienmündungen rau, oliv- bis dunkelgrün, schwarz. **Stiel:** Schlank, steril, vom Köpfchen undeutlich abgesetzt, gelb, mit gelben Myzelsträngen, einzeln bis büschelig wachsend. **Sporen:** Bis 200 × 2 µm, fädig, mehrfach septiert; bei der Reife in 2–6 × 2 µm großeTeilsporen zerfallend. **Vorkommen:** Juli bis November in moosreichen Nadelwäldern auf Hirschtrüffeln (*Elaphomyces)*; weit verbreitet, aber leicht zu übersehen. Die Stromata sitzen nicht wie bei der Kanadischen Kernkeule *(Cordyceps canadensis)* direkt auf der Trüffel, sondern sind durch myzelartige Stränge mit ihr verbunden (4b). **Verwendung:** Kein Speisepilz.

5 Wespen-Kernkeule

Cordyceps sphecocephala (KLOTZSCH) BERK. & CURTIS

Sommer–Herbst
Auf toten Insekten
Unbedeutend
Foto Fruchtkörper auf toter Wespe

Fruchtkörper: 2–4(–6) cm lang; Köpfchen oval, unterhalb des Köpfchens mit kleiner Scheide. **Stiel:** Schlank, gebogen, weiß, zur Basis hin verjüngt, einzeln oder zu mehreren gedrängt. **Sporen:** 8–15 × 1,5–2,5 µm. **Vorkommen:** Sommer bis Herbst auf im Boden liegenden toten Insekten, hauptsächlich Wespen; der Pilz ist selten und wird wegen seiner Unauffälligkeit meist übersehen. **Verwendung:** Unbedeutend. **Wissenswertes:** Pilze der Gattung *Cordyceps* sind ein Fall für Spezialisten. Die Orangegelbe Puppen-Kernkeule *(Cordyceps militaris)* wächst auf vergrabenen Schmetterlingspuppen; ihre leuchtenden Fruchtkörper sind auf grasigen Plätzen gut zu finden.

6 Trollhand

Hypocreopsis lichenoides (TODE: FR.) SEAVER

Ganzjährig
An abgestorbenen Weidenästen
Unbedeutend

Fruchtkörper (Stroma): 2–10 cm breit, mit kleinen, radial angeordneten, fingerartigen, vorn abgerundeten, dem Substrat anliegenden Wülsten, zunächst gelbbraun und Konidien tragend, später orange- bis rotbraun und von den Mündungen der eingesenkten Perithezien dicht punktiert. **Sporen:** 24–30 × 8–9 µm, lang spindelförmig, hyalin, Mitte septiert. **Vorkommen:** Das ganze Jahr über auf abgestorbenen, noch stehenden Ästen von Weide *(Salix)*, Hasel *(Corylus)* und anderen Laubhölzern in feuchten Wäldern, Gebüschen, Mooren; sehr selten. **Wissenswertes:** Der Pilz erscheint gern nach dem Tabakbraunen Borstenscheibling *(Hymenochaete tabacina)*.

1a
2a
2b
1b
2c
3a
5
3b
4b
6
4a

Familien	Gattungen
Hypocreaceae	*Hypocrea* (Pustelpilze)
Nectriaceae	*Nectria* (Rotpustelpilze)
Diatrypaceae	*Diatrype* (Eckenscheibchen)

1 Krusten-Pustelpilz

Hypocrea lactea (FR.) FR.

Sommer–Herbst
An morschen Stümpfen
Kein Speisepilz

Fruchtkörper (Stroma): Flächig, bis 50 cm breit; Oberfläche hellgelb, zitronengelb, höckerig, durch Perithezienmündungen fein punktiert; Rand im Wachstum weißfaserig. **Sporen:** Die Asci enthalten zunächst acht zweizellige Sporen, die sich bei der Reife teilen, so dass jeder Ascus 16 kugelige, 3–4 µm große Teilsporen enthält. **Vorkommen:** Sommer bis Herbst an der Basis von Laub- und Nadelbäumen, an morschen Baumstümpfen; breitet sich oft am Erdboden aus und überzieht Blätter und Ästchen. **Wissenswertes:** Bei oberflächlicher Betrachtung erinnert der Krusten-Pustelpilz an einen Rindenpilz. Unter der Lupe sind aber die dunklen Perithezienmündungen zu erkennen.

2 Zinnoberroter Pustelpilz

Nectria cinnabarina (TODE: FR.) FR.

Ganzjährig
An Laubholzästen
Unbedeutend
2a Konidienstadium mit bereiften Blättern der Großen Brennnessel
2b Hauptfruchtform (rechts) und Konidienstadium

Einzelfruchtkörper (Perithezien): 0,2–0,4 mm breit, kugelig-oval, uneben-höckerig, Oberfläche feinwarzig, leuchtend rubinrot bis braunrot; dicht gedrängt auf einem kissenförmigen, 2–6 mm breiten, aus der Rinde hervorbrechenden Stroma sitzend. Die gebündelten Perithezien der Hauptfruchtform erscheinen unter der Lupe wie winzige Himbeeren. Sie wachsen oft neben den auffälligeren, kissenförmigen, blassroten bis korallenroten Pusteln der Nebenfruchtform, oft sogar vom gleichen Stroma aus, oder schieben sich unter demselben nach oben. **Sporen:** 12–25 × 4–9 µm, zylindrisch-elliptisch, glatt, hyalin, in der Mitte einfach septiert. **Vorkommen:** Das ganze Jahr über weit verbreitet, oft in dichten Rasen auf dürren Ästen verschiedener Laubhölzer, gern an ungepflegten, vernachlässigten Gartensträuchern, selten an Nadelholz. Meist findet man nur die auffällige Nebenfruchtform (Konidienform). **Verwendung:** Unbedeutend. **Wissenswertes:** Verschiedene ähnliche Arten lassen sich nur mikroskopisch abgrenzen. Dazu gehört der Aufsitzende Pustelpilz *(Nectria episphaeria),* der alte Fruchtkörper verschiedener *Diatrype*-Arten besiedelt. Seine Fruchtkörper sind nur bei feuchter Witterung zu erkennen.

3 Blasiges Eckenscheibchen

Diatrype bullata (HOFFM.: FR.) TUL.

Ganzjährig
An Weidenästen
Unbedeutend
3b besiedelt vom Aufsitzenden Pustelpilz

Fruchtkörper (Stroma): 2–5 mm breit, rundlich-oval, kissenförmig, einzeln oder verwachsen; Oberfläche schwarz, matt, durch Perithezienmündungen fein punktiert. **Sporen:** 5–8 × 1,5–2 µm, allantoid, hyalin, mit zwei Tropfen. **Vorkommen:** Ganzjährig an abgestorbenen, noch berindeten Weidenästen *(Salix)* und anderen Laubhölzern; weit verbreitet in Feuchtgebieten, Mooren und Auenwäldern. Auf den Fruchtkörpern findet man bei gezielter Suche mit der Lupe bisweilen den kleinen, dunkelroten Aufsitzenden Pustelpilz *(Nectria episphaeria).* **Wissenswertes:** Die Gattung *Diatrype* umfasst drei Holz bewohnende, in Mitteleuropa häufige Arten.

4 Buchen-Eckenscheibchen

Diatrype disciformis (HOFFM.: FR.) FR.

Ganzjährig
An Buchenästen
Unbedeutend
4b auf Buchenast, mit Efeu

Fruchtkörper (Stroma): 2–3 mm breit, rundlich, bisweilen zu wenigen zusammengewachsen; Oberfläche jung dunkelbraun, graubraun, alt schwarzbraun, matt glänzend, durch Perithezienmündungen siebartig punktiert. Die kleinen Fruchtkörper durchbrechen die Borke, dabei bilden sich aus den Fetzen der aufgesprengten Rinde eckige Zipfelchen (Name!). Schneidet man ein Stroma mit einem scharfen Messer waagerecht durch, dann kann man etwa 20 Perithezien, das sind die eigentlichen Fruchtkörper, erkennen. **Sporen:** 5–8 × 2 µm, allantoid, hyalin, glatt; die Asci sind achtsporig. **Vorkommen:** Ganzjährig, besonders vom Winter bis Frühling, in dichten Scharen an toten, am Boden liegenden, noch berindeten Buchenästchen, selten an anderen Laubhölzern. Der Pilz ist weit verbreitet und bei gezielter Suche kaum zu übersehen. **Verwendung:** Unbedeutend. **Wissenswertes:** Ähnlichkeit hat das Warzige Eckenscheibchen *(Diatrypella verrucaeformis),* das an toten, noch berindeten Ästen verschiedener Laubholzarten erscheint. Es unterscheidet sich von der nahe verwandten Gattung *Diatrype* vor allem durch seine vielsporigen Asci.

5 Flächiges Eckenscheibchen

Diatrype stigma (HOFFM.: FR.) FR.

Ganzjährig
An toten Laubholzästchen
Unbedeutend
5a auf Buchenast, mit Leberblümchen

Fruchtkörper (Stroma): Flächig ausgebreitet, oft 10–30 cm lang, bis 1 mm dick, krustenförmig; das junge Stroma bildet sich unter der Rinde und löst diese ab; Oberfläche jung purpurbräunlich, bald schwarz, glatt, durch die winzigen Ostiolen der Perithezien schwach warzig punktiert; besonders bei Trockenheit auffällig rissig, wobei Teile vom Stroma abbröckeln können. **Sporen:** 6,5–11 × 1,5–2 µm, allantoid, glatt. **Vorkommen:** Ganzjährig an toten Buchenästen und anderen Laubhölzern; weit verbreitet. **Wissenswertes:** Typisch für diesen Pilz sind die abgesprengten Rindenreste. Darunter sind die flachen Fruchtkörper (Stroma), in welche die Perithezien eingebettet sind, leicht zu erkennen. Oftmals sind die alten Fruchtkörper des Flächigen Eckenscheibchens vom Aufsitzenden Pustelpilz *(Nectria episphaeria)* besiedelt.

1
2a
2b
3a
3b
4a
4b
5

Sphaeriaceae

Hypoxylon (Kohlenbeeren)

1 Brandiger Krustenpilz

Hypoxylon deustum (HOFFM.: FR.) GREV.

Ganzjährig
An alten Buchenstümpfen
Unbedeutend
Foto auf altem Buchenstamm, mit Brombeerranke

Fruchtkörper (Stroma): Kissenförmige, unregelmäßige, ausgedehnte schwarze Krusten, bis mehrere Zentimeter breit und etwa 3 mm dick, wellig, spröde, brüchig, leicht vom Substrat ablösbar. In dieses Stroma eingesenkt sind kugelige, ca. 1 mm große Perithezien, deren Mündungen die Kruste locker punktieren. Im Frühsommer entwickeln sich auffällige grauliche, weiß berandete imperfekte Fruchtkörper, die oft über die alten Stromata hinwegwachsen. An ihrer Oberfläche werden massenhaft 5–6,5 × 2–3 µm große Konidiensporen erzeugt. **Sporen:** Reife der Ascosporen im Herbst, 28–40 × 8–12 µm, spindelförmig, glatt, dunkelbraun. **Vorkommen:** Ganzjährig an morschen alten Rotbuchenstümpfen *(Fagus sylvatica)* und anderen Laubhölzern, mehrjährig; verbreitet. **Verwendung:** Unbedeutend. **Wissenswertes:** Die Gattung *Hypoxylon* umfasst in Europa etwa 20 Arten.

2 Rötliche Kohlenbeere

Hypoxylon fragiforme (SCOP.: FR.) KICKX

Ganzjährig
An Rotbuche
Unbedeutend
2a an Buchenstumpf
2b an Laubholzast, mit Efeu

Fruchtkörper (Stroma): 0,5–1 cm breit, halbkugelig bis fast kugelförmig, mit der Unterseite fest dem Substrat ansitzend; Außenseite ziegelrötlichrotbraun, alt dunkelbraun, mit zahlreichen Perithezienmündungen grob höckerig-rau punktiert. Im Schnitt durch das Stroma zeigt sich die Anordnung der Perithezien in 1–2 Ebenen dicht unter der äußeren Kruste; sie durchdringen diese Schicht (Ektostroma) mit einem Ostiolum, durch das die Sporen nach außen entlassen werden; das Innere (Endostroma) ist braunschwarz bis schwarz, von kohliger Struktur. **Sporen:** 11–15 × 5,5–7,5 µm, bohnenförmig. **Vorkommen:** Ganzjährig oft gesellig in dichten Scharen an abgestorbenen, meist noch berindeten Ästen und Stämmen von Rotbuchen *(Fagus sylvatica);* weit verbreitet, der Pilz fehlt in keinem Buchenwald. **Verwendung:** Unbedeutend.

3 Rotbraune Kohlenbeere

Hypoxylon fuscum (PERS.: FR.) FR.

Ganzjährig
An abgestorbenen Haselnästen
Unbedeutend
Foto auf Hasel, mit Immergrün

Fruchtkörper (Stroma): 3–5 mm breit, 1–3 mm hoch, halbkugelig bis flach polsterförmig bzw. eingedellt, mit breiter Basis angewachsen; Oberfläche durch Perithezien rau bis höckerig, jung purpurbraun, im Alter braunschwarz; Endostroma dunkel purpurschwarz bis schwarz, Perithezien auf einer Ebene eingebettet. **Sporen:** 12–15 × 5–7 µm, einseitig abgeflacht, glatt. **Vorkommen:** Das ganze Jahr über oft in Scharen an toten, berindeten Ästen und Stämmen verschiedener Laubhölzer, häufig an Hasel *(Corylus avellana)* und Erle *(Alnus).* Der Pilz ist auffällig und leicht erkennbar; er ist in Europa weit verbreitet. **Verwendung:** Unbedeutend.

4 Mährische Kohlenbeere

Hypoxylon moravicum POUZ.

Frühjahr–Sommer
An toten Eschenästen
Unbedeutend
Foto auf Eschenästchen, mit Frucht der Esche

Fruchtkörper (Stroma): 0,2–1 cm breit, rundlich, abgeflacht, niedergedrückt, mit hochgebogenen Rändern gelappt dem Substrat anliegend; Oberfläche tabakbraun-braunrot; Perithezien fehlend oder kaum aus dem Stroma herausragend; Endostroma schwarzbraun. **Sporen:** 10–13,5 × 5,5–7,5 µm. **Vorkommen:** Im Frühjahr bis Sommer gesellig an liegenden, noch berindeten Eschenästen *(Fraxinus excelsior).* **Wissenswertes:** Dieser leicht einprägsame Pilz wurde 1972 von Pouzar aus mährischen und slowakischen Auenwäldern neu beschrieben. Mittlerweile wurden zahlreiche weitere Vorkommen entdeckt. Bei gezielter Suche ist er auf toten Ästen der Esche leicht zu finden.

5 Vielgestaltige Kohlenbeere

Hypoxylon multiforme (FR.: FR.) FR.

Ganzjährig
An Birken
Unbedeutend
Foto an Birkenast

Fruchtkörper (Stroma): Wulstige, rundliche bis längliche, kissenförmige, dicke Krusten, 1–8 cm lang, 1–3 cm breit, bis 1 cm dick, oft übereinander wachsend; Oberfläche wellig-gebuckelt, jung braun-rotbraun, alt schwarz, Perithezien mit papillenförmigen Ostiolen aus dem Stroma herausragend; Endostroma schwarz. **Sporen:** 8,5–10,5 × 4–5 µm, elliptisch-bohnenförmig, glatt, mit Keimspalt. **Vorkommen:** Das ganze Jahr über meist gesellig vor allem an abgestorbenen, noch berindeten Ästen von Birke *(Betula),* ferner an Traubenkirsche *(Prunus padus),* Erle *(Alnus),* selten auch an anderen Laubhölzern. **Verwendung:** Unbedeutend.

6 Ziegelrote Kohlenkruste

Hypoxylon rubiginosum (PERS.: FR.) FR.

Ganzjährig
An entrindetem Laubholz
Unbedeutend
Foto an entrindetem Laubholz

Fruchtkörper (Stroma): Oft großflächig und unregelmäßig ausgebreitet das Substrat überziehend, bis 30 cm lang, bis 10 cm breit, dünn (1–2 mm); Oberfläche wellig, uneben, oft gefurcht, von herausragenden Perithezienmündungen aufgeraut, ziegelrot, rotbraun, purpurbraun, alt stumpf schwarz; Perithezien ins Stroma eingebettet bis fast frei. **Sporen:** 7–13 × 3–6 µm, nierenförmig, mit Keimspalt. **Vorkommen:** Ganzjährig auf entrindetem Laubholz, selten auch auf Rinde (dann +/– flach polsterförmig, 2–4 mm dick), meist auf Ahorn *(Acer)* und Esche *(Fraxinus);* sehr variabel, weit verbreitet. **Verwendung:** Unbedeutend. **Wissenswertes:** Wenn man die Fruchtkörper mit einem Messer anschneidet, werden die eingebetteten Perithezien sichtbar.

1

2a

2b

3

4

5

6

Familien	Gattungen
Sphaeriaceae	*Daldinia* (Kugelpilze), *Xylaria* (Holzkeulen)
Hypodermataceae	*Rhytisma* (Runzelschorfe), *Colpoma* (Schildbecherlinge)

1 Kohliger Kugelpilz

Daldinia concentrica (BOLT.: FR.) CES. & DENOTARIS

Ganzjährig
An Laubholz
Kein Speisepilz
1b mit Busch-Windröschen

Fruchtkörper (Stroma): Halbkugelig bis kissenförmig, 2–5 cm breit, bis etwa 2 cm hoch, stiellos; Oberfläche glatt, durch Perithezienmündungen sehr fein punktiert, jung rötlich braun, später schwarz, brüchig; im Längsschnitt durch den Fruchtkörper zeigen sich auffallend konzentrisch geformte, +/– silbrig schimmernde Zonen (1a). **Sporen:** 14–16 × 6–8 µm, breitelliptisch, glatt, dunkelbraun, mit einem Tropfen. **Vorkommen:** Ganzjährig an toten Ästen und Stämmen verschiedener Laubhölzer. **Verwendung:** Kein Speisepilz. **Wissenswertes:** Der Kohlige Kugelpilz wird auch „Lebende Holzkohle" genannt; beide Namen kennzeichnen den Pilz treffend.

2 Buchenfruchtschalen-Holzkeule

Xylaria carpophila (PERS.) FR.

Ganzjährig
Auf Buchen-Fruchtschalen
Kein Speisepilz
Foto auf Buchenfruchtschalen

Fruchtkörper: 0,5–3 cm, selten bis 7 cm lang, 0,5–1,5 mm breit, fadenförmig-zusammengedrückt, aufrecht wachsend, im oberen Teil häufig einfach verzweigt, Enden kaum flach gedrückt; Oberfläche braun-schwarz, im Konidienstadium mit weißgrauer Spitze; im Ascusstadium von der Mitte aufwärts verdickt und durch die Perithezien warzig-buckelig, nach unten hin feinfilzig. **Sporen:** 12–13 × 5–5,5 µm. **Vorkommen:** Fast das ganze Jahr über häufig und weit verbreitet einzeln oder zu mehreren auf alten Buchen-Fruchtschalen (Cupulae). **Verwendung:** Kein Speisepilz. **Wissenswertes**: Die Gattung *Xylaria* ist in Mitteleuropa mit etwa sieben Arten vertreten.

3 Geweihförmige Holzkeule

Xylaria hypoxylon (L.: FR.) GREV.

Ganzjährig
An Laub- und Nadelholz
Kein Speisepilz
Foto auf Buchenstumpf, mit Zypressen-Schlafmoos

Fruchtkörper: 2–5(–8) cm hoch, 2–6(–10) mm breit, einfach oder gabelig bis geweihförmig verzweigt, Ästchen oft abgeplattet, oben meist von weißlichem Konidienstaub überpudert; Konidien 9–13 × 3–3,5 µm, farblos, spindelförmig. Im mittleren Teil der Fruchtkörper entwickeln sich im Spätherbst und Vorfrühling die Perithezien (siehe Foto links), in denen die Ascosporen heranwachsen. **Sporen:** 11–14 × 5–6 µm, nierenförmig. **Vorkommen:** Ganzjährig oft massenhaft an Laub-, selten Nadelholz.

4 Langstielige Ahorn-Holzkeule

Xylaria longipes NITSCHKE

Ganzjährig
An Laubholz
Kein Speisepilz

Fruchtkörper: 3–6(–8) cm lang, 0,3–1 cm breit, schlank keulenförmig, in verschmälerten, sterilen Stiel- und +/– deutlich abgesetzten, breiteren, fertilen Kopfteil gegliedert; Oberfläche zur Wachstumszeit graubräunlich bestäubt, später schwarz und durch die Ostiolen der Perithezien fein punktiert-gekörnt. **Sporen:** 13–16 × 5,5–7,5 µm, elliptisch-bohnenförmig, glatt, dunkelbraun, mit 1–2 Tropfen. **Vorkommen:** Das ganze Jahr über meist gesellig oder in kleinen Büscheln auf am Boden liegenden Ahornästen *(Acer)*, selten an anderen Laubhölzern.

5 Vielgestaltige Holzkeule

Xylaria polymorpha (PERS.: MER.) GREV.

Ganzjährig
An Laubholz
Kein Speisepilz
Foto mit Indischer Schein-Erdbeere

Fruchtkörper: 3–5(–8) cm lang, 1–3 cm breit, unregelmäßig keulig, bisweilen auch flach mit undeutlich geformtem Stiel, einzeln oder zu mehreren am Grunde verwachsen, korkig-zäh; Oberfläche runzelig-höckerig, jung durch die Konidiensporen graubräunlich-hellbraun bestäubt, bei der Reife einheitlich schwarz und punktiert. **Sporen:** 20–30 × 5–9 µm, unregelmäßig elliptisch-spindelförmig. **Vorkommen:** Das ganze Jahr über selten einzeln, meist büschelig an totem Laubholz, bevorzugt an Buche *(Fagus)* und Esche *(Fraxinus)*. **Verwendung:** Kein Speisepilz.

6 Ahorn-Runzelschorf

Rhytisma acerinum (PERS.: ST. AM.) FR.

Herbst–Frühjahr
Auf Ahornblättern
Unbedeutend

Erscheinungsbild: Der Pilz befällt die grünen Blätter des Berg-Ahorns *(Acer pseudoplatanus)*. Im Herbst fallen die rundlichen, 1–2 cm breiten, schwarzen, gerunzelten Stromata auf den bunten Blättern besonders auf; sie enthalten das Konidienstadium. Zur Reifezeit im Frühjahr entwickeln sich die Apothezien, die Fruchtschicht ist ockergrau. **Sporen:** 55–80 × 1,5–2,5 µm, fädig, hyalin. **Vorkommen:** Herbst bis Frühjahr. **Verwendung:** Unbedeutend. **Wissenswertes:** Auf Weidenblättern parasitiert der seltenere Weiden-Runzelschorf *(Rhytisma salicinum)*.

7 Eichen-Schildbecherling

Colpoma quercinum (PERS.: FR.) WALLR.

Ganzjährig
An Eichenzweigen
Unbedeutend

Fruchtkörper: 3–10(–20) mm lang, bis 3 mm breit; die schiffchenförmigen Fruchtkörper entwickeln sich unter der Rinde, zunächst zeigen sich nur erhabene Rippen, diese sprengen die Rinde auf, das schwarze Pilzgeflecht wird frei, bei feuchter Witterung reißt es auf und gibt die graugelbe Fruchtschicht frei. **Sporen:** 55–75 × 1,5–2 µm, fadenförmig, einseitig zugespitzt, glatt, hyalin. **Vorkommen:** Ganzjährig oft reihenweise auf abgestorbenen, noch am Baum hängenden dünnen Eichenzweigen; die Fruchtkörper öffnen sich besonders vom Frühjahr bis Frühsommer. **Verwendung:** Unbedeutend. **Wissenswertes:** Die Gattung *Colpoma* besteht aus etwa fünf Arten.

1a

1b

2

4

3

5

6

7

Familien	Gattungen
Geoglossaceae	*Leotia* (Gallertkäppchen), *Trichoglossum* (Haarzungen), *Mitrula* (Haubenpilze), *Spathularia* (Spatelinge)
Dermateaceae	*Cudonia* (Kreislinge), *Callorina* (Brennnesselbecherchen)

1 Grüngelbes Gallertkäppchen

Leotia lubrica Scop. (Pers.: Fr.)

August–November
Laub- und Nadelwald
Kein Speisepilz
1a mit Tamarisken-Thujamoos

Fruchtkörper: 3–6 cm hoch, deutlich in Stiel und Köpfchen gegliedert; Köpfchen 1–2 cm breit, unregelmäßig rundlich, uneben, buckelig oder abgeflacht-genabelt; Oberfläche vom Hymenium überzogen, matt, klebrig-schmierig, gelb, grüngelb, olivbraun; Rand stark nach unten eingerollt (1b). **Stiel:** Bis 0,6 cm dick, röhrig bis zusammengedrückt, hellgelb-goldgelb, alt zimtbraun, kleiigrau, oft büschelig. **Fleisch:** Gallertig, zäh, weißgelblich; Geruch und Geschmack unbedeutend. **Sporenpulver:** Weiß. **Sporen:** 20–25 × 5–6 µm, glatt, spindelig, oft leicht gekrümmt, mit Tropfen, reif mit 4–5 Septen. **Vorkommen:** August bis November gesellig, oft büschelig im feuchten Laub- und Nadelwald; weit verbreitet, aber rückläufig. **Verwendung:** Kein Speisepilz.

2 Gemeine Haarzunge, Behaarte Erdzunge

Trichoglossum hirsutum (Pers.: Fr.) Boud., *Geoglossum hirsutum* Pers.

August–November
Moore, Magerrasen
Kein Speisepilz
Foto im Torfmoos, mit Moosbeere

Fruchtkörper: 2–8 cm hoch, 3–8 mm breit; Oberfläche feinsamtig behaart, schwarzbraun bis schwarz, matt; Kopfteil deutlich vom Stiel abgesetzt, keulig oder flach gedrückt spatelförmig, +/– zusammengedrückt-gefurcht, am Grunde in den schlanken Stiel übergehend. **Sporen:** 100–150 × 6–7 µm, glatt, braun, reif mit bis zu 15 Septen. **Vorkommen:** August bis November einzeln bis gesellig im Torfmoos von Mooren und Sümpfen, aber auch in Kalkmagerrasen; selten, durch Umwandlung der Biotope in intensiv genutzte landwirtschaftliche Flächen stark gefährdet. **Verwendung:** Kein Speisepilz. **Wissenswertes:** Die Gattung *Trichoglossum* wurde von *Geoglossum* abgetrennt; sie enthält Arten mit samtig behaarten Fruchtkörpern (Name „Haarzungen"!).

3 Sumpf-Haubenpilz

Mitrula paludosa Fr.: Fr.

Frühjahr–Sommer
An Pflanzenabfällen im Wasser
Kein Speisepilz
Foto im Torfmoos

Fruchtkörper: 2–6 cm hoch; Kopfteil deutlich abgesetzt, unregelmäßig rundlich-walzenförmig, bis 1 cm breit, dotter- bis orangegelb. **Stiel:** 2–3 cm lang, bis 3 mm breit, hohl, weißlich-glasig. **Fleisch:** Brüchig, weich; Geruch und Geschmack unbedeutend. **Sporen:** 10–15 × 2,5–3 µm, spindelförmig, glatt, hyalin, bisweilen septiert. **Vorkommen:** Im Frühjahr bis Sommer, bisweilen auch im Herbst, meist gesellig in Gräben, Sümpfen und Tümpeln an Pflanzenabfällen (Ästchen, Blättern, Nadeln), die im Wasser liegen; selten. **Verwendung:** Kein Speisepilz.

4 Dottergelber Spateling

Spathularia flavida Pers.: Fr.

August–Oktober
Laub- und Nadelwald
Kein Speisepilz

Fruchtkörper: 2–6(–8) cm hoch, 1–3 cm breit; Kopfteil deutlich abgesetzt, den Stiel im oberen Drittel umfassend, flach zusammengedrückt, mit unregelmäßig welligem Rand, sattgelb, gelbocker, im Alter ausblassend. **Stiel:** Zylindrisch, oft etwas flach gedrückt, weißlich oder gelblich. **Fleisch:** Weich, blass; Geruch und Geschmack unbedeutend. **Sporenpulver:** Weiß. **Sporen:** 40–50 × 2–3 µm, fadenförmig, septiert oder unseptiert. **Vorkommen:** August bis Oktober einzeln oder gesellig im Laub- und Nadelwald, gelegentlich auch auf naturbelassenen Wiesen in Waldnähe; selten. **Verwendung:** Kein Speisepilz. **Wissenswertes:** Die Gattung *Spathularia* umfasst etwa fünf Arten mit spatelförmigem Fruchtkörper; alle sind selten und vielerorts rückläufig oder verschwunden.

5 Helm-Kreisling

Cudonia circinans (Pers.: Fr.) Fr.

August–Oktober
Nadelwald
Kein Speisepilz

Fruchtkörper: In Hut und Stiel gegliedert; Hut 0,5–1,5 cm breit, anfangs gewölbt, später unregelmäßig gebuckelt, gerunzelt, in der Mitte etwas eingedellt; Oberfläche feucht schmierig-klebrig, blass zimtfarben, ocker-weißlich; Rand stark nach unten eingerollt. **Stiel:** 2–3(–5) cm lang, zylindrisch, bisweilen zusammengedrückt, hohl, besonders im oberen Teil oft längsfurchig oder gerieft, hutfarben, an der Basis leicht verdickt, rötlich braun. **Fleisch:** Weich, weiß-gelblich; Geruch und Geschmack unbedeutend. **Sporen:** 32–40 × 2 µm, zylindrisch, bisweilen gebogen, glatt, hyalin, später mehrfach septiert. **Vorkommen:** August bis Oktober gesellig in moosreichen Nadelwäldern und Mischwäldern auf Nadelstreu. **Verwendung:** Kein Speisepilz. **Wissenswertes:** Manche Autoren halten den Helm-Kreisling und den Schlanken Kreisling *(Cudonia confusa)* für eine einzige, variable Art. Ähnlich ist das Grüngelbe Gallertkäppchen *(Leotia lubrica)*.

6 Orangefarbiges Brennnesselbecherchen

Callorina fusarioides (Berk.) Korf.

Frühjahr
An Brennnesselstängeln
Unbedeutend
Foto mit Brennnesselblättern

Fruchtkörper: 0,5–1 mm breit, scheiben- bis linsenförmig, stiellos dem Substrat aufsitzend; Fruchtschicht orangefarben. **Sporen:** 11–15 × 3–4 µm, zylindrisch-elliptisch, glatt, hyalin, einfach septiert. **Vorkommen:** Im Frühling in großen Scharen an abgestorbenen Stängeln der Brennnessel *(Urtica)*. **Verwendung:** Unbedeutend. **Wissenswertes:** Das Orangefarbene Brennnesselbecherchen ist in Ruderalbeständen regelmäßig an Brennnesseln zu finden; dürre, bleiche, grauweiße vorjährige Brennnesselstängel machen im Vorfrühling oft durch Orangefärbung auf den kleinen Ascomyzeten aufmerksam, wobei jedoch meist das makroskopisch ähnliche Konidienstadium *(Cylindrocolla urticae)* angetroffen wird; das seltenere Ascusstadium erscheint später.

1a

2

1b

3

4

5

6

Familien	Gattungen
Hyaloscyphaceae	*Dasyscyphus* (Haarbecherchen)
Sclerotiniaceae	*Lanzia* (Stromabecherlinge), *Ciboria* (Stromabecherlinge), *Dumontinia* (Anemonenbecherlinge)
Helotiaceae	*Ombrophila* (Gallertkreislinge)

1 Schneeweißes Haarbecherchen

Dasyscyphus niveus (HEDW. EX FR.) SACC.

Ganzjährig
Meist an Eichenholz
Unbedeutend
Foto an Eichenstumpfunterseite

Fruchtkörper: 0,5–2 mm breit, scheiben- bis flach schüsselförmig, deutlich gestielt; Fruchtschicht jung rein weiß, später blassgelb; Außenseite und Rand dicht mit weißen Haaren bedeckt (Lupe!). Bei feuchter Witterung sind die Fruchtkörper oft mit Guttationstropfen besetzt. **Sporen:** 6–8,5 × 1,5–2 µm, spindelig, glatt, hyalin, ohne Tropfen. **Vorkommen:** Das ganze Jahr über an im Humus vergrabenen alten Ästen, meistens jedoch an Eichenstümpfen *(Quercus)*. Die winzigen Haarbecherchen wachsen gesellig bis dicht rasig auf der dem Erdboden zugewandten Seite. Mit einiger Anstrengung kann man die alten Stümpfe herausheben; so findet man die kleinen, oft zu Hunderten wachsenden Becherlinge auf dem noch festen Kernholz in jedem Eichenforst. Seltener wachsen sie am Holz der Rotbuche *(Fagus sylvatica)*. **Verwendung:** Unbedeutend.

2 Kastanienschalen-Stromabecherling

Lanzia echinophila (BULL.: FR.) KORF

Spätsommer–Herbst
In Fruchthülle der Edelkastanie
Unbedeutend

Fruchtkörper: 3–7 mm breit, flach, jung halbkugelig, später schüsselförmig bis scheibenförmig, sitzend bis kurz gestielt, zimtbraun-dunkelbraun, bisweilen mit purpurlichem Ton. **Sporen:** 16–20 × 4,5–6 µm, allantoid, reif mit bis zu drei Septen und mit Sekundärsporen. **Vorkommen:** Spätsommer bis Herbst meist gesellig auf der Innenseite von alten, am Boden liegenden Cupulen (Fruchthüllen) der Edelkastanie *(Castanea sativa)*. **Verwendung:** Unbedeutend. **Wissenswertes:** In Gebieten, wo die Edelkastanie vorkommt, ist der beschriebene Pilz nicht selten.

3 Fichtenzapfen-Stromabecherling

Ciboria bulgarioides (RABENH.) BARAL

Februar–Mai
Auf Fichtenzapfen
Unbedeutend

Fruchtkörper: 2–10 mm breit, jung kelchförmig, später flach schalen- bis scheibenförmig, in ein kurzes, dickes Stielchen auslaufend; Innenseite runzelig, matt, dunkel braunoliv bis fast schwarz; Außenseite gleichfarben, etwas heller. **Sporen:** 7–9 × 3–5 µm. **Vorkommen:** Februar bis Mai, in manchen Jahren massenhaft, in feuchten, moosigen Nadelwäldern auf am Boden liegenden Fichtenzapfen, meist zu mehreren bis über hundert auf einem Zapfen; in den Nadelwäldern Süddeutschlands und in den Alpen verbreitet, sonst selten. **Verwendung:** Unbedeutend.

4 Zapfenschuppen-Stromabecherling

Ciboria rufofusca (WEBERB.) SACC.

Frühjahr
Auf Zapfenschuppen
Unbedeutend

Fruchtkörper: 3–15 mm breit, jung blasenförmig, später becher- bis schüsselförmig ausgebreitet, glatt, braun-kastanienbraun, kurz oder bis 2 cm lang gestielt. **Sporen:** 5–7 × 3–3,5 µm, elliptisch, glatt, hyalin, bisweilen mit zwei Tropfen, unseptiert. **Vorkommen:** Im Frühjahr verbreitet auf Weißtannen-Zapfenschuppen, die im oder auf dem Boden liegen (mit meist 1–3 Fruchtkörpern pro Schuppe), sowie auf Zapfenschuppen anderer Nadelhölzer. Man findet den kleinen Zapfenschuppen-Stromabecherling nur bei gezielter Suche unter Weißtannen. **Verwendung:** Unbedeutend.

5 Gemeiner Anemonenbecherling

Dumontinia tuberosa (BULL. EX MÉRAT) KOHN

März–Mai
Bei Buschwindröschen
Unbedeutend
5a mit Busch-Windröschen
5b auf Busch-Windröschen parasitierend, mit angeschnittenem Sklerotium

Fruchtkörper: 1–2,5 cm breit, zuerst kugelförmig mit kleiner Öffnung, dann krug- bis becherförmig, zuletzt flach schüsselförmig bis wellig ausgebreitet, bisweilen grubig-runzelig; Innenseite hell- bis dunkelbraun, rötlich braun; außen ähnlich gefärbt, oft heller. **Stiel:** Der obere Teil des Stiels ragt nur wenig aus der Erde und geht verdickt in den Becher über; er wächst mit einem 2–10 cm langen, unterirdischen, braunschwärzlichen Myzelstrang aus einem unregelmäßig-knolligen, etwa 2 cm langen, außen schwarzen, innen weißen Sklerotium. **Fleisch:** Zäh, hellbräunlich; Geruch unbedeutend, Geschmack mild. **Sporen:** 12–18 × 6–9 µm, elliptisch, glatt, hyalin. **Vorkommen:** März bis Mai verbreitet in Laubwäldern, Parkanlagen, an Weg- und Bachböschungen parasitisch auf den Rhizomen von Buschwindröschen *(Anemone nemorosa)*, gelegentlich auch anderen Hahnenfußgewächsen; verbreitet, leicht zu übersehen. **Verwendung:** Unbedeutend. **Wissenswertes:** Der Gemeine Anemonenbecherling ist leicht zu bestimmen und kaum zu verwechseln.

6 Buchen-Gallertkreisling

Ombrophila pura BARAL & KRGLST.
Neobulgaria pura (FR.) PETRAK

Juli–Dezember
An Laubholzästen
Kein Speisepilz
Foto auf Laubholzast

Fruchtkörper: 0,5–3 cm breit, jung kreiselförmig, zur Basis hin verjüngt, dann unregelmäßig becherförmig, gallertig, im Alter schlaff, blass grauweiß bis blassrötlich, bisweilen mit Lilaton; Außenseite dunkler, feinkörnig; Rand etwas vorstehend. **Fleisch:** Gelatinös; geruchlos. **Sporenpulver:** Weiß. **Sporen:** 6–8,5 × 3–4 µm, elliptisch, glatt, hyalin, mit zwei Tropfen. **Vorkommen:** Juli bis Dezember meist in dicht gedrängten Knäueln auf abgestorbenen, noch berindeten Laubholzästen, meist an Rotbuche *(Fagus sylvatica)*; weit verbreitet. **Verwendung:** Kein Speisepilz. **Wissenswertes:** Der verwandte Violette Gallertkreisling *(Ombrophila violacea)* ist kleiner. Seine Fruchtkörper erscheinen vom Spätsommer bis Herbst auf Ästchen und faulenden Blättern.

1

2

3

4

5a

5b

6

Familie | Gattungen

Helotiaceae

Ascocoryne (Gallertbecher), *Bulgaria* (Schmutzbecherlinge), *Bisporella* (Holzbecherchen), *Hymenoscyphus* (Stängelbecherlinge), *Chlorociboria* (Grünspanbecherlinge), *Encoelia* (Büschelbecherlinge)

1 Fleischroter Gallertbecher

Ascocoryne sarcoides (JACQ.: FR.) GROV. & Wils.

Herbst–Winter
An morschem Laubholz
Kein Speisepilz

Fruchtkörper: 0,5–1,5 cm breit, rundlich, becher- bis schalenförmig, wellig verbogen, alt unregelmäßig gelappt; Fruchtschicht rosa-violett bis fleischrot, glatt. **Fleisch:** Gallertig. **Sporen:** 10–18 × 3–5 µm, schmalelliptisch, glatt, hyalin. **Vorkommen:** Herbst bis Winter dicht gedrängt auf morschem Holz der Rotbuche *(Fagus sylvatica)* und anderen Laubhölzern, selten an Nadelholz. **Verwendung:** Kein Speisepilz. **Wissenswertes:** Der Hauptfruchtform ähnlich ist die keulen- bis blattförmige Konidienform *(Coryne dubia),* die oft zusammen mit der Hauptfruchtform auftritt.

2 Gemeiner Schmutzbecherling

Bulgaria inquinans (PERS.) FR.

September–März
An Laubholz
Kein Speisepilz
Foto auf Eichenstamm

Fruchtkörper: 1–4 cm breit, anfangs rundlich-kugelig, dann flach kreiselförmig bis tellerförmig, Basis bisweilen stielartig zusammengezogen; Innenseite schwarzbraun bis schwarz, glänzend, trocken matt; Außenseite im Jugendstadium dunkelbraun, alt schwarz; Rand etwas vorstehend. **Fleisch:** Gallertig, zäh; ohne besonderen Geruch und Geschmack. **Sporenpulver:** Schwarz. **Sporen:** 11–15 × 6–8 µm. **Vorkommen:** September bis März gesellig auf Eiche *(Quercus),* seltener an anderen Laubhölzern. **Verwendung:** Kein Speisepilz. **Wissenswertes:** Reife Fruchtkörper färben die Finger bei Berührung schwarz (Name!).

3 Zitronengelbes Reisigbecherchen

Bisporella citrina (BATSCH: FR.) KORF & CARP.

Spätsommer–Herbst
An entrindeten Laubholzästen
Unbedeutend

Fruchtkörper: Etwa 2 mm breit, schalenförmig, stiellos oder mit sehr kurzem Stiel auf dem Holz aufsitzend; Fruchtschicht glatt, lebhaft zitronengelb, trocken und im Alter dottergelb; Außenseite meist etwas blasser; Rand leicht aufgebogen. **Sporen:** 9–14 × 3–5 µm, elliptisch, hyalin, mit zwei Tröpfchen, reif mit einer Septe. **Vorkommen:** Spätsommer bis Herbst in großen Scharen gedrängt an entrindeten Laubholzästen, vorzugsweise an Rotbuche *(Fagus sylvatica),* seltener an Erle *(Alnus)* und Hasel *(Corylus).* **Verwendung:** Unbedeutend. **Wissenswertes:** Der beschriebene Pilz zählt zu den häufigsten und auffälligsten Kleinbecherlingen.

4 Weiden-Stängelbecherling

Hymenoscyphus conscriptum (KARST.) KARST.

Herbst–Winter
An Weiden
Unbedeutend
4a an Weidenast, mit Krücken-Kegelmoos

Fruchtkörper: 2–5 mm breit, jung schüsselförmig, +/– gestielt; Fruchtschicht glatt oder etwas runzelig, dottergelb. **Sporen:** 12,5–15 × 3–4 µm, zylindrisch, mit zwei oder mehr Tropfen, bisweilen einfach septiert. **Vorkommen:** Herbst bis Winter auf abgestorbenen oder geschädigten Ästen und Stämmen verschiedener Weidenarten *(Salix),* gern büschelig aus den Rissen der Borke hervorwachsend; selten. **Verwendung:** Unbedeutend. **Wissenswertes:** Ähnlich ist der Kommasporige Stängelbecherling *(Hymenoscyphus serotinus)* auf entrindeten Rotbuchenzweigen, die im Humus liegen. Das Zitronengelbe Reisigbecherchen *(Bisporella citrina)* wächst in auffällig großen Scharen an entrindetem Laubholz, vorzugsweise an Rotbuche *(Fagus sylvatica).*

5 Kleinsporiger Grünspanbecherling

Chlorociboria aeruginascens (NYL.) KANOUSE & RAMAM. ET AL.

April–November
An modrigem Laubholz
Unbedeutend
5a mit Blatt vom Leberblümchen
5b vom Myzel verfärbtes Eichenholz

Fruchtkörper: 2–5 mm breit, schalenförmig, später abgeflacht, unregelmäßig wellig verbogen, sitzend oder sehr kurz gestielt; ganzer Pilz blaugrün. **Sporen:** 6–10 × 1,5–2 µm, spindelförmig, glatt, hyalin, meist mit zwei Tropfen, nicht septiert. **Vorkommen:** April bis November, hauptsächlich im Herbst, gesellig, oft zu mehreren an einer Anwachsstelle beisammen, an abgefallenen, morschen, feuchten Laubholzästen. **Verwendung:** Unbedeutend. **Wissenswertes:** Das Myzel verfärbt das durchwachsene Holz ebenfalls stets auffällig blaugrün; verfärbtes Holz trifft man häufiger an, Fruchtkörper sind seltener zu finden. Der seltenere Großsporige Grünspanbecherling *(Chlorociboria aeruginosa)* unterscheidet sich vom beschriebenen Pilz, wie der Name schon sagt, durch seine größeren Sporen von 9–15 × 1,5–2,5 µm.

6 Kleiiger Büschelbecherling

Encoelia furfuracea (ROTH: PERS.) KARST.

Dezember–April
An Hasel und Erle
Unbedeutend
6a geschlossene Fruchtkörper an Hasel
6b reife Fruchtkörper an Schwarz-Erle

Fruchtkörper: 0,5–2 cm breit, anfangs blasig geschlossen, später öffnen sich die Fruchtkörper +/– sternförmig an der Oberseite und geben die zimtbraune bis schwarzbraune Fruchtschicht frei; Außenseite kleiig-körnig, blass lederfarben bis schmutzig bräunlich. **Sporen:** 9–11 × 2–2,5 µm, zylindrisch, leicht gekrümmt, mit abgerundeten Enden, glatt, hyalin, mit zwei Tropfen. **Vorkommen:** Dezember bis April in Büscheln auf toten, aber noch stehenden, berindeten Ästen und Stämmen von Hasel *(Corylus avellana)* und Erle *(Alnus).* **Verwendung:** Unbedeutend. **Wissenswertes:** Der Pilz wird wegen seines Wachstums an Hasel auch „Hasel-Becherling“ genannt. Aufgrund seines Aussehens in geschlossenem und geöffnetem Zustand und seines Vorkommens an absterbenden Ästen von Hasel und Erle ist er kaum zu verwechseln. Eine weitere, seltenere Art der Gattung, der Schwarzbraune Pappelbecherling *(Encoelia fascicularis),* wächst zur gleichen Jahreszeit an Ästen von Eschen *(Fraxinus excelsior)* und Pappeln *(Populus).*

1

3

2

4a

4b

5a

6a

6b

5b

Familie	Gattungen
Morchellaceae	*Morchella* (Morcheln), *Verpa* (Verpeln), *Disciotis* (Morchelbecherlinge)

1 Spitz-Morchel

Morchella conica Pers.
Morchella elata Fr.

Februar–Mai
Wälder und Gärten
Essbar
Foto mit Huflattich

Hut: 3–15 cm hoch, bis 4 cm breit, walzenförmig bis spitzkegelig, mit +/– parallel verlaufenden, welligen Längsrippen, die durch Querrippen verbunden sind, wodurch die Oberfläche wabenartig erscheint; sie ist graubraun–olivbraun, Rippen im Alter schwärzlich; Fruchtkörper innen hohl, weißlich, kleiig; Rand mit dem Stiel verwachsen. **Stiel:** 3–6(–10) cm lang, hohl, grubig-runzelig, weiß bis hellbräunlich, kleiig; Basis meist etwas verbreitert. **Fleisch:** Dünn, brüchig; Geruch unbedeutend, Geschmack mild. **Sporenpulver:** Weißlich. **Sporen:** 18–24 × 10–14 µm, elliptisch, glatt. **Vorkommen:** Februar bis Mai in Wäldern, Gärten, auf Brandstellen und Holzlagerplätzen, oft auf verletzten und mit Rindenabfällen gemulchten Böden. **Verwendung:** Essbar. **Wissenswertes:** Alle Arten der Gattung *Morchella* sind als Seltenheiten zu schonen.

2 Speise-Morchel

Morchella esculenta (L.: Fr.) Pers.

April–Mai
Laubwald, Auenwald
Essbar
2a mit Veilchen
2b mit Scharbockskraut

Hut: 4–12 cm hoch, 3–8 cm breit, rundlich-eiförmig, oft stumpfkegelig; Oberfläche unregelmäßig wabenartig gekammert, hellbräunlich, hellocker oder graugelb; innen hohl, rau, körnig; Hutrand mit dem Stiel verwachsen. **Stiel:** 3–9 cm lang, 2–4 cm breit, wellig gefurcht, hohl, weißlich bis blassgelb, mit körnig-kleiiger Oberfläche; Basis oft verdickt. **Fleisch:** Dünn, wachsartig, brüchig, weißlich; Geruch angenehm, Geschmack mild. **Sporenpulver:** Weißgelb. **Sporen:** 18–23 × 11–14 µm. **Vorkommen:** April bis Mai einzeln oder gesellig in Laubwäldern, Auenwäldern, Bachauen und Gebüschen. Mit dem Erscheinen der Speise-Morcheln im Frühjahr beginnt für viele Pilzsammler eine aufregende Jagd nach den kulinarischen Köstlichkeiten. **Verwendung:** Essbar.

3 Käppchen-Morchel

Morchella gigas (Batsch: Fr.) Pers.
Morchella semilibera D. C.

April–Mai
Wiesen, Wälder, Bachauen
Essbar
Foto mit Gundelrebe

Hut: 2–4 cm hoch, kegelförmig-glockenförmig, im Verhältnis zum Stiel ziemlich klein, innen hohl, nur mit der oberen Hälfte am Stiel angewachsen; Oberfläche hellbraun-dunkelbraun, mit +/– senkrecht verlaufenden Längsrippen, die durch schwächer ausgebildete Querrippen verbunden sind. **Stiel:** Bis 8 cm lang, hohl, dünnfleischig, zerbrechlich, etwas gefurcht, weißlich, später blass lederfarben, kleiig; Basis schwach verdickt. **Fleisch:** Dünn, wachsartig, zerbrechlich, doch etwas zäh, weißlich; ohne besonderen Geruch und Geschmack. **Sporen:** 22–30 × 14–18 µm. **Vorkommen:** April bis Mai auf Wiesen, in Wäldern und Bachauen. **Verwendung:** Essbar. **Wissenswertes:** Wer Morcheln sammelt, sollte die ähnliche Gift-Lorchel *(Gyromitra esculenta)* genau kennen.

4 Runzel-Verpel

Verpa bohemica (Krombh.) Schroet.

April–Mai
Auenwald
Kein Speisepilz
Foto mit Giersch und Schuppenwurz

Hut: 2–5 cm hoch, 2–3 cm breit, glockig bis walzenförmig, nur an der Stielspitze angewachsen, unregelmäßig hirnartig-runzelig oder mit stark hervortretenden Längs- und Querrippen; anfangs gelblich, später hell- bis dunkelbraun; Unterseite weißlich. **Stiel:** 5–14 cm lang, 1–3 cm breit, jung ausgestopft, bald hohl, zerbrechlich, zuerst weißlich, dann ockerlich, mit feinen weißlichen Körnchen. **Fleisch:** Wachsartig, brüchig; Geruch angenehm, Geschmack mild. **Sporen:** Riesig, 55–80 × 17–20 µm, zylindrisch, glatt, hyalin. **Vorkommen:** April bis Mai einzeln bis gesellig in Flussauen und Gebüschen; selten. **Verwendung:** Kein Speisepilz.

5 Fingerhut-Verpel

Verpa conica (Timm: Fr.) Swartz

April–Mai
Bachauen, Waldränder
Essbar
Foto mit Immergrün

Hut: 1–4 cm hoch, 2–3 cm breit, jung eiförmig, dann glocken- bis fingerhutförmig, abgerundet, nur im oberen Abschnitt mit dem Stiel verwachsen; Oberfläche glatt oder schwach gerunzelt, hellbraun-olivbraun. **Stiel:** 3–10 cm lang, zylindrisch, hohl, weißlich, feinkörnig. **Fleisch:** Brüchig, wachsartig. **Sporen:** 20–24 × 12–14 µm, breitelliptisch, glatt, hyalin. **Vorkommen:** April bis Mai einzeln bis gesellig in Auen, an Waldrändern. **Verwendung:** Essbar; als Seltenheit zu schonen. Die Meinungen über die Essbarkeit dieses Pilzes sind geteilt. Unverträglichkeitsreaktionen sind bei empfindlichen Personen nicht ausgeschlossen. In solchen Fällen ist auf den Verzehr zu verzichten. Im Übrigen ist die hübsche und seltene Fingerhut-Verpel für den Kochtopf viel zu schade.

6 Gemeiner Morchelbecherling

Disciotis venosa (Pers.: Fr.) Boud.

März–Mai
Laubwald, Auenwald
Essbar
Foto mit Purpurroter Taubnessel

Fruchtkörper: 3–15(–25) cm breit, erst halbkugelig, später schüsselförmig ausgebreitet; Innenseite zur Mitte hin radial mit Falten und Runzeln überzogen, gelbbraun, graubraun bis dunkelbraun; Außenseite heller, kleiig, im Alter durch aufsteigende Stielrippen oft aderig. **Stiel:** 0,5–2 cm lang, bis 3 cm breit. **Fleisch:** Dünn, wachsartig, brüchig, weißlich bis hellbräunlich; mit deutlichem Chlorgeruch, Geschmack unbedeutend, mild. **Sporen:** 19–25 × 12–15 µm, breitelliptisch, glatt, hyalin. **Vorkommen:** März bis Mai einzeln oder in Gruppen in feuchten Laubwäldern, Bachschluchten und Auenwäldern. **Verwendung:** Essbar, gut abkochen! Dabei verliert sich der unangenehme Chlorgeruch. Der Pilz wird von Kennern mehr geschätzt als Spitz- und Speise-Morchel.

1

2a

3

2b

4

5

6

Familie | Gattungen

Helvellaceae

Gyromitra (Lorcheln), *Rhizina* (Wurzellorcheln)

1 Scheiben-Lorchel

Gyromitra ancilis (PERS.: FR.) KREIS.
Discina perlata (FR.) FR.

April–Juni
An altem Nadelholz
Essbar
Foto auf morschem Fichtenstamm, mit Zypressen-Schlafmoos

Fruchtkörper: 3–15 cm breit, 2–4 cm hoch, becher-, teller-, scheibenförmig; Innenseite faltig, hell- bis mittelbraun, auch rotbraun; Außenseite mit Adern und Runzeln, die sich nach unten im kurzen Stiel vereinigen, weißlich bis ockergelb; Rand wellig. **Stiel:** Kurz, bisweilen nur angedeutet, bis 3 cm lang, dick, tief gefurcht, runzelig. **Fleisch:** Geruch schwach pilzartig, Geschmack mild. **Sporen:** 24–30 × 13–14 µm, elliptisch, feinwarzig, hyalin, mit Anhängsel. **Vorkommen:** April bis Juni einzeln bis gesellig auf alten, entrindeten, oft bereits vermorschten und moosüberwachsenen Stümpfen und Stämmen von Fichte *(Picea abies)* und Kiefer *(Pinus)* oder in deren unmittelbarer Nähe; nicht häufig. **Verwendung:** Essbar, vor dem Genuss abkochen! **Wissenswertes:** Ähnlich ist der Gemeine Morchelbecherling *(Disciotis venosa)*. Er wächst in Auenwäldern auf dem Erdboden, nicht auf Holz. An seinem intensiven Chlorgeruch ist er leicht zu erkennen.

2 Gift-Lorchel, Frühjahrs-Lorchel

Gyromitra esculenta (PERS.: FR.) FR.

März–Mai
Sandige Nadelwälder
Tödlich giftig
Foto mit Zapfen und Nadeln der Wald-Kiefer

Fruchtkörper: 5–9(–15) cm hoch und breit, rundlich; Oberfläche auffallend hirnartig gewunden, gelb-, rot- bis schwarzbraun. **Stiel:** Kurz, grubig bis stark gefurcht, hohl, gekammert, grauweißlich bis gelblich, feinkleiig; Hut und Stiel sind unregelmäßig verwachsen. **Fleisch:** Brüchig, wachsartig; Geruch und Geschmack angenehm. **Sporen:** 18–22 × 9–12 µm, elliptisch, glatt, meist mit zwei Tropfen. **Vorkommen:** Ende März bis Mai (Juni) einzeln bis gesellig in sandigen Nadelwäldern, auf Holzlagerplätzen, an Stümpfen, auf Kahlschlägen. **Verwendung:** Tödlich giftig; enthält das Pilzgift Gyromitrin. Der Pilz galt früher als essbar, wenn man ihn gut kocht und das Kochwasser weggießt. Das Abkochen bietet jedoch nachgewiesenermaßen keine Gewähr gegen Vergiftungen. Sowohl der früher verwendete Volksname „Speise-Lorchel" als auch die wissenschaftliche Bezeichnung „esculenta" (essbar) sind irreführend. Vor dem Verzehr der Gift-Lorchel muss dringend gewarnt werden! **Wissenswertes:** Verwechslungen sind möglich mit der Speise-Morchel *(Morchella esculenta)* und der Spitz-Morchel *(Morchella conica)*.

3 Riesen-Lorchel

Gyromitra gigas (KROMBH.) CKE.

März–Mai
An morschen Stümpfen
Kein Speisepilz
3a und 3b auf bemoostem Fichtenstumpf

Fruchtkörper: 5–20 cm hoch, 5–15 cm breit, rundlich-klumpenförmig; Oberfläche faltig, gewunden, gelbbraun-hellocker, bisweilen olivbräunlich. **Stiel:** Kurz (3–6 cm), oft grubig und längsfaltig, weißlich, zellig-hohl (3b unten), oft tief im Substrat wurzelnd. **Fleisch:** Wachsartig, gelblich; Geruch und Geschmack angenehm. **Sporen:** 23–28 × 10–12,5 µm (ohne Anhängsel), elliptisch, feinwarzig, teilweise mit 2–3 Tropfen. **Vorkommen:** März bis Mai meist an morschen Stümpfen und Stämmen. **Verwendung:** Kein Speisepilz. **Wissenswertes:** Die Riesen-Lorchel enthält Gyromitrin wie die Gift-Lorchel *(Gyromitra esculenta)*, aber in weitaus geringerer Menge. Eine sichere Abgrenzung der beiden Arten ist nur mikroskopisch möglich.

4 Bischofsmütze

Gyromitra infula (SCHAEFF.: FR.) QUÉL.

September–November
An morschen Stümpfen
Kein Speisepilz

Fruchtkörper: Bis 20 cm hoch, Hut bis 8 cm hoch, 3–8 cm breit, lappig, mitraförmig mit 2–4 Zipfeln (Name!), Lappen meist am Stiel angewachsen; Oberfläche ockerbraun-rotbraun. **Stiel:** 2–8 cm lang, bis 3 cm breit, mit wenigen Längsfalten, hohl, schmutzig weißlich bis fleischbräunlich, bisweilen mit Lilaton. **Fleisch:** Im Hut brüchig, im Stiel elastisch-zäh, weißlich; Geruch und Geschmack angenehm. **Sporen:** 20–23 × 8,5–9,5 µm, elliptisch, glatt, mit zwei Tropfen. **Vorkommen:** September bis November an morschen Stümpfen, an Brandstellen und Holzlagerplätzen auch auf dem Erdboden; sehr selten, schonenswert. **Verwendung:** Kein Speisepilz. Die Bischofsmütze wird gelegentlich als essbar bezeichnet, wenn man sie abkocht und das Kochwasser weggießt, sie sollte jedoch wegen ihrer Seltenheit unbedingt geschont werden.

5 Wellige Wurzellorchel

Rhizina undulata FR.: FR.

Juni–Oktober
Auf Brandstellen im Nadelwald
Kein Speisepilz

Fruchtkörper: 4–12 cm breit, bis etwa 5 cm hoch, ohne Stiel, unregelmäßig kissenförmig bis flach polsterförmig; Oberfläche wellig-faltig, rotbraun, kastanienbraun bis schwarzbraun, jung mit hellerem Rand; Unterseite hohl, weißlich-blassgelb, später bräunlich; auf dem Erdboden mit zahlreichen weißen, wurzelähnlichen Hyphensträngen (Rhizoiden) verankert. **Fleisch:** Dick, alt zäh-lederig, weißlich-hellbraun; Geruch und Geschmack unbedeutend. **Sporenpulver:** Weiß. **Sporen:** 30–40 × 7–10 µm (ohne Anhängsel), spindel- bis schiffchenförmig, feinwarzig-rau, mit zwei Tropfen und zwei polaren spitzen Anhängseln. **Vorkommen:** Juni bis Oktober gesellig, bisweilen zu mehreren verwachsen, auf alten Brandstellen, gern im Wurzelbereich von Nadelhölzern, auch auf Kahlschlägen und in jungen Fichtenbeständen. Die Vorkommen der Welligen Wurzellorchel sind vielerorts rückläufig. **Verwendung:** Kein Speisepilz. **Wissenswertes:** Die Gattung *Rhizina* besteht aus nur einer Art. Der Pilz soll auch als Parasit auf Kiefern *(Pinus)* auftreten.

1

2

3a

3b

4

5

Familie	Gattung
Helvellaceae	*Helvella* (Lorcheln)

1 Hochgerippte Becher-Lorchel

Helvella acetabulum (L.: FR.) QUÉL.

April–Juli
Laub- und Nadelwald
Kein Speisepilz
Foto mit Efeu

Fruchtkörper: 2–7(–11) cm hoch, 2–6 cm breit, schalen-, kelch- bis becherförmig; Innenseite mit dem Hymenium rauchgrau, graubräunlich oder dunkelbraun, auch mit lila Tönen; Außenseite gleichfarben oder etwas heller, feinkleiig, mit auslaufenden Stielrippen, die sich zumindest bis zu einem Drittel oder bis zum Becherrand fortsetzen. **Stiel:** Deutlich ausgeprägt, innen gekammert und hohl, weißlich bis cremeocker. **Fleisch:** Brüchig, weißlich bis blassgrau; ohne besonderen Geruch und Geschmack. **Sporen:** 17–19 × 12–14 µm. **Vorkommen:** April bis Juli in schattigen Laub- und Nadelwäldern, selten auch auf Weiden und in Gärten. **Verwendung:** Kein Speisepilz.

2 Herbst-Lorchel

Helvella crispa (SCOP.) FR.

August–November
Laub- und Mischwald
Kein Speisepilz
Foto mit Waldmeister und Blättern der Stiel-Eiche

Fruchtkörper: Bis 15 cm hoch, Kopfteil sattelförmig, unregelmäßig zwei- bis dreilappig, Lappen am Rand aufgebogen, nicht mit dem Stiel verwachsen; Oberseite (Fruchtschicht) glatt, weißlich, hellgelblich-hellbräunlich; Unterseite +/– gleichfarben. **Stiel:** Bis 7 cm lang, 1–4 cm breit, hohl, tief längsrippig gefurcht mit länglichen Kammern, weißlich. **Fleisch:** Hutfleisch dünn, brüchig; Geruch und Geschmack angenehm. **Sporenpulver:** Weißlich. **Sporen:** 17–20 × 10–13 µm. **Vorkommen:** August bis November einzeln oder gesellig in Laub- und Mischwäldern. **Verwendung:** Kein Speisepilz. **Wissenswertes:** In mediterranen Wäldern und steinigen Macchien wächst im Herbst die Dunkle Herbst-Lorchel *(Helvella pithyophila)*. Ihr Kopfteil ist gelbbräunlich, der Stiel graubräunlich, jung mit violettem Ton. Dieser Pilz gilt als dunkel gefärbte Variante der Herbst-Lorchel.

3 Elastische Lorchel

Helvella elastica BULL.: FR.
Leptopodia elastica (BULL. EX ST. AMANS) BOUD.

August–Oktober
Laub- und Nadelwald
Kein Speisepilz

Fruchtkörper: Kopfteil 2–4 cm breit, unregelmäßig lappig, Lappen oft wellig geschweift, nach unten gebogen; Oberfläche mit der Fruchtschicht schwach runzelig, gelbgrau, bräunlich gelb; Unterseite glatt, weißlich. **Stiel:** 3–6 cm lang, bis 1 cm breit, hohl, elastisch, glatt, nicht gerippt, bisweilen mit kleinen Furchen an der Basis, weißlich-blassgelblich. **Fleisch:** Weißlich, im Stiel zäh; Geruch und Geschmack unbedeutend. **Sporen:** 18–22 × 12–14 µm, elliptisch, glatt, hyalin, mit einem großen Tropfen. **Vorkommen:** August bis Oktober in lichten Laub- und Nadelwäldern, an Waldwegen. **Verwendung:** Kein Speisepilz. **Wissenswertes:** Formenreiche Art.

4 Schwarzweiße Becher-Lorchel

Helvella leucomelaena (PERS.) NANNF.

April–Juni
Unter Kiefern
Kein Speisepilz
Foto mit Zapfen der Wald-Kiefer

Fruchtkörper: 1–4 cm hoch, 1–4(–6) cm breit, becherförmig, alt ausgebreitet und am Rand eingerissen; Innenseite dunkelgrau, graubräunlich bis schwarzbraun; Außenseite im oberirdischen Teil wie das Hymenium gefärbt, im unteren, in die Erde eingesenkten Teil weißlich. **Stiel:** Kurz, in den Boden eingesenkt, gefurcht, Rippen nicht oder nur kurz in den Becher übergehend, weißlich. **Fleisch:** Weißlich. **Sporen:** 19–23 × 11–14 µm, breitelliptisch, glatt, mit großem Tropfen, bisweilen zusätzlich mit kleinen Tropfen; Paraphysen zylindrisch, mit verdickter Spitze. **Vorkommen:** April bis Juni gesellig in Wäldern, Wiesen, Gärten, an Straßenrändern unter Kiefern *(Pinus)*. **Verwendung:** Kein Speisepilz. **Wissenswertes:** Ähnlich ist die Hochgerippte Becher-Lorchel *(Helvella acetabulum)*.

5 Gruben-Lorchel

Helvella lacunosa AFZEL.

Juli–Oktober
Laub- und Nadelwald
Kein Speisepilz
Foto mit Blättern der Rotbuche

Fruchtkörper: Kopfteil 2–7 cm hoch, mit 2–3 gewundenen oder verbogenen Lappen, bisweilen sattelförmig; Oberfläche grauschwarz oder braunschwarz, unterseits heller; Ränder am Stiel angewachsen. **Stiel:** 2–7 cm lang, 1–3 cm breit, hohl, tief längs gefurcht, grubig-zellig, blass graubräunlich. **Fleisch:** Brüchig; Geruch und Geschmack anfangs würzig. **Sporen:** 17–20 × 10–13 µm. **Vorkommen:** Juli bis Oktober einzeln oder gesellig im Laub- und Nadelwald, an Wegrändern. **Verwendung:** Kein Speisepilz. **Wissenswertes:** Dieser sehr variable, düster gefärbte Pilz ist an seiner Größe und Farbe gut zu erkennen. Blasse Exemplare können von unerfahrenen Sammlern mit der ähnlichen Herbst-Lorchel *(Helvella crispa)* verwechselt werden. Über den Speisewert der beiden Arten gibt es unterschiedliche Auffassungen; teilweise werden sie als essbar bezeichnet. Zumindest empfindliche Personen sollten jedoch vorsorglich vom Verzehr absehen.

6 Langfuß-Lorchel

Helvella macropus (PERS.: FR.) KARSTEN

Juli–Oktober
Laub- und Nadelwald
Kein Speisepilz
Foto mit Welligem Katharinenmoos

Fruchtkörper: Kopfteil 1–3 cm breit, schüsselförmig, seltener +/– sattelförmig; Innenseite mit der Fruchtschicht glatt, grau bis graubräunlich; Außenseite fein mehlig-filzig, grau bis graubräunlich oder heller. **Stiel:** 2–5 cm lang, zylindrisch, zur Basis hin etwas verdickt, voll, zuletzt hohl, fein mehlig-filzig, grau bis graubräunlich. **Fleisch:** Dünn, zerbrechlich, weiß. **Sporen:** 20–30 × 10–12 µm, spindelig-elliptisch, hyalin, mit einem großen und meist 1–2 kleineren Tropfen. **Vorkommen:** Juli bis Oktober meist einzeln im Laub- und Nadelwald. **Verwendung:** Kein Speisepilz. **Wissenswertes:** Ähnlich ist der Wolligfilzige Langfüßler *(Helvella vilosa)*; er hat abweichende Sporen.

1
3
2
4
5
6

Familie	Gattungen
Pezizaceae	*Sarcosphaera* (Kronenbecherlinge), *Peziza* (Becherlinge), *Otidea* (Öhrlinge)

1 Violetter Kronenbecherling

Sarcosphaera coronaria (JACQ.) SCHROET.

Mai–Juli
Laub- und Nadelwald
Giftig
1a jung, mit Kreuzblümchen
1b mit Frühlings-Fingerkraut

Fruchtkörper: 5–15 cm breit, 6–10 cm hoch, anfangs als geschlossene Kugel im Boden heranwachsend, dann aus dem Boden herausragend und sternförmig aufreißend, die entstehenden Lappen biegen sich dabei nach außen; Innenseite jung blass, bald schön violett, braunviolett, schließlich schmutzig verblassend; Außenseite schmutzig weißlich. **Stiel:** Kaum ausgebildet. **Fleisch:** Dick, brüchig, weiß; geruchlos, Geschmack mild. **Sporen:** 15–18 × 7–9 µm, breitelliptisch, glatt, hyalin, mit zwei Tropfen. **Vorkommen:** Mai bis Juli gesellig, oft nesterweise beisammen im Laub- und Nadelwald, in Parkanlagen und auf Heiden; auf Kalk- und Mergelböden. **Verwendung:** Giftig; verursacht heftige Magen-Darm-Störungen. **Wissenswertes:** Der Violette Kronenbecherling ist der größte mitteleuropäische Becherling und leicht zu bestimmen.

2 Buchenwald-Becherling

Peziza arvernensis BOUD.

Frühjahr
Buchenwald
Kein Speisepilz
Foto mit Rotbuchensämlingen

Fruchtkörper: 5–10(–15) cm breit, bis 5 cm hoch, jung blasenförmig, später schüsselförmig, stiellos dem Boden aufsitzend; Innenseite glatt, zur Mitte hin mit groben Falten, matt, haselnussbraun bis hell kastanienbraun; Außenseite heller, bei Trockenheit cremefarben bis weißlich, fein samtig-kleiig, zur Basis hin faltig zusammengezogen; Rand trocken etwas eingebogen. **Fleisch:** Dünn, zerbrechlich, blassbraun, im Schnitt nicht milchend. **Sporen:** 15–19 × 11–13 µm, breitelliptisch, rau punktiert, ohne Tropfen. **Vorkommen:** Im Frühjahr einzeln oder in Gruppen im Buchenwald, auch auf Holz- und Rindenabfällen. **Verwendung:** Kein Speisepilz.

3 Kastanienbrauner Becherling

Peziza badia PERS.: FR.

Juni–Oktober
Laub- und Nadelwald
Kein Speisepilz

Fruchtkörper: 3–8 cm breit, becherförmig, schüsselförmig, ungestielt; Innenseite dunkelbraun, olivbraun; Außenseite rotbraun-kastanienbraun, feinkleiig; Rand bald wellig. **Fleisch:** Dünn, rotbraun, sondert im Schnitt eine wässrige Flüssigkeit ab; Geruch unbedeutend. **Sporen:** 17–20 × 9–12 µm, elliptisch, gratig-netzig. **Vorkommen:** Juni bis Oktober einzeln oder gesellig in sandig-lehmigen Laub- und Nadelwäldern, an Wegrändern, in Gräben. **Verwendung:** Kein Speisepilz. **Wissenswertes:** Die Gattung *Peziza* umfasst in Mitteleuropa mehr als 70 Arten.

4 Gelbmilchender Becherling

Peziza succosa BERK.

Juni–Oktober
Laub- und Nadelwald
Kein Speisepilz
4b Schnittstelle gilbend

Fruchtkörper: 0,5–2,5(–5) cm breit, anfangs kugelig, dann unregelmäßig becherförmig bis schüsselförmig, ungestielt; Innenseite mit dem Hymenium glatt, graubraun, haselnussbraun bis olivbräunlich; Außenseite heller, blassgrau bis olivgelb, feinkleiig bis kahl; Rand eingebogen. **Fleisch:** Brüchig, wässrig, sondert an Bruchstellen und im Schnitt einen farblosen, schnell gilbenden Saft ab; Geruch und Geschmack unbedeutend. **Sporen:** 17–21 × 9–12 µm, elliptisch, grobwarzig mit kurzen Rippen. **Vorkommen:** Juni bis Oktober einzeln oder gesellig auf feuchtem Erdboden in Laub- und Nadelwäldern, in Parkanlagen und moosigen Wiesen. **Verwendung:** Kein Speisepilz. **Wissenswertes:** Die Gelbfärbung ist besonders gut zu erkennen, wenn man die frische Schnittstelle des Pilzes auf weißem Papier ausdrückt, das sich dann schnell deutlich gelb färbt.

5 Blasenförmiger Becherling

Peziza vesiculosa BULL.: FR.

April–November
Gärten
Kein Speisepilz
5a und 5b auf altem Strohballen

Fruchtkörper: 2–8(–15) cm breit, anfangs rundlich-blasenförmig mit kleiner Öffnung am Scheitel, später becher- bis schüsselförmig, alt nicht ausgebreitet, oft büschelig verwachsen und dadurch zusammengedrückt-verbogen, am Grund stielartig zusammengezogen; Innenseite (Fruchtschicht) glatt, lehmfarben, blass gelbbraun bis bräunlich; Außenseite heller, blassbeige bis schmutzig weißlich, kleiig-feinflockig; Rand wellig, oft tief eingerissen. **Fleisch:** Dick, wachsartig, sehr zerbrechlich, blass; Geruch und Geschmack unbedeutend. **Sporen:** 18–24 × 10–14 µm, elliptisch, glatt, hyalin. **Vorkommen:** April bis November einzeln oder gesellig, oft fast rasig, auf gedüngten Böden in Gärten und auf Äckern, auf Dunghaufen, Kompost und auf alten, durchnässten Strohballen. Der Pilz kann auch das ganze Jahr über in Gewächshäusern und selbst in Blumentöpfen auftreten. **Verwendung:** Kein Speisepilz.

6 Eselsohr

Otidea onotica (PERS.: FR.) BONORDEN

August–November
Laub- und Nadelwald
Essbar
Foto mit Sauerklee

Fruchtkörper: 3–10 cm hoch, 2–6 cm breit, ohrförmig, einseitig bis zur Basis gespalten, kahl, kurz gestielt; Innenseite ockergelb mit rosarötlichem Ton bis gelb-orange; Außenseite ähnlich gefärbt, feinfilzig. **Fleisch:** Dünn, zerbrechlich, weiß; Geruch angenehm. **Sporen:** 11–15 × 6–8 µm, elliptisch, mit zwei Tropfen. **Vorkommen:** August bis November im Laub- und Nadelwald; selten. **Verwendung:** Essbar; als Seltenheit zu schonen. **Wissenswertes:** Der Pilz hat nicht immer die typische lang gezogene Form eines Eselsohrs. Die Öhrlinge *(Onotica)* erinnern an Becherlinge oder sind ohrförmig; in Mitteleuropa gibt es mehr als zehn Arten.

1a

2

1b

3

4a

4b

5a

5b

6

Familien	Gattungen
Pezizaceae	*Tarzetta* (Napfbecherlinge)
Sarcoscyphaceae	*Sarcoscypha* (Kelchbecherlinge), *Pseudoplectania* (Schwarzborstlinge)
Humariaceae	*Geopora* (Sandborstlinge), *Humaria* (Borstenbecherlinge), *Scutellinia* (Schildborstlinge)

1 Tiegelförmiger Napfbecherling

Tarzetta catinus (HOLMSKJ.: FR.) KORF & ROGERS

Juni–September
Laub- und Nadelwald
Kein Speisepilz
Foto mit Sauerklee

Fruchtkörper: 1–4 cm breit, becher- bis schüsselförmig, später bisweilen ausgebreitet und eingerissen; Fruchtschicht blass lehmbraun bis haselnussbraun; Außenseite etwas heller, feinkleiig; Rand im Alter schwach gekerbt. **Stiel:** Kurz oder fehlend. **Fleisch:** Dünn und brüchig. **Sporen:** 20–24 × 11–13 µm, elliptisch, glatt, hyalin, mit zwei großen Tropfen. **Vorkommen:** Juni bis September einzeln oder gesellig auf nacktem Boden in Laub- und Nadelwäldern, gern un-ter Rotbuchen *(Fagus sylvatica),* in Gärten, Gebüschen, Parkanlagen und an Wegen; verbreitet. **Verwendung:** Kein Speisepilz. **Wissenswertes:** Der sehr ähnliche Kerbrandige Napfbecherling *(Tarzetta cupularis)* unterscheidet sich mikroskopisch durch etwas breitere Sporen.

2 Zinnoberroter Kelchbecherling

Sarcoscypha jurana (BOUD.) BARAL

Dezember–Mai
Schluchtwälder
Essbar
2a mit Märzenbecher
2b sehr selten: gelbe Fruchtkörper

Fruchtkörper: 1–5(–9) cm breit, jung pokalförmig, dann becher- bis schüsselförmig, sitzend bis kurz gestielt; Innenseite leuchtend rot; Außenseite +/– weiß, besonders zur Basis hin feinflaumig behaart; Rand lange eingebogen, +/– gezähnt. Äußerst selten findet man zitronengelbe Fruchtkörper. **Stiel:** Bis 3 cm lang, bei tief vergrabenem Holz auch länger. **Fleisch:** Zäh, wachsartig; ohne besonderen Geruch und Geschmack. **Sporen:** 25–38 × 12–15 µm, elliptisch-zylindrisch. **Vorkommen:** Dezember bis Mai einzeln oder gesellig auf von Erde, Laub und Moosen bedeckten, noch relativ harten Lindenästchen *(Tilia),* gern in feuchten Schluchtwäldern. **Verwendung:** Essbar; als Seltenheit zu schonen. **Wissenswertes:** Die drei mitteleuropäischen Arten der Gattung *Sarcoscypha* sind nur mikroskopisch zu unterscheiden.

3 Gestielter Tannen-Schwarzborstling

Pseudoplectania vogesiaca (PERS.) SEAVER

März–Mai
An morschem Weißtannenholz
Kein Speisepilz
Foto mit Zypressen-Schlafmoos

Fruchtkörper: 2–6 cm breit, becher- bis schüsselförmig, gestielt; Innenseite glatt, matt, dunkeloliv bis schwarzbraun; Außenseite dunkler, schwach filzig; Rand lange eingebogen. **Stiel:** Bis 1 cm lang, dünn, meist deutlich ausgebildet. **Fleisch:** Grau; Geruch unbedeutend. **Sporen:** 10–12 µm, rund, glatt, hyalin, mit einem großen Tropfen. **Vorkommen:** März bis Mai in feuchten Schluchtwäldern einzeln bis gesellig auf moderigen, moosüberwachsenen Ästen und Stämmen von Weißtannen *(Abies alba);* selten. **Verwendung:** Kein Speisepilz. **Wissenswertes:** Ähnlichkeit hat der zur gleichen Zeit erscheinende Glänzende Schwarzborstling *(Pseudoplectania nigrella).* Seine Fruchtkörper sind jung auffallend glänzend und ungestielt.

4 Zedern-Sandborstling

Geopora sumneriana (CKE.) DE LA TORRE

Spätherbst–Frühjahr
Unter Zedern
Kein Speisepilz

Fruchtkörper: 4–7 cm breit, jung als geschlossene Kugel im Boden heranwachsend, später die Erde durchbrechend und mit mehreren Zipfeln ausgebreitet; Innenseite (Fruchtschicht) jung weißlich, später hell braungelb bis blass grauocker; Außenseite schmutzig braun, dicht mit langen, dunkelbraunen Haaren besetzt. **Fleisch:** Dick, spröde, weiß. **Sporen:** 30–37 × 14–16 µm, elliptisch-spindelförmig, hyalin, mit zwei großen Tropfen. **Vorkommen:** In klimatisch begünstigten Gegenden von Oktober bis Dezember und im folgenden Frühjahr in Gärten und Parkanlagen, gesellig bis gedrängt meist unter Zedern *(Cedrus);* in Mitteleuropa sehr selten. **Verwendung:** Kein Speisepilz.

5 Halbkugeliger Borstenbecherling

Humaria hemisphaerica (WEBER IN WIGGERS: FR.) FUCKEL

Juli–Oktober
Im Wald auf feuchter Erde
Kein Speisepilz

Fruchtkörper: 0,5–3 cm breit, anfangs fast kugelig mit kleiner Öffnung, zuletzt schüsselförmig, stiellos dem Erdboden aufsitzend; Innenseite mit dem Hymenium grauweiß bis blassgrau; Rand und Außenseite dicht mit kurzen, steifen, bräunlichen Haaren bedeckt (5a). **Fleisch:** Wachsartig, blass; ohne besonderen Geruch und Geschmack. **Sporen:** 22–27 × 10–13 µm, elliptisch, warzig, hyalin, mit zwei Tropfen. **Vorkommen:** Juli bis Oktober einzeln oder gesellig am Boden, bisweilen auch an morschen Holzresten, in feuchten Laub- und Nadelwäldern; verbreitet. **Verwendung:** Kein Speisepilz. **Wissenswertes:** Die Gattung *Humaria* enthält zwei bodenbewohnende Arten.

6 Holz-Schildborstling

Scutellinia scutellata (L.: FR.) LAMBOTTE

Mai–November
Auf feuchtem Holz
Kein Speisepilz

Fruchtkörper: 0,5–1 cm breit, jung kugelig, dann flach, teller- bis scheibenförmig ausgebreitet, stiellos dem Substrat aufsitzend; Fruchtschicht leuchtend scharlachrot bis zinnoberrot; Unterseite blasser, fein behaart; Rand aufgebogen, wimpernartig mit bis 1–2 mm langen, dunkelbraunen, borstigen, spitzen Haaren besetzt. **Sporen:** 18–20 × 10–14 µm, breitelliptisch, grobkörnig punktiert, hyalin. **Vorkommen:** Mai bis November meist gesellig auf feucht liegendem totem Laub- und Nadelholz, auf Holzabfällen, oft auch auf feuchter Erde in Verbindung mit Holzresten; weit verbreitete Sammelart. **Verwendung:** Kein Speisepilz.

1
2a
2b
3
4
5a
5b
6

Familien	Gattungen
Humariaceae	*Caloscypha* (Prachtbecherlinge), *Aleuria* (Orangebecherlinge)
Eutuberaceae	*Tuber* (Trüffeln), *Choiromyces* (Mäandertrüffeln)

1 Leuchtender Prachtbecher

Caloscypha fulgens (PERS.: FR.) BOUDIER

März–Mai
Nadelwald, Laubwald
Essbar
Foto mit Tamarisken-Thujamoos

Fruchtkörper: Etwa 2–4 cm breit und hoch, anfangs kugelig geschlossen, dann unregelmäßig becher- bis schüsselförmig, bisweilen kurz gestielt; Innenseite leuchtend gelb-gelborange, eingetrocknet mehr orangefarben, schwach gerunzelt oder glatt; Außenseite schmutzig oliv, feinkleiig; Rand glatt bis wellig, oft eingerissen. **Fleisch:** Dünn, zerbrechlich, wachsartig, weißlich-hellorange; geruchlos. **Sporen:** 5–6 µm, rund, glatt, hyalin. **Vorkommen:** März bis Mai einzeln bis gesellig gern in moosigen Fichten- und Weißtannenwäldern, selten auch in Laubwäldern, besonders auf kalkhaltigen Böden. **Verwendung:** Essbar; als Seltenheit zu schonen.

2 Gemeiner Orangebecherling

Aleuria aurantia (PERS.: FR.) FUCKEL

Juli–Oktober
An Waldwegen
Essbar

Fruchtkörper: 0,5–10 cm breit, jung +/– halbkugelig, bald schalen- bis schüsselförmig, alt flach, unregelmäßig ausgebreitet, meist mit zusammengezogener Basis stiellos dem Boden aufsitzend; Innenseite mit der Fruchtschicht glatt, gelborange bis leuchtend rotorange; Außenseite blasser, mehlig-körnig bereift. **Fleisch:** Dünn, wachsartig, brüchig; ohne besonderen Geruch und Geschmack. **Sporen:** 14–16 × 10–12 µm. **Vorkommen:** Juli bis Oktober meist gesellig, oft gedrängt an Waldwegen und Böschungen, auch an naturbelassenen Plätzen außerhalb des Waldes. **Verwendung:** Essbar.

3 Sommer-Trüffel

Tuber aestivum VITT.

Sommer–Winter
Laubwald
Essbar
3a und 3b mit Schönem Widertonmoos

Fruchtkörper: 2–10(–20) cm breit, unregelmäßig kugelig-knollig; Oberfläche mit großen, meist sechseckigen, etwas zugespitzten Höckern besetzt, schwarzbräunlich. **Fruchtmasse:** Weißlich, später graugelb oder gelbbraun, selten purpurrot gefleckt, mit weißlichen, dichten Adern marmoriert (3a); Geruch aromatisch, im Alter deutlich ausgeprägt, Geschmack nussartig. **Sporen:** 25–50 × 17–37 µm, breitelliptisch bis fast kugelig, weitmaschig netzig, bisweilen mit dornförmigen Auswüchsen. **Vorkommen:** Vom Sommer bis Winter einzeln bis gesellig unmittelbar unter der Erdoberfläche bevorzugt im Humus von Kalk-Buchenwäldern und Mischwäldern; in Mitteleuropa sehr selten, nur in klimatisch milden Gegenden. **Verwendung:** Essbar, in kleinen Mengen ein geschätzter Würzpilz; als Seltenheit zu schonen.

4 Italienische Trüffel

Tuber magnatum (PICO) VITT.

Oktober–Mai
Mediterraner Laubwald
Essbar
Foto mit Efeu

Fruchtkörper: 2–8, selten bis 15 cm breit, kugelig, grubig bis unregelmäßig knollig; Oberfläche glatt bis leicht flockig-flaumig, gelbweißlich, beigefarben bis hell ockerfarben. **Fruchtmasse:** Weißlich, dicht durchzogen von weißen bis gelben oder grauen Adern; Geruch würzig, knoblauchähnlich, Geschmack sehr würzig. **Sporen:** 30–50 × 20–40 µm, eiförmig, weitmaschig netzig-grubig. **Vorkommen:** Im Mittelmeergebiet, hauptsächlich in Norditalien, unter Laubbäumen auf kalkhaltigen Böden. Die Fruchtkörper wachsen tief im Erdboden und werden mit abgerichteten Hunden oder Schweinen gesucht. Hauptsaison ist von Oktober bis Dezember, kleinere Ernten sind bis Mai möglich. **Verwendung:** Essbar; von Feinschmeckern hoch geschätzter Würzpilz.

5 Perigord-Trüffel

Tuber melanosporum VITT.

November–März
Mediterrane Laubwälder
Essbar
Foto mit Efeu und Blättern der Flaum-Eiche

Fruchtkörper: 2–6(–10) cm breit, kugelig bis unregelmäßig knollig; Oberfläche dicht mit vieleckigen, zusammenhängenden, stumpfen Warzen besetzt, schwarzbräunlich. **Fruchtmasse:** Weißlich, bald schwarzbräunlich, dicht von weißlichen Adern durchzogen; Geruch sehr aromatisch. **Sporen:** 25–55 × 20–35 µm. **Vorkommen:** November bis März unterirdisch in Eichenwäldern des Mittelmeergebietes, bevorzugt auf kalkhaltigen Böden. **Wissenswertes:** Perigord-Trüffeln werden in Südfrankreich in Eichenkulturen gezüchtet; auch Haselsträucher, Kirschbäume und andere Laubbäume haben die Trüffel als Mykorrhizapartner. Die Trüffelkultur reicht etwa 200 Jahre zurück. Junge Bäume werden mit dem Myzel infiziert und ausgepflanzt. Bis zur ersten Pilzernte vergehen Jahre. Gesucht werden Trüffeln mit Hilfe von abgerichteten Suchhunden oder Schweinen. **Verwendung:** Essbar; von Feinschmeckern hoch geschätzter Würzpilz.

6 Stachelsporige Mäandertrüffel

Choiromyces venosus (FR.) TH. FRIES

Juli–Oktober
Laub- und Nadelwald
Essbar

Fruchtkörper: 4–12 cm breit, unregelmäßig kugelig-knollig; Oberfläche höckerig-faltig, jung grauweiß, später lehmfarben. **Fruchtmasse:** Kernig, fest, weißlich, von schmalen, bandartigen, vielfach verzweigten Strängen durchzogen (6b); Geruch aromatisch, im Alter an Knoblauch erinnernd, zuletzt widerlich. **Sporen:** 15–20 µm, kugelig, mit 3–5 µm langen Stacheln. **Vorkommen:** Juli bis Oktober im Laub- und Nadelwald auf lehmigen, kalkhaltigen Böden; die ausgewachsenen Fruchtkörper schauen oft nur mit dem Scheitel aus dem Boden heraus und sind schwer zu erkennen. **Verwendung:** Essbar, in kleinen Mengen als Würzpilz verwendbar; der Pilz wirkt leicht abführend und kann in größeren Mengen genossen Verdauungsstörungen verursachen.

1

2

3a

3b

4

5

6a

6b

Glossar

allantoid würstchenförmig gebogen (Sporen)
amyloid Bezeichnung für Pilzsporen, die sich mit Melzers Reagenz (jodhaltige Lösung) grau bis dunkelblau verfärben
Anastomosen queraderige Verbindungen zwischen Lamellen, Adern oder Leisten
Ascomycetes Schlauchpilze; Pilzklasse, bei der sich die Sporen in Asci entwickeln
Ascus (Mz. Asci) schlauchartige oder sackartige Zelle der Schlauchpilze, in der meist acht Sporen entstehen
Basalfilz Myzelfilz am unteren Stielende eines Pilzes
Basidie flaschenförmige Zelle der Ständerpilze, an der sich meist vier Sporen entwickeln
Basidiomycetes Ständerpilze; Pilzklasse, bei der sich die Sporen an Basidien entwickeln
Braunfäule Holzfäule, bei der nur die Zellulose zersetzt wird; das zerstörte Holz ist +/– rotbraun gefärbt
Cortina Velum der Schleierlinge und verwandter Gattungen, bildet einen spinnwebartigen Schleier zwischen Hut und Stiel
effuso-reflex Bezeichnung für resupinate Fruchtkörper mit abgebogenen Hütchen oder Hutkanten
Epidermis Oberhaut
Exoperidie äußere Gewebeschicht der Bauchpilze
exzentrisch Bezeichnung für Stiele, die nicht in der Mitte, aber auch nicht am Rand des Hutes ansitzen
fertil fruchtbar, Sporen bildend
frei Bezeichnung für Lamellen, die nicht mit dem Stiel verbunden sind
Fruchtschicht Sporen bildende Schicht des Fruchtkörpers
Gasteromycetes Bauchpilze; Gruppe der Basidiomyceten, bei der die Sporen in einem Hohlkörper gebildet werden
Gleba Sporen bildendes Gewebe der Bauchpilze
hyalin farblos, durchscheinend
hygrophan Bezeichnung für Fruchtkörper, die bei Wasseraufnahme oder Austrocknung ihre Farbe wesentlich ändern
Hymenium Fruchtschicht; Sporen bildende Schicht des Fruchtkörpers
Hymenophor Träger des Hymeniums (z.B. Lamellen, Röhren, Stacheln usw.)
Hyphen schlauchartige Zellen mit oder ohne Septen, aus denen ein Pilz aufgebaut ist
KOH Kalilauge, meist 2–5%ig, wird in der Mikroskopie und für Makrofarbreaktionen verwendet
Konidien Sporen, die durch ungeschlechtliche Vermehrung durch Einschnürungen an den Hyphenenden entstehen
konkav schüssel- bis becherförmig
konvex linsenförmig bis rundlich gewölbt
Mykorrhiza Lebensgemeinschaft zwischen Pilzen und den Wurzeln höherer Pflanzen
Myzel Pilzgeflecht aus feinen Hyphen, welches das Substrat durchwächst und aus ihm Nährstoffe aufnimmt und unter günstigen Bedingungen Fruchtkörper bildet
Papille warzen- bis zitzenartige Spitze der Hutmitte
Peridiole kleine samenartige Kapsel, die bei den *Nidulariales* das Hymenium und die Sporen enthält
Perithezium Fruchtkörper der *Pyrenomycetes*, enthält das Hymenium mit den Asci
pileat Hut- oder konsolenförmig
resupinat Bezeichnung für Fruchtkörper, die der Unterlage flach aufliegen
Rhizomorphe deutlich sichtbare, wurzelartige Hyphenstränge
Ring meist häutiges Gebilde am Stiel, Rest des Velum partiale
Saprophyten Pilze, die ihre Nährstoffe aus abgestorbenem organischem Material beziehen
Schneide untere Kante der Lamellen
Setae, Seten dickwandige, sterile, oft dornenartige Elemente in Trama, Hymenium, Myzel oder Huthaut
Sklerotium knolliges Gebilde aus fest verflochtenen Hyphen, aus dem Fruchtkörper wachsen können (Überdauerungsorgan)
s. lat. *sensu lato*, lateinisch „im weiteren Sinne"; bezeichnet eine künstliche systematische Einheit
Stroma Hyphengewebe, auf oder in dem sich Pilzfruchtkörper entwickeln
Substrat Nährboden (Humus, organische Stoffe, Holz, Pflanzen usw.), auf dem der Pilz wächst und dem er Nährstoffe entzieht
Trama Fruchtkörpergewebe (Fleisch); der Begriff wird vor allem bei Porlingen gebraucht
Varietät systematische Kategorie unterhalb der Art (Spezies)
Velum Schutzhülle junger Fruchtkörper bestimmter Blätterpilzgattungen; Gesamthülle = Velum universale; Teilhülle = Velum partiale
Volva Scheide, häutiges Gebilde an der Stielbasis (Reste des Velum universale)
Weißfäule Holzfäule, bei der die Zellulose und das Lignin zersetzt werden und das Holz ausbleicht

Literatur

Die folgende Liste umfasst eine Auswahl der wichtigsten ausgewerteten Fachbücher (ohne Zeitschriften).

Bollmann, A., Gminder, A., Reil, P.: Abbildungsverzeichnis mitteleuropäischer Großpilze; Jahrbuch der Schwarzwälder Pilzlehrschau, Vol. 2, Hornberg 1996
Bon, M.: Pareys Buch der Pilze. Verlag P. Parey, Hamburg 1988
Brandrud, Lindström, Marklund, Melot, Muskos: Cortinarius Flora Photographica, Teil 1–3 (z. Forts.), Schweden
Breitenbach, J., Kränzlin, F.: Pilze der Schweiz, Bd. 1–5. Mykologia-Verlag, Luzern 1981–2000
Bresinsky, A., Besl, H.: Giftpilze – ein Handbuch für Apotheker, Ärzte und Biologen. Wissenschaftliche Verlagsgesellschaft, Stuttgart 1985
Cetto, B.: Der große Pilzführer, Bd. 1–4. BLV Verlagsgesellschaft, München 1976–1984
Dähncke, R.: 1200 Pilze in Farbfotos. AT Verlag, Aarau 1993
Dennis, R.W.G.: British Ascomycetes. J. Cramer im Ganter Verlag, Vaduz 1977
Einhellinger, A.: Die Gattung Russula in Bayern; Hoppea, Denkschrift der Regensburger Bot. Ges., Bd. 43, Regensburg 1985
Enderle, M., Laux, H.E.: Pilze auf Holz; Kosmos-Bestimmungsführer. Franckh-Kosmos Verlag, Stuttgart 1980
Engel, H.: Rauhstielröhrlinge. Engel-Verlag, Weidhausen 1978
Engel, H.: Dickröhrlinge. Engel-Verlag, Weidhausen 1983
Engel, H.: Schmier- und Filzröhrlinge in Europa. Engel-Verlag, Weidhausen 1996
Flammer, R., Horak, E.: Giftpilze – Pilzgifte. Franckh-Kosmos Verlag, Stuttgart 1983
Flück, M.: Welcher Pilz ist das? Franckh-Kosmos Verlag, Stuttgart 1995
Garnweidner, E.: Pilze; GU Naturführer. Gräfe und Unzer, München 1992
Gerhardt, E.: Pilze. BLV Verlagsgesellschaft, München 1995
Gerhardt, E.: Der große BLV Pilzführer. BLV Verlagsgesellschaft, München 1997
Groß, G., Runge, A., Winterhoff, W.: Bauchpilze; Beihefte z. Zeitschr. f. Mykologie 2, 1980
Grünert, H. u. R.: Pilze. Mosaik Verlag, München 1984
Haas, H., Pätzold, W.: Pilze Mitteleuropas. Verlag das Beste, Stuttgart 1982
Jahn, H.: Pilze, die an Holz wachsen. Busse-Verlag, Herford 1979
Jülich, W.: Kleine Kryptogamenflora, Bd. II b/1, Nichtblätterpilze, Gallertpilze und Bauchpilze. G. Fischer Verlag, Stuttgart 1984
Kajan, E.: Pilzkundliches Lexikon. Einhorn-Verlag, Schwäbisch Gmünd 1988
Kell, V.: Giftpilze und Pilzgifte. Ziemsen Verlag, Wittenberg 1991
Kreisel, H.: Die phytopathogenen Großpilze Deutschlands. Fischer, Jena 1961
Krieglsteiner, G.J.: Verbreitungsatlas der Großpilze Deutschlands (West), Bd. 1 A u. B, Bd. 2. Ulmer-Verlag, Stuttgart 1991–1993
Krieglsteiner, G.J.: Die Großpilze Baden-Württembergs, Bd. 1–3. Ulmer-Verlag, Stuttgart 2000–2001
Laux, H. E.: Der große Kosmos-Pilzführer; Kosmos Naturführer. Franckh-Kosmos Verlag, Stuttgart 2001
Laux, H.E.: Essbare Pilze und ihre giftigen Doppelgänger; Kosmos Naturführer. Franckh-Kosmos Verlag, Stuttgart 1992
Lelley, J.: Pilze aus dem eigenen Garten. BLV Verlagsgesellschaft, München 1978
Michael, E., Hennig, B., Kreisel, H.: Handbuch für Pilzfreunde, Bd. 1–6. G. Fischer Verlag, Stuttgart 1958–1983
Montag, K.: Pilze. Franckh-Kosmos Verlag, Stuttgart 2000
Moser, M.: Kleine Kryptogamenflora, Bd. II b/2, Röhrlinge und Blätterpilze. G. Fischer Verlag, Stuttgart 1978
Moser, M.: Die Pilze Mitteleuropas – Die Gattung Phlegmacium. Verlag J. Cramer, Vaduz 1960
Neuhoff, W.: Die Pilze Mitteleuropas – Die Milchlinge. Verlag J. Klinkhardt, Bad Heilbrunn 1956
Philips, R.: Das Kosmos-Buch der Pilze; Kosmos Naturführer. Franckh-Kosmos Verlag, Stuttgart 1982
Ryman, S., Holmasen, I.: Pilze. Thalacker Verlag, Braunschweig 1992
Schäffer, J.: Die Pilze Mitteleuropas – Die Russulae. Verlag J. Klinkhardt, Bad Heilbrunn 1952
Schmid, H., Helfer, W.: Pilze – Wissenswertes aus Ökologie, Geschichte und Mythos. IHW-Verlag, Eching 1995
Singer, R.: Die Röhrlinge, Teil I u. II. Verlag J. Klinkhardt, Bad Heilbrunn 1965–1967
Stangl, J.: Die Gattung Inocybe in Bayern; Hoppea, Denkschrift der Regensburger Bot. Ges., Bd. 46, Regensburg 1989

Informationszentren für Vergiftungsfälle

Deutschland

Berlin – Landesberatungsstelle für Vergiftungserscheinungen und Embryonaltoxikologie – Tel. 0 30/19 240

Bonn – Informationszentrale für Vergiftungen, Zentrum für Kinderheilkunde der Universität – Tel. 02 28/2 87-32 11, -33 33

Erfurt – Gemeinsames Giftinformationszentrum der Länder Mecklenburg-Vorpommern, Sachsen, Sachsen-Anhalt und Thüringen – Tel. 03 61/ 73 07 30

Freiburg – Universitätskinderklinik, Informationszentrale für Vergiftungen – Tel. 07 61/2 70 43 61 (Notruf), 43 00 01 (Zentrale)

Göttingen – Universität Göttingen, Giftinformationszentrum Nord – Tel. 05 51/38 31 80 oder 19 240

Homburg/Saar – Universitätskliniken, Informations- und Beratungszentrum für Vergiftungsfälle – Tel. 0 68 41/19 240

Mainz – II. Med. Klinik der Universität, Beratungsstelle bei Vergiftungen – Tel. 0 61 31/19 240 (Notruf) oder 23 24 66 (Anfragen)

München – II. Med. Klinik rechts der Isar, Giftnotruf – Tel. 0 89/19 240

Nürnberg – II. Med. Klinik des Städtischen Krankenhauses Nord, Toxikologische Intensivstation – Tel. 09 11/3 98 24 51 (Gifttelefon)

Österreich

Wien – Allgemeines Krankenhaus, Vergiftungsinformation – Tel. 01/40 64 34 30

Schweiz

Zürich – Schweizerisches Toxikologisches Informationszentrum – Tel. 01/2 51 51 51

Aus Platzgründen sind mehrteilige deutsche Pilznamen – wie z. B. **Grüner Knollenblätterpilz; Goldgelber Lärchen-Röhrling** – jeweils nur einmal verzeichnet, und zwar mit vorangestelltem Gattungsnamen – z. B. **Knollenblätterpilz, Grüner; Röhrling, Goldgelber Lärchen-**.
In das Register wurden zusätzlich Synonyme aufgenommen, die teilweise noch geläufig sind, im Buch aber nicht erscheinen. In solchen Fällen wird mit Verweispfeil auf Seite und Nummer des betreffenden Pilzes verwiesen, der dort aber unter einem anderen Namen verzeichnet ist. So ist beispielsweise der **Rissige Ackerling** auf Seite 144, Pilz Nr. 3 (▸ 144/3) zu finden, erscheint hier aber unter dem Namen **Weißer Ackerling**.

Register

Register